普通高等教育 EDA 技术规划教材

数字系统设计与 Verilog HDL

（第 8 版）

王金明　编著

电子工业出版社

Publishing House of Electronics Industry

北京 · BEIJING

内 容 简 介

本书根据 EDA 课程教学要求，以提高数字系统设计能力为目的，系统阐述 FPGA 数字系统开发的相关知识，主要内容包括 EDA 技术概述、FPGA/CPLD 器件、Verilog 硬件描述语言等。全书以 Quartus Prime、ModelSim 软件为工具，以 Verilog-1995 和 Verilog-2001 语言标准为依据，以可综合的设计为重点，通过诸多精选设计案例，阐述数字系统设计的方法与技术，由浅入深地介绍 Verilog 工程开发的知识与技能。

本书着眼于实用，紧密联系教学实际，实例丰富。全书深入浅出，概念清晰，语言流畅。本书可作为电子、通信、微电子、信息、电路与系统、通信与信息系统及测控技术与仪器等专业本科生和研究生的教学用书，也可供从事电路设计和系统开发的工程技术人员阅读参考。

本书配有教学课件，可从华信教育资源网（www.hxedu.com.cn）免费注册下载。

图书在版编目（CIP）数据

数字系统设计与 Verilog HDL / 王金明编著. —8 版. —北京：电子工业出版社，2021.1

ISBN 978-7-121-40233-3

Ⅰ. ①数…　Ⅱ. ①王…　Ⅲ. ①数字系统－系统设计－高等学校－教材②VHDL 语言－数字电路－高等学校－教材③Verilog HDL　Ⅳ. ①TP271②TN790.2

中国版本图书馆 CIP 数据核字（2020）第 255861 号

责任编辑：窦　昊

印　　刷：北京盛通数码印刷有限公司
装　　订：北京盛通数码印刷有限公司
出版发行：电子工业出版社
　　　　　北京市海淀区万寿路 173 信箱　邮编：100036
开　　本：787×1092　1/16　印张：23　字数：589 千字
版　　次：2002 年 1 月第 1 版
　　　　　2021 年 1 月第 8 版
印　　次：2025 年 9 月第 12 次印刷
定　　价：58.00 元

第 8 版前言

本书在前版的基础上主要进行了如下修订。

1）全面梳理，订正错误和疏漏，补充完善内容；对所有案例进行了改写，使之更为规范，增加了若干案例，删掉了一些旧的案例。本书所有案例均经过实际的下载和验证，这些案例也可移植到其他实验板或"口袋"板，市面上多数实验板以及"口袋"板的资源基本都能满足下载这些案例的需要。

2）增加了 Timing Analyzer 时序约束和时序分析的内容，并结合案例对时序分析的概念进行解析，使整体内容更为完善。

3）设计工具以 Quartus Prime 18.1 和 ModelSim 10.5 版本为主。

4）更新了部分 FPGA 器件的内容。

本书的定位是作为 EDA 技术、FPGA 开发或数字系统设计方面的教材，在过去的二十多年的时间里，EDA 技术课程早已成为电子信息类专业学生的一门重要的专业基础课程，在教学、科研和大学生电子设计竞赛等各种赛事活动中起着重要作用。随着教学方法的不断改革、新的教育理念的不断实施，对 EDA 课程教学的要求也不断提高，必须对教学内容不断更新和优化，与时俱进，以与 EDA 技术的快速发展相适应。

当前的 EDA 技术课程的教学与实践呈现出如下一些特点。首先，很多相关联课程的教学均或多或少地融入了 EDA 技术，比如，数字逻辑电路、计算机组成原理、计算机接口技术、数字通信技术、嵌入式系统设计等课程，这些课程的教学和实践均不同程度地采用 EDA 及 FPGA 设计技术，因此 EDA 技术成为上述课程的基础，怎样打牢基础以及如何与上述课程在教学内容上进行区分和衔接成为相关教师需要思考的问题。其次，开放式、自主式学习渐渐成为 EDA 教学的主流，EDA 教学的资源越来越丰富，网络上相关的慕课和教学视频也越来越多，学生的学习不仅限于课堂，慕课（MOOC）、微课（Microlecture）等形式也越来越多地应用于 EDA 教学中。此外，EDA 课程是一门实践类课程，实践教学占的比重甚至超过理论教学，所以在 EDA 教学中，需格外重视实践教学的效果和质量，在实践教学中，基于案例的教学模式以及基于问题导向的教学方法越来越得到重视，怎样在教学中及教材中体现基于案例的教学模式和基于问题导向的教学方法，值得不断探索并不断加以实践。

正是基于以上认识，对本教材进行了梳理和修订。在此过程中，按照重视基础、面向应用的原则，力图在有限的篇幅内将 EDA 技术与 FPGA 设计相关的知识，简明扼要、深入浅出地进行阐述，贴近教学实践。全书共 12 章。第 1 章对 EDA 技术进行了综述，第 2 章介绍 FPGA/CPLD 器件的结构与配置，第 3 章介绍 Quartus Prime 集成开发工具的使用方法，第 4 章是 Verilog 概述，第 5、6 章系统介绍 Verilog 的语法、语句，第 7 章讨论 Verilog 设计的层次与风格，第 8 章是有关有限状态机的内容，第 9 章列举 Verilog 驱动常用 I/O 外设的案例，第 10 章讨论设计优化的问题，第 11 章是 Verilog 仿真的内容，第 12 章是较为复杂数字逻辑电路的设计实例。

本书与另两本教材《数字系统设计与 VHDL》(第 2 版)和《数字系统设计与 Verilog HDL》(Vivado 版) 互为补充，分别针对不同的开发语言 (Verilog HDL、VHDL) 和基于不同的开发工具、开发环境以及不同的目标开发板，以方便老师和同学根据需要选用。基于本教材的慕课 (MOOC) 教学资源已在华信教育资源网推出。由于 FPGA 芯片和 EDA 软件的不断更新换代，同时受编著者时间和精力所限，本书虽经不断改版和修正，仍不免有诸多疏漏和遗憾；同时因改版而给老师和同学带来的不便敬请包涵。

参加本书编写的还有朱莉莉、王婧菡、王兰龄等，在此一并表示感谢；还要感谢美国威斯康星大学麦迪逊分校的 Yu Hen Hu 教授在作者访学期间在学术上和教学上给予作者的无私帮助与支持；感谢本书责任编辑窦昊先生与作者多年的鼎力合作。

本书疏漏与错误之处，希望读者和同行给予批评指正。

E-mail：wjm_ice@163.com

编著者

2020 年 10 月

目　录

第 1 章 EDA 技术概述

我们已经进入数字化和信息化的时代，其特点是各种数字产品的广泛应用。现代数字产品在性能提高、复杂度增大的同时，更新换代的步伐也越来越快，实现这种进步的因素在于设计技术和芯片制造技术的进步。

芯片制造技术以微细加工技术为代表，目前已进展到深亚微米阶段，可以在几平方厘米的芯片上集成数以亿计的晶体管。20 世纪 60 年代，摩尔曾经对半导体集成技术的发展做出预言：大约每 18 个月，芯片的集成度提高 1 倍，性能提升 1 倍，几十年来，集成电路的发展与这个预言非常吻合，因此他的预言被称为摩尔定律（Moore's law）。数字器件经历了从 SSI、MSI、LSI 到 VLSI，直到现在的 SoC（System on Chip，片上系统），我们已经能够把一个完整的电子系统集成在一个芯片上。还有一种器件的出现极大改变了数字系统的设计方式，这就是可编程逻辑器件（Programmable Logic Device，PLD）。PLD 器件是 20 世纪 70 年代后期发展起来的一种器件，它经历了可编程逻辑阵列（Programmable Logic Array，PLA）、通用阵列逻辑（Generic Array Logic，GAL）等简单形式，到现场可编程门阵列（Field Programmable Gate Array，FPGA）和复杂可编程逻辑器件（Complex Programmable Logic Device，CPLD）的高级形式的发展，它的广泛使用不仅简化了电路设计、提高了设计的灵活性，而且给数字系统的整个设计和应用都带来深远的影响。

数字设计的方法也发生了深刻的变化，从电子 CAD（Computer Aided Design）、电子 CAE（Computer Aided Engineering）到电子设计自动化（Electronic Design Automation，EDA），设计的自动化程度越来越高，设计的复杂性也越来越大。

EDA 技术成为现代电子设计的有力工具，没有 EDA 技术的支持，要完成超大规模集成电路的设计和制造是不可想象的，反过来，生产制造技术的进步又不断对 EDA 技术提出新要求，促使其不断向前发展。

1.1 EDA 技术及其发展

EDA 技术成为现代数字系统设计中一种普遍的工具，对设计者而言，熟练掌握 EDA 技术可极大提高工作效率，收到事半功倍的效果。

EDA（电子设计自动化）技术没有一个精确的定义，我们可以这样来认识，所谓的 EDA 技术就是以计算机为工具，设计者基于 EDA 软件平台，采用原理图或者硬件描述语言（HDL）完成设计输入，然后由计算机自动完成逻辑综合、优化、布局布线，直至对于目标芯片（FPGA/CPLD）的适配和编程下载等工作（甚至是完成 ASIC 专用集成电路掩膜设计），上述辅助进行电子设计的软件工具及技术统称为 EDA。EDA 技术的发展以计算机科学、微电子技术为基础，融合了应用电子技术、人工智能（Artificial Intelligence，AI），以及计算机图形学、拓扑学、计算数学等众多学科的最新成果。EDA 技术经历了由简单到复杂、由初级到高级不断发展进步的阶段。20 世纪 70 年代，人们就已经开始基于计算机开发出一些软件工具，帮助设计者完成电路系统的设计任务，以代替传统的手工设计方法。随着计算机软件和硬件技术水平的提高，EDA 技术也在不断进步，大致经历了下面三个发展阶段。

1. CAD 阶段

CAD 阶段是 EDA 技术发展的早期阶段（时间大致为 20 世纪 70 年代至 80 年代初）。在这个阶段，一方面，计算机的功能还比较有限，个人计算机还没有普及；另一方面，电子设计软件的功能也较弱。人们主要借助计算机对所设计电路的性能进行一些模拟和预测；另外，就是用计算机完成 PCB 的布局布线，简单版图的绘制等工作。

2. CAE 阶段

集成电路规模的逐渐扩大、电子系统设计的逐步复杂，使电子 CAD 的工具得到完善和发展，尤其是在设计方法学、设计工具集成化方面取得了长足的进步，EDA 技术进入 CAE 阶段（时间大致为 20 世纪 80 年代初至 90 年代初）。在这个阶段，各种单点设计工具、设计单元库逐渐完备，并且开始将许多单点工具集成在一起使用，大大提高了工作效率。

3. EDA 阶段

20 世纪 90 年代以来，微电子工艺有了显著的发展和进步，工艺水平达到深亚微米级，在一个芯片上可以集成数目达上千万乃至上亿的晶体管，芯片的工作速度达到 Gbps 级，这样就对电子设计的工具提出了更高的要求，也促使设计工具提高性能。

EDA 技术已成为电子设计的普遍工具，无论是设计芯片还是设计各种电子电路，没有 EDA 工具的支持都是难以完成的。EDA 技术的使用贯穿电子系统开发的各个层级，如寄存器传输级（RTL）、门级和版图级；也贯穿电子系统开发的各个领域，从低频电路到高频电路、从线性电路到非线性电路、从模拟电路到数字电路、从 PCB 领域到 FPGA 领域等。EDA 技术的功能和范畴如图 1.1 所示。

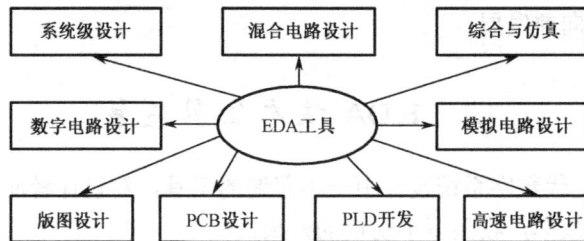

图 1.1 EDA 技术的功能和范畴

进入 21 世纪后，EDA 技术得到了更快的发展，开始步入一个新的时期，突出表现在以下几个方面。

1）电子设计各领域全方位融入 EDA 技术，除日益成熟的数字技术外，可编程模拟器件的设计技术也有了很大进步。EDA 技术使得电子领域各学科的界限更加模糊，相互包容和渗透，如模拟与数字、软件与硬件、系统与器件、ASIC 与 FPGA、行为与结构等，软硬件协同设计技术也成为 EDA 技术的一个发展方向。

2）IP（Intellectual Property）核在电子设计领域得到广泛的应用，进一步缩短了设计周期、提高了设计效率。基于 IP 核的 SoC 设计技术趋于成熟,电子设计成果的可重用性得到提高。

　　3)嵌入式微处理器软核的出现、更大规模的 FPGA/CPLD 器件的不断推出,使得 SoPC (System on Programmable Chip,可编程片上系统)步入实用化阶段,在一片 FPGA 芯片中实现一个完备的系统成为可能。

　　4)用 FPGA (Field Programmable Gate Array,现场可编程门阵列)器件实现完全硬件的 DSP (数字信号处理)处理成为可能,用纯数字逻辑进行 DSP 模块的设计,为高速数字信号处理算法提供了实现途径。

　　5)在设计和仿真两方面支持标准硬件描述语言的 EDA 软件不断推出,系统级、行为验证级硬件描述语言的出现(如 System C)使得复杂电子系统的设计和验证更加高效。在一些大型的系统设计中,设计验证工作艰巨,这些高效的 EDA 工具的出现,减少了开发人员的工作量。

　　除了上述发展趋势,现代 EDA 技术和 EDA 工具还呈现出以下一些特点。

　　1)硬件描述语言(Hardware Description Language,HDL)标准化程度提高。硬件描述语言不断进化,其标准化程度越来越高,便于设计的复用、交流、保存和修改,也便于组织大规模、模块化的设计。标准化程度最高的硬件描述语言是 Verilog HDL 和 VHDL,它们已成为 IEEE 标准,并且有新的版本获得通过,如 Verilog 有 Verilog-1995 和 Verilog-2001 等版本,其功能不断完善。

　　2)EDA 工具的开放性和标准化程度不断提高。现代 EDA 工具普遍采用标准化和开放性的框架结构,可以接纳其他厂商的 EDA 工具一起进行设计工作。这样可实现各种 EDA 工具间的优化组合,并集成在一个易于管理的统一环境中,实现资源共享,有效提高设计者的工作效率,有利于大规模、有组织地进行设计开发。

　　EDA 工具已经能接受功能级或 RTL (Register Transport Level)级的 HDL 描述进行逻辑综合和优化。为了更好地支持自顶向下的设计方法,EDA 工具需要在更高的层级进行综合和优化,并进一步提高智能化程度,提高设计的优化程度。

　　3)EDA 工具的库(Library)更加完备。EDA 工具要具有更强大的设计能力和更高的设计效率,必须配有丰富的库,如元器件符号库、元器件模型库、工艺参数库、标准单元库、可复用的宏功能模块库、IP 核库等。在电路设计的各个阶段,EDA 系统需要不同层次、不同种类元器件库的支持。例如,原理图输入时需要原理图符号库、宏模块库;逻辑仿真时需要逻辑单元的功能模型库;模拟电路仿真时需要模拟器件的模型库;版图生成时需要适应不同工艺的版图库等。模型库的规模和功能是衡量 EDA 工具优劣的一个重要指标。

　　从过去发展的过程看,EDA 技术一直滞后于制造工艺的发展,它在制造技术的驱动下不断进步;从长远看,EDA 技术将随着微电子技术、计算机技术的不断发展而发展。"工欲善其事,必先利其器",EDA 工具已成为现代电子设计的利器,它也在诸多因素的推动下不断提升自身性能。

1.2　Top-down 设计与 IP 核复用

数字系统的设计方法发生了深刻的变化。传统的数字系统采用搭积木式的方式设计，由一些固定功能的器件加上一定的外围电路构成模块，由这些模块进一步形成各种功能电路，进而构成系统。构成系统的积木块是各种标准芯片，如 74/54 系列（TTL）、4000/4500 系列（CMOS）芯片等，这些芯片的功能是固定的，用户只能根据需要从这些标准器件中选择，并按照推荐的电路搭成系统，设计的灵活性低，设计电路所需的芯片种类多且数量大。

PLD 器件和 EDA 技术的出现，改变了这种传统的设计思路，使人们可以立足于 PLD 芯片来实现各种功能，新的设计方法使设计者可以自己定义器件的内部逻辑，将原来由电路板完成的工作放到芯片的设计中完成，这增加了设计的自由度、提高了效率，而且引脚定义的灵活性减少降低了原理图和印制板设计的工作量、降低了难度，同时，缩小了系统体积，降低了功耗，提高了可靠性。

在基于 EDA 技术的设计中，通常有两种设计思路：一种是 Top-down（自顶向下）的设计思路，另一种是 Bottom-up（自底向上）的设计思路。

1.2.1　Top-down 设计

Top-down 设计，即自顶向下的设计。这种设计方法首先从系统设计入手，在顶层进行功能的划分；在功能级进行仿真、纠错，并用硬件描述语言进行行为描述，然后用综合工具将设计转化为门级电路网表，其对应的物理实现可以是 PLD 器件或专用集成电路（ASIC）。设计的仿真和调试可以在高层级完成，这一方面有利于在早期发现设计上的缺陷，避免设计时间的浪费，另一方面有助于提前规划模拟仿真工作，在设计阶段就考虑仿真，提高了设计的一次成功率。

在 Top-down 设计中，将设计分成几个不同的层次：系统级、功能级、门级和开关级等，按照自上而下的顺序，在不同的层次上对系统进行描述与仿真。图 1.2 是这种设计方式的示意图。如图中所示，在 Top-down 的设计过程中，需要 EDA 工具的支持，有些步骤 EDA 工具可以自动完成，如综合等，有些步骤 EDA 工具为用户提供辅助。Top-down 设计必须经过设计—验证—修改设计—再验证的过程，不断反复，直至得到自己想要的结果，并且在速度、功耗、可靠性方面达到较为合理的平衡。

图 1.3 是用 Top-down 设计方式设计 CPU 的示意图。首先在顶层划分，将整个 CPU 划分为 ALU、PC、RAM 等模块，再对每个模块分别描述，然后通过 EDA 工具将整个设计综合为网表并实现它。在设计过程中，需要不断仿真和迭代，直至完成设计目标。

1.2.2　Bottom-up 设计

Bottom-up 设计，即自底向上的设计，这是一种传统的设计思路，一般是设计者选择标准集成电路，或者将门电路、加法器、计数器等模块做成基本单元库，调用这些单元，逐级向上组合，直到设计出满足自己需要的系统。这样的设计方法就如同一砖一瓦建造金字塔，设计者往往更多地关注细节，而对整个系统缺乏规划，当设计出现问题需要修改时，就会陷入麻烦，甚至前功尽弃，不得不从头再来。

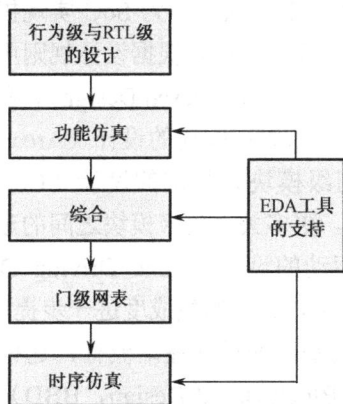

图 1.2 Top-down 设计方式示意图　　　　图 1.3 CPU 的 Top-down 设计方式示意图

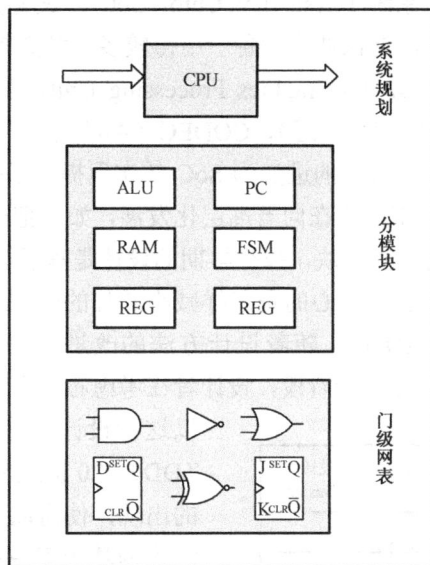

Top-down 设计方式符合人们逻辑思维的习惯，便于对复杂的系统进行合理划分与不断优化，因此成为主流的设计思路；不过，Top-down 设计也并非是绝对的，在设计过程中，有时也需要用到自底向上的方法，两者相辅相成。在数字系统设计中，应以 Top-down 设计思路为主，而以 Bottom-up 设计为辅。

1.2.3 IP 复用技术与 SoC

电子系统的设计越向高层发展，基于 IP 复用（IP Reuse）的设计技术越显示出优越性。IP（Intellectual Property）原来的含义是知识产权、著作权等，在 IC 设计领域，可将其理解为实现某种功能的设计，IP 核（IP 模块）则是指完成某种功能的设计模块。

IP 核分为软核、固核和硬核三种类型。

1）软核：软核指的是寄存器传输级（RTL）模型，表现为 RTL 代码（Verilog 或 VHDL）。软核只经过功能仿真，其优点是灵活性高、可移植性强，用户可以对软核的功能加以裁剪以符合特定的应用，也可以对软核的参数进行重新载入。

2）固核：固核指经过了综合（布局布线）的带有平面规划信息的网表，通常以 RTL 代码和对应具体工艺网表的混合形式提供。和软核相比，固核的设计灵活性稍差，但在可靠性上有较大提高。

3）硬核：硬核指经过验证的设计版图，其经过前端和后端验证，并针对特定的设计工艺，用户不能对其进行修改。

软核使用灵活，但其可预测性差，延时不一定能达到要求；硬核可靠性高，能确保性能，如速度、功耗等，能很快地投入使用。

基于 IP 核的设计能节省开发时间、缩短开发周期、避免重复劳动，因此基于 IP 复用的设计技术得到广泛应用，但也还存在一些问题，如 IP 版权的保护、IP 的保密、IP 间的集成等。

片上系统（System on Chip，SoC），又称为芯片系统、系统芯片，是指把系统集成在一片芯片上，这在便携设备中用得较多，尤其是手机芯片，是典型的 SoC。手机 SoC 上集成了 CPU、GPU（Graphics Processing Unit，图形处理器）、RAM、Modem（调制解调器）、DSP（数字信号处理）、CODEC（编解码器）等部件，集成度很高，是 SoC 的典型代表。

微电子工艺的进步为 SoC 的实现提供了硬件基础，EDA 软件则为 SoC 实现提供了工具。EDA 工具正在向着高层化发展，如果把电子设计看成是设计者根据设计规则用软件搭接已有的不同模块，那么早期的设计是基于晶体管的（Transistor Based Design）。在这一阶段，设计者最关心的是怎样减小芯片的面积，所以又称为面积驱动的设计（Area Driving Design，ADD）。随着设计方法的改进，出现了以门级模块为基础的设计（Gate Based Design）。在这一阶段，设计者在考虑芯片面积的同时，更多关注门级模块之间的延时，所以这种设计又称为延时驱动的设计（Time Driving Design，TDD）。20 世纪 90 年代以来，芯片的集成度进一步提高、SoC 的出现，使得以 IP 复用为基础的设计逐渐流行，这种设计方法称为基于模块的设计（Block Based Design，BBD）方法。在应用 BBD 方法进行设计的过程中，逐渐产生的一个问题是，在开发完一个产品后，如何尽快开发出其系列产品。这样就产生了新的概念——PBD，PBD 是基于平台的设计（Platform Based Design）方法，它是一种基于 IP 的、面向特定应用领域的 SoC 设计环境，可以在更短的时间内设计出满足需要的电路。PBD 的实现依赖如下关键技术的突破：高层次系统级的设计工具、软硬件协同设计技术等。图 1.4 是上述设计方法演变的示意图。

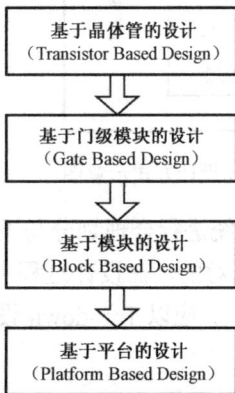

图 1.4 设计方法的演变

1.3 数字系统设计的流程

数字系统的实现可选两种方案：一种是用可编程逻辑器件（PLD）实现，另一种是用专用集成电路（ASIC）实现，这两种方案各有优缺点。

PLD（FPGA/CPLD）是半定制类的器件，器件内已集成各种逻辑资源，只需对器件内的资源编程连接就能实现诸多功能，且可以反复修改，直到满足设计需求，灵活性高，成本低且风险小。

专用集成电路（Application Specific Integrated Circuit，ASIC）用全定制方式（版图级）实现设计，也称为掩膜（Mask）ASIC。ASIC 实现方式能达到功耗更低、面积更省的目的，它需设计版图（CIF、GDS II 格式）并交厂家（Foundry）流片，实现成本高，设计周期长，适用于性能要求高、批量大的应用场景。一般的设计用 FPGA/CPLD 实现即可，对于成熟的设计，可考虑用 ASIC 替换 PLD，以获得最优的性价比。

基于 FPGA/CPLD 器件的数字设计流程如图 1.5 所示，包括设计输入、综合、布局布线、仿真、编程与配置等步骤。

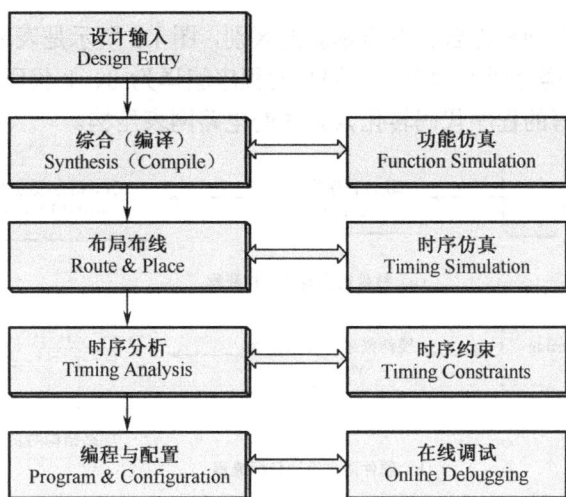

图 1.5　基于 FPGA/CPLD 器件的数字设计流程

1.3.1　设计输入

设计输入（Design Entry）是将设计者设计的电路以开发软件要求的某种形式表达出来，并输入到相应软件中的过程。设计输入最常用的方式是原理图输入和 HDL 文本输入。

1）原理图输入：原理图（Schematic）是图形化的表达方式，使用元件符号和连线描述设计。其特点是适合描述连接关系和接口关系，表达直观，尤其对表现层次结构、模块化结构更为方便，但它要求设计工具提供必要的元件库或宏模块库，设计的可重用性、可移植性也弱一些。

2）HDL 文本输入：硬件描述语言（HDL）是一种用文本形式描述、设计电路的语言。硬件描述语言的发展至今不过 20 多年的历史，已成功应用于数字开发的各个阶段：设计、综合、仿真和验证等。到 20 世纪 80 年代，已出现数十种硬件描述语言，进入 20 世纪 80 年代后期，硬件描述语言向着标准化、集成化的方向发展。最终，VHDL 和 Verilog HDL 适应了这种发展趋势，先后成为 IEEE 标准，在设计领域成为事实上的通用硬件描述语言。VHDL 和 Verilog HDL 各有优点，可用来进行算法级（Algorithm Level）、寄存器传输级（RTL）、门级（Gate Level）等各种层次的逻辑设计，也可以进行仿真验证、时序分析等。HDL 语言因其标准化而易于将设计移植到不同平台。

1.3.2　综合

综合（Synthesis）是一个很重要的步骤，指的是将较高级抽象层次的设计描述自动转化为较低层次描述的过程。综合在有的工具中也被称为编译（Compile），综合有下面几种形式：

- 将算法表示、行为描述转换到寄存器传输级（RTL），即从行为描述到结构描述。
- 将 RTL 级描述转换到逻辑门级（包括触发器），称为逻辑综合。
- 将逻辑门表示转换到版图表示，或转换到 PLD 器件的配置网表表示；根据版图信息能够进行 ASIC 生产，有了配置网表可完成基于 PLD 器件的系统实现。

综合器（Synthesizer）就是自动实现上述转换的软件工具。或者说，综合器是将原理图或 HDL 语言表达、描述的电路，编译成由与或阵列、RAM、触发器、寄存器等逻辑单元组成的电路结构网表的工具。

软件程序编译器和硬件综合器有着本质的区别，图 1.6 所示是表现两者区别的示意图，软件程序编译器将 C 语言或汇编语言等编写的程序编译为 0、1 代码流，而硬件综合器则将用硬件描述语言编写的程序代码转化为具体的电路网表结构。

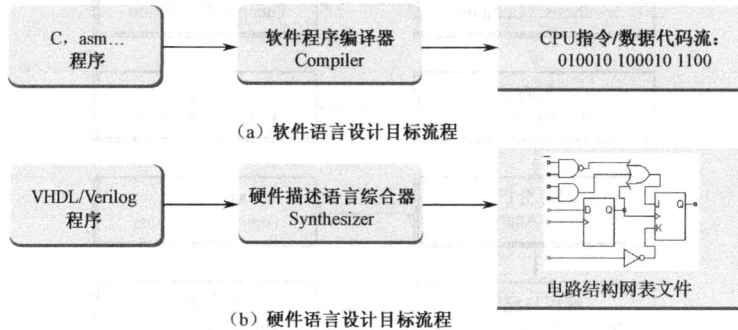

（a）软件语言设计目标流程

（b）硬件语言设计目标流程

图 1.6　软件程序编译器和硬件综合器的比较

1.3.3　布局布线

布局布线（Place & Route），又称为适配（Fitting），可理解为将综合生成的电路逻辑网表映射到具体的目标器件中予以实现，并产生最终的可下载文件的过程。布局布线将综合后的网表文件针对某一具体的目标器件进行逻辑映射，把整个设计分为多个适合器件内部逻辑资源实现的逻辑小块，并根据用户的设定在速度和面积之间做出选择或折中；布局是将已分割的逻辑小块放到器件内部逻辑资源的具体位置，并使它们易于连线；布线则是利用器件的布线资源完成各功能块之间和反馈信号之间的连接。

布局布线完成后产生如下一些重要的文件。

1）芯片资源耗用情况报告。

2）面向其他 EDA 工具的输出文件，如 EDIF 文件等。

3）产生延时网表文件，以便进行时序分析和时序仿真。

4）器件编程文件：如用于 CPLD 编程的 JEDEC、POF 等格式的文件；用于 FPGA 配置的 SOF、JAM、BIT 等格式的文件。

布局布线与芯片的物理结构直接相关，因此，一般选择芯片制造商提供的开发工具进行此项工作。

1.3.4　时序分析与时序约束

时序分析（Timing Analysis），或者称为静态时序分析（Static Timing Analysis，STA），是指分析设计中所有的时序路径（Timing Path），计算每条时序路径的延时，检查每一条时序路径尤其是关键路径（Critical Path）是否满足时序要求，并给出时序分析和报告结果，只要该路径的时序裕量（Slack）为正，就表示该路径能满足时序要求。

时序分析前一般先要时序约束（Timing Constraint），以提供设计目标和参考数值。

静态时序分析的主要目的在于保证系统的稳定性、可靠性，并提高系统工作频率和数据处理能力。

1.3.5　功能仿真与时序仿真

仿真（Simulation）也称为模拟，是对所设计电路的功能的验证。用户可以在设计过程中对整个系统和各模块进行仿真，即在计算机上用软件验证功能是否正确、各部分的时序配合是否准确。有问题可以随时修改，避免了逻辑错误。高级的仿真软件还可以对整个系统设计的性能进行估计。规模越大的设计，越需要进行仿真。

仿真包括功能仿真（Function Simulation）和时序仿真（Timing Simulation）。不考虑信号时延等因素的仿真称为功能仿真，又称前仿真；时序仿真又称后仿真，它是在选择具体器件并完成布局布线后进行的包含延时的仿真，其仿真结果能比较精确地模拟未来芯片的实际性能。由于不同器件的内部延时不一样，不同的布局、布线方案也给延时造成很大的影响，因此时序仿真是非常有必要的，如果仿真结果达不到设计要求，就需要修改源代码或选择不同速度等级的器件，直至满足设计要求。

注：上面的时序分析和时序仿真是两个不同的概念，时序分析是静态的，又称为静态时序分析，不需要编写测试向量，但需编写时序约束，主要分析设计中所有可能的信号路径并确定其是否满足时序要求；时序仿真是动态的，需要编写测试向量（Test Bench 脚本）。

1.3.6　编程与配置

把适配后生成的编程文件装入 PLD 器件中的过程称为下载。通常将对基于 EEPROM 工艺的非易失结构 CPLD 器件的下载称为编程（Program），而将基于 SRAM 工艺结构的 FPGA 器件的下载称为配置（Configuration）。编程需要满足一定的条件，如编程电压、编程时序和编程算法等。下载完成后便可进行在线调试（Online Debugging），若发现问题，则需要重复上面的流程。

1.4　常用的 EDA 工具软件

EDA 工具软件有两种分类方法：一种是按公司类别进行分类，另一种是按照软件的功能进行划分。按公司类别分，大体有两类：一类是专业 EDA 软件公司开发的工具，也称为第三方 EDA 软件工具（Third-Party Tools），专业 EDA 公司较著名的有 Synopsys、Mentor Graphics、Cadence，其软件工具被广泛应用，这些专业 EDA 公司及其较为出名的 EDA 工具见表 1.1；另外一类是 PLD 器件厂商为销售其芯片而开发的 EDA 工具，较著名的有 Intel、Xilinx、Lattice 等。前者独立于半导体器件厂商，其推出的 EDA 软件针对用户的某一种应用需求设计开发而成；后者针对自己器件的工艺特点做出优化设计，提高资源利用率、降低功耗、改善性能，功能全面。

表 1.1　专业 EDA 公司及其较为出名的 EDA 工具

专业 EDA 公司	EDA 工具
Synopsys	Design Compiler（DC）（综合器）
	Synplify（综合器）
	VCS/Scirocco（仿真器）
Mentor Graphics	Precision Synthesis（综合器）
	ModelSim/QuestaSim（仿真器）
Cadence	Prime Time（PT）（静态时序分析器）
	Synergy（ASIC 综合器）

1. 集成的 FPGA/CPLD 开发工具

集成的 FPGA/CPLD 开发工具是由 FPGA/CPLD 生产厂家提供的，这些工具可以完成从设计输入、逻辑综合、仿真到适配下载等全部工作。常用的集成 FPGA/CPLD 开发工具见表 1.2，这些开发工具多数将一些专业的第三方软件集成在一起，方便用户在设计过程中选择其完成某些设计任务。

表 1.2　常用的集成 FPGA/CPLD 开发工具

软　件	说　　明
	MAX+Plus II 是 Altera 的集成开发软件，使用广泛，支持 Verilog HDL、VHDL 和 AHDL，MAX+Plus II 发展到 10.2 版本后，已不再推出新版本
	Quartus II 是 Altera 继 MAX+Plus II 后的第 2 代开发工具
	从 Quartus II 15.1 开始，Quartus II 更名为 Quartus Prime。Quartus Prime 已发布的最新版本是 20.0，Quartus Prime 集成了新的 Spectra-Q 综合工具，支持数百万 LE 单元的 FPGA 器件的综合；集成了新的前端语言解析器，扩展了对 VHDL-2008 和 System Verilog-2005 的支持
	ISE 是 Xilinx 的 FPGA/CPLD 的集成开发软件，提供从设计输入到综合、布线、仿真、下载的全套解决方案，并提供与其他 EDA 工具的接口
	Vivado 设计套件是 Xilinx 公司 2012 年发布的新的集成设计环境。包括高度集成的设计环境和新一代从系统到 IC 级的工具，均建立在共享的可扩展数据模型和通用调试环境基础上。Vivado 是基于 AMBA AXI4 互连规范、IP-XACT IP 封装元数据、工具命令语言（TCL）、Synopsys 系统约束（SDC）及其他有助于根据客户需求量身定制设计流程并符合业界标准的开放式环境，支持多达 1 亿个等效 ASIC 门的设计
	Xilinx 于 2019 年 10 月发布的统一软件平台，进一步模糊了软硬件开发的边界，为云端、边缘和混合计算提供了统一的开发环境
	ispLEVER Classic 是 Lattice 的 FPGA 设计环境，支持 FPGA 器件的整个设计过程，从概念设计到 JEDEC 或位流编程文件输出
	Diamond 软件也是 Lattice 的开发工具，支持 FPGA 从设计输入到位流文件下载的整个流程。支持 Windows 7、Windows 8 等操作系统

2. 设计输入工具

输入工具主要是帮助用户完成原理图和 HDL 文本的编辑和输入工作。好的输入工具支持多种输入方式，包括原理图、HDL 文本、波形图、状态机、真值表等。例如，HDL Designer Series 是 Mentor 公司的设计输入工具，包含于 FPGA Advantage 软件中，可以接受 HDL 文本、原理图、状态图、表格等多种设计输入形式，并将其转化为 HDL 文本表达方式，功能很强。输入工具可帮助用户提高输入效率，多数人习惯使用集成开发软件或者综合/仿真工具中自带的原理图和文本编辑器，也可以直接使用普通文本编辑器，如 Notepad++等。

3. 逻辑综合器（Synthesizer）

逻辑综合是将设计者在 EDA 平台上编辑输入的 HDL 文本、原理图或状态图描述，依据给定的硬件结构和约束控制条件进行编译、优化和转换，最终获得门级电路甚至更底层的电路描述网表文件的过程。

逻辑综合工具能够自动完成上述过程，产生优化的电路结构网表，输出.edf 文件，导入 FPGA/CPLD 厂家的软件进行适配和布局布线。专业的逻辑综合软件通常比 FPGA/CPLD 厂家的集成开发软件自带的逻辑综合功能更好一些，能得到更优的结果。

著名的用于 FPGA/CPLD 设计的 HDL 综合工具有 Synopsys 的 Synplify、Synplify Pro 和 Synplify Premier；Mentor Graphics 的 Precision Synthesis 和 Leonardo Spectrum，表 1.3 对这些综合器的性能做了介绍。

表 1.3　常用的 HDL 综合工具

软　件	说　明
Synplicity®	Synplify、Synplify Pro 和 Synplify Premier 是 Synopsys 的 VHDL/Verilog HDL 综合软件。Synplify Premier 功能最强，内部集成 Identify RTL 调试仪，能快速查错；与 VCS 仿真器集成并支持 DesignWare IP 时序性能分析；支持 Verilog、SystemVerilog、VHDL、VHDL–2008 和混合语言编程；支持单机或多机综合
Precision Synthesis	Precision Synthesis 是 Mentor Graphics 的综合工具，集成了支持最小面积、功耗以及最佳性能等多项设计目标的优化策略的逻辑综合算法，支持 VHDL、Verilog–2001 以及 System Verilog 等语言
LEONARDO *spectrum*	Leonardo Spectrum 也是 Mentor Graphics 的综合软件，并作为 FPGA Advantage 软件的一个组成部分，Leonardo Spectrum 可同时用于 FPGA/CPLD 和 ASIC 设计两类目标

4. 仿真器

仿真工具提供了对设计进行模拟仿真的手段，包括布线以前的功能仿真（前仿真）和布线以后包含延时的时序仿真（后仿真）。在一些复杂的设计中，仿真比设计本身还要艰巨，因此有人认为仿真是 EDA 的精髓所在，仿真器的仿真速度、仿真的准确性、易用性等成为衡量仿真器性能的重要指标。

仿真器按对设计语言的处理方式分为两类：编译型仿真器和解释型仿真器。编译型仿真器的仿真速度快，但需要预处理，因此不能即时修改；解释型仿真器的仿真速度慢一些，但可以随时修改仿真环境和仿真条件。按处理的 HDL 语言类型，仿真器可分为 Verilog HDL 仿真器、VHDL 仿真器和混合仿真器，混合仿真器能够同时处理 Verilog HDL 和 VHDL。

常用的 HDL 仿真软件如表 1.4 所示。

表 1.4　常用的 HDL 仿真软件

软　件	说　明
M̄ ModelSim/QuestaSim	ModelSim 是 Mentor Graphics 的 VHDL/Verilog HDL 混合仿真软件，属于编译型仿真器，速度快。QuestaSim 是 ModelSim 的增强版，增加了 System Verilog 仿真的功能，两者的指令操作基本相同

软　　件	说　　明
ALDEC Active HDL/Riviera-PRO	Active HDL 是 Aldec 的 VHDL/Verilog HDL 仿真软件，简单易用，提供超过 120 种 EDA 软件接口；Riviera-PRO 是 Aldec 更为高端的 VHDL/Verilog HDL 仿真软件，支持 VHDL、Verilog、EDIF、System Verilog、System C 等语言
cadence NC-Verilog/NC-VHDL/NC-Sim	这几个软件都是 Cadence 公司的 VHDL/Verilog HDL 仿真工具，其中 NC-Verilog 的前身是著名的 Verilog 仿真软件 Verilog-XL，用于对 Verilog 程序进行仿真；NC-VHDL 用于 VHDL 仿真；而 NC-Sim 则能够对 VHDL/Verilog HDL 进行混合仿真
SYNOPSYS VCS/Scirocco	VCS 是 Synopsys 公司的编译型 Verilog HDL 仿真器，支持 OVI 标准的 Verilog 语言、PLI 和 SDF；Scirocco 是 Synopsys 的 VHDL 仿真器

ModelSim 能够提供 Verilog HDL/VHDL 混合仿真，QuestaSim 是 ModelSim 的增强版，两者的指令操作基本相同；NC-Verilog 和 VCS 是基于编译技术的仿真软件，能够胜任行为级、RTL 级和门级各种层次的仿真，速度快。

5. IC 版图设计工具

提供 IC 版图设计工具的著名公司有 Synopsys、Cadence、Mentor。其中 Synopsys 的优势在于其逻辑综合工具，而 Mentor 和 Cadence 则能够在设计的各个层次提供全套的开发工具。在晶体管级或基本门级提供图形输入工具的有 Cadence 的 Composer、Viewlogic 公司的 Viewdraw 等。专用于 IC 的综合工具有 Synopsys 的 Design Compiler（DC）和 Behavial Compiler、Cadence 的 Synergy 等。SPICE 是著名的模拟电路仿真工具，SPICE 最早产生于伯克利大学，历经数十年的发展，随着晶体管线宽的不断缩小，SPICE 也引入了更多的参数和更复杂的晶体管模型，使其在亚微米和深亚微米工艺的今天依旧是模拟电路仿真的重要工具之一。此外，还有其他一些 IC 版图工具，如自动布局布线（Auto Plane & Route）工具、版图输入工具、物理验证（Physical Validate）和参数提取（LVS）工具，等等。半导体集成技术还在不断发展，相应的 IC 设计工具也不断地更新换代，以提供对 IC 设计的全方位支持。

6. 其他 EDA 工具

除了上面介绍的 EDA 软件，一些公司还推出了一些开发套件和专用的开发工具，如 Quartus Prime 推出的 Platform Designer 就是一种基于 PBD（Platform Based Design）设计理念的开发工具，它是一种基于 IP 的面向 SoC 的设计环境，可以在更短的时间内设计出满足需要的电路。这些专用的 EDA 开发套件和开发工具如表 1.5 所示。

表 1.5　专用的 EDA 开发套件和开发工具

软　　件	说　　明
Advantage FPGA	Mentor 公司的 VHDL/Verilog HDL 完整开发系统，可以完成适配和编程以外的所有工作，包括三套软件：HDL Designer Series（输入及项目管理）、Leonardo Spectrum（逻辑综合）和 ModelSim（模拟仿真）
SOPC Builder **Qsys** **Platform Designer**	从 Quartus II 10 开始，SOPC Builder 已被 Qsys 代替，Qsys 是 SOPC Builder 的升级版，用于系统级的 IP 集成，能将不同 IP 模块以及 Nios II 核整合在一起，提高 FPGA 设计效率；从 Quartus Prime 17.1 版开始，Qsys 更名为 Platform Designer，内容与名字更为统一

续表

软　件	说　明
Vivado HLS	Vivado HLS 支持直接使用 C、C++以及 System C 语言对 Xilinx 的 FPGA 器件进行编程，并转换为 RTL 级模型，通过高层次综合生成 HDL 级的 IP 核，从而加速 IP 创建
DSP Builder	Altera 的开发工具，支持在 MATLAB 和 Simulink 中进行 DSP 算法设计，然后自动将算法设计转化为 HDL 文件，实现 DSP 工具（MATLAB）到 EDA 工具（Quartus II）的无缝连接
System Generator	Xilinx 的 DSP 开发工具，实现 ISE 与 MATLAB 的接口，能有效地完成数字信号处理的仿真和最终 FPGA 实现

1.5　EDA 技术的发展趋势

1. 高性能的 EDA 工具将得到进一步发展

随着市场需求的增长，集成工艺水平及计算机自动设计技术的不断提高，单片系统或系统集成芯片成为 IC 设计的主流，这一发展趋势表现在以下几个方面。

1）超大规模集成电路技术水平的不断提高，超深亚微米（VDSM）工艺已走向成熟，在一个芯片上完成系统级的集成已成为现实。

2）由于工艺线宽的不断减小，在半导体材料上的许多寄生效应已经不能简单地被忽略，这就对 EDA 工具提出了更高的要求。同时，这也使得 IC 生产线的投资更为巨大，可编程逻辑器件开始进入传统的 ASIC 市场。

3）市场对电子产品提出更高的要求，如必须降低电子系统的成本，减小系统的体积、功耗等，从而对系统的集成度不断提出更高的要求。同时，设计效率也成为一个产品能否成功的关键因素，促使 EDA 工具更重视 IP 核的集成。

4）高性能的 EDA 工具将得到长足的发展，其自动化和智能化程度将不断提升；另一方面，计算机技术的提高也为复杂的 SoC 设计提供了物质基础。

现在的硬件描述语言只提供行为级或功能级的描述，尚无法完成系统级的抽象描述，目前已开发出更趋于电路行为级设计的硬件描述语言，如 System C、System Verilog 等；还出现了一些系统级混合仿真工具，可在同一开发平台上完成高级语言（如 C/C++等）与标准硬件描述语言（Verilog HDL、VHDL）的混合仿真。

2. EDA 技术将促使 ASIC 和 FPGA 逐步走向融合

随着系统开发对 EDA 技术的目标器件各种性能指标要求的提高，ASIC 和 FPGA 将更大程度地相互融合。这是因为，虽然标准逻辑 ASIC 芯片尺寸小、功能强、耗电省，但设计复杂，并且有批量生产要求；可编程逻辑器件的开发费用低，能现场编程，但体积大、功耗大。因此 FPGA 和 ASIC 正在走到一起，两者之间正在诞生一种"杂交"产品，互相融合，取长补短，以满足成本和上市速度的要求。例如，将可编程逻辑器件嵌入标准单元。

3. EDA 技术的应用领域将更为广泛

从目前的 EDA 技术来看，其特点是使用普及、应用面广、工具多样。ASIC 和 PLD 器件正在向超高速、高密度、低功耗、低电压方向发展。EDA 技术水平不断进步，设计工具不断趋于完善。

习　题　1

1.1　现代 EDA 技术的特点有哪些？

1.2　什么是 Top-down 设计方式？

1.3　数字系统的实现方式有哪些？各有什么优缺点？

1.4　什么是 IP 复用技术？IP 核对 EDA 技术的应用和发展有什么意义？

1.5　基于 FPGA/CPLD 的数字系统设计流程包括哪些步骤？

1.6　什么是综合？常用的综合工具有哪些？

1.7　功能仿真与时序仿真有什么区别？

1.8　FPGA 与 ASIC 在概念上有什么区别？

第 2 章　FPGA/CPLD 器件

可编程逻辑器件（Programmable Logic Device，PLD）是 20 世纪 70 年代发展起来的一种新型器件，它的应用和发展给数字系统的设计方式带来了革命性的变化。PLD 器件发展迅速，其动力来自实际需求和芯片制造商间的竞争。

2.1　PLD 器件概述

PLD 器件在工艺、结构、容量、速度和灵活性方面经历了一个不断发展变革的过程。

2.1.1　PLD 器件的发展历程

PLD 器件的雏形是 20 世纪 70 年代中期出现的可编程逻辑阵列（Programmable Logic Array，PLA），PLA 在结构上由可编程的与阵列和可编程的或阵列构成，阵列规模小，编程烦琐。后来出现了可编程阵列逻辑（Programmable Array Logic，PAL），PAL 由可编程的与阵列和固定的或阵列组成，采用熔丝编程工艺，它的设计较 PLA 灵活、快速，因而成为第一个得到普遍应用的 PLD 器件。

20 世纪 80 年代初，美国的 Lattice 公司发明了通用阵列逻辑（Generic Array Logic，GAL）。GAL 器件采用了 EEPROM 工艺和输出逻辑宏单元（OLMC）的结构，具有可擦除、可编程、可长期保持数据的优点，所以 GAL 得到更为广泛的应用。

之后，PLD 器件进入一个快速发展的时期，向着大规模、高速度、低功耗的方向发展。20 世纪 80 年代中期，Altera 公司推出一种新型的可擦除、可编程的逻辑器件（Erasable Programmable Logic Device，EPLD），EPLD 采用 CMOS 和 UVEPROM 工艺制成，集成度更高、设计更灵活，但其内部连线功能弱一些。

1985 年，美国 Xilinx 公司推出了现场可编程门阵列（Field Programmable Gate Array，FPGA），这是一种采用单元型结构的新型 PLD 器件。它采用 CMOS、SRAM 工艺制作，在结构上和阵列型 PLD 不同，它的内部由许多独立的可编程逻辑单元构成，各逻辑单元之间可以灵活地相互连接，具有密度高、速度快、编程灵活、可重新配置等优点，FPGA 成为当前主流的 PLD 器件之一。

CPLD（Complex Programmable Logic Device），即复杂可编程逻辑器件，是从 EPLD 改进而来的，采用 EEPROM 工艺制作。同 EPLD 相比，CPLD 增加了内部连线，对逻辑宏单元和 I/O 单元也有重大改进，它的性能好，使用方便。尤其是在 Lattice 公司提出在系统可编程（In System Programmable，ISP）技术后，相继出现了一系列具备 ISP 功能的 CPLD 器件，CPLD 是当前另一主流的 PLD 器件。

PLD 器件仍处在不断发展变革中。由于 PLD 器件在其发展过程中出现了很多种类，不同公司生产的 PLD，其工艺与结构各不相同，因此产生了不同的分类标准，以对众多的 PLD 器件进行分类。

2.1.2　PLD 器件的分类

1. 按集成度分类

集成度是 PLD 器件的一项重要指标。如果从集成密度上划分，PLD 可分为低密度 PLD 器件（LDPLD）和高密度 PLD 器件（HDPLD），低密度 PLD 器件也可称为简单 PLD 器件（SPLD）。历史上，GAL22V10 是简单 PLD 和高密度 PLD 的分水岭，一般按照 GAL22V10 芯片的容量区分 SPLD 和 HDPLD。GAL22V10 的集成度大致在 500～750 门。如果按照这个标准，那么 PROM、PLA、PAL 和 GAL 属于简单 PLD，而 CPLD 和 FPGA 则属于高密度 PLD，如表 2.1 所示。

表 2.1　PLD 器件按集成度分类

PLD 器件	简单 PLD（SPLD）	PROM
		PLA
		PAL
		GAL
	高密度 PLD（HDPLD）	CPLD
		FPGA

1）简单的可编程逻辑器件（SPLD）：包括 PROM、PLA、PAL 和 GAL 四类器件。

① 可编程只读存储器（Programmable Read-Only Memory，PROM）。PROM 采用熔丝工艺编程，只能写一次，不可以擦除或重写。随着技术的发展和应用需求的变化，出现了一些可多次擦除使用的存储器件，如 EPROM（紫外线擦除可编程只读存储器）和 EEPROM（电擦写可编程只读存储器）。PROM 具有成本低、编程容易的特点，适于存储数据、函数和表格。

② 可编程逻辑阵列（PLA）。PLA 现在基本已经被淘汰。

③ 可编程阵列逻辑（PAL）。GAL 可以完全代替 PAL 器件。

④ 通用可编程阵列逻辑（GAL）。由于 GAL 器件简单、便宜，使用也方便，因此在一些成本低、保密要求低、电路简单的场合仍有应用价值。

以上四类 SPLD 器件都是基于"与或"阵列结构的，不过其内部结构有明显区别，主要表现在与阵列、或阵列是否可编程，输出电路是否含有存储元件（如触发器），以及是否可以灵活配置（可组态）方面，具体的区别如表 2.2 所示。

表 2.2　四种 SPLD 器件的区别

器　件	与　阵　列	或　阵　列	输　出　电　路
PROM	固定	可编程	固定
PLA	可编程	可编程	固定
PAL	可编程	固定	固定
GAL	可编程	固定	可组态

2）高密度可编程逻辑器件（HDPLD）：包括 CPLD 和 FPGA 两类器件，这两类器件也是当前 PLD 器件的主流。

2. 按编程特点分类

1）按编程次数分类：按照可以编程的次数分为两类。

- 一次性可编程器件（One Time Programmable，OTP）。
- 多次可编程器件。

OTP 类器件的特点是只允许对器件编程一次，不能修改；而多次可编程器件则允许对器件多次编程，适合在科研开发中使用。

（2）按不同的编程元件和编程工艺划分：PLD 器件的可编程特性是通过器件的可编程元件来实现的，按照不同的编程元件和编程工艺划分，PLD 器件可分为下面几类。

① 采用熔丝（Fuse）编程元件的器件，早期的 PROM 器件采用此类编程结构，编程过程就是根据设计的熔丝图文件来烧断对应的熔丝以达到编程的目的。

② 采用反熔丝（Antifuse）编程元件的器件，反熔丝是对熔丝技术的改进，在编程处通过击穿漏层使得两点之间获得导通，与熔丝烧断获得开路正好相反。

③ 采用紫外线擦除、电编程方式的器件，如 EPROM。

④ EEPROM 型，即采用电擦除、电编程方式的器件，目前多数的 CPLD 采用此类编程方式，它是对 EPROM 编程方式的改进，用电擦除取代了紫外线擦除，提高了使用的方便性。

⑤ 闪速存储器（Flash）型。

⑥ 采用静态存储器（SRAM）结构的器件，即采用 SRAM 查找表结构的器件，大多数 FPGA 采用此类结构。

一般将采用前 5 类编程工艺结构的器件称为非易失类器件，这类器件在编程后，配置数据将一直保持在器件内，直至被擦除或重写；而采用第 6 类编程工艺的器件则称为易失类器件，这类器件在每次掉电后配置数据会丢失，因而每次上电都需要重新进行配置。

采用熔丝或反熔丝编程工艺的器件只能写一次，所以属于 OTP 类器件，其他种类的器件都可以反复多次编程。Actel、Quicklogic 的部分产品采用反熔丝工艺，这种 PLD 是不能重复擦写的，所以用于开发会比较麻烦，费用也比较高。反熔丝技术也有许多优点：布线能力强、系统速度快、功耗低，同时抗辐射能力强、耐高低温、可加密，所以适合在一些有特殊要求的领域运用，如军事及航空航天领域。

3. 按结构特点分类

按照不同的内部结构可以将 PLD 器件分为如下两类。

1）基于乘积项（Product-Term）结构的 PLD 器件：基于乘积项结构的 PLD 器件的主要结构是与或阵列，此类器件都包含一个或多个与或阵列，低密度的 PLD（包括 PROM，PLA，PAL 和 GAL 4 种器件）、EPLD 及绝大多数的 CPLD 器件（包括 Altera 的 MAX7000 系列，Xilinx 的 XC9500 系列等，Lattice、Cypress 的大部分 CPLD 产品）都是基于与或阵列结构的，这类器件多采用 EEPROM 或 Flash 工艺制作，配置数据掉在电后不会丢失，器件容量大多小于 5000 门的规模。

2）基于查找表（Look Up Table，LUT）结构的 PLD 器件：查找表的原理类似于 ROM，其物理结构基于静态存储器（SRAM）和数据选择器（MUX），通过查表方式实现函数功能。函数值存放在 SRAM 中，SRAM 的地址线即输入变量，不同的输入通过数据选择器（MUX）找到对应的函数值并输出。查找表结构的功能强，速度快，N 个输入的查找表可以实现任意 N 输入变量的组合逻辑函数。

绝大多数的 FPGA 器件都基于 SRAM 查找表结构实现，如 Altera 的 Cyclone 器件，Xilinx 的 XC4000、Spartan 器件等。此类器件的特点是集成度高（可实现百万逻辑门以上设计规模）、逻辑功能强，可实现大规模的数字系统设计和复杂的算法运算，但器件的配置数据易失，需外挂非易失配置器件来存储配置数据，才能构成可独立运行的系统。

2.2　PLD 的原理与结构

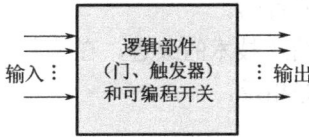

图 2.1　逻辑部件和可编程
开关构成 PLD 器件

PLD 是一类实现逻辑功能的通用器件，它可以根据用户的需要构成不同功能的逻辑电路。PLD 器件内部主要由各种逻辑功能部件（如逻辑门、触发器等）和可编程开关构成，如图 2.1 所示，这些逻辑部件通过可编程开关按照用户的需要连接起来，即可完成特定的功能。

2.2.1　PLD 器件的结构

任何组合逻辑函数均可化为"与或"表达式，用"与门—或门"二级电路实现，而任何时序电路又都可以由组合电路加上存储元件（触发器）构成。因此，从原理上说，与或阵列加上触发器的结构就可以实现任意的数字逻辑电路。PLD 器件就是采用这样的结构，再加上可以灵活配置的互连线，实现任意的逻辑功能。

图 2.2 表示的是 PLD 器件的基本结构，它由输入缓冲电路、与阵列、或阵列和输出缓冲电路四部分组成。"与阵列"和"或阵列"是主体，主要用来实现各种逻辑函数和逻辑功能；输入缓冲电路用于产生输入信号的原变量和反变量，并增强输入信号的驱动能力；输出缓冲电路主要用来对将要输出的信号进行处理，既能输出纯组合逻辑信号，也能输出时序逻辑信号，输出缓冲电路中一般有三态门、寄存器等单元，甚至有宏单元，用户可以根据需要灵活配置成各种输出方式。

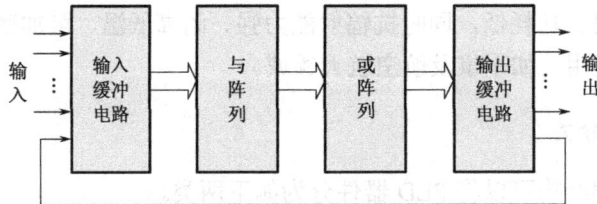

图 2.2　PLD 器件的基本结构

图 2.2 给出的是基于与或阵列的 PLD 器件的基本结构，这种结构的缺点是器件的规模不容易做得很大，随着器件规模的增大，设计人员又开发出另外一种可编程逻辑结构，即查找表（Look Up Table，LUT）结构，目前，绝大多数的 FPGA 器件都采用查找表结构。查找表的原理类似于 ROM，其物理结构是静态存储器（SRAM），N 个输入项的逻辑函数可以由一个 2^N 位容量的 SRAM 来实现，函数值存放在 SRAM 中，SRAM 的地址线起输入线的作用，地址即输入变量值，SRAM 的输出为逻辑函数值，由连线开关实现与其他功能块的连接。查找表结构将在 2.5 节进一步介绍。

2.2.2　PLD 电路的表示方法

首先回顾一下常用的数字逻辑电路符号。表 2.3 中是与门、或门、非门、异或门的逻辑电路符号，有两种表示方式：一种是 IEEE-1984 版的国际标准符号，称为矩形符号（Rectangular Outline Symbols）；另一种是 IEEE-1991 版的国际标准符号，称为特定外形符号（Distinctive Shape Symbols）。这两种符号都是 IEEE（Institute of Electrical and Electronics Engineers）和 ANSI（American National Standards Institute）规定的国际标准符号。显然，在大规模 PLD 器件中，特定外形符号更适于表示其内部逻辑结构。

表 2.3 与门、或门、非门、异或门的逻辑电路符号

	与 门	或 门	非 门	异 或 门
矩形符号	A B &—F	A B ≥1—F	A 1 —$\overline{A}$	A B =1—F
特定外形符号	A B —F	A B —F	A —$\overline{A}$	A B —F

对于 PLD 器件，为直观表示 PLD 器件的内部结构并便于识读，广泛采用下面这样的逻辑表示方法。

1. PLD 缓冲电路的表示

PLD 的输入缓冲器和输出缓冲器都采用互补的结构，其表示方法如图 2.3 所示。

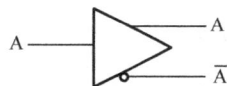

图 2.3 PLD 的输入缓冲电路

2. PLD 与门、或门表示

图 2.4 是 PLD 与阵列的表示符号，图中表示的乘积项为 $P = A \cdot B \cdot C$；图 2.5 是 PLD 或阵列的表示符号，图中表示的逻辑关系为 $F = P_1 + P_2 + P_3$。

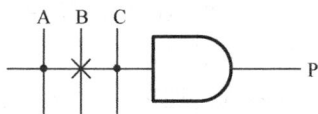

图 2.4 PLD 与阵列的表示符号　　　　图 2.5 PLD 或阵列的表示符号

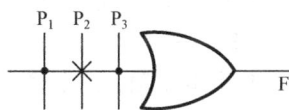

3. PLD 连接的表示

图 2.6 是 PLD 中阵列交叉点三种连接关系的表示法。其中，图 2.6（a）中的"·"表示固定连接，是厂家在生产芯片时连好的，不可改变；图 2.6（b）中的"×"表示可编程连接，表示该点既可以连接，也可以断开，在熔丝编程工艺的 PLD（如 PAL）中，接通对应于熔丝未熔断，断开对应于熔丝熔断；图 2.6（c）的未连接有两种可能：一是该点在出厂时就是断开的；二是该点是可编程连接，但熔丝熔断。

4. 逻辑阵列的表示

在图 2.7 表示的阵列中，与阵列是固定的，或阵列是可编程的，与阵列的输入变量为 A_2、A_1 和 A_0，输出变量为 F_1 和 F_0，其表示的逻辑关系为 $F_1 = A_2 A_1 \overline{A_0}$，$F_0 = \overline{A_2}\, \overline{A_1} A_0 + A_2 A_1 A_0$。

（a）固定连接　　　　（b）可编程连接　　　　（c）未连接

图 2.6　PLD 中阵列交叉点三种连接关系的表示法

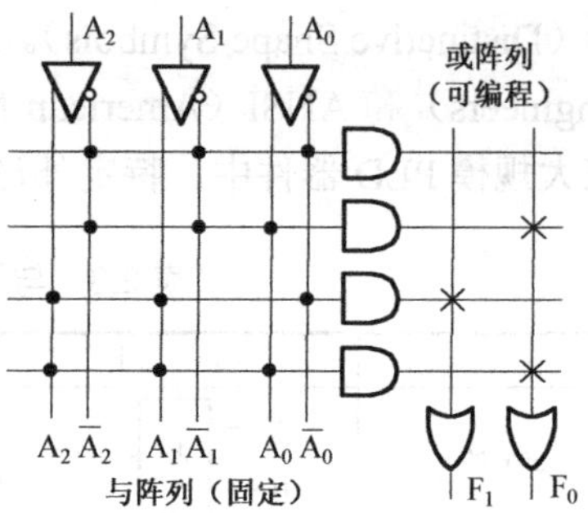

图 2.7　简单阵列

2.3　低密度 PLD 的原理与结构

SPLD 包括 PROM、PLA、PAL 和 GAL 四类器件。SPLD 器件中最基本的结构是"与或"阵列，通过编程改变"与阵列"和"或阵列"的内部连接，就可以实现不同的逻辑功能。

1. PROM

PROM 开始是作为只读存储器出现的，最早的 PROM 是用熔丝编程的，在 20 世纪 70 年代就开始使用了。从存储器的角度来看，PROM 存储器结构可表示成图 2.8 所示的形式，由地址译码器和存储阵列构成，地址译码器用于完成 PROM 存储阵列行的选择。从可编程逻辑器件的角度看，可以发现，地址译码器可看成一个与阵列，其连接是固定的；存储阵列可看成一个或阵列，其连接关系是可编程的。这样，可将 PROM 的内部结构用与或阵列的形式表示出来，图 2.9 所示是 PROM 的与或阵列结构表示形式，图中所示的 PROM 有 3 个输入端、8 个乘积项、3 个输出端。图中的"·"表示固定连接点，"×"表示可编程连接点。

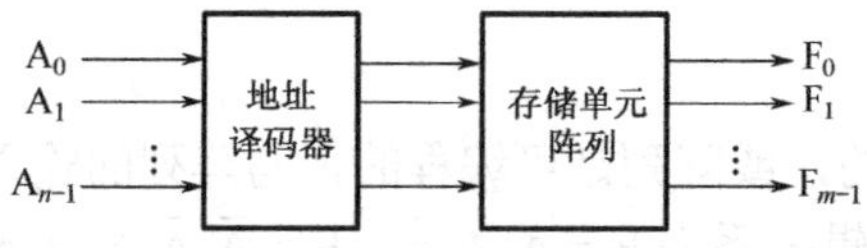

图 2.8　PROM 存储器结构

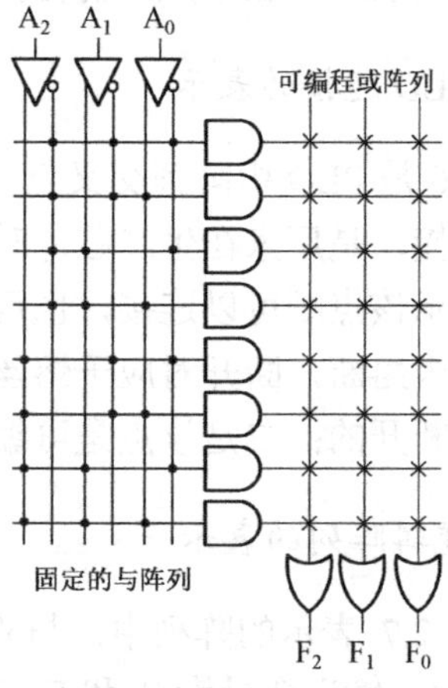

图 2.9　PROM 的与或阵列结构

图 2.10 所示是用 PROM 结构实现半加器逻辑功能的示意图，图 2.10（a）表示的是 2 输入的 PROM 阵列结构，图 2.10（b）是用该 PROM 结构实现半加器的电路连接图，其

输出逻辑为 $F_0 = A_0 \overline{A_1} + \overline{A_0} A_1$，$F_1 = A_0 A_1$。

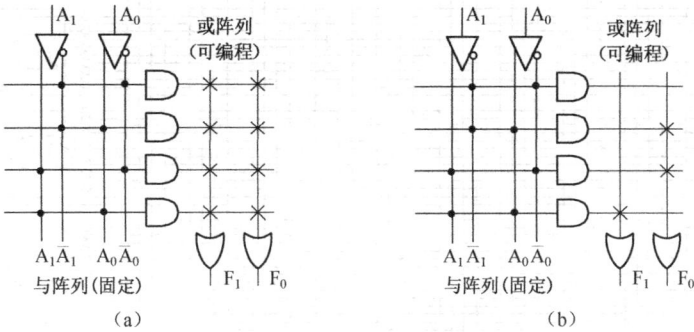

图 2.10 用 PROM 结构实现半加器逻辑功能

2. PLA

PLA 在结构上由可编程的与阵列和可编程的或阵列构成，图 2.11 是 PLA 逻辑阵列结构，图中所示的 PLA 只有 4 个乘积项，实际中的 PLA 规模要大一些，典型的结构是 16 个输入、32 个乘积项、8 个输出。PLA 的与阵列、或阵列都可以编程，这种结构的优点是芯片的利用率高，节省芯片面积；缺点是对开发软件的要求高，优化算法复杂；此外，器件的运行速度低。因此，PLA 只在小规模逻辑芯片上得到应用，目前，PLA 在实际中已经被淘汰。

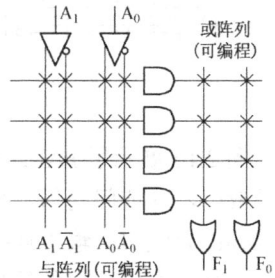

图 2.11 PLA 逻辑阵列结构

3. PAL

PAL 在结构上对 PLA 进行了改进，PAL 的与阵列是可编程的，或阵列是固定的，这样的结构使得送到或门的乘积项的数目是固定的，大大简化了设计算法。图 2.12 表示的是两个输入变量的 PAL 阵列结构，由于 PAL 的或阵列是固定的，因此图 2.12 表示的 PAL 阵列结构也可以用图 2.13 表示。如果逻辑函数有多个乘积项，PAL 通过输出反馈和互连的方式解决，即允许输出端再反馈到下一个与阵列。图 2.14 是 PAL22V10 器件的内部结构，从图中可以看到 PAL 的输出反馈，此外还可看出，PAL22V10 器件在输出端还加入了宏单元结构，宏单元中包含触发器，用于实现时序逻辑功能。

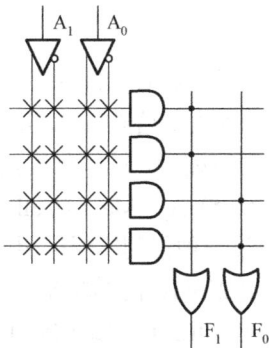

图 2.12 两个输入变量的 PAL 阵列结构

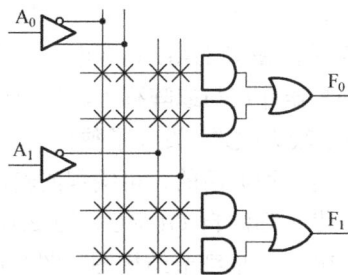

图 2.13 PAL 阵列的常用表示

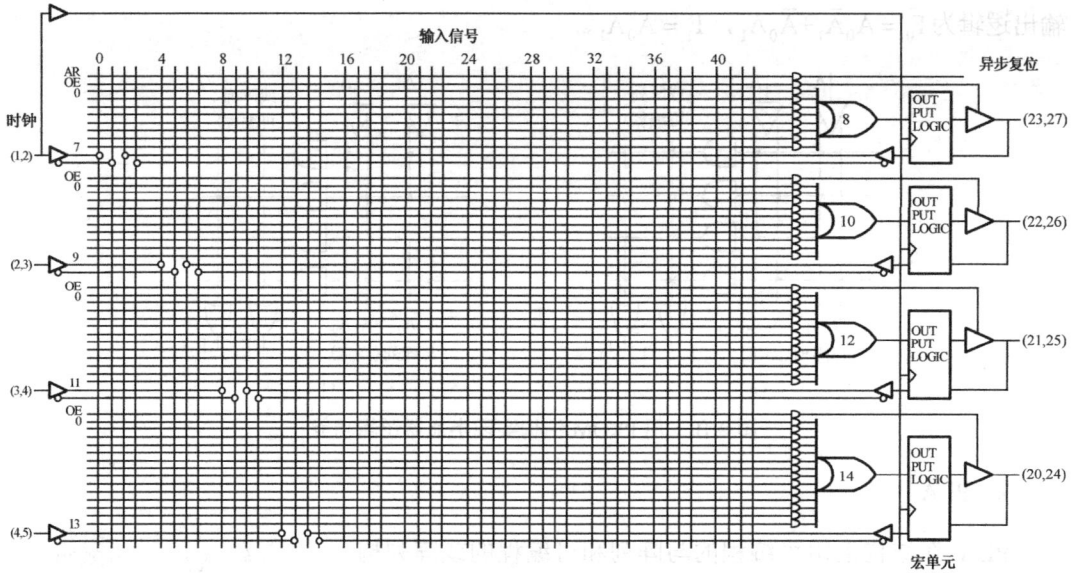

图 2.14 PAL22V10 器件的内部结构

图 2.15 展示了 PAL22V10 输出宏单元的结构。来自与或阵列的输入信号连至宏单元内的异或门，异或门的另一输入端可编程设置为 0 或 1，因此该异或门可以用来为或门的输出求补；异或门的输出连接到 D 触发器，2 选 1 多路器允许将触发器旁路；无论触发器的输出还是三态缓冲器的输出，都可以连接到与阵列。如果三态缓冲器输出为高阻态，那么与之相连的 I/O 引脚可以用作输入。

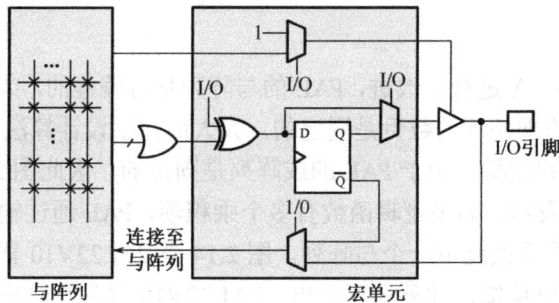

图 2.15 PAL22V10 内部的一个输出宏单元

4. GAL

1985 年，Lattice 公司在 PAL 的基础上设计出了 GAL 器件。GAL 首次在 PLD 上采用 EEPROM 工艺，使得 GAL 具有电可擦除重复编程的特点，解决了熔丝工艺不能重复编程的问题。GAL 器件在与或阵列上沿用 PAL 的结构，即与阵列可编程，或阵列固定，但在输出结构上做了较大改进，设计了独特的输出逻辑宏单元（Output Logic Macro Cell，OLMC）。

OLMC 是一种灵活的、可编程的输出结构，GAL 作为第一种得到广泛应用的 PLD 器件，其许多优点都源自 OLMC。图 2.16 是 GAL 器件 GAL22V10 的结构框图，图 2.17 是 GAL22V10 的局部细节结构图，图 2.18 则对 GAL22V10 的 OLMC 的结构做了展示。从图 2.18 中可以看出，OLMC 主要由或门、1 个 D 触发器、两个数据选择器（MUX）和 1 个输出缓冲器构成。其中，4 选 1 MUX 用来选择输出方式和输出的极性，2 选 1 MUX 用来选择反馈信号。而这两个 MUX 的状态由两位可编程的特征码 S_1S_0 来控制，S_1S_0 有 4 种组态，因此，OLMC 有 4 种输出方式。当 $S_1S_0 = 00$ 时，为低电平有效寄存器输出方式；当 $S_1S_0 = 01$ 时，为高电平有效寄存器输出方式；当 $S_1S_0 = 10$ 时，为低电平有效组合逻辑输出方式；当 $S_1S_0 = 11$ 时，为高电平有效组合逻辑输出方式。OLMC 的这 4 种输出方式分别如图 2.19 所示。

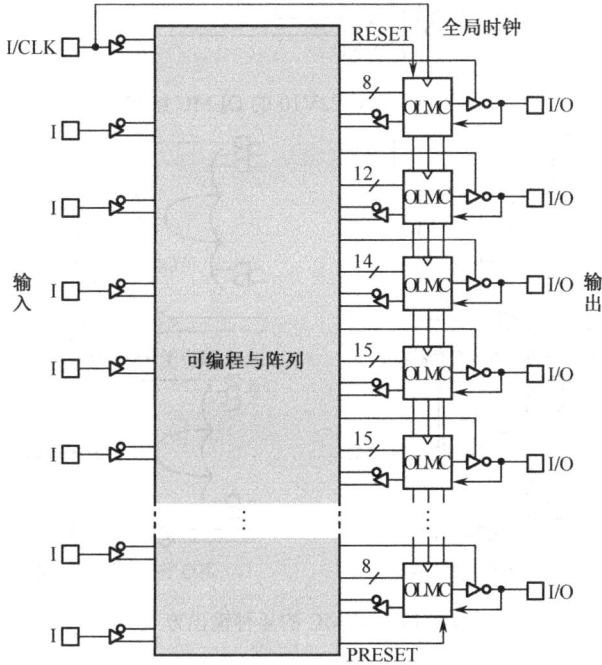

图 2.16　GAL 器件 GAL22V10 的结构

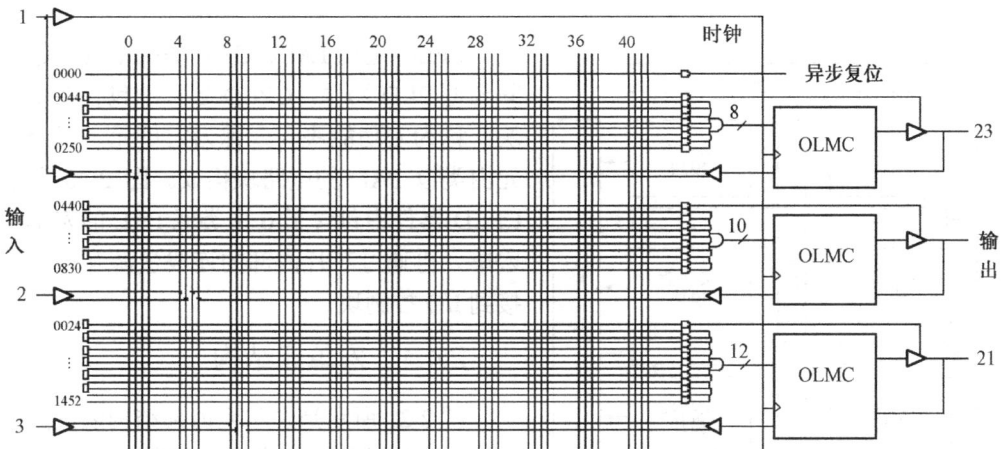

图 2.17　GAL22V10 的局部细节结构

用户在使用 GAL 器件时，借助开发软件将 S_1S_0 编程为 00、01、10、11 中的一个，便可将 OLMC 配置为 4 种输出方式中的一种。这种多输出结构的选择使 GAL 器件能适应不同数字系统的需要，具有比其他 SPLD 器件更高的灵活性和通用性。

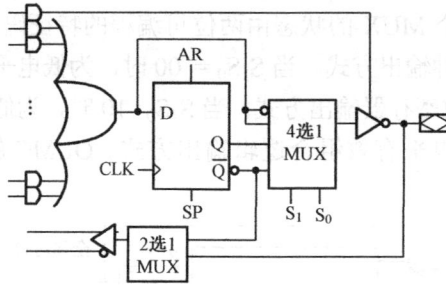

图 2.18　GAL22V10 的 OLMC 结构

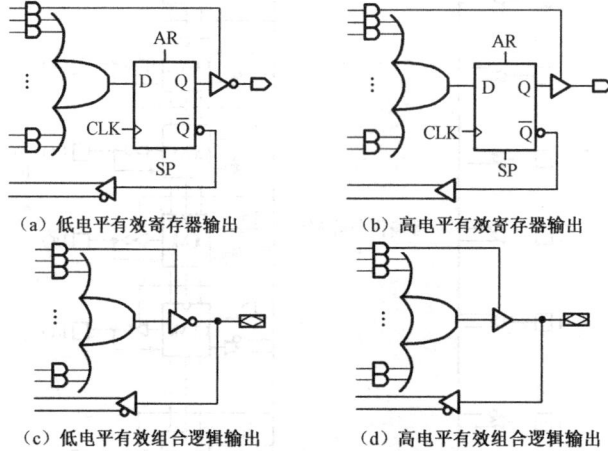

（a）低电平有效寄存器输出　　　（b）高电平有效寄存器输出

（c）低电平有效组合逻辑输出　　　（d）高电平有效组合逻辑输出

图 2.19　OLMC 的 4 种输出方式

2.4　CPLD 的原理与结构

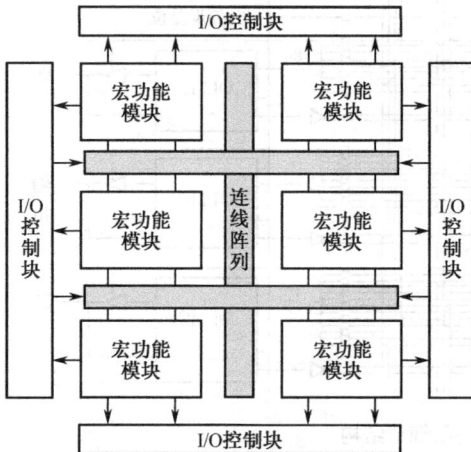

图 2.20　CPLD 器件的内部结构

CPLD 是在 PAL、GAL 基础上发展起来的阵列型 PLD 器件，CPLD 芯片中包含多个电路块，称为宏功能块，或称为宏单元，每个宏单元由类似 PAL 的电路块构成。图 2.20 所示的 CPLD 器件中包含了 6 个类似 PAL 的宏单元，宏单元再通过芯片内部的连线资源互连，并连接到 I/O 控制块。

2.4.1　宏单元结构

图 2.21 所示是宏单元内部结构以及两个宏单元间互连结构的示意图，即图 2.20 的细节展示图。我们可以看到每个宏单元是由类似 PAL 结构的电路构成的，包括可编程的与阵列，固定的或阵列。或门的输出连接至异或门的一个输入端，由于异或门的另一个输入可以由编程设置为 0 或 1，所以该异或门可以用来为或门的输出求补。异或门的输出连接到 D 触发器的输入端，2 选 1 多路选择器可以将触发器旁路，也可以将三态缓冲器使能或者连接到与阵列的乘积项。三态缓冲器的输出还可以反馈到与阵

列。如果三态缓冲器输出处于高阻状态，那么与之相连的 I/O 引脚可以用作输入。

很多 CPLD 都采用了与图 2.21 类似的结构，比如，Altera 的 MAX7000、MAX3000 系列（EEPROM 工艺），Xilinx 的 XC9500 系列（Flash 工艺）和 Lattice 的部分产品。当然，不同的器件在内部结构上也是有差别的。

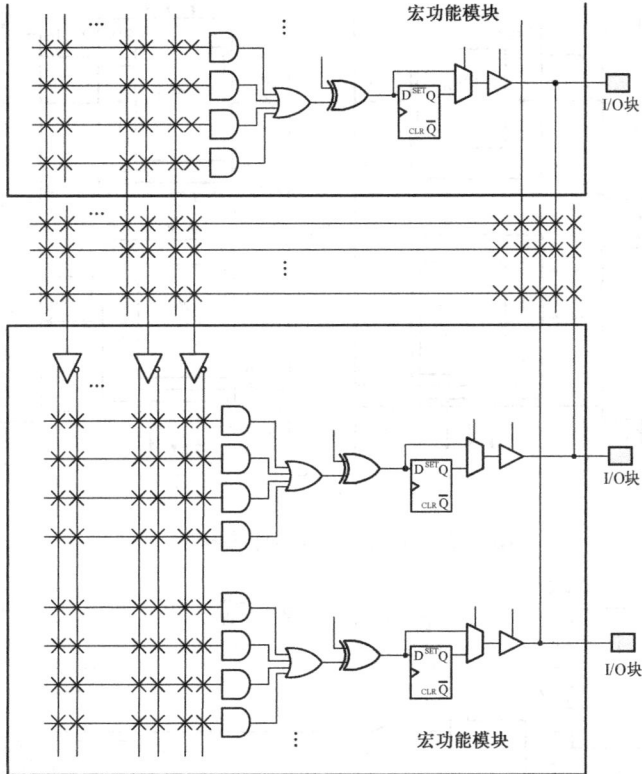

图 2.21　宏单元内部结构及单元间互连示意图

2.4.2　典型 CPLD 的结构

下面来看几种典型 CPLD 器件的结构。图 2.22 所示是 MAX 7000S 器件的内部结构，主要由以下几种部件构成：宏单元（Macrocells）、可编程连线阵列（Programmable Interconnet Array，PIA）和 I/O 控制块（I/O Control Blocks）。宏单元是 CPLD 器件的基本结构，用来实现基本的逻辑功能；可编程连线阵列负责信号传递，连接所有的宏单元；I/O 控制块负责输入/输出的电气特性控制，如可以设定集电极开路输出、摆率控制和三态输出等。

MAX 7000S 器件的宏单元的结构如图 2.23 所示。每个宏单元主要由 3 个功能块组成：逻辑阵列、乘积项选择矩阵和可编程触发器。左侧是乘积项阵列，实际就是与阵列，每一个交叉点都是一个可编程熔丝，导通就表示实现与逻辑。后面的乘积项选择矩阵是一个或阵列，两者一起完成组合逻辑。后面是可编程触发器，根据需要触发器可以分别配置为具有可编程时钟控制的 D、T、JK 或 SR 触发器工作方式，其时钟、清零端可编程选择，可使用专用的全局清零和全局时钟，也可以使用内部逻辑（乘积项阵列）产生的时钟和清零。如果不需要触发器，也可将此触发器旁路，信号直接输给 PIA 或输出到 I/O 引脚。可以看出，MAX 7000S 器件的宏单元结构与图 2.21 表示的宏单元基本结构类似，但更复杂一些。对于简单的逻辑函数，只需要一个宏单元就可以完成；但对于一个复杂的电路，单个宏单元实现不了，此时需要通过并联扩展项和共享扩展项将多个宏单元相连，宏单元的输出可以连接到可编程连线阵列，作为另一个宏单元的输入，这样，CPLD 就可以实现更为复杂的逻辑关系。

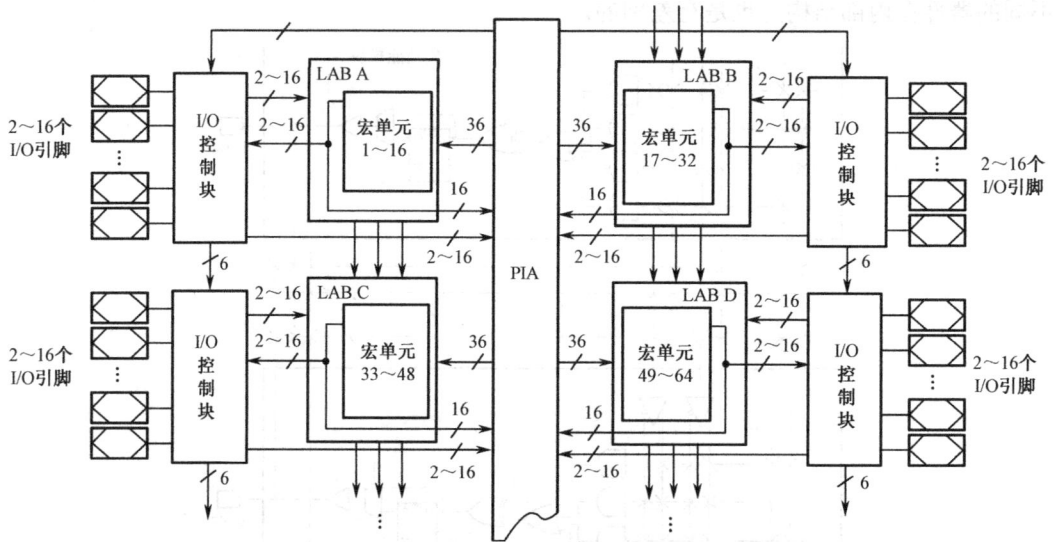

图 2.22　MAX 7000S 器件的内部结构

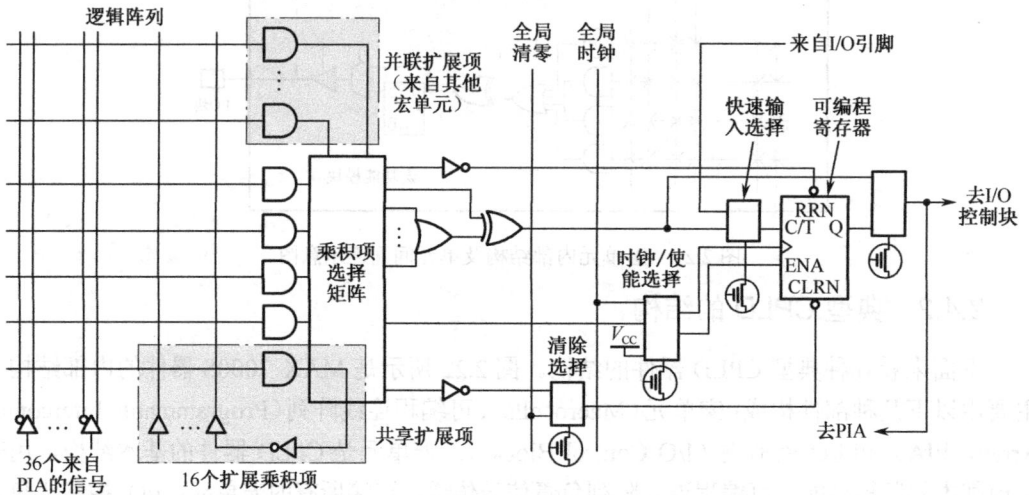

图 2.23　MAX 7000S 器件的宏单元的结构

XC9500 系列器件是 Xilinx 的典型 CPLD 器件，包括 XC9500、XC9500XV 和 XC9500XL 3 个子系列，均采用 0.35 μm Flash 快闪存储工艺制作。XC9500 系列器件内有 36～288 个宏单元，宏单元的结构如图 2.24 所示，来自与阵列的 5 个直接乘积项用做原始的数据输入（到 OR 或 XOR 门）来实现组合功能，也可用作时钟、复位/置位和输出使能的控制输入。乘积项分配器的功能与每个宏单元如何利用 5 个直接项的选择有关。每个宏单元可以单独配置成组合或寄存逻辑功能，每个宏单元内包含一个寄存器，可根据需要配置成 D 或 T 触发器；也可以被旁路，从而使宏单元只作为组合逻辑使用。每个寄存器均支持非同步的复位和置位。在加电期间，所有的用户寄存器都被初始化为用户定义的预加载状态（默认值为 0）。所有的全局控制信号，包括时钟、复位/置位和输出使能信号，对每个单独的宏单元都是有效的。

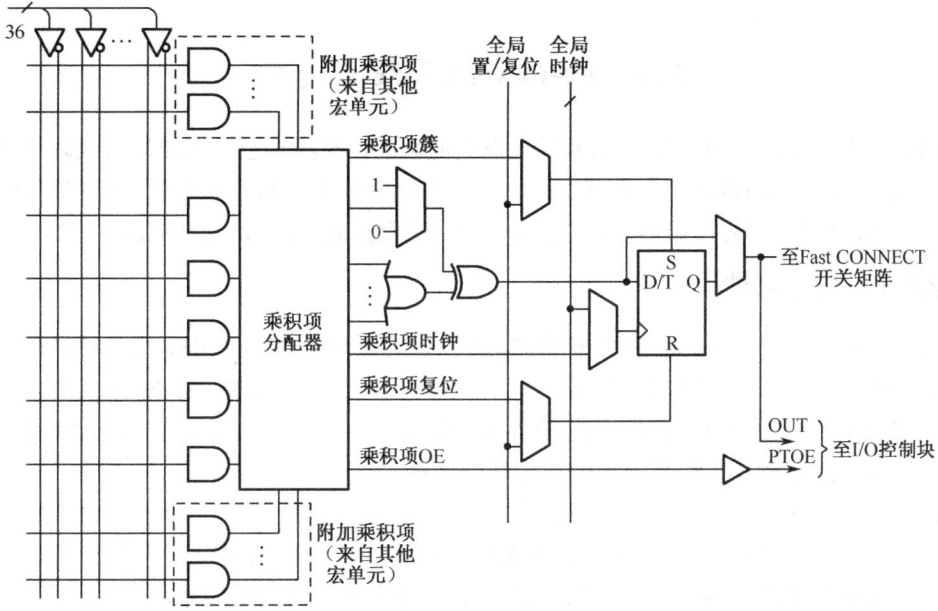

图 2.24 XC9500 器件的宏单元结构

乘积项分配器控制 5 个直接乘积项的分配。比如，图 2.25 表示的是在一个宏单元逻辑中使用了 5 个直接乘积项。乘积项分配器也可以重新分配来自其他宏单元的乘积项，在图 2.26 中，一个宏单元使用了 18 个乘积项，另一个宏单元只使用了两个乘积项。

由以上几种典型 CPLD 器件的结构可以看出，CPLD 是在 PAL、GAL 的基础上发展起来的阵列型的 PLD 器件，CPLD 芯片中的主要结构是宏单元（或称为宏功能块），每个宏单元由类似 PAL 结构的电路块构成，多数 CPLD 都采用了与图 2.21 类似的宏单元结构，同时，不同的器件在结构细节上也不尽相同。

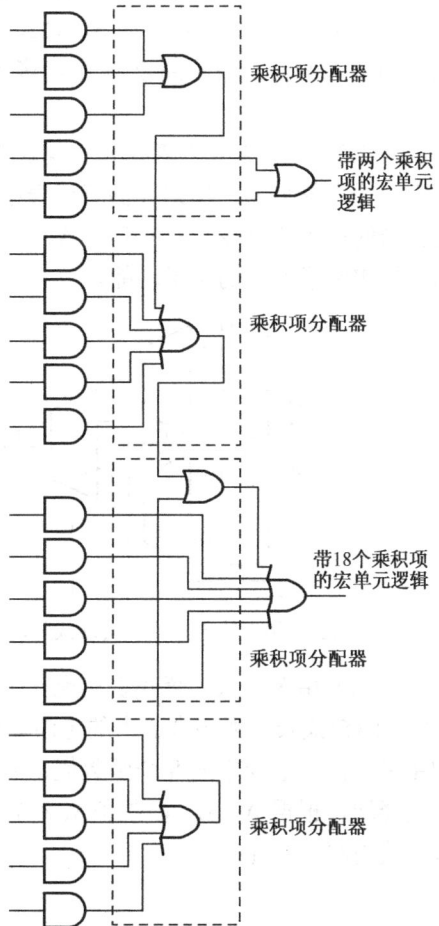

图 2.26 几个宏单元间的乘积项分配

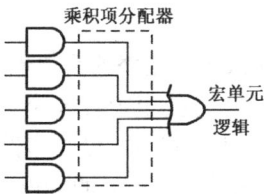

图 2.25 使用 5 个直接乘积项的宏单元

2.5　FPGA 的原理与结构

CPLD 是在小规模 PLD 器件的基础上发展而来的，在结构上它主要以与或阵列为主构成，后来，人们又从 ROM 工作原理、地址信号与输出数据间的关系以及 ASIC 的门阵列法中得到启发，构造出另外一种可编程逻辑结构，即查找表（Look Up Table，LUT）。

2.5.1　查找表结构

大部分 FPGA 器件采用了查找表结构。查找表的原理类似于 ROM，其物理结构是静态存储器（SRAM），N 个输入项的逻辑函数可以由一个 2^N 位容量的 SRAM 来实现，函数值存放在 SRAM 中，SRAM 的地址线起输入线的作用，地址即输入变量值，SRAM 的输出为逻辑函数值，由连线开关实现与其他功能块的连接。

查找表结构的功能非常强。N 个输入的查找表可以实现任意 N 个输入变量的组合逻辑函数。从理论上讲，只要能够增加输入信号线和扩大存储器容量，用查找表就可以实现任意输入变量的逻辑函数。但在实际应用中，查找表的规模受技术和成本因素的限制。每增加一个输入变量，查找表 SRAM 的容量就要扩大一倍，SRAM 的容量与输入变量数 N 的关系是 2^N 倍。8 个输入变量的查找表需要 256 bit 容量的 SRAM，而 16 个输入变量的查找表则需要 64 Kbit 容量的 SRAM，这个规模已经不能忍受了。实际中 FPGA 器件的查找表的输入变量一般不超过 5 个，多于 5 个输入变量的逻辑函数可由多个查找表组合或级联实现。

图 2.27 是用 2 输入查找表实现表 2.4 所示的 2 输入或门功能的示意图，2 输入查找表中有 4 个存储单元，用来存储真值表中的 4 个值，输入变量 A、B 作为查找表中 3 个多路选择器的地址选择端，根据变量 A、B 值的组合从 4 个存储单元中选择一个作为 LUT 的输出，即实现了或门的逻辑功能。

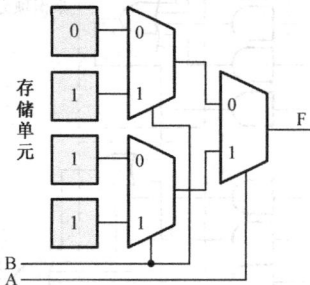

图 2.27　用 2 输入查找表实现或门功能

表 2.4　2 输入或门真值表

A　B	F
0　0	0
0　1	1
1　0	1
1　1	1

假如要用 3 输入的查找表实现一个 3 人表决电路，3 人表决电路的真值表见表 2.5，用 3 输入的查找表实现该真值表的电路如图 2.28 所示。3 输入查找表中有 8 个存储单元，分别用来存储真值表中的 8 个函数值，输入变量 A、B、C 作为查找表中 7 个多路选择器的地址选择端，根据 A、B、C 的值从 8 个存储单元中选择一个作为 LUT 的输出，即实现了 3 人表决电路的功能。

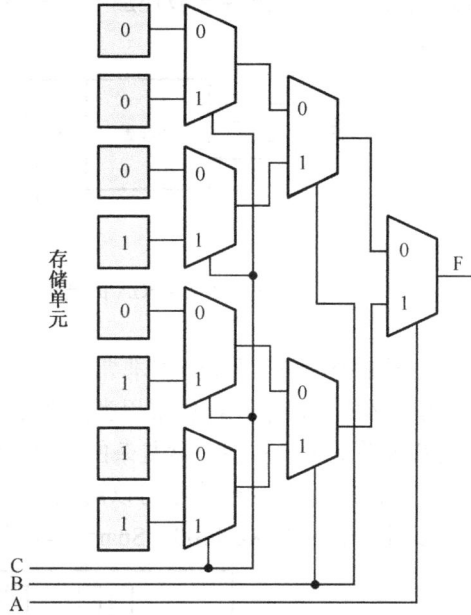

表 2.5　3 人表决电路的真值表

A	B	C	F
0	0	0	0
0	0	1	0
0	1	0	0
0	1	1	1
1	0	0	0
1	0	1	1
1	1	0	1
1	1	1	1

图 2.28　用 3 输入的查找表实现 3 人表决电路

综上所述，一个 N 输入查找表可以实现 N 个输入变量的任何逻辑功能。比如，图 2.29 所示的 4 输入查找表，能够实现任意的输入变量为 4 个或少于 4 个的逻辑函数。需要指出的是，一个 N 输入查找表对应 N 个输入变量构成的真值表，需要用 2^N 位容量的 SRAM 存储单元。显然，N 不可能很大，否则查找表的利用率很低。实际应用中，FPGA 器件的查找表的输入变量数一般是 4 个或 5 个，最多的有 6 个，所以存储单元的个数一般是 16 个、32 个或 64 个。更多输入变量的逻辑函数，可以用多个查找表级联来实现。

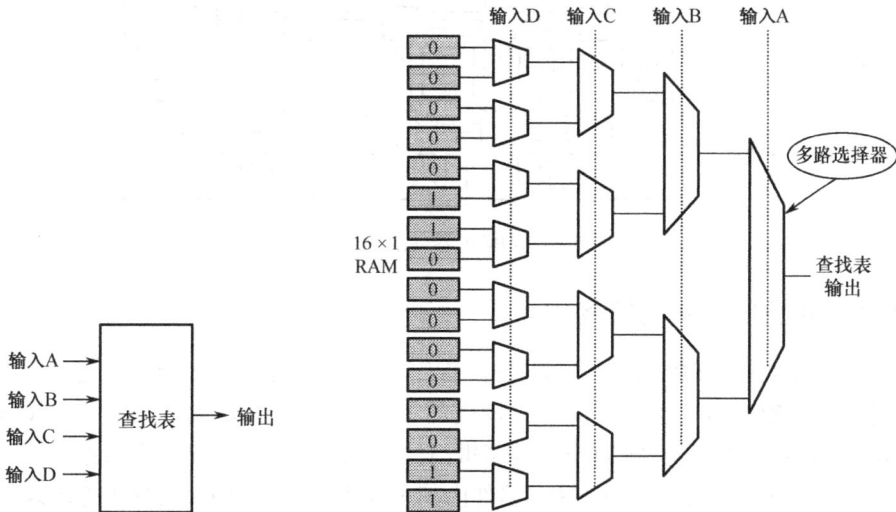

图 2.29　4 输入查找表及内部结构

在 FPGA 的逻辑块中，除了包含查找表，一般还包含触发器，如图 2.31 所示。加入触发器的作用是将查找表输出的值保存起来，用以实现时序逻辑电路。当然也可以将触发器旁路掉，以实现纯组合逻辑功能，在图 2.30 所示的电路中，2 选 1 数据选择器的作用就是用于旁路触发器的。输出端一般还加一个三态缓冲器，以使输出更加灵活。

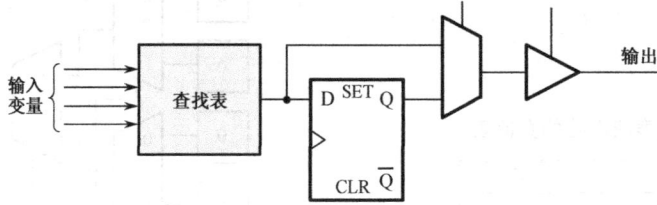

图 2.30　FPGA 的逻辑块结构（查找表加触发器）

　　FPGA 器件的规模可以做得非常大，其内部主要由大量纵横排列的逻辑块（Logic Block，LB）构成，每个逻辑块采用类似图 2.30 所示的结构构成，大量这样的逻辑块通过内部连线和开关就可以实现非常复杂的逻辑功能。图 2.31 所示是 FPGA 器件的内部结构示意图，很多 FPGA 器件的结构都可以用该图来表示，比如，Altera 的 Cyclone、FLEX 10K 等器件，以及 Xilinx 的 XC4000、Spartan 等器件。

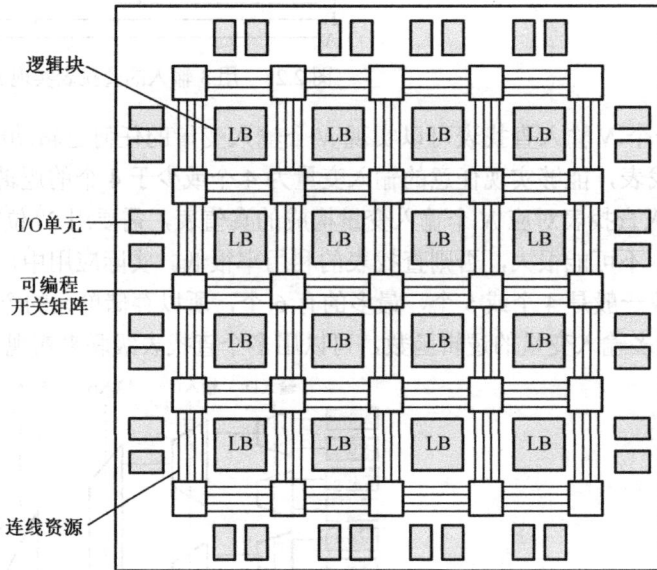

图 2.31　FPGA 器件的内部结构

2.5.2　典型 FPGA 的结构

　　下面来看几种典型 FPGA 器件的结构。首先看 Xilinx 的 FPGA 器件，这里以 XC4000 器件为例说明。XC4000 器件属于中等规模的 FPGA 器件，芯片的规模从 XC4013 到 XC40250，分别对应 2 万至 25 万个等效逻辑门，XC4000 器件的基本逻辑块称为可配置逻辑块（Configurable Logic Block，CLB）。器件内部主要由三部分组成：可配置逻辑块（CLB）、输入/输出模块（I/O Block，IOB）和布线通道（Routing Channel）。大量的 CLB 在器件中排列为阵列状，CLB 之间为布线通道，IOB 分布在器件的周围。XC4000 器件的内部结构与图 2.32 所示 FPGA 器件的内部结构示意图类似。

　　XC4000 芯片的可配置逻辑块（CLB）可以通过垂直的和水平的路径通道相互连接。图 2.32 是 XC4000 器件的 CLB 结构图，从图中可看出，CLB 由函数发生器、数据选择器、

触发器和信号变换电路等部分组成。每个 CLB 含有三个查找表：G、F 和 H。G 和 F 都是
4 输入查找表，H 为 3 输入查找表。两个 4 输入查找表能实现任意两个 4 输入变量的逻辑
函数，每个查找表的输出可存入触发器；3 输入的查找表可以连接两个 4 输入的查找表，
这样允许实现 5 变量或更多变量的逻辑函数。

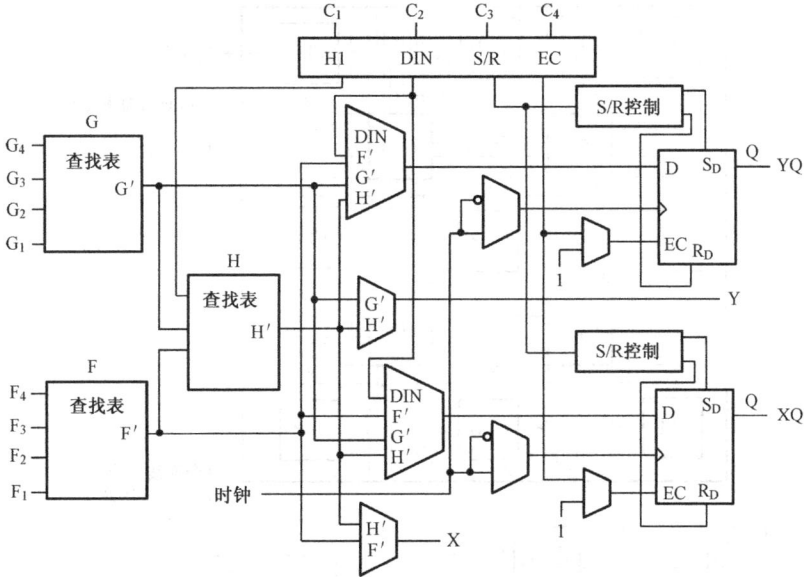

图 2.32　XC4000 器件的 CLB 结构

　　将 G、F、H 三个查找表组合配置，一个 CLB 可以完成任意两个独立 4 变量或一个
5 变量逻辑函数，或任意一个 4 变量函数加上一个 5 变量函数，甚至 9 变量逻辑函数。
图 2.33 表示的是用 XC4000 器件的 LUT 实现不同输入变量函数的示意图。

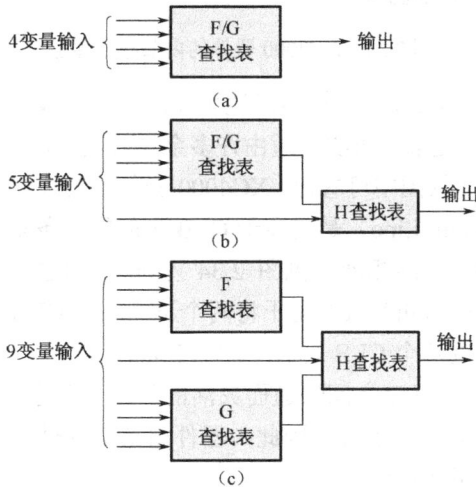

图 2.33　用 XC4000 器件的 LUT 实现不同输入变量函数

　　CLB 也可以配置成加法器模块。在这种模式中，CLB 中的每个 4 输入查找表能同时实
现一个全加器的求和与进位两个函数。另外，不用来实现逻辑函数时，这个 CLB 还可以用
做存储器模块。每个 4 输入的查找表可作为 16×1 的存储器块，两个 4 输入的查找表可以
组合起来作为 32×1 的存储器块。多个 CLB 可组合成更大的存储器块。

每个 CLB 中含有两个 D 触发器，具有异步置位/复位端和时钟输入端，可用来实现寄存器逻辑。CLB 中还包含有数据选择器（4 选 1、2 选 1 等），用来选择触发器的输入信号、时钟有效边沿和输出信号等。

CLB 的输入与输出可与 CLB 周围的互连资源相连，如图 2.34 所示。

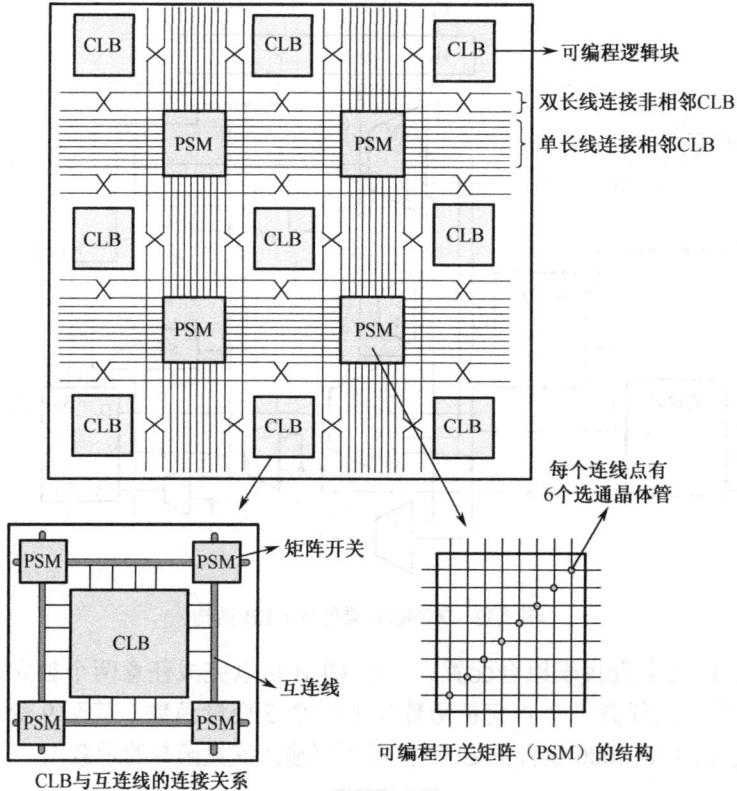

图 2.34　XC4000 器件的内部布线通道

布线通道（Routing Channel）用来提供高速可靠的内部连线，将 CLB 之间、CLB 和 IOB 之间连接起来，构成复杂的逻辑。布线通道由许多金属线段构成。图 2.34 表示的是 XC4000 器件内部的布线通道结构。从图中可看出，XC4000 器件的布线通道主要由单长线和双长线构成。单长线（Single-Length Line）是贯穿于 CLB 之间的 8 条垂直和水平金属线段，CLB 的输入和输出端与相邻的单长线相连（见图 2.34 左下），通过可编程开关矩阵（PSM）相互连接；双长线（Double-Length Line）用于将两个不相邻的 CLB 连接起来，双长线的长度是单长线的两倍，它要经过两个 CLB 之后才能与 PSM 相连。

单长线和双长线提供了 CLB 之间快速而灵活的互连，但是，传输信号每经过一个可编程开关矩阵（PSM）就增加一次延时。因此，器件内部的延时与器件的结构和布线有关，延时是不确定的，也是不可预测的。

图 2.35 所示是 Spartan 器件的 CLB 逻辑图，从图中可以看出，CLB 中包含 3 个用作函数发生器的查找表、两个触发器和两组数据选择器（见图中的虚线框 A 和 B）。其中，两个 4 输入的查找表（F-LUT 和 G-LUT）可实现 4 输入（$F_1 \sim F_4$ 或 $G_1 \sim G_4$）的任何布尔函数。由于采用的是查找表方式，因此传播延时与实现的逻辑功能无关；第三个 3 输入查找表（H-LUT）能实现任意 3 输入的布尔函数，其中两个输入受可编程数据选择器控制，可以来

自 F-LUT、G-LUT 或 CLB 的输入端（SR 和 DIN）。第三个输入固定来自 CLB 的输入端 H1。因此 CLB 可实现最高达 9 个变量的函数。CLB 中的 3 个查找表还可组合实现任意 5 输入的布尔函数。

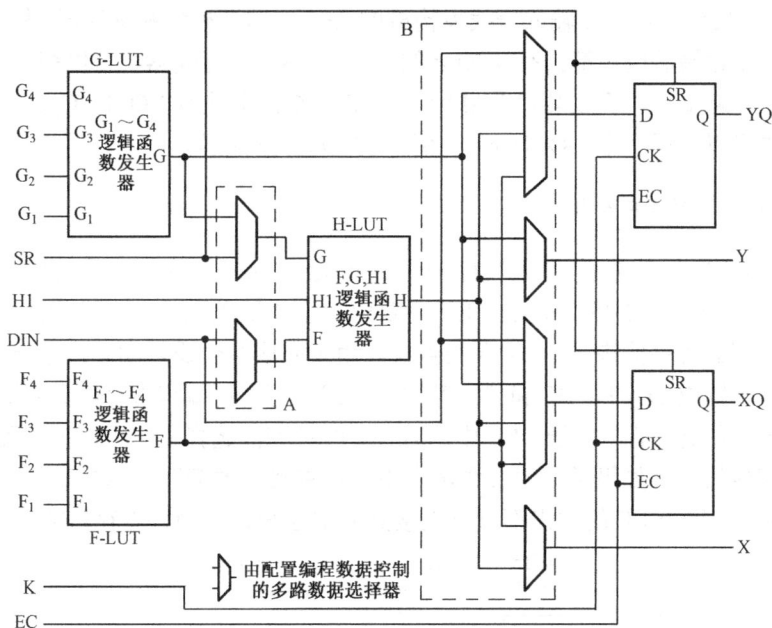

图 2.35　Spartan 器件 CLB 逻辑图

2.5.3　Cyclone IV 器件结构

Cyclone IV 器件是 Intel 与 TSMC（台积电）优化制造工艺推出的低成本、低功耗 FPGA 器件，提供以下两种型号。

● Cyclone IV E：低功耗、低成本。
● Cyclone IV GX：低功耗、低成本，集成了 3.125 Gbps 收发器。

两种型号器件均采用 60 nm 低功耗工艺。Cyclone IV GX 器件最高达到 150 K 个逻辑单元（LE）、6.5 Mbit RAM 和 360 个乘法器，8 个支持主流协议的收发器，可达到 3.125 Gbps 的数据收发速率，还为 PCI Express（PCIe）提供硬核 IP，其封装（Wirebond）大小只有 11×11 mm，适合低成本、便携场合的应用；另一个型号 Cyclone IV E 器件，不带收发器，但可以在 1.0 V 和 1.2 V 内核电压下使用，功耗更低。

Cyclone IV E 器件的主要片内资源如表 2.6 所示。

表 2.6　Cyclone IV E 器件的主要片内资源

器　件	逻辑单元（LE）	嵌入式存储器（Kbit）	嵌入式 18×18 乘法器	锁相环（PLL）	最大用户 I/O
EP4CE6	6 272	270	15	2	179
EP4CE10	10 320	414	23	2	179
EP4CE15	15 408	504	56	4	343
EP4CE22	22 320	594	66	4	153
EP4CE30	28 848	594	66	4	532
EP4CE40	39 600	1 134	116	4	532
EP4CE55	55 856	2 340	154	4	374
EP4CE75	75 408	2 745	200	4	426
EP4CE115	114 480	3 888	266	4	528

Cyclone IV 器件体系结构主要包括 FPGA 核心架构、I/O 特性、时钟管理、外部存储器接口、高速收发器（仅适用于 Cyclone IV GX 器件）等。

这里重点介绍 Cyclone IV 器件的核心架构。Cyclone IV 的核心架构与 Cyclone 和 Cyclone II 基本相同，这一架构包括由 4 输入查找表构成的 LE、存储器模块和乘法器。每一个 Cyclone IV 器件的 M9K 存储器模块都具有 9 Kbit 的嵌入式 SRAM 存储器，可以把 M9K 模块配置成单端口、简单双端口、真双端口 RAM 以及 FIFO 缓冲器或者 ROM；Cyclone IV 器件中的乘法器模块可以实现一个 18×18 bit 或两个 9×9 bit 乘法器。

1. Cyclone IV 的 LE 结构

Cyclone IV 器件的基本逻辑块称为逻辑单元（Logic Element，LE）。LE 的结构如图 2.36 所示，观察图 2.36 可发现，LE 主要由一个 4 输入查找表、进位链逻辑、寄存器链和一个可编程的寄存器构成。4 输入的查找表用来完成组合逻辑功能；每个 LE 中的可编程寄存器可被配置成 D、T、JK 和 SR 触发器模式。每个可编程寄存器具有数据、时钟、时钟使能、异步置数、清零信号。LE 中的时钟、时钟使能选择逻辑可以灵活配置寄存器的时钟、时钟使能信号。如果是纯组合逻辑应用，可将触发器旁路，这样查找表的输出直接作为 LE 的输出。每个 LE 的输出都可以连接到局部连线、行列、寄存器链等布线资源。

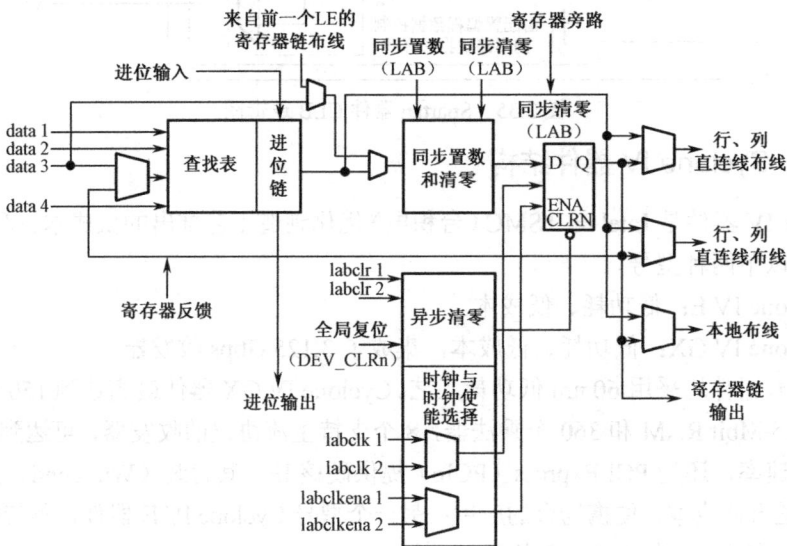

图 2.36　Cyclone IV 器件的 LE 结构

Cyclone IV 的 LE 可工作于两种模式：普通模式和动态算术模式。在不同的 LE 操作模式下，LE 的内部结构和 LE 之间的互连有些差异，图 2.37 是 LE 在普通模式下的结构和连接图。普通模式下的 LE 适合通用逻辑和组合逻辑的实现。普通模式下的 LE 支持寄存器打包和寄存器反馈。

Cyclone IV 的 LE 还可以工作于算术模式下，图 2.38 是 LE 在算术模式下的结构和连接图，在此模式下，能更好地实现加法器、计数器、累加器和比较器。在算术模式下的 LE 内有两个 3 输入查找表，可被配置成 1 位全加器和基本进位链结构，其中一个 3 输入查找表用于计算，另一个 3 输入查找表用于生成进位输出信号 cout。在算术模式下，LE 支持寄存器打包和寄存器反馈。

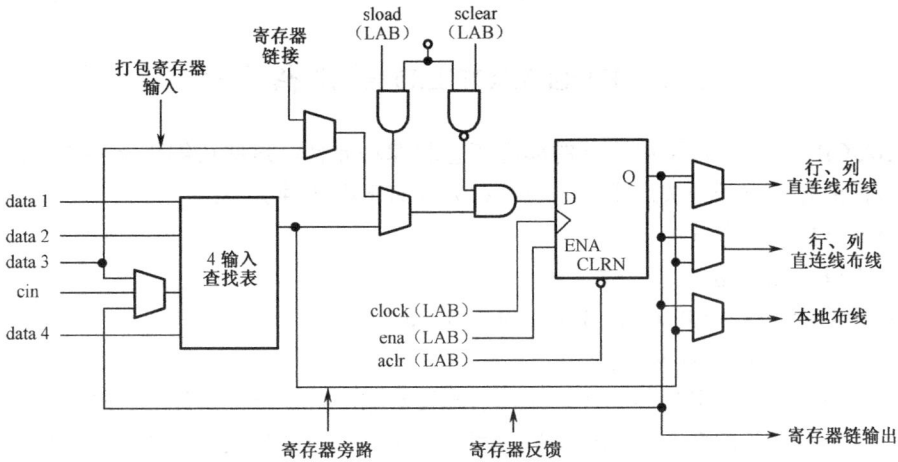

图 2.37 Cyclone IV 器件的 LE 结构和连接（普通模式）

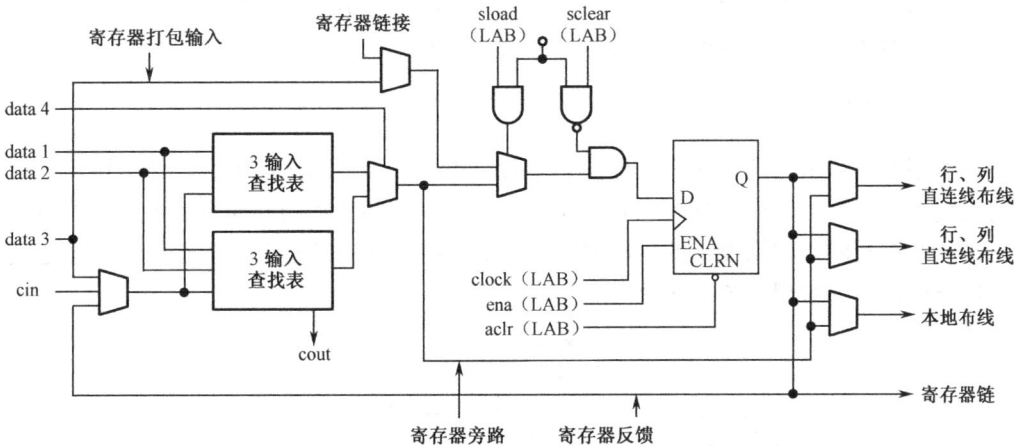

图 2.38 Cyclone IV 器件的 LE 结构（算术模式）

2. Cyclone IV 的 I/O 结构

Cyclone IV 器件 I/O 支持可编程总线保持、可编程上拉电阻、可编程延迟、可编程驱动能力以及可编程 slew-rate 控制，实现了信号完整性以及热插拔的优化。Cyclone IV 器件支持符合单端 I/O 标准的校准后片上串行匹配或者驱动阻抗匹配。

3. Cyclone IV 的时钟管理

Cyclone IV 器件包含高达 30 个全局时钟（GCLK）网络以及高达 8 个 PLL，每个 PLL 上均有 5 个输出端，以提供可靠的时钟管理与综合。设计者可以在用户模式中对 Cyclone IV 器件的 PLL 进行动态重配置来改变时钟频率或者相位。

Cyclone IV GX 器件支持两种类型的 PLL，即多用 PLL 和通用 PLL。

- 多用 PLL 主要用于同步收发器模块。当没有用于收发器时钟时，多用 PLL 也可用于通用时钟。
- 通用 PLL 用于架构及外设中的通用应用，如外部存储器接口。一些通用 PLL 支持收发器时钟。

2.6 FPGA/CPLD 的编程元件

FPGA/CPLD 器件可采用不同的编程工艺和编程元件，这些可编程元件常用来存储逻辑配置数据或作为电子开关。常用的可编程元件有下面 4 种类型：

- 熔丝（Fuse）型开关。
- 反熔丝（Antifuse）型开关。
- 浮栅编程元件（EPROM、EEPROM 和 Flash）。
- 基于 SRAM 的编程元件。

其中，前三类为非易失性元件，编程后配置数据一直保持在器件上；SRAM 类为易失性元件，每次掉电后配置数据都会丢失，再次上电时需重新导入配置数据。熔丝型开关和反熔丝型开关元件只能写一次，属于 OTP 类器件；浮栅编程元件和 SRAM 编程元件则可以多次重复编程。反熔丝型开关元件一般用在对可靠性要求较高的军事、航空航天产品器件上，而浮栅编程元件一般用在民用、消费类产品中。

1. 熔丝型开关

熔丝型开关是最早的可编程元件，它由可以用电流熔断的熔丝组成。使用熔丝编程技术的可编程逻辑器件，如 PROM、EPLD 等，一般在需要编程的互连节点上设置相应的熔丝开关，在编程时，根据设计的熔丝图文件，欲保持连接的节点保留熔丝，欲去除连接的节点烧掉熔丝，其原理如图 2.39 所示。

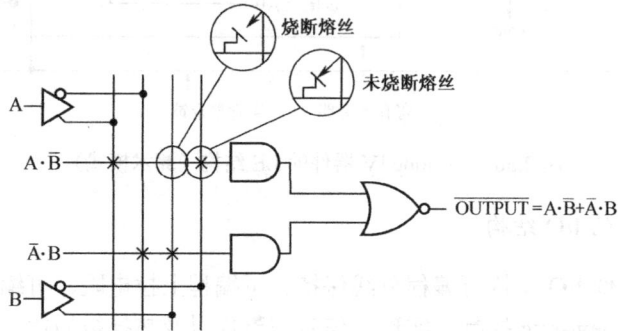

图 2.39 熔丝型开关

熔丝型开关烧断后不能恢复，只可编程一次，而且熔丝开关很难测试其可靠性。在器件编程时，即使发生数量非常小的错误，也会导致器件功能的不正确。为了保证熔丝熔化时产生的金属物质不影响器件的其他部分，要留出较大的保护空间，因此熔丝占用的芯片面积较大。

2. 反熔丝型开关

熔丝型开关要求的编程电流大，占用的芯片面积大。为了克服熔丝型开关的缺点，出现了反熔丝编程技术。反熔丝技术主要通过击穿介质来达到连通的目的。反熔丝元件在未编程时处于开路状态，编程时，在其两端加上编程电压，反熔丝就会由高阻抗变为低阻抗，从而实现两个极之间的连通，且在编程电压撤除后保持导通状态。

图 2.40 所示是反熔丝的结构，在未编程时，反熔丝是连接两个金属连线的非晶硅，其电阻值大于 1000 MΩ。在反熔丝上加 10～11 V 的编程电压后，绝缘的非晶硅转化为导电的多晶硅，从而在两金属层之间形成永久性的连接，称为通孔（via），连接电阻通常低于 50 Ω。

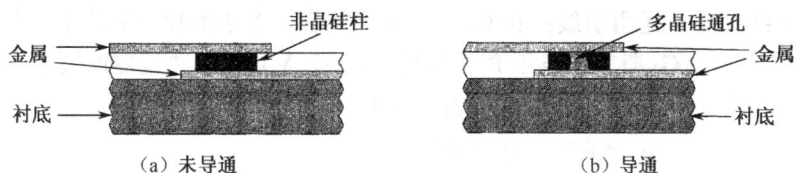

（a）未导通　　　　　　　　　　（b）导通

图 2.40　反熔丝的结构

反熔丝在硅片上只占一个通孔的面积，占用的硅片面积小，适于作为集成度很高的 PLD 器件的编程元件。Actel、Cypress 的部分 PLD 器件采用了反熔丝工艺结构。

3. 浮栅编程元件

浮栅编程技术包括紫外线擦除电编程的 EPROM、电擦除电编程的 EEPROM 及 Flash 闪速存储器，这三种存储器都采用浮栅存储电荷的方法来保存编程数据，因此断电时存储的数据不会丢失。

1）EPROM：EPROM 的基本结构是一个浮栅管，浮栅管相当于一个电子开关，当浮栅中没有注入电子时，浮栅管导通；浮栅中注入电子后，浮栅管截止。

图 2.41 所示是一种以浮栅雪崩注入型 MOS 管为存储单元的 EPROM 存储器，（a）和（b）分别是其结构和电路符号，其结构与普通 NMOS 管相似，但有 G_1 和 G_2 两个栅极，G_1 栅无引出线，被包围在二氧化硅（SiO_2）中，称为浮栅。G_2 为控制栅，有引出线。在漏极和源极间加上几十伏的电压脉冲，在沟道中产生足够强的电场，造成雪崩，令电子跃入浮栅中，从而使浮栅 G_1 带上负电荷。由于浮栅周围都是绝缘 SiO_2 层，泄漏电流极小，所以一旦电子注入 G_1 栅，就能长期保存。当 G_1 栅有电子积累时，该 MOS 管的开启电压变得很高，即使 G_2 栅为高电平，该管仍不能导通，相当于存储了 0。反之，G_1 栅无电子积累时，MOS 管的开启电压较低，当 G_2 栅为高电平时，该管可导通，相当于存储了 1。EPROM 出厂时为全 1 状态，用户可根据需要写 0，写 0 时，在漏极加二十几伏的正脉冲。

从外形上看，EPROM 器件的上方都有一个石英窗口，如图中的（c）所示。当用光子能量较高的紫外光照射浮栅时，G_1 中的电子获得了足够的能量，穿过氧化层回到衬底中，如图中的（d）所示。这样可使浮栅上的电子消失，达到抹去存储信息的目的，相当于存储器又存了全 1。这种采用光擦除的方法在实用中不够方便，因此 EPROM 早已被电擦除的 EEPROM 工艺所取代。

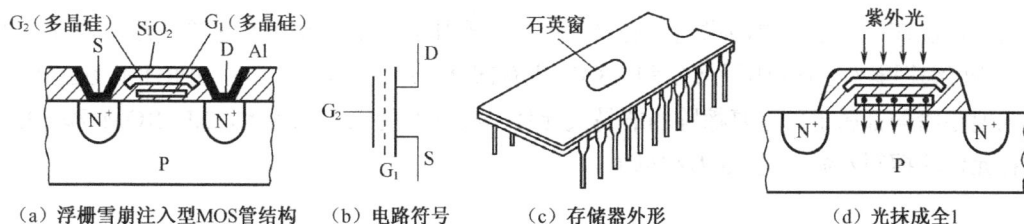

（a）浮栅雪崩注入型MOS管结构　（b）电路符号　（c）存储器外形　（d）光抹成全1

图 2.41　EPROM 存储器

2）EEPROM：EEPROM 也可写成 E^2PROM，它是电擦除电编程的元件。EEPROM 晶体管也是基于浮栅技术的，图 2.42 中的（a）所示为 EEPROM 晶体管的结构，这是一个具有两个栅极的 NMOS 管，其中 G_2 是普通栅，有引出线；G_1 是控制栅，是一个浮栅，被包围在二氧化硅（SiO_2）中，无引出线；在 G_1 栅和漏极间有一个小面积的氧化层，其厚度极小，可产生隧道效应。当 G_2 栅加正电压 P_1（典型值为 12 V）时，通过隧道效应，电子由衬底注入 G_1 浮栅，相当于存储了 1，利用此方法可将存储器抹成全 1 状态。

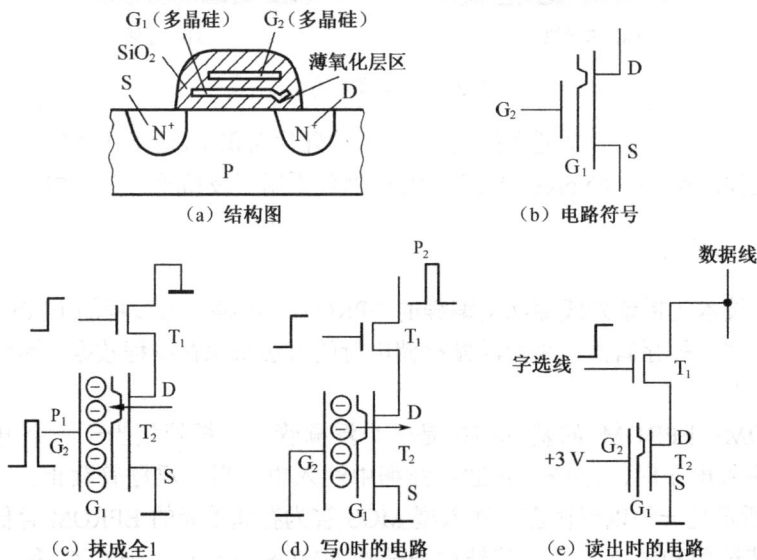

图 2.42　EEPROM 的存储单元

EEPROM 器件在出厂时存储内容为全 1 状态。使用时可根据需要把某些存储单元写 0，写 0 电路如图 2.42 中的（d）所示，此时漏极 D 加正电压 P_2，G_2 栅接地，浮栅上电子通过隧道返回衬底，相当于写 0。一旦 EEPROM 被编程（写 0 或写 1），它将永远保持编程后的状态。EEPROM 读出时的电路如图 2.42 中的（e）所示，此时 G_2 栅加 3 V 的电压，若 G_1 栅有电子积累，则 T_2 管不能导通，相当于存 1；若 G_1 栅无电子积累，则 T_2 管导通，相当于存 0。

3）闪速存储器（Flash Memory）：闪速存储器（闪存）是一种新型可编程工艺，它把 EPROM 的高密度、低成本与 EEPROM 的电擦除性能结合在一起，又具有快速擦除（因其擦除速度快，因此被称为闪存）的功能，性能优越。闪速存储器与 EPROM 和 EEPROM 一样属于浮栅编程器件，其单元也是由带两个栅极的 MOS 管组成。其中一个栅极称为控制栅，另一个栅极称为浮栅，其处于绝缘二氧化硅的包围之中。

最早采用浮栅技术的存储元件都要求使用两种电压，即 5 V 工作电压和 12～21 V 的编程电压，现在已趋于单电源供电，由器件内部的升压电路提供编程和擦除电压。现在，多数浮栅可编程器件工作电压为 5 V 和 3.3 V，也有部分芯片为 2.5 V。另外，EPROM、EEPROM 和闪速存储器都属于可重复擦除的非易失元件，在现有的工艺水平上，EEPROM 和 Flash 编程元件的擦写寿命已达 10 万次以上。

4. SRAM 编程元件

SRAM（Static RAM）是指静态存储器，大多数 FPGA 采用 SRAM 存储配置数据。图 2.43 所示为 SRAM 的基本单元结构图，从图中可以看出，一个 SRAM 单元由两个 CMOS 反相器和一个用来控制读/写的 MOS 传输开关构成，其中，每个 CMOS 反相器包含两个晶体管（一个下拉 N 沟道晶体管和一个上拉 P 沟道晶体管）。因此，一个 SRAM 基本单元是由 5 个或 6 个晶体管组成的。

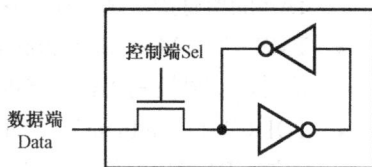

图 2.43　SRAM 的基本单元结构

在将数据存入 SRAM 单元时，控制端 Sel 被设置为 1，准备存储的数据放在数据端 Data 上，当经过一定时间后，Sel 端变为 0，这样，存储的数据就会一直保留在由两个非门构成的反馈回路中。一般情况下，作为反馈的非门应由弱驱动的晶体管做成，以便它的输出可以被数据端新输入的数据改写。

每个 SRAM 单元由 5 个或 6 个晶体管组成，从每个单元占用的硅片面积来说，SRAM 结构并不节省，但 SRAM 结构的优点也是很突出的：编程迅速，静态功耗低，抗干扰能力强。在采用 SRAM 编程结构的 FPGA 器件中，大量 SRAM 单元按点阵分布，在配置时写入，在回读时读出。一般情况下，控制读/写的 MOS 传输开关处于断开状态，不影响单元的稳定性，而且功耗极低。需要指出的是，由于 SRAM 是易失元件，FPGA 每次上电必须重新加载配置数据。

2.7　边界扫描测试技术

随着器件变得越来越复杂，对器件的测试变得越来越困难。ASIC 芯片功能千变万化，很难用一种固定的测试策略和测试方法来验证其功能；表面贴装技术（SMT）和电路板制造技术的进步，使得电路板变小变密，这样一来，传统的测试方法难以实现。

为了解决超大规模集成电路（VLSI）的测试问题，自 1986 年开始，IC 领域的专家成立了联合测试行动组（Joint Test Action Group，JTAG），并制定出了 IEEE 1149.1 边界扫描测试（Boundary Scan Test，BST）技术规范。边界扫描测试技术提供了有效测试高密度引线器件的能力。现在的 FPGA 器件普遍支持 JTAG 技术规范，便于对 IC 芯片进行测试，甚至还可以通过这个接口对其进行编程。

图 2.44 是 JTAG 边界扫描测试结构示意图。由图可见，这种测试方法提供了一个串行扫描路径，它能捕获器件核心逻辑的内容，也可以测试遵守 JTAG 规范的器件之间的引脚连接情况，而且可以在器件正常工作时捕获功能数据。测试数据从左边的一个边界扫描单元串行移入，捕获的数据从右边的一个边界扫描单元串行移出，然后与标准数据进行比较，就能知道芯片性能的好坏了。

在 JTAG BST 模式中，共使用 5 个引脚测试芯片，分别为 TCK、TMS、TDI、TDO 和 TRST。其中，TRST（Test Reset Input）引脚用来对 TAP Controller 进行复位（初始化），该信号在 IEEE 1149.1 标准中是可选的，并不是强制要求的，因为通过 TMS 也可以对 TAP Controller 进行复位（初始化）。其他 4 个引脚 TCK、TMS、TDI、TDO 在 IEEE 1149.1 标

准中则是强制要求的，是必需的。JTAG 5 个引脚的功能如表 2.7 所示。

- TCK（Test ClocK input）引脚：TCK 为 TAP 的操作提供一个独立的、基本的时钟信号，TAP 的所有操作都是通过这个时钟信号来驱动的。
- TMS（Test Mode Selection input）：TMS 信号用来控制 TAP 状态机的转换。通过 TMS 信号，可以控制 TAP 在不同的状态间相互转换。TMS 信号在 TCK 的上升沿有效。
- TDI（Test Data Input）：TDI 是数据输入的接口。所有要输入到特定寄存器的数据都是通过 TDI 接口一位一位串行输入的（由 TCK 驱动）。
- TDO（Test Data Output）：TDO 是数据输出的接口。所有要从特定寄存器中输出的数据都是通过 TDO 接口一位一位串行输出的（由 TCK 驱动）。

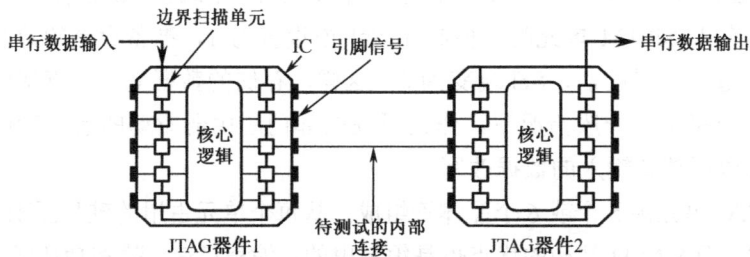

图 2.44　JTAG 边界扫描测试结构

表 2.7　JTAG 引脚功能

引　　脚	名　　称	功　　能
TDI	测试数据输入	指令和测试数据的串行输入引脚，数据在 TCK 的上升沿时刻移入
TDO	测试数据输出	指令和测试数据的串行输出引脚，数据在 TCK 的下降沿时刻移出；如果没有数据移出器件，此引脚处于高阻态
TMS	测试模式选择	选择 JTAG 指令模式的串行输入引脚，在正常工作状态下 TMS 应是高电平
TCK	测试时钟输入	时钟引脚
TRST	测试电路复位	低电平有效，用于初始化或异步复位边界扫描电路

　　标准的边界扫描框图如图 2.45 所示，JTAG 边界扫描测试由测试访问端口（Test Access Port，TAP）控制器管理，该 TAP 控制器驱动 3 个寄存器：一个 3 位的指令寄存器用来引导扫描测试数据流；一个 1 位的旁路数据寄存器用来提供旁路通路（不进行测试时）；一个大型的测试数据寄存器（或称为边界扫描寄存器）位于器件的周边。边界扫描寄存器（见图 2.46）是一个大型的串行移位寄存器，它使用 TDI 引脚作为输入，使用 TDO 引脚作为输出，从图中可以看出测试数据是如何沿着器件的周边进行串行移位的。边界扫描寄存器由一些 3 位的周边单元组成，它们可以是 I/O 单元（IOE）、专用输入，也可以是一些专用的配置引脚。用户可以使用边界扫描寄存器测试外部引脚的连接，或在器件运行时捕获内部数据。

　　JTAG 边界扫描测试技术提供了一种合理而有效的方法，对高密度、引脚密集的器件和系统进行测试。目前生产的几乎所有高密度数字器件（CPU，DSP，ARM，FPGA 等）都具备标准的 JTAG 接口。同时，除了在系统测试，JTAG 接口也被赋予了更多功能，如编程下载、在线调试等。JTAG 接口还常用于实现 ISP 在线编程功能，对 Flash 等器件进行编程。同时还可通过 JTAG 接口对芯片进行在线调试。例如，Quartus Prime、Quartus II 软件中的 Signal Tap II 嵌入式逻辑分析仪，可使用 JTAG 接口进行逻辑分析，使开发人员能够在系统实时调试硬件。Nios II 嵌入式处理器也是通过 JTAG 接口进行调试的。

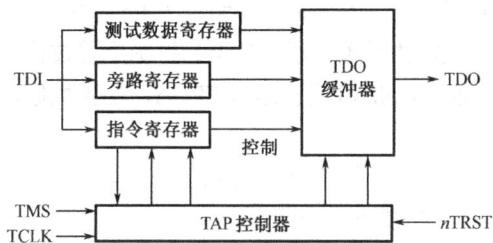

图 2.45　标准的边界扫描框图　　　　　　　　图 2.46　边界扫描寄存器

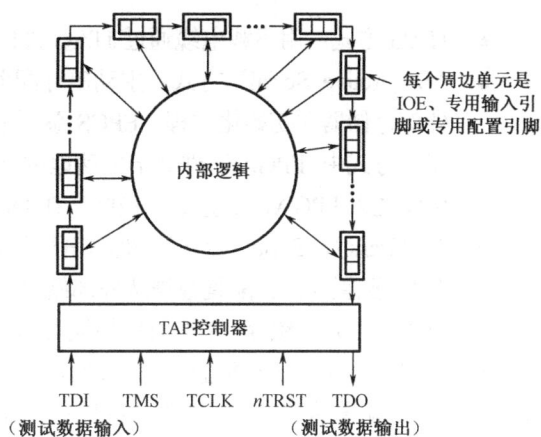

2.8　FPGA/CPLD 的编程与配置

2.8.1　在系统可编程

FPGA/CPLD 器件都支持在系统可编程功能，所谓在系统可编程（In System Programmable，ISP），指的是对器件、电路板或整个电子系统的逻辑功能可随时进行修改或重构的能力。这种重构或修改可以发生在产品设计、生产过程的任意环节，甚至是在交付用户后，在有的文献中也称为在线可重配置（In Circuit Reconfigurable，ICR）。

在系统可编程技术使器件的编程变得容易，允许用户先制板后编程，在调试过程中发现问题，可在基本不改动硬件电路的前提下，通过对 FPGA/CPLD 的修改设计和重新配置，实现逻辑功能的改动，使设计和调试变得方便。图 2.47 是在系统可编程示意图，只需在 PCB 上预留编程接口，就可实现 ISP 功能。

图 2.47　在系统可编程（ISP）示意图

在系统可编程一般采用 IEEE 1149.1 JTAG 接口进行。JTAG 接口原本是进行边界扫描测试用的，同时作为编程接口，可以减少对芯片引脚的占用，由此在 IEEE 1149.1 边界扫描测试接口规范的基础上产生了 IEEE 1532 编程标准，以对 JTAG 编程进行标准化。

下面以 Intel（Altera）的 FPGA/CPLD 的配置为例介绍编程方式与编程电路。Intel 提供了多种编程下载电缆，如 ByteBlaster MV、ByteBlaster II 并行下载电缆，以及采用 USB 接口的 USB-Blaster 下载电缆。USB-Blaster 电缆除了可以用作编程下载电缆，还可以作为 SignalTap II 逻辑分析仪的调试电缆，也可以作为 Nios II 嵌入式处理器的调试工具。

2.8.2　FPGA 器件的配置

FPGA 器件是基于 SRAM 结构的，由于 SRAM 的易失性，每次加电时，配置数据都必须重新构造。Intel 的 FPGA 器件主要配置方式（Configuration Scheme）有如下几种。

- JTAG 方式：用下载电缆通过 JTAG 接口完成。
- AS（Active Serial）方式：主动串行配置方式，由 FPGA 器件引导配置过程，它控制外部存储器和初始化过程。EPCS 系列配置芯片（如 EPCS1、EPCS4）专供 AS 方式，在此方式中，FPGA 器件处于主动地位，配置器件处于从属地位，配置数据通过 DATA0 引脚送入 FPGA，配置数据被同步在 DCLK 输入上，1 个时钟周期传送 1 位数据。
- PS（Passive Serial）方式：被动串行配置方式，由外部主机（Host）控制配置过程。在 PS 配置期间，配置数据从外部储存器件通过 DATA0 引脚送入 FPGA，配置数据在 DCLK 上升沿锁存，1 个时钟周期传送 1 位数据。

除了 AS 和 PS 等串行配置方式，现在的一些器件已经支持 PPS、FPP 等一些并行配置方式，提升了配置速度。表 2.8 对 Intel 的 FPGA 器件配置方式进行了汇总。

表 2.8　Intel 的 FPGA 器件配置方式

配 置 方 式	说　　明
PS（Passive Serial）	被动串行，由外部主机（MAX II 芯片或微处理器）控制配置过程
AS（Active Serial）	主动串行，用串行配置器件（如 EPCS1，EPCS4，EPCS16）配置
FPP（Fast Passive Parallel）	快速被动并行，使用增强型配置器件或并行同步微处理器接口进行配置
AP（Active Parallel）	主动并行
PPS（Passive Parallel Synchronous）	被动并行同步，使用并行同步微处理器接口进行配置
PPA（Passive Parallel Asynchronous）	被动并行异步，使用并行异步微处理器接口进行配置
JTAG	使用下载电缆通过 JTAG 接口进行配置

不同的配置方式所需的编程文件也有所不同，表 2.9 对常用的编程文件做了汇总。

表 2.9　编程文件

配 置 文 件	JTAG	AS	PS	说　　明
.sof（SRAM Object File）	√		√	编程电缆下载
.pof（Programmer Object File）		√	√	编程电缆下载或用配置器件下载
.rbf（Raw Binary File）			√	微处理器配置
.hex（hexadecimal file）			√	微处理器配置或第 3 方编程器
.jic（JTAG Indirect Configuration File）	√	√	√	可以将.sof 转换为.jic 文件，通过 JTAG 方式和 JTAG 接口将.jic 文件下载到 EPCS 配置器件中
.jam（Jam File）	√			编程电缆下载或微处理器配置

2.8.3　Cyclone IV 器件的编程

以 Cyclone IV 器件的配置为例对配置方式进行更为具体的说明。Cyclone IV 器件支持的配置方式有多种，这里只介绍最常用的三种：JTAG 方式、AS 方式和 PS 方式。其中，以 JTAG 方式和 AS 方式最为重要。一般的 FPGA 实验板多采用 AS+JTAG 的方式，这样可以用 JTAG 方式调试，最后程序调试无误之后，再用 AS 方式把程序烧到配置芯片里去，将配置文件固化到实验板上，达到脱机运行的目的。也可以在实验板上只保留 JTAG 接口，通过 JTAG 接口达到将配置文件固化到实验板上的目的，这需要将.sof 转换为.jic 文件，通过 JTAG 方式和 JTAG 接口将.jic 文件下载至 EPCS 配置器件中（配置文件先从 PC 传输至 FPGA，再从 FPGA 转给配置芯片，FPGA 起中转作用），将配置文件固化到实验板上，达到脱机运行的目的。

Cyclone IV 器件的配置方式是通过 MSEL 引脚设置为不同的电平组合来选择的。表 2.10 是 Cyclone IV E 器件选择不同的配置方式时 MSEL 引脚电平的设置一览表，主要列举了 AS、

PS 和 JTAG 三种方式。多数 Cyclone IV E 器件的 MSEL 引脚为 4 个，少数为 3 个，具体应查阅器件手册。

表 2.10　Cyclone IV E 器件配置方式的 MSEL 引脚的电平设置

配置方式	MSEL3	MSEL2	MSEL1	MSEL0	速度
AS	1	1	0	1	快速
	0	1	0	0	快速
	0	0	1	0	标准
	0	0	1	1	标准
PS	1	1	0	0	快速
	0	0	0	0	标准
JTAG	建议接为 0000				—

1. AS 配置方式

在 AS 配置方式下，必须使用一个串行 Flash 来存储 FPGA 的配置数据，以作为串行配置器件，选用哪一种芯片由 FPGA 的容量决定。表 2.11 列出了 Intel 目前提供的常用串行配置器件。

表 2.11　Intel 的常用串行配置器件

串行配置器件系列	型　号	容量/Mbit	封　装	工作电压/V	适用的 FPGA 器件
EPCQ-L	EPCQL256	256	24 引脚 BGA	1.8	Stratix 10、Arria 10 和 Cyclone 10 GX FPGA
	EPCQL512	512	24 引脚 BGA	1.8	
	EPCQL1024	1024	24 引脚 BGA	1.8	
EPCQ	EPCQ16	16	8 引脚 SOIC	3.3	Stratix V、Arria V、Cyclone V、Cyclone 10 LP 以及早期的 FPGA 系列
	EPCQ32	32	8 引脚 SOIC	3.3	
	EPCQ64	64	16 引脚 SOIC	3.3	
	EPCQ128	128	16 引脚 SOIC	3.3	
	EPCQ256	256	16 引脚 SOIC	3.3	
	EPCQ512/A	512	16 引脚 SOIC	3.3	
EPCS	EPCS1	1	8 引脚 SOIC	3.3	兼容 Stratix IV、Arria II、Cyclone 10 LP 和更早的 FPGA，但建议使用 EPCQ 系列（Asx1 模式）
	EPCS4	4	8 引脚 SOIC	3.3	
	EPCS16	16	8 引脚 SOIC	3.3	
	EPCS64	64	16 引脚 SOIC	3.3	
	EPCS128	128	16 引脚 SOIC	3.3	

采用 EPCS 对单个 Cyclone IV 器件的 AS 方式配置电路如图 2.48 所示，串行配置器件通过一个 4 引脚（DATA、DCLK、nCS 和 ASDI）组成的串行接口与 FPGA 连接。系统上电时，FPGA 和串行配置器件都进入上电复位周期，此时 FPGA 将 nSTATUS 信号和 CONF_DONE 信号驱动为低电平，表示此时 FPGA 没有完成配置。上电复位周期大约持续 100 ms，然后 FPGA 释放 nSTATUS 信号并进入配置模式，此时 FPGA 将 nCSO 信号驱动为低电平以使能串行配置器件。FPGA 内置的振荡器产生串行时钟 DCLK，ASDO 引脚发送控制信号，DATA0 引脚串行传输配置数据。串行配置器件在 DCLK 的上升沿锁存输入的信号，在 DCLK 的下降沿驱动配置数据；FPGA 在 DCLK 的下降沿驱动控制信号，在 DCLK 的上升沿锁存配置数据。当配置完成后，FPGA 释放 CONF_DONE 信号，外部电路将其拉为高电平，FPGA 开始初始化。串行时钟 DCLK 是由 Cyclone 器件的内置振荡器产生的，其频率范围为 20～40 MHz，典型值为 30 MHz。

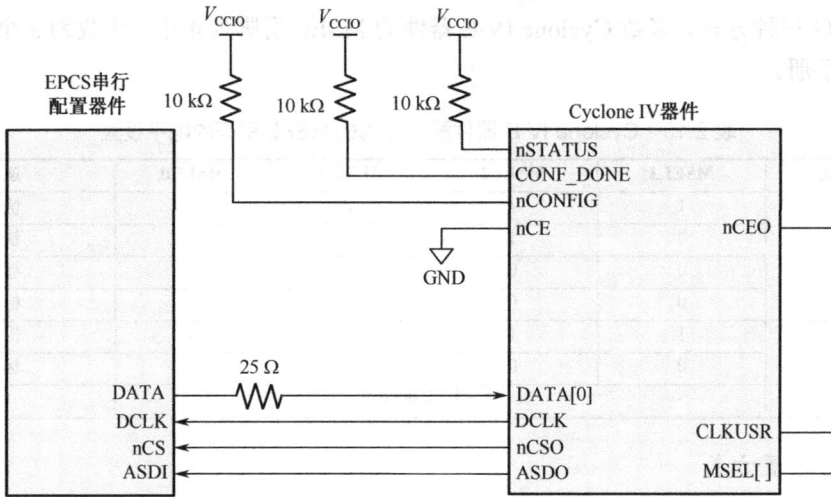

图 2.48　EPCS 配置器件对单个 Cyclone IV 器件的 AS 方式配置电路

2. PS 配置方式

在 PS 配置方式中，由外部主机（MAX II 芯片或微处理器）控制配置过程。图 2.49 所示是外部主机 PS 方式配置单个 Cyclone IV 器件的电路连接，配置数据在 DCLK 时钟信号的每个上升沿，通过 DATA0 引脚串行输入 Cyclone IV 器件。

与 PS 配置方式相关的配置文件格式有.rbf，.hex 和.ttf 格式等。

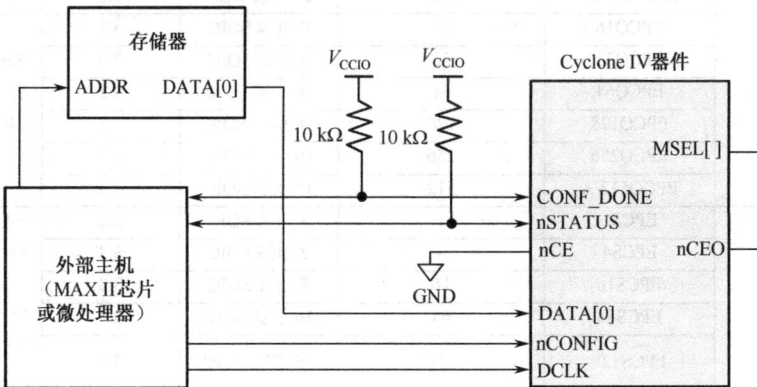

图 2.49　外部主机 PS 方式配置单个 Cyclone IV 器件的电路连接

3. JTAG 配置方式

JTAG 方式是最基本也是最常用的配置方式，JTAG 方式具有比其他配置方式更高的优先级。Cyclone IV 系列 FPGA 的非 JTAG 配置过程中，一旦发起 JTAG 配置命令，则非 JTAG 配置被终止，进入 JTAG 配置方式。通过 JTAG 方式既可以直接将 PC 上的配置数据加载到 FPGA 上在线运行，也可以通过 FPGA 器件的中转将数据烧写到 Flash 外挂配置芯片中，实现配置数据的固化。

Cyclone IV 器件的 JTAG 方式配置电路如图 2.50 所示，PC 端的 Quartus Prime（或 Quartus II）软件通过下载线缆和 10 芯的下载接口将配置数据（.sof 文件）下载到 FPGA 内部，下载速度快，适于在线调试。JTAG 方式有 4 个专用配置引脚：TDI、TDO、TMS 和

TCK。TDI 引脚用于配置数据串行输入，数据在 TCK 的上升沿移入 FPGA；TDO 用于配置数据串行输出，数据在 TCK 的下降沿移出 FPGA；TMS 提供控制信号用于测试访问（TAP）端口控制器的状态机转移；TCK 则用于提供时钟。

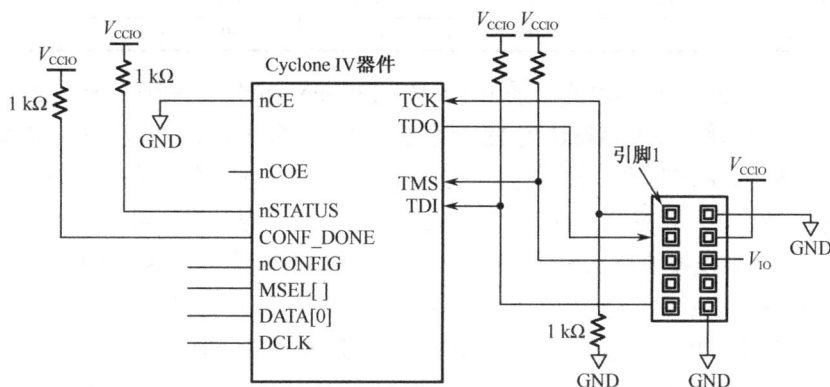

图 2.50　Cyclone IV 器件的 JTAG 方式配置电路

在 JTAG 方式配置完成后，Quartus Prime 软件将对其进行验证，方法是检测 CONF_DONE 信号，CONF_DONE 信号为高电平则表明配置成功，否则配置失败。

2.9　FPGA/CPLD 器件概述

FPGA/CPLD 的生产商主要有 Intel（Altera）、Xilinx 和 Lattice 几家，本节主要介绍 Intel 的 FPGA/CPLD 家族系列。

Intel 的 FPGA/CPLD 分为高端、中端和低成本等系列，每个系列又不断更新换代、推陈出新。Intel 还与 TSMC（台积电）合作，在制作工艺上不断提升。

1. Agilex 高端 FPGA 家族系列

Intel Agilex 器件采用异构 3D 系统级封装（SiP）技术，集成了 Intel 首款基于 10 nm 制程工艺的 FPGA 架构和第 2 代 Hyperflex 架构，可用于数据中心、网络和边缘计算等应用场景；Agilex SoC 器件还集成有四核 Arm Cortex-A53 处理器。

Agilex 器件分为 F 系列、I 系列和 M 系列。F 系列集成了带宽为 58 Gbps 的收发器、增强 DSP 功能、第 2 代 Hyperflex 架构，适用于数据中心、网络和边缘计算等场景；I 系列针对高性能处理器接口和带宽密集型应用做了优化，提供面向 Intel 至强处理器、增强型 PCIe Gen 5 支持和 112 Gbps 带宽的收发器；M 系列针对计算密集型和内存密集型应用进行了优化，提供面向 Intel 至强处理器、HBM 集成、增强型 DDR5 支持，针对需要大量内存和高带宽的数据密集型应用。

2. Stratix 高端 FPGA 家族系列

Stratix 高端 FPGA 家族系列从 I 代、II 代发展到现在的 Stratix V、Stratix 10 等，各代的推出年份和采用的工艺技术如表 2.12 所示。

PCI、TDI 端通过片内前置电路注入信息，从而对 TCK 进行时序输入；TDO 端则片上测试电路输出；对应着 TCK 的输出信号为 TDOA。经过修正以后能很好的实现 DRC 要求。

表 2.12　Stratix 系列高端 FPGA 器件

器 件 系 列	Stratix	Stratix II	Stratix III	Stratix IV	Stratix V	Stratix 10
推出年份	2002	2004	2006	2008	2010	2013
工艺技术（nm）	130	90	65	40	28	14，三栅极

Stratix 器件是 2002 年推出的，采用 1.5 V、130 nm 全铜工艺制作；Stratix II 器件采用 1.2 V、90 nm 工艺制作，最大容量达到 18 万个 LE 单元和多达 9 Mbit 的嵌入式 RAM；Stratix III 器件采用 65 nm 工艺制程，最大容量达到 34 万个 LE，分三个子系列：Stratix III 系列，主要用于标准型应用；L 系列，侧重 DSP 应用，内含大量乘法单元和 RAM 资源；GX 系列，集成高速串行收发模块。Stratix IV 采用 40 nm 工艺制作，内部集成了速度达到 11.3 Gbps 的收发器；Stratix V 采用 TSMC 的 28 nm 高 K 金属栅极工艺制作，达到 119 万个 LE；片内集成了 28.05 Gbps 的高速收发器和 1066 MHz 的 DDR3 存储器接口。

Stratix 10 于 2013 年推出，采用 Intel 14 nm 三栅极制造工艺，最大容量达到 550 万个 LE，并集成 1.5 GHz 四核 64 位 ARM Cortex-A53 硬核处理器，可提供 144 个收发器，数据速率达到 30 Gbps；支持 2666 Mbps 的 DDR4，整体性能显著提升。

3．Arria 中端 FPGA 家族系列

Arria 是面向中端应用的 FPGA 系列，用于对成本和功耗敏感的收发器以及嵌入式应用。Arria 器件每各代推出的年份和采用的工艺技术如表 2.13 所示。

表 2.13　Arria 系列中端 FPGA 器件

器 件 系 列	Arria GX	Arria II GX	Arria II GZ	Arria V GX, GT, SX	Arria V GZ	Arria 10 GX, GT, SX
推出年份	2007	2009	2010	2011	2012	2013
工艺技术（nm）	90	40	40	28	28	20

Arria GX 器件系列在 2007 年推出，采用 90 nm 工艺。收发器速率为 3.125 Gbps，支持 PCIe、以太网、Serial RapidIO 等协议。Arria II 器件基于 40 nm 工艺，其架构包括 ALM、DSP 模块和嵌入式 RAM，以及 PCI Express 硬核；Arria II 包括两个型号：Arria II GX 和 Arria II GZ，后者功能更强一些。Arria V GX 和 GT 器件使用了 28 nm 低功耗工艺实现了低静态功耗，集成了 HPS（包括处理器、外设和存储器控制器），Arria V GZ 的 3L 速率等级器件静态功耗更低。2013 年推出的 Arria 10 器件采用了 20 nm 制程工艺，性能更强，功耗更低，其串行接口速率达到 28.05Gbps，硬核浮点 DSP 模块速率达到每秒 1 500G 次浮点运算。

4．Cyclone 低成本 FPGA 家族系列

Cyclone 低成本 FPGA 系列从 I 代、II 代、III 代发展到 Cyclone IV、Cyclone V、Cyclone 10，每一代推出的年份和采用的工艺技术如表 2.14 所示。

表 2.14　Cyclone 低成本 FPGA 家族系列

器 件 系 列	Cyclone	Cyclone II	Cyclone III	Cyclone IV	Cyclone V	Cyclone 10
推出年份	2002	2004	2007	2009	2011	2017
工艺技术（nm）	130	90	65	60	28	20

Cyclone 器件的制程工艺是 130 nm；Cyclone II 器件采用 90 nm 工艺制作；Cyclone III 器件工艺是 65 nm，含有 5K～120K 个 LE 单元，单个 RAM 块增加到 9 Kbit，最大容量达到 4 Mbit，18 位乘法器数量达到 288 个。

从 Quartus II14.0 版本后，已不再支持 Cyclone、Cyclone II 和 Cyclone III 器件。

Cyclone IV 器件是 2009 年推出，采用 60 nm 低功耗工艺，分为两种型号。一种型号是 Cyclone IV GX，具有 150 K 个逻辑单元（LE）、6.5 Mbit RAM 和 360 个乘法器，8 个 3.125 Gbps 收发器以及 PCI Express（PCIe），采用 Wirebond 封装，大小只有 11mm×11mm，适合低成本场合应用；另一个型号是 Cyclone IV E 器件，不带收发器，但内核电压只有 1.0 V，比 Cyclone IV GX 功耗更低。

Cyclone V 器件在 2011 年推出，采用 TSMC（台积电）的 28 nm 低功耗（28LP）工艺制作，提供集成收发器型号以及具有基于 ARM 硬核处理器系统（HPS）的型号，HPS 包括处理器、外设和存储器控制器。Cyclone 10 器件于 2017 年推出，分为两个子系列：GX 和 LP 系列。GX 系列支持 12.5 Gbps 收发器、1.4 Gbps LVDS 和最高 72 位宽、1866 Mbps 的 DDR3 SDRAM 接口，逻辑容量从 85 K 到 220 K 个 LE 单元，适用于对成本敏感的高带宽、高性能应用，如工业视觉、机器人和车载娱乐多媒体系统等；LP 系列适用于不需要高速收发器的应用场景，包含 6 K 到 120 K 个 LE 单元。

5. Intel 的 CPLD 家族系列

Intel 的 CPLD 器件均是基于非易失体系结构的，不需外挂配置器件。早期的 CPLD 器件，如 MAX 7000S、MAX 3000A 等采用 EEPOM 工艺，集成度为 32～512 个宏单元，工作电压多为 5.0 V。2004 年后推出的 MAX II、MAX V、MAX 10 系列器件，兼具 FPGA 和 CPLD 的双重优点，解决了非易失、单芯片、低成本、低功耗、高密度的芯片实现方案。Intel 的 CPLD 器件每一代推出的年份和采用的工艺技术如表 2.15 所示。

表 2.15　Intel 的 CPLD 器件系列

器 件 系 列	早期的 CPLD	MAX II	MAX IIZ	MAX V	MAX 10
推出年份	1995～2002	2004	2007	2010	2014
工艺技术	0.50～0.30 μm	180 nm	180 nm	180 nm	55 nm
主要特点	5.0V I/O	I/O 数量较多	低静态功耗	低功耗	非易失集成

MAX II 采用 0.18 μm Flash 工艺制作，基于查找表结构，其内部集成 8 Kbit 的 Flash 存储器，可存储配置数据，无须外挂配置器件；MAX V 器件采用 180 nm 工艺制作，采用非易失结构，器件内集成闪存、RAM、振荡器和锁相环等结构，静态功耗低至 45 μW。2014 年推出的 MAX 10 器件采用 TSMC 的 55 nm 嵌入式 NOR 闪存制造技术，基于非易失结构，使用单核或者双核电压供电，其密度范围在 2 K 至 50 K 个 LE 之间，采用小圆晶片级封装（3 mm×3 mm），MAX 10 内集成有模数转换器（ADC）、双配置闪存和温度传感器，具有 736 K 字节用户闪存代码存储功能，支持 Nios II 软核、DSP 模块和 DDR3 存储控制器软核等。

6. Intel 的宏功能模块及 IP 核

随着百万门级 PLD 芯片的推出，片上系统（SoC）成为可能，Intel（Altera）提出的概念为 SoPC（System on a Programmable Chip），即可编程片上系统，将一个完整的系统集成在一个 PLD 器件内。为了支持 SoPC 的实现，Intel 提供了宏模块、IP 核以及系统集成等解决方案。Intel 的 FPGA IP 核包括光传输类、以太网、PCI Express、RapidIO II、视频图像处理类等。

2.10　FPGA/CPLD 的发展趋势

FPGA/CPLD 器件在 40 年的时间中取得了巨大成功，在性能、成本、功耗、容量和编程能力方面不断提升。在未来的发展中，将呈现以下几方面的趋势。

1）向高密度、高速度、宽频带、高保密方向进一步发展。14 nm 制作工艺目前已用于 FPGA/CPLD 器件（如 Stratix 10 器件采用 14 nm 三栅极工艺制作），FPGA 在性能、容量方面取得的进步非常显著。在高速收发器方面，FPGA 也已取得显著进步，可以解决视频、音频及数据处理的 I/O 带宽问题，这正是 FPGA 优于其他解决方案之处。

2）向低电压、低功耗、低成本、低价格的方向发展。功耗已成为电子设计开发中最重要的考虑因素之一，影响着最终产品的体积、重量和效率。

FPGA/CPLD 器件的内核电压呈不断降低的趋势，经历了 5 V→3.3 V→2.5 V→1.8 V→1.2 V→1.0 V 的演变，未来会更低。工作电压的降低使得芯片的功耗显著减小，使 FPGA/CPLD 器件适用于便携、低功耗应用场合，如移动通信设备、个人数字助理等。

3）向 IP 软/硬核复用、系统集成的方向发展。FPGA 平台已经广泛嵌入 RAM/ROM、FIFO 等存储器模块，以及 DSP 模块、硬件乘法器等，可实现快速的乘累加操作；同时，越来越多的 FPGA 集成了硬核 CPU 子系统（ARM/MIPS/MCU），以及其他软核和硬核 IP，向系统集成的方向快速发展。

4）向模数混合可编程方向发展。迄今为止，PLD 开发和应用的大部分工作都集中在数字逻辑电路上，模拟电路及数模混合电路的可编程技术在未来将得到进一步发展，比如，Intel 已在 MAX 10 FPGA 中集成模拟模块、ADC 及温度传感器，这样的芯片将来会更多。

5）FPGA/CPLD 器件将在物联网、人工智能、云计算等领域大显身手。处理器+FPGA 的创新架构将极大提升数据处理的效能并降低功耗，FPGA/CPLD 器件将在物联网、人工智能、云计算等领域大显身手。

习　题　2

2.1　PLA 和 PAL 在结构上有什么区别？
2.2　说明 GAL 的 OLMC 有什么特点，它如何实现可编程组合电路和时序电路？
2.3　简述基于乘积项的可编程逻辑器件的结构特点。
2.4　基于查找表的可编程逻辑结构的原理是什么？
2.5　基于乘积项和基于查找表的结构各有什么优点？
2.6　CPLD 和 FPGA 在结构上有什么明显的区别？各有什么特点？
2.7　FPGA 器件中的存储器块有何作用？
2.8　边界扫描技术有什么优点？
2.9　说明 JTAG 接口有哪些功能。

第3章　Quartus Prime 使用指南

Quartus Prime 是 Intel（Altera）新版的集成开发工具，从 Quartus II 15.1 开始，Quartus II 开发工具改称为 Quartus Prime。

从 Quartus II 10.0 版本开始，Quartus II 软件中取消了自带的波形仿真工具，采用第三方仿真工具 ModelSim 进行仿真。

从 Quartus II 13.1 版本开始，Quartus II 软件已不再支持 Cyclone I 和 Cyclone II 器件，能支持 Cyclone II 器件的 Quartus II 软件的最高版本是 Quartus II 13.0 sp1。

Quartus II 13.1 也是支持 32 位（32 位、64 位二合一）操作系统（如 Windows XP）的最后一版，之后的 Quartus II 只支持 64 位操作系统（Windows 7/8/10），建议用 15.0 以上版本，因为除了支持 Arria 10 系列新器件，还多了很多免费 IP，且编译速度更快，Quartus II 15.0 采用新的编译算法 Spectra-Q Engine，编译速度提高 5 倍以上。

Quartus Prime 分为 Pro、Standard、Lite 三个版本，其中 Lite 版本属于免费版本。Quartus Prime 软件中集成了新的 Spectra-Q 综合工具，支持数百万 LE 单元的 FPGA 器件；软件集成了新的前端语言解析器，扩展了对 System Verilog-2005 和 VHDL-2008 的支持，增强了 RTL 级的设计功能。

3.1　Quartus Prime 设计的流程

基于 Quartus Prime 进行 FPGA 设计开发的流程如图 3.1 所示，主要包括以下步骤。

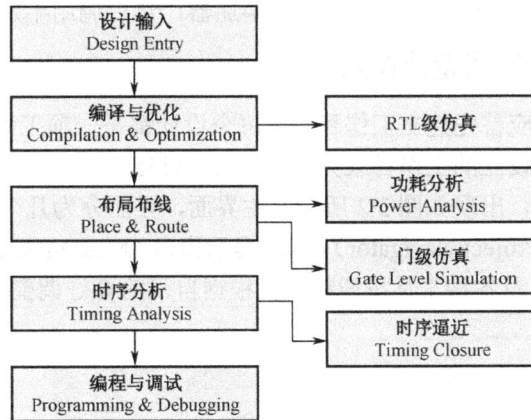

图 3.1　Quartus Prime 设计开发流程

1）设计输入：包括原理图输入、HDL 文本输入等形式。

2）编译与优化：根据设计要求设定编译方式和编译策略，如器件的选择、逻辑综合方式的选择等，然后根据设定的参数和策略对设计项目进行网表提取、逻辑综合。在综合阶段，应利用设计指定的约束文件将 RTL 级设计功能实现并优化到具有相等功能且具有单元延时（但不含时序信息）的基本器件中，如触发器、逻辑门等，得到的结果是功能独立于 FPGA 的网表。

3）布局布线（Place & Route），或称为适配（Fitter）：布局布线将综合后的网表文件针对某一具体的目标器件进行逻辑映射、器件适配，然后装配（Assembler）到器件，并产生编程文件（.pof 和.sof）、资源耗用的报告文件（.rpt）等。

4）时序分析（Timing Analysis）：Quartus Prime 软件包含 Timing Analyzer 时序分析器，可对设计进行静态时序分析（Static Timing Analysis，STA），此工具支持行业标准 Synopsys Design Constraints（SDC）格式时序约束，提取网表文件，可使用图形菜单或者命令行方式对设计中的所有时序路径（Timing Path）进行时序约束、时序分析和报告结果。

5）仿真（Simulation）：Quartus Prime 软件的仿真分为 RTL 级仿真（RTL Simulation）和门级仿真（Gate Level Simulation）两种。

Quartus Prime 取消了自带的波形仿真，采用专业的第三方仿真工具 ModelSim 进行仿真。RTL 级仿真属于功能仿真，是对设计的语法和基本功能进行验证，其输入为 RTL 级代码与 Test Bench 激励脚本，在设计的初始阶段发现问题；门级仿真是在布局布线（适配）后，具体来说是执行了 EDA Netlist Writer（产生传输延迟文件.sdo）后进行的仿真，是考虑了电路的路径延迟与门延迟的仿真，因此叫门级仿真。

6）编程与调试（Programming & Debugging）：用得到的编程文件通过编程电缆配置 FPGA，加入实际激励，进行在线测试。

在以上设计过程中，如果发现错误，需重新回到设计输入阶段，改正错误或调整电路后重复上述过程。

3.2　Quartus Prime 原理图设计

本节以 1 位全加器的设计为例，介绍基于 Quartus Prime 软件进行原理图设计的流程。本书采用的是 Quartus Prime 18.1，其他不同版本的 Quartus 软件（如 Quartus II 13.0 sp1、Quartus II 13.1 和 Quartus Prime 17.1 等）使用方法与此类似。

1 位全加器通过两步实现，首先设计一个半加器，然后调用半加器构成 1 位全加器。

3.2.1　半加器原理图设计输入

在进行设计之前，应首先建立工作目录，每个设计都是一项工程（Project），一般单独建一个工作目录。本例设立的工作目录为 D:\Verilog\adder。

启动 Quartus Prime，出现如图 3.2 所示的主界面，界面分为几个区域，分别是工作区、设计项目层次显示区（Project Navigator）、信息提示窗口（Messages）、IP 目录（IP Catalog）、任务区（Tasks）等，以及各种工具按钮栏。可根据自己的喜好调整该界面。

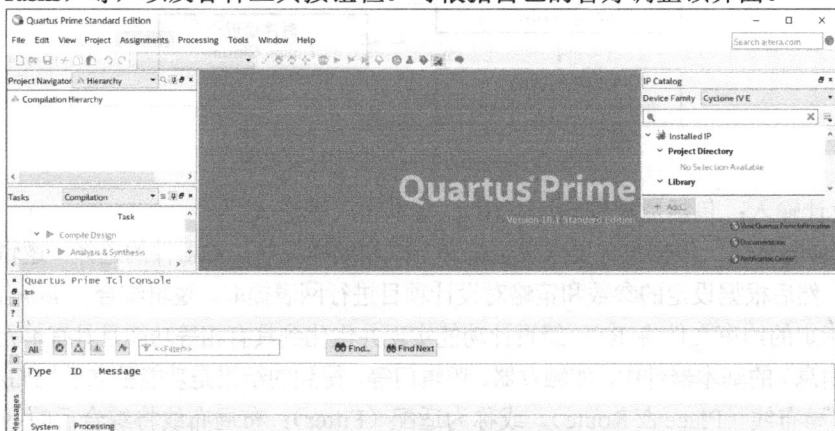

图 3.2　Quartus Prime 的主界面

1. 输入源设计文件

选择菜单 File→New，在弹出的 New 对话框中选择源文件的类型。本例选择 Block Diagram/Schematic File 类型（见图 3.3），即出现如图 3.4 所示的原理图编辑界面。

在图 3.4 的原理图编辑界面中，选择菜单 Edit→Insert Symbol（或者双击空白处），出现如图 3.5 所示的输入元件对话框。

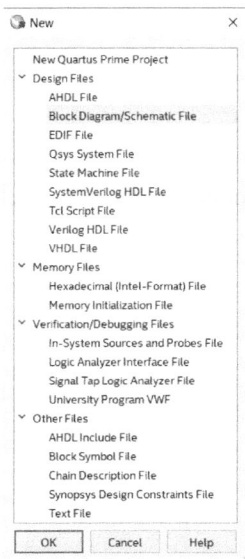

图 3.3　选择设计文件类型对话框

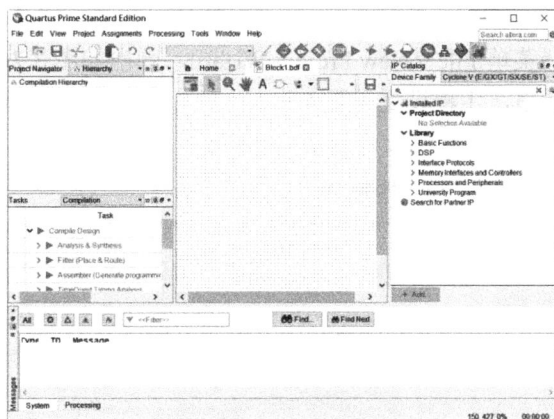

图 3.4　原理图编辑界面

在图 3.5 所示的输入元件对话框的 Name 栏中直接输入元件的名字（如果知道元件的名字），或者在元件库中寻找，调入元件（如 and2 元件可在 logic 库中找到）。

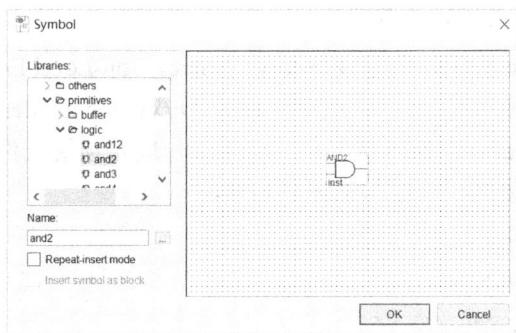

图 3.5　输入元件对话框

在原理图中调入与门（and2）、异或门（xor）、输入引脚（input）、输出引脚（output）等元件，并将这些元件连线，构成半加器电路，如图 3.6 所示。

将设计好的半加器原理图保存于已建立的工作目录 D:\Verilog\adder 中，取文件名为 h_adder.bdf（文件名不可与库中已有的元件名重名）。

2. 用 New Project Wizard 创建工程

每个设计都是一项工程（Project），所以还必须创建工程。这里利用 New Project Wizard

建立工程，在此过程中要设定工程名、目标器件、选用的综合器和仿真器等，其过程如下。

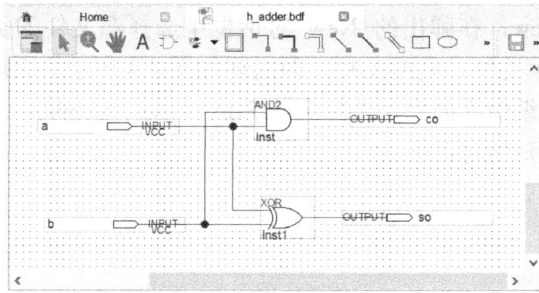

图 3.6 半加器电路图

选择菜单 File→New Project Wizard，弹出如图 3.7 所示的 Introduction 对话框，从该窗口可以看出，工程设置需要 4 步。

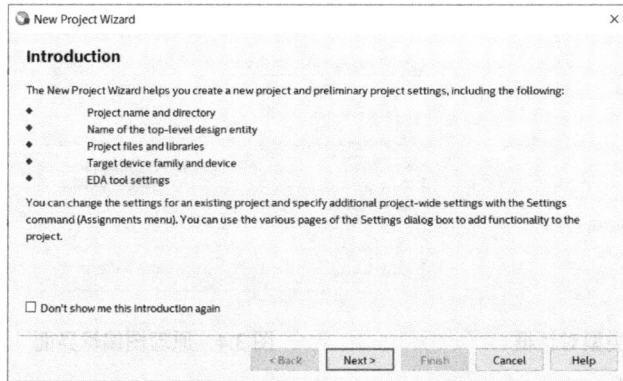

图 3.7 使用 New Project Wizard 创建工程

1）设置工程名和顶层实体的名字

单击图 3.7 中的 Next 按钮，弹出 Directory，Name，Top-Level Entity 对话框（见图 3.8），单击该框最上一栏右侧的按钮 "…"，找到文件夹 D:/Verilog/adddder，作为当前工作目录。在第二栏中填写 fulladder，作为当前工程的名字（一般将顶层文件的名字作为工程名）；第三栏是顶层文件的实体名，一般与工程名相同。

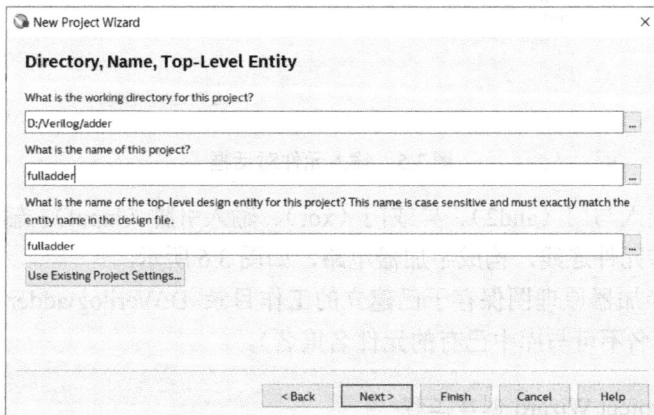

图 3.8 设置 Directory，Name，Top-Level Entity 对话框

2）将设计文件加入当前工程中

单击图 3.8 中的 Next 按钮，弹出 Add Files 对话框（见图 3.9），单击 Add All 按钮，将所有相关的文件都加入当前工程中。在本工程中，目前只有一个源设计文件 h_adder.bdf，因此，只需将该文件加入工程中即可。

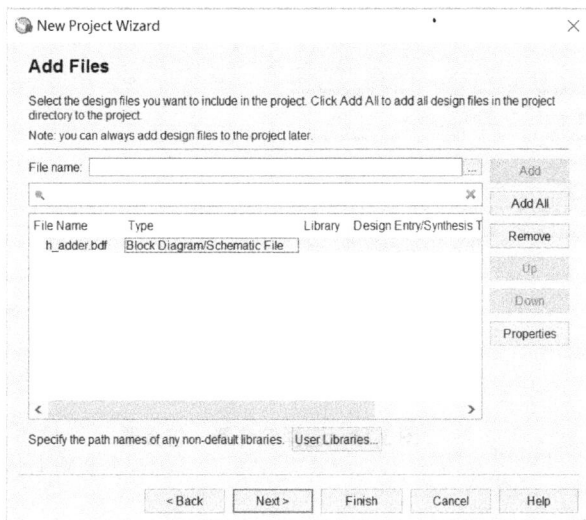

图 3.9　将设计文件加入当前工程中

3）选择目标器件

单击 Next 按钮，出现如图 3.10 所示的选择目标器件的窗口，在 Device family 栏中选择 Cyclone IV E 器件系列，具体的目标器件应根据使用的目标器件进行选择，此处因为目标下载板为 DE2-115，所以 Available devices 选择 EP4CE115F29C7。

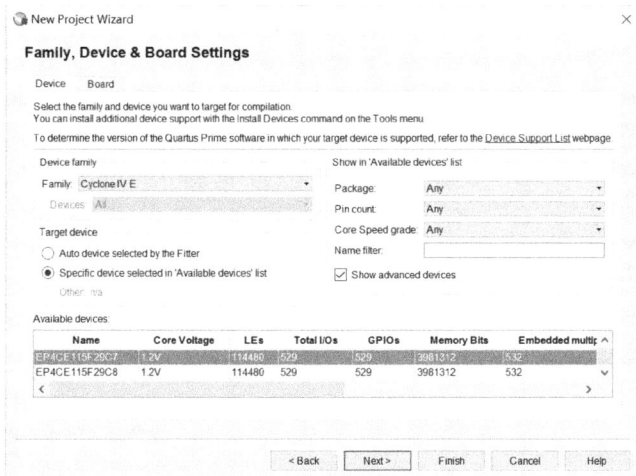

图 3.10　选择目标器件

4）选择综合器和仿真器

单击图 3.10 中的 Next 按钮，弹出选择仿真器和综合器的 EDA Tool Settings 对话框，如图 3.11 所示。在 Design Entry/Synthesis 一行，如果选择默认的 None，则表示选择 Quartus

Prime 自带的综合器进行综合（也可选 Synplify Pro 等进行综合，但必须已安装好）；在 Simulation 行，选择 ModelSim-Altera，表示选择该仿真器进行仿真，Format(s)一栏选择 Verilog HDL。

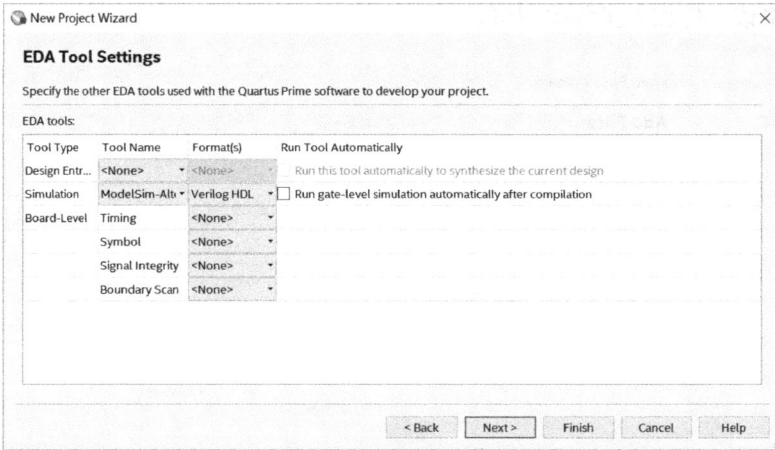

图 3.11　选择综合器、仿真器

5）结束设置

单击 Next 按钮，出现工程设置信息汇总（Summary）窗口，如图 3.12 所示，对前面所做的设置情况进行汇总。单击窗口中的 Finish 按钮，完成当前工程的创建。在工程管理对话框中，出现当前工程的层次结构显示。

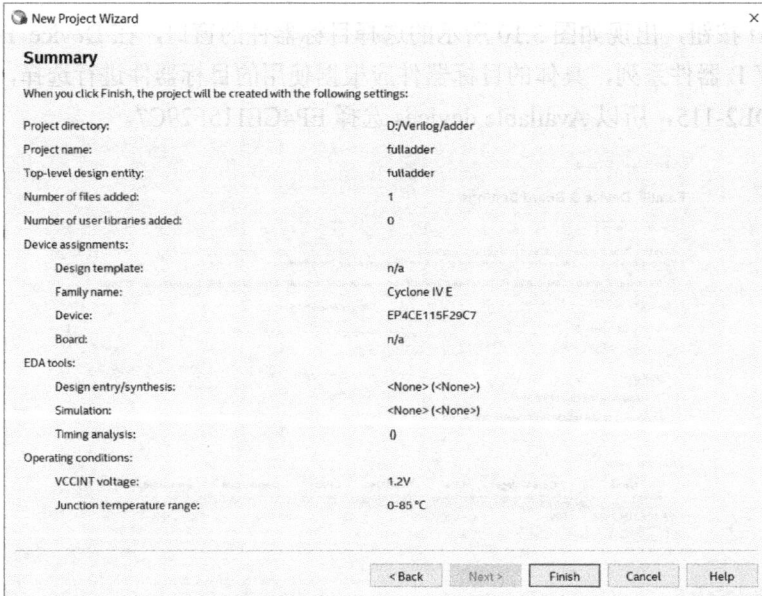

图 3.12　工程设置信息汇总

3.2.2　1 位全加器设计输入

1. 将半加器创建成一个元件符号

选择菜单 File→Create/Update→Create Symbol Files for Current File，弹出如图 3.13 所示

的 Create Symbol File 对话框，单击 Save 按钮，将前面的半加器生成为一个元件符号（以文件 h_adder.bsf 存在当前目录下），以供调用。

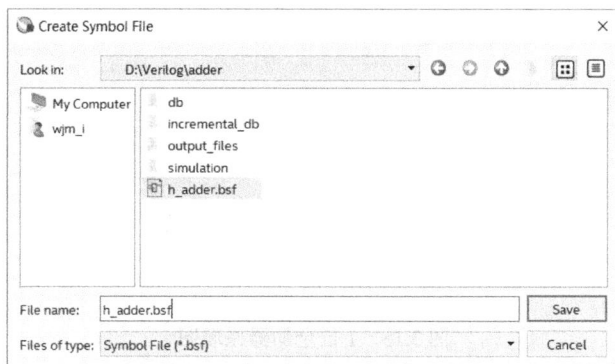

图 3.13　创建元件符号对话框

2. 全加器原理图输入

创建一个新的原理图文件。选择菜单 File→New，在弹出的 New 对话框中选择 Block Diagram/Schematic File 类型，打开一个新的原理图编辑窗口，如图 3.14 所示。

在图 3.14 所示的原理图编辑窗口中，选择菜单 Edit→Insert Symbol（或者双击图中空白处），出现 Symbol 元器件输入对话框，与图 3.5 不同的是，现在除 Quartus Prime 软件自带的元器件外，设计者自己生成的元件也同样出现在库列表中，如图 3.14 所示，前一步中生成的 h_adder 半加器出现在可调用库元件列表中，将其调入原理图中。

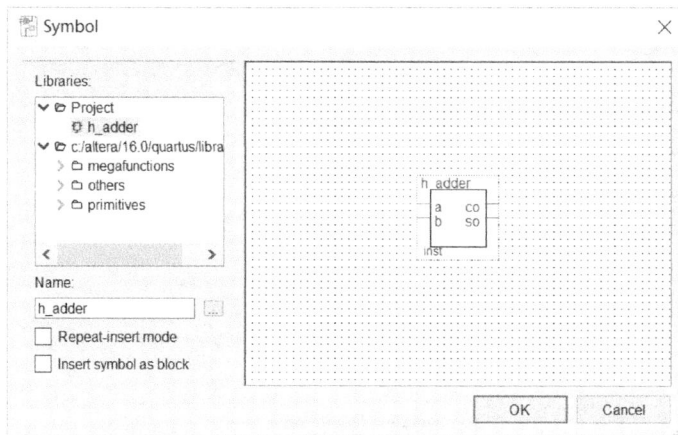

图 3.14　在可调用库元件列表中调用 h_adder 半加器

在原理图中继续调入或门（or2）、输入引脚（input）、输出引脚（output）等元件，将这些元件进行连线，构成全加器，最后的 1 位全加器原理图如图 3.15 所示。将设计好的 1 位全加器以名字 fulladder.bdf 存于同一目录中（D:\Verilog\adder）。

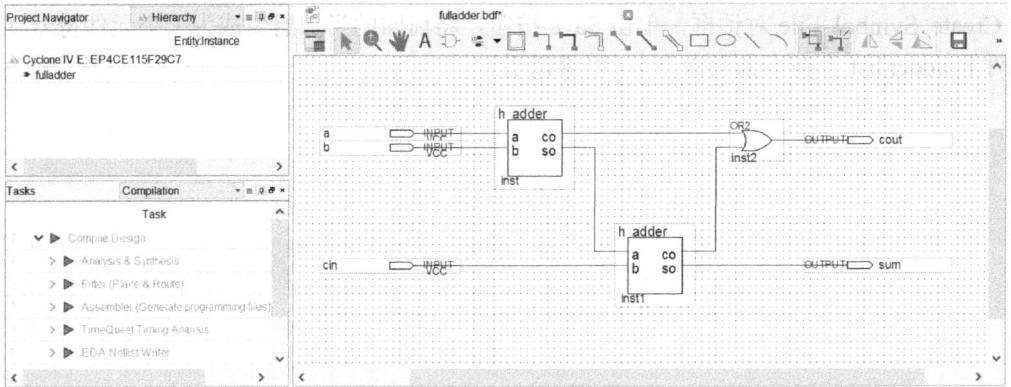

图 3.15　1 位全加器原理图

3.2.3　1 位全加器的编译

完成工程文件的创建和源文件的输入，即可对设计进行编译。在编译前须进行必要的设置。

1. 编译模式的设置

可以设置编译模式。选择菜单 Assignments→Settings，在如图 3.16 所示的 Settings 对话框中，单击左边的 Compilation Process Settings 项，在右边出现的 Compilation Process Settings 窗口中，选择使能 Use smart compilation 和 Preserve fewer node names…等选项（见图 3.16），这样可使每次的重复编译运行得更快。

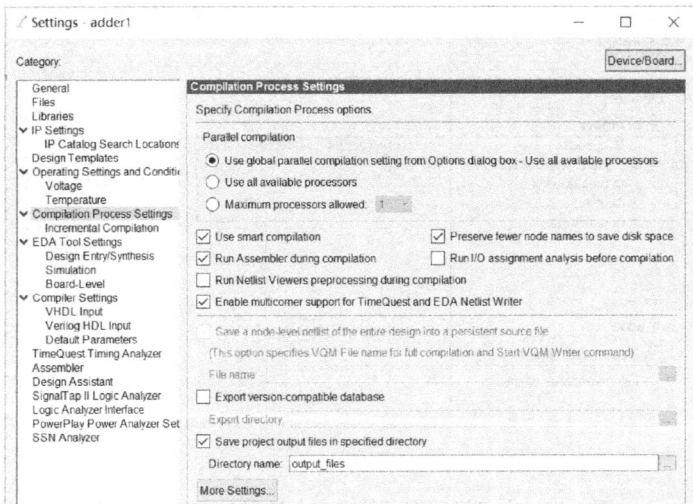

图 3.16　设置编译模式

2. 编译

选择菜单 Project→Set as Top-Level Entity，将全加器 fulladder.bdf 设为顶层实体，对其进行编译。

Quartus Prime 编译器是由几个处理模块构成的，分别对设计文件进行分析检错、综合、适配等，并产生多种输出文件，如定时分析文件、器件编程文件、各种报告文件等。

选择菜单 Processing→Start Compilation，或者单击按钮▶，启动完全编译。这里的完全编译包括如下 5 个过程（见图 3.17）：

- 分析与综合（Analysis & Synthesis）；
- 适配（Fitter）或布局布线（Place & Route）；
- 装配（Assembler）；
- 时序分析（Timing Analysis）；
- 网表文件提取（EDA Netlist Writer）。

也可以只启动某几项编译，比如，选择菜单 Processing→Start→Start Analysis & Synthesis，则只启动分析与综合处理；选择菜单 Processing→Start→Start Fitter，则只启动前 2 项处理。编译处理的进度在任务（Tasks）和状态（Status）窗口中实时显示，如图 3.17 所示。

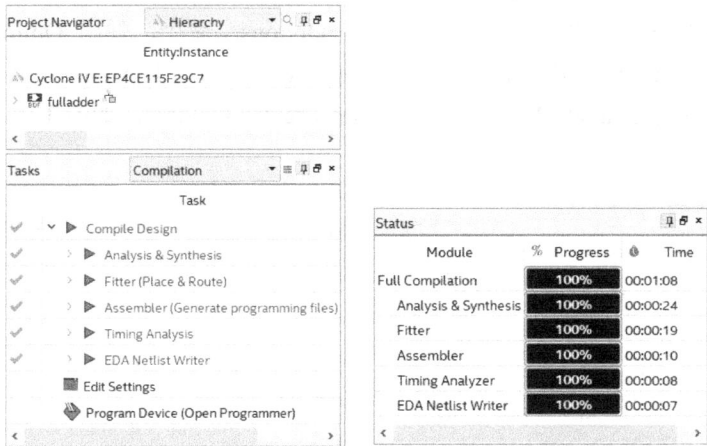

图 3.17　编译任务（Tasks）和状态（Status）窗口

3. 查看编译结果

编译完成后会将有关的编译信息汇总（Flow Summary）显示。本例的编译汇总信息如图 3.18 所示，可知本例耗用的 LE 数为 2，占用的引脚数为 5，没有耗用其他资源（如存储器、嵌入式乘法器、锁相环等）。

图 3.18　编译信息汇总

3.2.4　1 位全加器的仿真

从 Quartus II 10.0 版本开始，Quartus II 软件中取消了自带的波形仿真工具（Waveform Editor），采用第三方仿真软件 ModelSim 进行仿真，所以在 Quartus Prime 中，只能调用 ModelSim 进行仿真。在安装 Quartus Prime 18.1 时，配套的是 ModelSim-INTEL FPGA STARTER EDITION 10.5b 版本仿真器。下面以 1 位全加器的仿真为例，介绍在 Quartus Prime 中调用 ModelSim STARTER 进行仿真的过程。使用 ModelSim SE 进行仿真的过程与此有所不同，可参考本书第 11 章的相关内容。

1. 建立 Quartus Prime 和 ModelSim 的链接

如果是第一次使用 ModelSim-Altera，需建立 Quartus Prime 和 ModelSim 的链接。

在 Quartus Prime 主界面执行菜单 Tools→Options...命令，弹出 Options 对话框，在 Options 页面的 Category 栏中选中 EDA Tool Options，在右边的 ModelSim-Altera 栏中指定安装路径，本例中为 C:\intelFPGA\18.1\modelsim_ase\win32aloem，如图 3.19 所示。

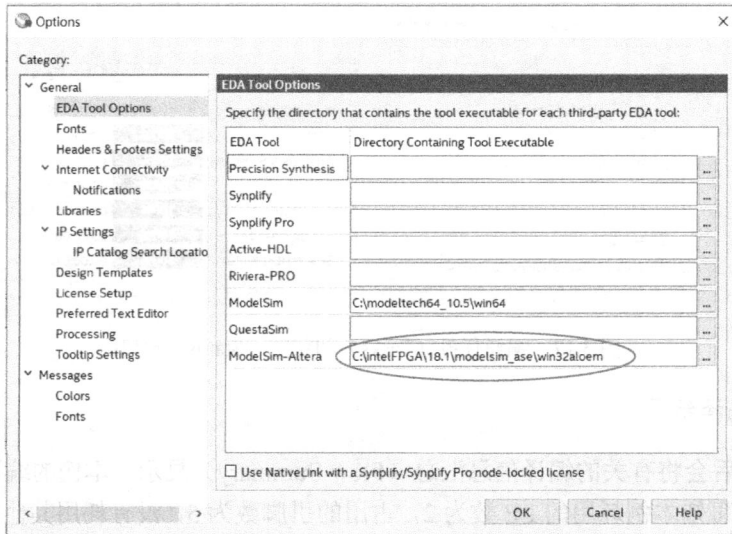

图 3.19　建立 Quartus Prime 和 ModelSim 的链接

2. 设置仿真文件的格式和目录

ModelSim-Altera 的时序仿真中需要用到 Verilog HDL 或 VHDL 输出网表文件（.vo 或.vho）、传输延迟文件（.sdo）。.vo（或.vho）和.sdo 文件在 Quartus Prime 完全编译（在图 3.17 中执行至 EDA Netlist Writer）后会生成，ModelSim-Altera 自动调用上述文件，将延时和时序信息通过波形图展示出来，实现时序仿真。

上述文件的格式和目录需要在 Quartus Prime 软件中进行设置。在 Quartus Prime 主界面中选择菜单 Assignments→Settings，弹出 Settings 对话框，选中 EDA Tool Settings 项，单击 Simulation 按钮，出现如图 3.20 所示的 Simulation 窗口，对其进行设置。其中，在 Tool name 中选择 ModelSim-Altera；在 Format for output netlist 中选择 Verilog HDL；在 Output directory 处指定网表文件的输出路径，.vo 文件存放的默认路径为 simulation/modelsim（完整路径为 D:\Verilog\adder\simulation\modelsim）。

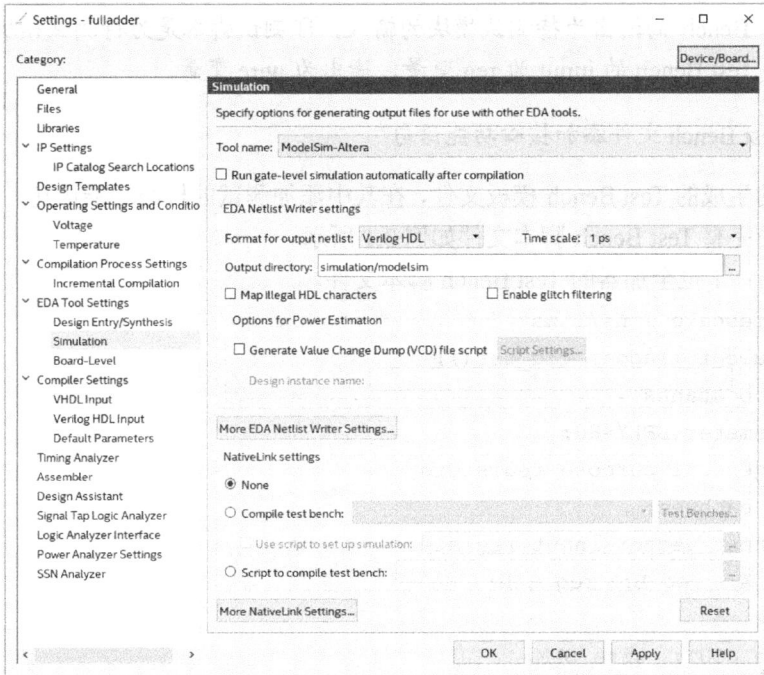

图 3.20　设置仿真文件的格式和目录

3. 建立测试脚本（Test Bench）

建立测试脚本文件（Test Bench），Test Bench 可以自己写，也可以由 Quartus Prime 自动生成，不过生成的只是模板，核心功能语句还需自己添加。Test Bench 脚本的编写可参考本书第 11 章相关的内容。

在 Quartus Prime 主界面中选择菜单 Processing→Start→Start Test Bench Template Writer，自动生成 Test Bench 模板文件。图 3.21 所示为自动生成的 Test Bench 模板文件的内容，该文件后缀为.vt，在当前工程所在的 D:\Verilog\adder\simulation\modelsim 目录下可找到。

```
27
28   `timescale 1 ps/ 1 ps
29   module fulladder_vlg_tst();
30   // constants
31   // general purpose registers
32   reg eachvec;
33   // test vector input registers
34   reg A;
35   reg B;
36   reg CIN;
37   // wires
38   wire COUT;
39   wire SUM;
40
41   // assign statements (if any)
42   fulladder i1 (
43   // port map - connection between master ports and signals/registers
44      .A(A),
45      .B(B),
46      .CIN(CIN),
47      .COUT(COUT),
48      .SUM(SUM)
49   );
50   initial
51   begin
52   // code that executes only once
53   // insert code here --> begin
54
55   // --> end
56   $display("Running testbench");
57   end
58   always
59   // optional sensitivity list
60   // @(event1 or event2 or .... eventn)
61   begin
62   // code executes for every event on sensitivity list
63   // insert code here --> begin
64
65   @eachvec;
66   // --> end
67   end
68   endmodule
69
```

图 3.21　自动生成的 Test Bench 模板文件

注：Test Bench 的输出为待测试模块的输入，即测试脚本是为待测试模块产生激励信号的。因此，Test Bench 的 input 为 reg 变量，输出为 wire 变量。

4. 为 Test Bench 文件添加核心功能语句

打开自动生成的 Test Bench 模板文件，在其中添加测试的核心功能语句，保存后退出。修改后的完整 Test Bench 脚本文件如例 3.1 所示。

【例 3.1】 1 位全加器的 Test Bench 脚本文件。

```
'timescale 1 ns/1 ns
module fulladder_vlg_tst();
// constants
parameter DELY=80;
// general purpose registers
reg eachvec;
// test vector input registers
reg A; reg B; reg CIN;
// wires
wire COUT; wire SUM;
// assign statements (if any)
fulladder i1(
// port map-connection between master ports and signals/registers
.A(A),.B(B),.CIN(CIN),.COUT(COUT),.SUM(SUM)
);
initial begin
// code that executes only once
// insert code here --> begin      //以下为添加的核心功能语句
A=1'b0; B=1'b0; CIN=1'b0;
#DELY   CIN=1'b1;
#DELY   B=1'b1;
#DELY   A=1'b1;
#DELY   B=1'b0;
#DELY   CIN=1'b0;
#DELY   B=1'b1;
#DELY   A=1'b0;
#DELY   $stop;
// --> end
$display("Running testbench");
end
endmodule
```

5. Test Bench 的进一步设置

还需对 Test Bench 做进一步的设置。在 Quartus Prime 中选择菜单 Assignments→Settings，弹出 Settings 对话框，选中 EDA Tool Settings 下的 Simulation 项，对其进行设置，单击 Compile test bench 栏右边的 Test Benches 按钮，出现 Test Benches 对话框，单击其中的 New 按钮，出

现 New Test Bench Settings 对话框，在其中填写 Test bench name 为 fulladder_vlg_tst，同时，Top level module in test bench 也填写为 fulladder_vlg_tst；End simulation at 选择 600 ns；Test bench and simulation files 选择 D:\Verilog\adder\simulation\modelsim\fulladder.vt，并将其加载（Add）。上述设置过程如图 3.22 所示。

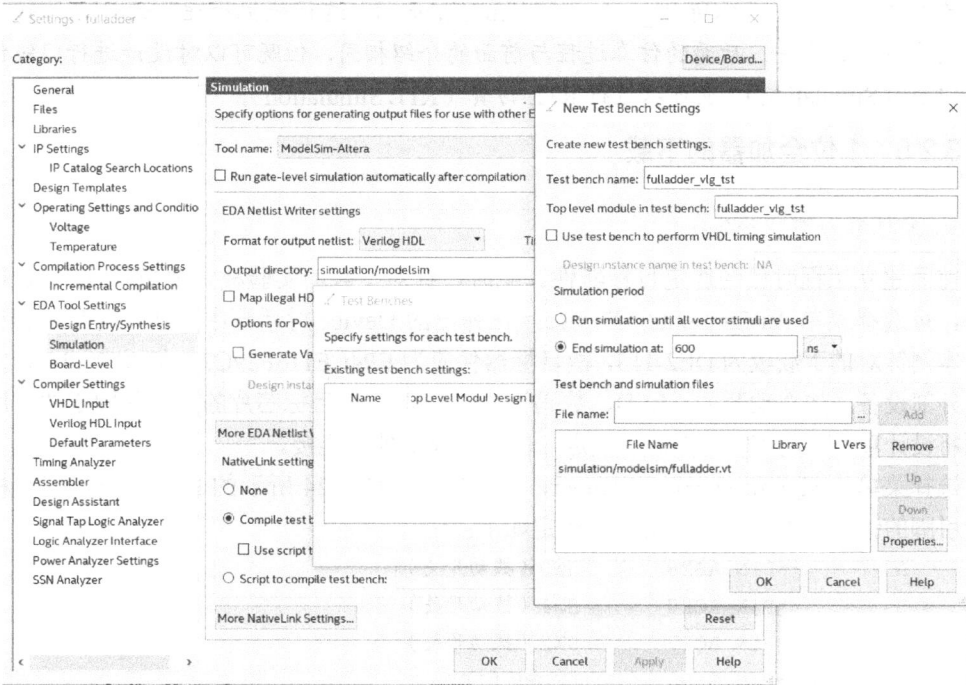

图 3.22   对 Test Bench 进一步设置

6. 启动仿真，观察仿真结果

选择菜单 Tools→Run EDA Simulation Tool→Gate Level Simulation…，启动对 1 位全加器的门级仿真。命令执行后，系统自动打开 ModelSim-Altera 主界面和相应的窗口，如结构（Structure）、命令（Transcript）、目标（Objects）、波形（Wave）、进程（Processes）等窗口。1 位全加器的门级仿真输出波形如图 3.23 所示。

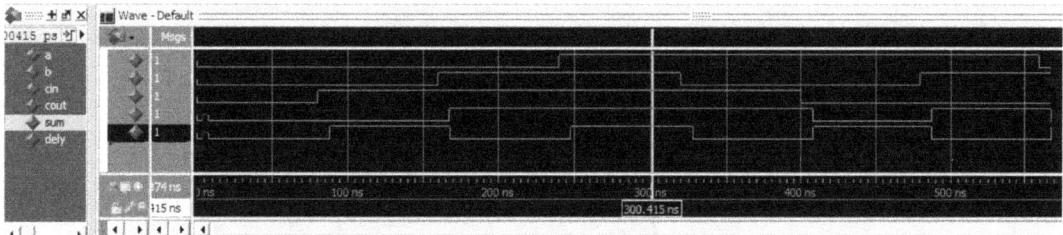

图 3.23   1 位全加器的门级仿真输出波形

从仿真波形可以检验所设计电路的功能是否正确，如果不正确，可修改设计，重新执行以上过程，直到完全满足自己的设计要求。

注：Quartus Prime 采用第三方工具 ModelSim 进行仿真，支持 RTL 仿真（RTL Simulation）和门级仿真（Gate Level Simulation）两种仿真，原理图设计（.bdf 文件）只能进行门级仿

真；上面的 1 位全加器如果要进行 RTL 仿真，可采用如下方法：选择菜单 File→Create/Update→Create HDL Design File from Current File，分别将半加器原理图文件 h_adder.bdf 和全加器原理图文件 fulladder.bdf 转化为.v 文件；将 fulladder.v 设置为顶层实体文件，重新编译（编译前，应选择菜单 Assignments→Settings，在 Files 页面中将 h_adder.bdf 和 fulladder.bdf 从当前工程中移除，只保留 h_adder.v 和 fulladder.v）。这样就把原理图设计文件转化为 Verilog 文本设计文件。后面的仿真过程与前面的介绍相同，但既可以对设计进行门级仿真（Gate Level Simulation），也可以进行 RTL 仿真（RTL Simulation）。

3.2.5　1 位全加器的下载

1. 器件和引脚的锁定

前面建立工程时已经选定目标器件。此时，针对下载的实验板，要更换 FPGA 目标器件，可选择菜单 Assignments→Device，在弹出的 Device 对话框中重新设置目标器件。

本例针对的下载板为 DE2-115，故目标器件应为 EP4CE115F29C7。在 DE2-115 开发板中，外部设备（如拨动开关、LED、数码管、LCD 等）与目标芯片的连接是固定的，所以必须将设计项目中的 I/O 引脚进行锁定，使之与板上外设连接。

选择菜单 Assignments→Pin Planner，在弹出的如图 3.24 所示的 Pin Planner 对话框中进行引脚的锁定。本例中 5 个引脚的锁定如下：

```
A      →PIN_AB28    SW0（拨动开关）
B      →PIN_AC28    SW1（拨动开关）
CIN    →PIN_AC27    SW2（拨动开关）
SUM    →PIN_G19     LEDR0（LED）
COUT   →PIN_F19     LEDR1（LED）
```

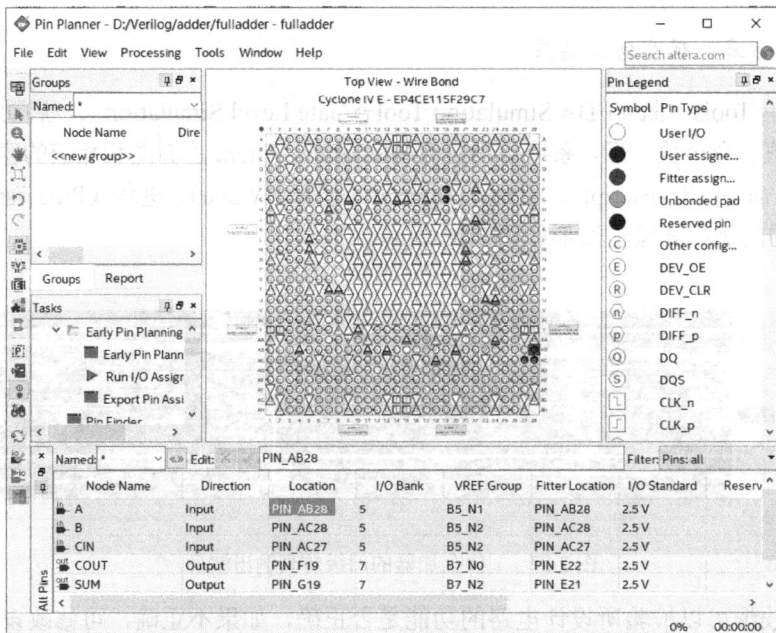

图 3.24　锁定引脚

注：有多种方法可实现引脚锁定，有关引脚锁定的更多方法可参考本书 8.5 节的内容。

2.　未用引脚状态的设置

为屏蔽实验板上未用的设备（如数码管、LED 等），便于观察实验效果，可对 FPGA 的未用引脚进行设置。选择菜单 Assignments→Device，在出现的如图 3.25 所示的 Device 窗口中，单击 Device and Pin Options 按钮，在弹出的 Device and Pin Options 窗口中，选中左侧 Category 栏中的 Unused Pins，在右侧出现的 Unused Pins 对话框中将 Reserve all unused pins 的处理方式选为 As input tri-stated，即作为输入三态。此项设置对于很多实验项目都是必要的。

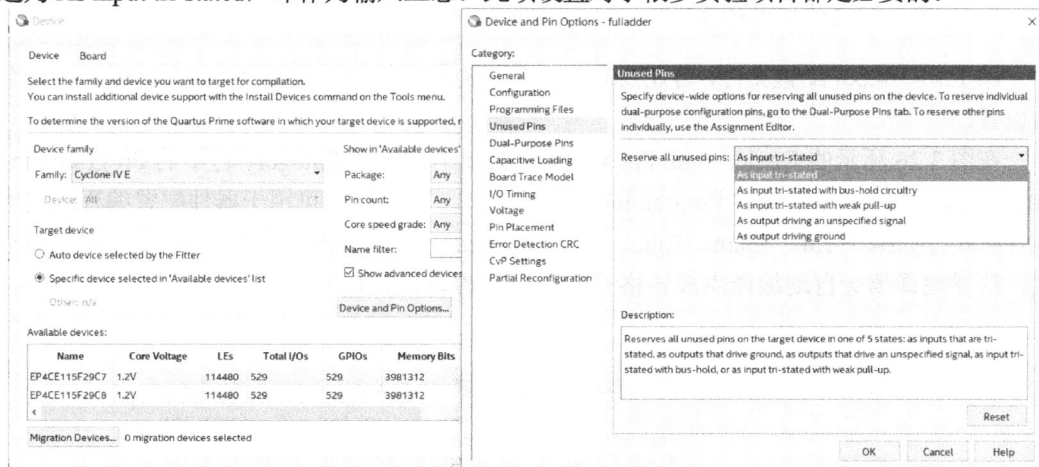

图 3.25　未用引脚状态的设置

3.　选择配置方式和配置器件

编译产生的默认配置文件格式是.sof，适用于 JTAG 等配置模式；要生成.pof 格式的可固化配置文件，则需做一些设置。

在图 3.25 所示的 Device and Pin Options 窗口中，选择 Category 栏中的 Configuration，出现图 3.26 所示的 Configuration 对话框，设置 Configuration scheme 为 Active Serial（主动串行方式），即由 EPCS 配置器件对目标器件进行配置；Configuration mode 为 Standard；使能 Use configuration device，并选择 EPCS64 作为配置器件（DE2-115 上用于装载.pof 固化配置文件的器件为 EPCS64），这样，编译后即可产生适用于 EPCS64 的.pof 格式的配置文件。

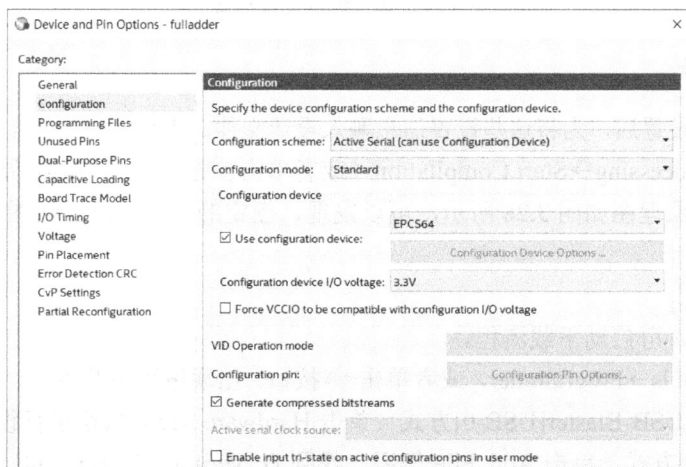

图 3.26　选择配置方式和配置器件

4. 双用途引脚的设置

有的引脚是双用途引脚（Dual-Purpose Pins），在编程期间作为配置引脚。编程结束后，有的引脚可作为普通 I/O 引脚使用，有的则不可以，这与所选择的配置方式（AS 方式、PS 方式等）有关。具体信息可在图 3.26 选中 Category 栏中的 Dual-Purpose Pins，在出现的 Dual-Purpose Pins 页面中查看。

5. 更多编程文件格式的生成

除了.sof 和.pof 配置文件，若还要产生更多其他格式的编程配置文件，则需做一些必要的设置。

在图 3.26 所示的 Device and Pin Options 窗口中，选择 Category 栏中的 Programming Files，出现如图 3.27 所示的 Programming Files 窗口。可看到，可用于器件配置编程的其他文件格式有*.ttf、*.rbf、*.jam、*.jbc、*.svf 和*.hexout 等，选中其中的一种或几种文件格式，这样编译器会自动编译生成该格式的配置文件供用户使用。

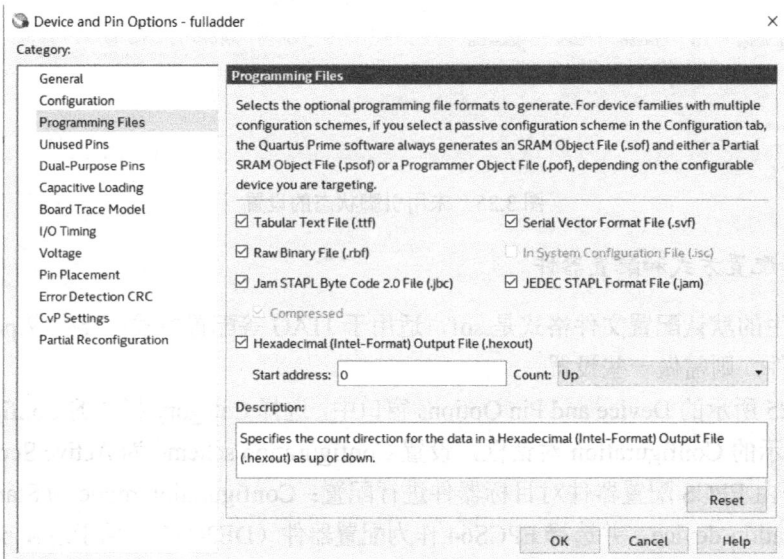

图 3.27　选择编程文件格式

6. 重新编译

在完成上述设置后，为将这些设置信息融入设计文件，需重新对设计工程进行编译。

选择菜单 Processing→Start Compilation（或者单击 ▶ 按钮），启动重新编译。重新编译后的 1 位全加器原理图如图 3.28 所示，可以发现，锁定的引脚信息已在图上显示。

7. 编程下载

重新编译后，可启动下载流程。

选择菜单 Tools→Programmer，或者单击 ▧ 按钮，出现编程下载窗口，如图 3.29 所示，设定编程接口为 USB-Blaster[USB-0]方式（单击 Hardware Setup 按钮进行设置），编程模式 Mode 选择 JTAG 方式，单击 Add File 按钮，找到 D:\Verilog\adder\output_files\fulladder.sof

文件，加载，单击 Start 按钮，将 fulladder.sof 文件下载至目标板的目标器件中。

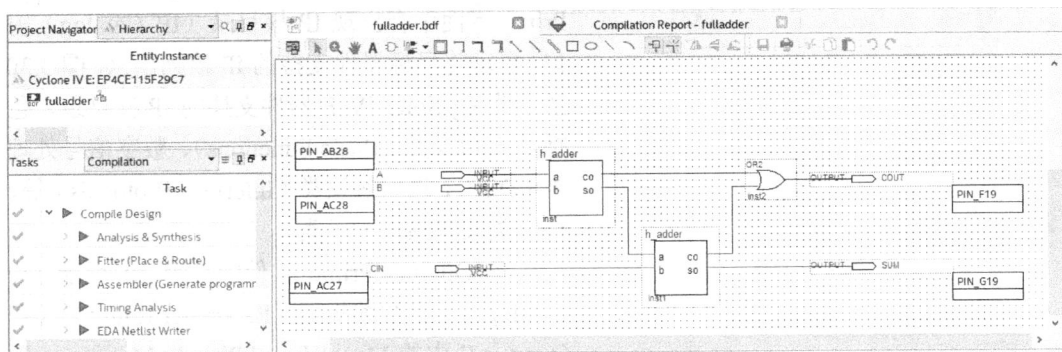

图 3.28　重新编译后的 1 位全加器

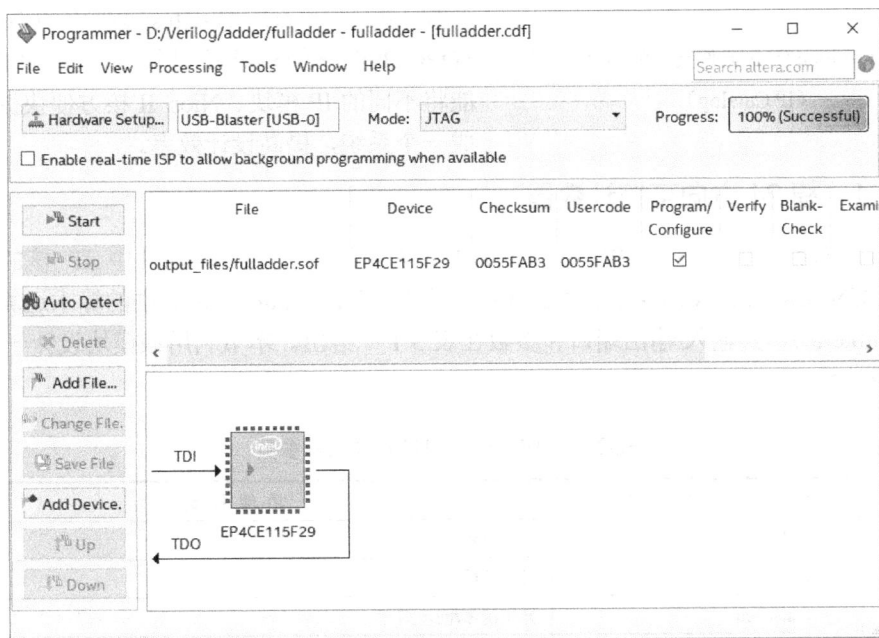

图 3.29　编程下载窗口

8. 观察下载效果

至此，已完成 1 位全加器的整个设计流程。在 DE2-115 开发板上扳动 SW2～SW0 滑动开关，组成加数 A、B 和进位 CIN 的不同电平组合，在红色发光二极管 LEDR0 和 LEDR1 上观察和数 SUM、进位 COUT 的结果，验证 1 位全加器的功能。

3.3　基于 IP 核的设计

Quartus Prime 软件为设计者提供了丰富的 IP 核，包括参数化宏功能模块（Library Parameterized Megafunction，LPM）、MegaCore 等，这些 IP 核均针对 Altera 的 FPGA 器件做了优化，基于 IP 核完成设计可极大提高电路设计的效率与可靠性。

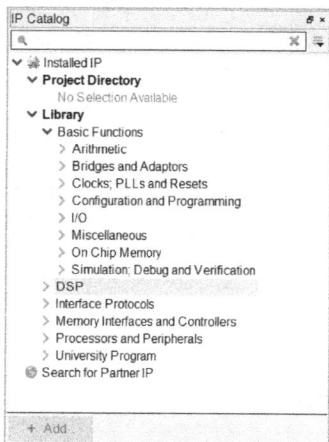

图 3.30　Cyclone IV E 器件支持的 IP 核目录
（IP Catalog）

选择菜单 Tools→IP Catalog，在 Quartus Prime 界面中会出现 IP 核目录（IP Catalog）窗口，自动将目标器件支持的 IP 核列出来。图 3.30 所示为 Cyclone IV E 器件支持的 IP 核目录，包括基本功能类（Basic Functions）、数字信号处理类（DSP）、接口协议类（Interface Protocols）等，每一类又包括若干子类。

在 Quartus Prime 软件中，用 IP 目录（IP Catalog）和参数编辑器（Parameter Editor）代替 Quartus II 中的 MegaWizard Plug-In Manager，用 Parameter Editor 可定制 IP 核的端口（Ports）和参数（Parameters）；Quartus 软件中的 Qsys 则是 SOPC Builder 的升级版，用于系统级的 IP 集成，能将不同的 IP 模块、Nios II 核方便快捷地整合成一个系统，提高设计效率。

3.3.1　模 24 方向可控计数器

本节以参数化计数器（LPM_COUNTER）为例说明 Quartus 软件中 IP 核的用法。LPM_COUNTER 在 IP Catalog 中属于基本功能类（Basic Functions）中的算术运算模块子类（Arithmetic），其输入/输出端口和参数在表 3.1 中给出。本节利用该模块设计一个模 24 方向可控计数器。

表 3.1　LPM_COUNTER 端口和参数

	端 口 名 称	功 能 描 述
输入端口	clock	输入时钟
	clk_en；cnt_en	时钟使能；计数使能
	aclr/sclr	异步清零/同步清零
	updown	控制计数的方向
	sset	同步置数，将输出全部置"1"，或置为 LPM_AVALUE
	aset	异步置数，将输出全部置"1"，或置为 LPM_AVALUE
	cin	进位输入
	aload/sload	异步预置端/同步预置端
	data[ ]	并行输入预置数（在使用 aload 或 sload 的情况下）
输出端口	q[ ]	计数输出
	cout	进位输出
参数设置	LPM_WIDTH	计数器位宽
	LPM_DIRECTION	计数方向
	LPM_MODULUS	模
	LPM_AVALUE	异步预置数
	LPM_SVALUE	同步预置数

1. 创建工程，定制 LPM_COUNTER 模块

参照上节的内容，利用 New Project Wizard 建立工程，本例中设立的工程名为 counter24。

在 Quartus Prime 主界面的 IP Catalog 栏中，在 Basic Functions 的 Arithmetic 目录下找到 LPM_COUNTER 模块，双击该模块，弹出 Save IP Variation 对话框，如图 3.31 所示，在其中输入 LPM_COUNTER 模块的名字，如 counter24，同时，选择其语言类型为 Verilog。

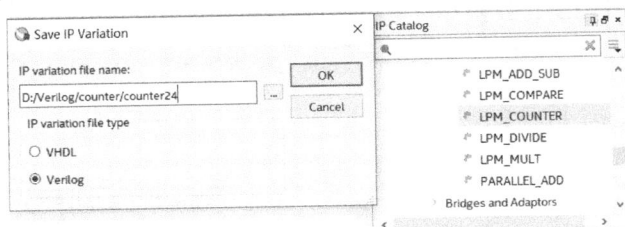

图 3.31　LPM_COUNTER 模块命名

单击 OK 按钮，启动 MegaWizard Plug-In Manager，对 LPM_COUNTER 模块进行参数设置。首先对输出数据总线宽度和计数的方向进行设置，如图 3.32 所示。计数器可以设为加法或者减法计数，还可以通过增加一个 updown 信号来控制计数的方向，为 1 时加法计数，为 0 时减法计数，此处选择 updown 方式，输出数据总线 q 的宽度设置为 8 bit。

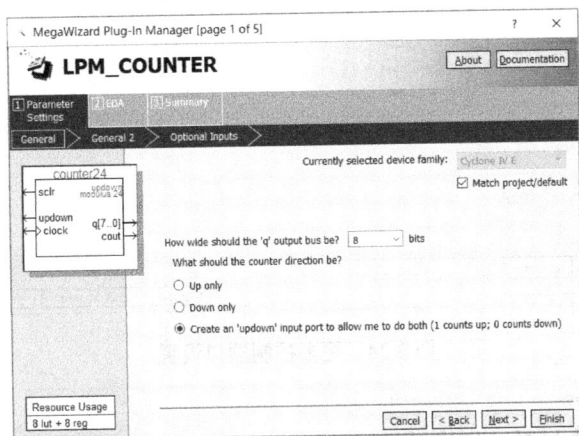

图 3.32　计数器输出端口宽度和计数方向设置

单击 Next 按钮，进入如图 3.33 所示的页面，在这里设置计数器的模，还可根据需要增加控制端口，包括时钟使能 Clock Enable、计数使能 Count Enable、进位输入 Carry-in 和进位输出 Carry-out 端口。在本例中设置计数器模为 24，并带有一个进位输出端口 Carry-out。

单击 Next 按钮，进入如图 3.34 所示的页面，在该页面中可增加同步清零、同步预置、异步清零、异步预置等控制端口。在本例中增加同步清零，即在 Synchronous inputs 中启用 Clear 项。

单击 Next 按钮，弹出如图 3.35 所示的页面，在该页面中选择需要生成的一些文件。其中，counter24.v 文件是设计源文件，系统默认选中；counter24_inst.v 文件是展示如何在文本顶层设计中例化 counter24 模块的，如果顶层调用采用文本方式，建议选中；counter24.bsf 文件是模块符号文件（Block Symbol File），如果顶层调用采用原理图方式，建议选中。

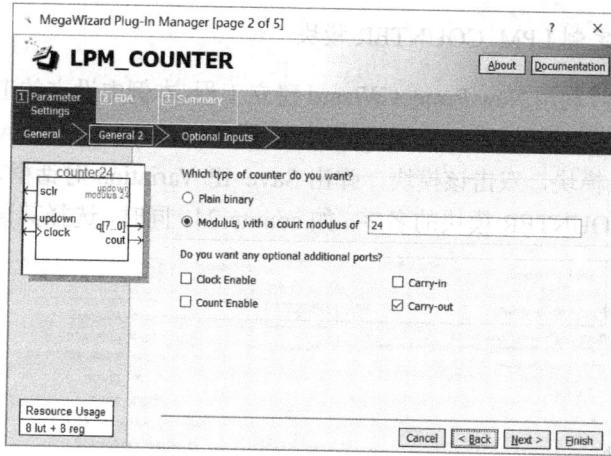

图 3.33　计数器模和控制端口设置

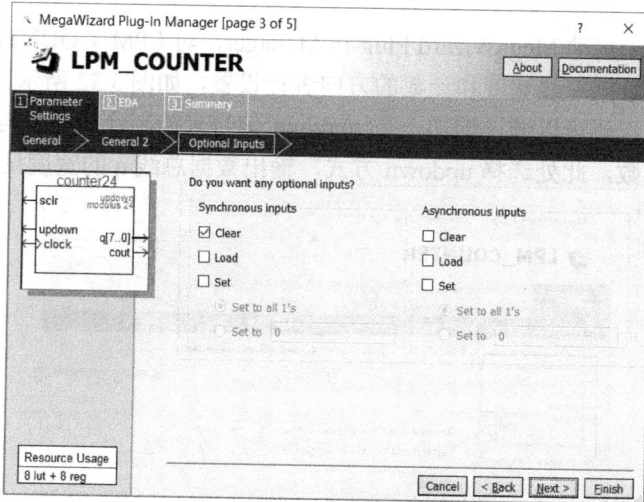

图 3.34　更多控制端口设置

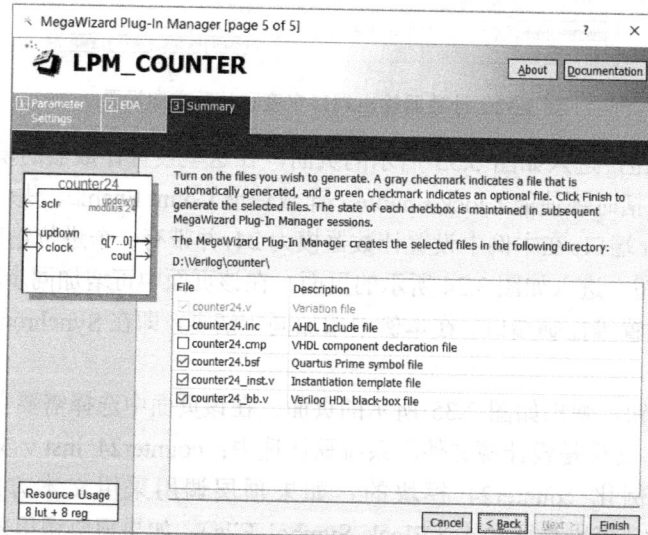

图 3.35　选择需要生成的文件

单击 Finish 按钮，结束参数设置的过程，现在已完成 counter24 模块的定制。

2. 编译

单击 Finish 按钮，完成 counter24 模块的设置后，自动出现 Quartus Prime IP Files 对话框，如图 3.36 所示，单击 Yes 按钮，选择将生成的 counter24.qip 文件加入当前工程中。

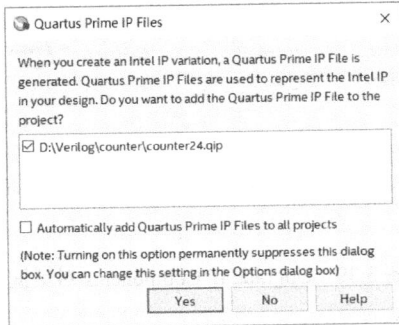

图 3.36　Quartus Prime IP Files 对话框

选择菜单 Project→Set as Top-Level Entity，将 counter24.qip 设为顶层实体（或者将刚生成的 counter24.v 设置为顶层实体亦可），选择菜单 Processing→Start Compilation，或者单击 ▶ 按钮，对工程进行编译。编译完成后的 Flow Summary 页面如图 3.37 所示。

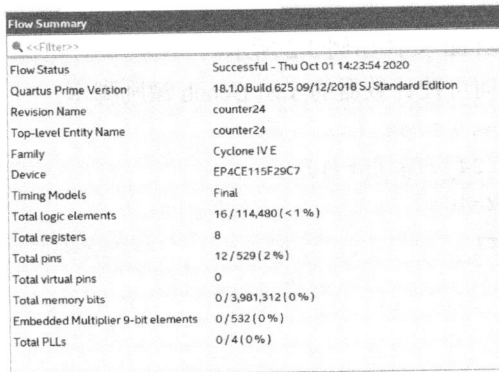

图 3.37　编译后的 Flow Summary 页面

如果要对定制好的 counter24 模块参数进行更改，有多种方式实现，比如：

1）选择菜单 File→Open，选择生成的模块源文件（本例中生成的为 counter24.v 文件），可启动 MegaWizard Plug-In Manager，对 counter24 模块重新进行参数设置。

2）选择菜单 View→Utility Windows→Project Navigator，如图 3.38 所示，在图中左上角选择 IP Components，然后双击 counter24 实体，也可启动 MegaWizard Plug-In Manager，对 LPM_COUNTER 模块重新进行参数设置。

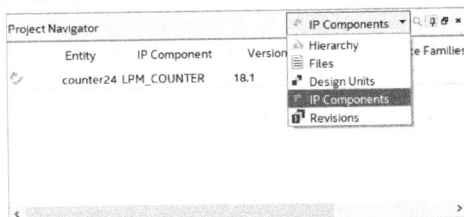

图 3.38　更改 counter24 模块参数

3）选择菜单 Project→Upgrade IP Components，弹出如图 3.39 所示的 Upgrade IP Components 对话框，在图中选中 counter24 实体，单击 Upgrade in Editor 按钮，可启动 MegaWizard Plug-In Manager，对 counter24 模块重新进行参数设置。

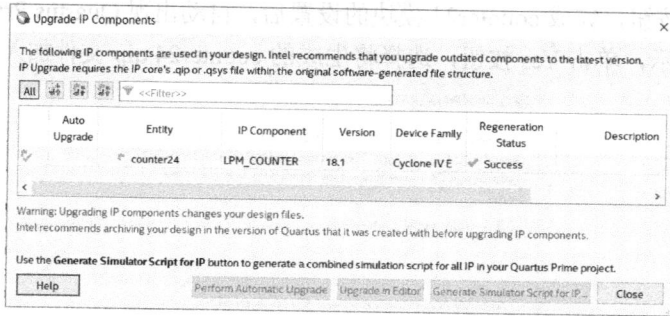

图 3.39　Upgrade IP Components 对话框

3. 仿真

用 ModelSim-Altera 对计数器进行仿真。在 Quartus Prime 主界面中选择菜单 Processing →Start→Start Test Bench Template Writer，自动生成 Test Bench 文件，在当前工程所在的目录 D:\Verilog\counter\simulation\modelsim 下打开自动生成的 Test Bench 文件（counter24.vt），在其中添加激励语句。

修改后的完整 Test Bench 文件如例 3.2 所示。

【例 3.2】　模 24 方向可控计数器的 Test Bench 激励脚本。

```verilog
`timescale 1 ns/ 1 ps
module counter24_vlg_tst();
parameter DELY=40;
reg clock,sclr;
reg updown;
wire cout;
wire [7:0]  q;
counter24 i1(
        .clock(clock),
        .sclr(sclr),
        .updown(updown),
        .cout(cout),
        .q(q));
initial begin
clock=1'b0;  sclr=1'b1;  updown=1'b0;
#(DELY*2)    sclr=1'b0;
#(DELY*30)   updown=1'b1;
#(DELY*60)   $stop;
$display("Running testbench");
end
always
begin
```

```
      #(DELY/2)  clock=~clock;
   end
   endmodule
```

还需对 Test Bench 做进一步的设置，选择菜单 Assignments→Settings，弹出 Settings 对话框，选中 EDA Tool Settings 下的 Simulation 项，单击 Compile test bench 栏右边的 Test Benches 按钮，弹出 Test Benches 对话框，单击其中的 New 按钮，弹出 New Test Bench Settings 对话框，在其中填写 Test bench name 为 counter24_vlg_tst，同时，Top level module in test bench 也填写为 counter24_vlg_tst；End simulation at 选择 3 μs；Test bench and simulation files 选择 D:\Verilog\counter \simulation\modelsim\counter24.vt，并将其加载。

上述设置过程如图 3.40 所示。

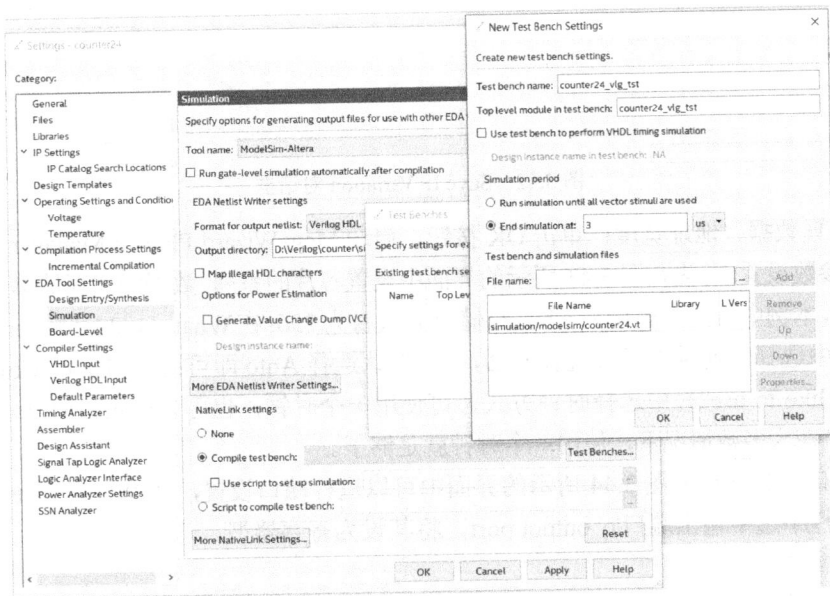

图 3.40　Test Bench 的进一步设置

选择菜单 Tools→Run EDA Simulation Tool→RTL Simulation，启动对模 24 计数器的 RTL 级仿真。命令执行后，系统自动打开 ModelSim-Altera 主界面和相应的窗口，其仿真波形如图 3.41 所示。

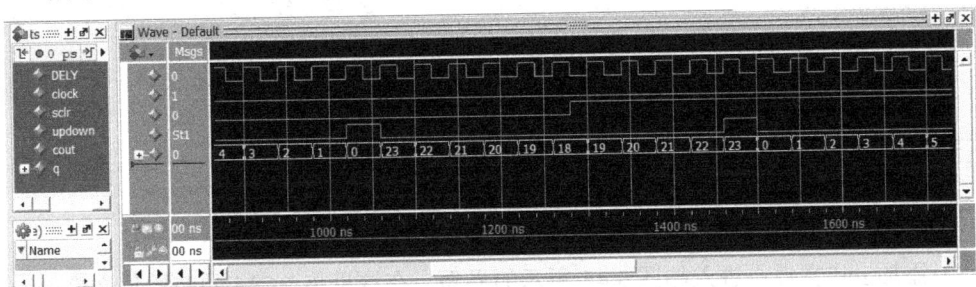

图 3.41　模 24 方向可控计数器 RTL 级仿真波形

也可选择菜单 Tools→Run EDA Simulation Tool→Gate Level Simulation，启动对模 24 计数器的门级仿真并查看时序波形。

3.3.2　4×4 无符号数乘法器

本节用 ROM 模块以查表方式实现 4×4 无符号数乘法器。

1. 定制 ROM 核

1）ROM 模块命名：如图 3.42 所示，在 IP Catalog 栏中，在 Basic Functions 的 On Chip Memory 目录下选择 ROM：1-PORT 模块，双击该模块，弹出 Save IP Variation 对话框，在其中为 ROM 模块命名，本例中命名为 my_rom，选择其语言类型为 Verilog。

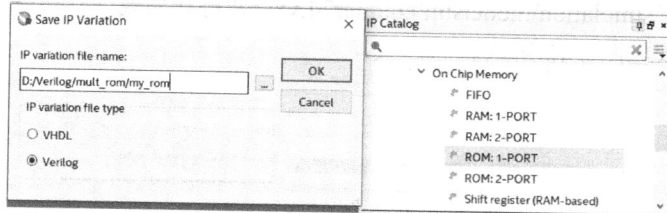

图 3.42　Save IP Variation 对话框

2）设置数据、地址宽度：单击 OK 按钮，启动 MegaWizard Plug-In Manager，对 ROM 模块进行参数设置。首先在图 3.43 所示的界面中设置芯片的系列、数据线和存储单元数目（地址线宽度），本例中数据宽度设为 8 bit，存储单元数目为 256；在 What should the memory block type be?栏中选择以何种方式实现存储器，按照默认选择 Auto 即可；在 What clocking method would you like to use?栏中选择时钟方式，可使用一个时钟，也可为输入和输出分别使用各自的时钟。在大多数情况下，使用一个时钟就足够了。

3）端口设置：在如图 3.44 所示的界面中可以进行端口设置，在 Which ports should be registered?栏中选中输出端口'q' output port，将其设为寄存器型。

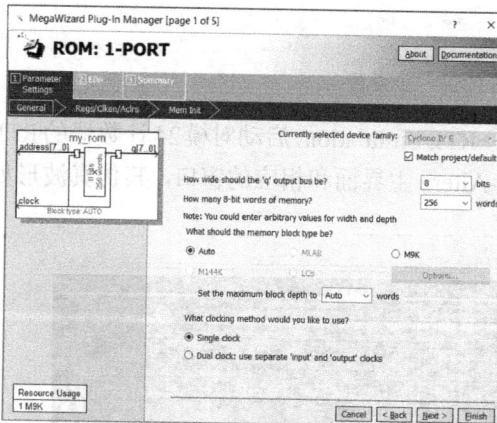

图 3.43　数据线、地址线宽度设置　　　　图 3.44　控制端口设置

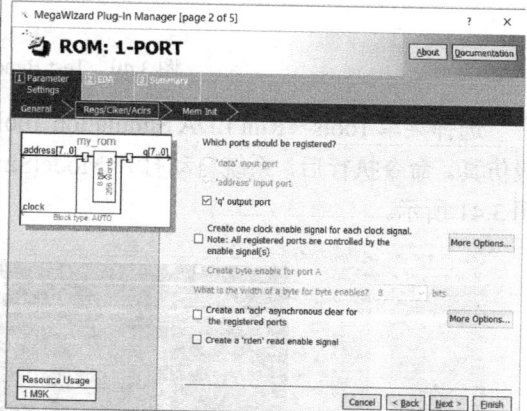

4）添加.mif 文件：进入如图 3.45 所示的界面，在这里将 ROM 的初始化文件（.mif）加入到 ROM 中，在 Do you want to specify the initial content of the memory?栏中选中 Yes,use…，然后单击 Browse…按钮，将已编辑好的*.mif 文件（本例中为 mult_rom.mif）添加进来（如何生成*.mif 文件在后面说明）。

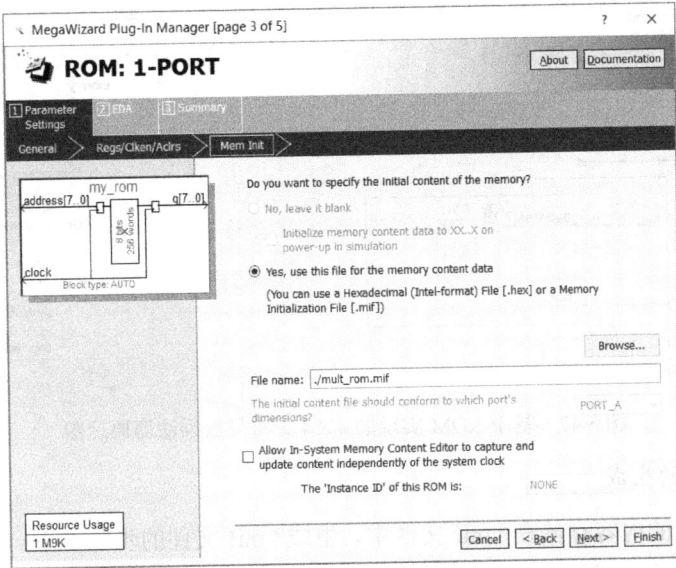

图 3.45　添加 .mif 文件

5）完成 ROM 模块定制：在如图 3.46 所示的页面中选择需要生成的一些文件。其中，my_rom.v 文件是设计源文件，系统默认选中；再选中 my_rom.bsf 文件和 my_rom_inst.v 文件；单击 Finish 按钮，结束设置参数的过程，完成 ROM 模块的定制。

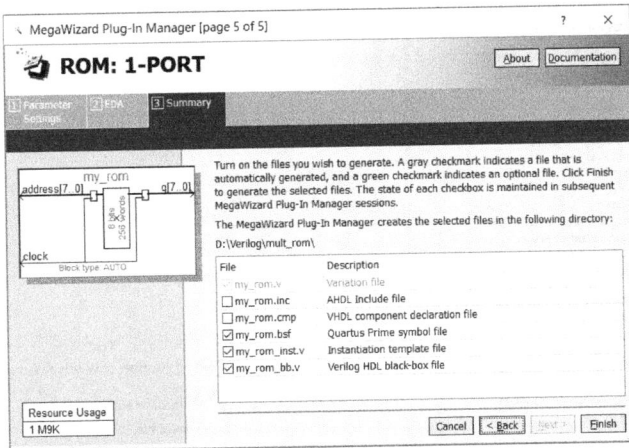

图 3.46　选择需要生成的文件

2. 原理图输入

选择菜单 File→New，在弹出的 New 对话框中选择源文件的类型为 Block Diagram/ Schematic File，新建一个原理图文件。

在原理图中调入刚定制好的 my_rom 模块，再调入 input、output 等元件，进行连线（注意总线型连线的网表命名方法），完成原理图设计，图 3.47 是基于 ROM 实现的 4×4 无符号数乘法器原理图，保存原理图（本例的保存文件为 D:\Verilog\mult_rom\mult_ip.bdf）。

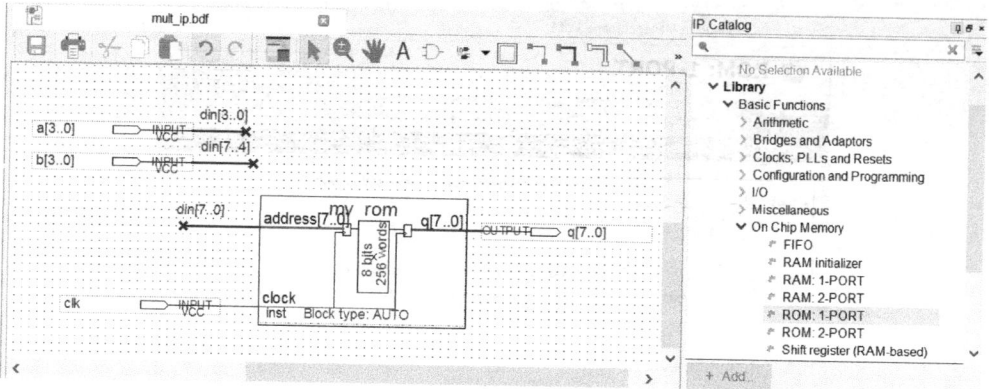

图 3.47　基于 ROM 实现的 4×4 无符号数乘法器原理图

3. mif 文件的生成

ROM 存储器的内容存储在 *.mif 文件中，生成 *.mif 文件的步骤如下：在 Quartus Prime 软件中，选择菜单 File→New，在 New 对话框中选择 Memory Files 下的 Memory Initialization File（见图 3.48），单击 OK 按钮后，弹出如图 3.49 所示的对话框，在对话框中填写 ROM 的大小为 256，数据位宽取 8，单击 OK 按钮，将出现空的 mif 数据表格，如图 3.50 所示。可直接将乘法结果填写到表中，填好后保存文件，文件取名为 mult_rom.mif。

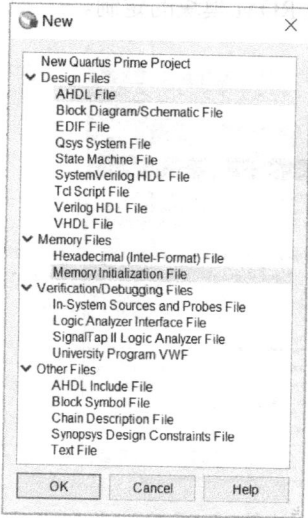

图 3.48　新建 mif 文件　　　　　图 3.49　存储器尺寸设置

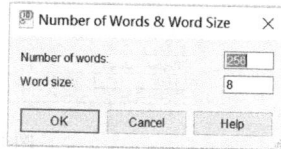

图 3.50　mif 数据表格

填写 mif 数据表格的另一种好的方法是通过编写 MATLAB 程序完成此项任务，可用例

3.3 的 MATLAB 程序生成 mult_rom.mif 文件。

【例 3.3】　生成 mult_rom.mif 文件的 MATLAB 程序。

```
fid=fopen('D:\Verilog\mult_rom\mult_rom.mif','w');
fprintf(fid,'WIDTH=8;\n');
fprintf(fid,'DEPTH=256;\n\n');
fprintf(fid,'ADDRESS_RADIX=UNS;\n');
fprintf(fid,'DATA_RADIX=UNS;\n\n');
fprintf(fid,'CONTENT BEGIN\n');
for i=0:15  for j=0:15
fprintf(fid,'%d : %d;\n',i*16+j,i*j);
end
end
fprintf(fid,'END;\n');
fclose(fid);
```

在 MATLAB 环境下运行上面的程序，会在 D:\Verilog\mult_rom 目录下生成 mult_rom. mif 文件。用纯文本编辑软件（如 Notepad++）打开生成的 mult_rom.mif 文件，可看到该文件的内容如下。

```
WIDTH=8;
DEPTH=256;
ADDRESS_RADIX=UNS;
DATA_RADIX=UNS;
CONTENT BEGIN
  [0..16]: 0; 17 : 1; 18 : 2; 19 : 3; 20 : 4;21 : 5; 22 : 6; 23 : 7;
24 : 8;25 : 9;26 : 10;27 : 11;28 : 12;29 : 13;30 : 14;31 : 15;32 : 0;
33 : 2;34 : 4;35 : 6;36 : 8;37 : 10;38 : 12;39 : 14;40 : 16;41 : 18;
42 : 20;43 : 22;44 : 24;45 : 26;46 : 28;47 : 30;48 : 0;49 : 3;50 : 6;
51 : 9;52 : 12;53 : 15;54 : 18;55 : 21;56 : 24;57 : 27;58 : 30;59 : 33;
60 : 36;61 : 39;62 : 42;63 : 45;64 : 0;65 : 4;66 : 8;67 : 12;68 : 16;
69 : 20;70 : 24;71 : 28;72 : 32;73 : 36;74 : 40;75 : 44;76 : 48;77 : 52;
78 : 56;79 : 60;80 : 0;81 : 5;82 : 10;83 : 15;84 : 20;85 : 25;86 : 30;
87 : 35;88 : 40;89 : 45;90 : 50;91 : 55;92 : 60;93 : 65;94 : 70;95 : 75;
96 : 0;97 : 6;98 : 12;99 : 18;100 : 24;101 : 30;102 : 36;103 : 42;
104 : 48;105 : 54;106 : 60;107 : 66;108 : 72;109 : 78;110 : 84;111 : 90;
112 : 0;113 : 7;114 : 14;115 : 21;116 : 28;117 : 35;118 : 42;119 : 49;
120 : 56;121 : 63;122 : 70;123 : 77;124 : 84;125 : 91;126 : 98;127 : 105;
128 : 0;129 : 8;130 : 16;131 : 24;132 : 32;133 : 40;134 : 48;135 : 56;
136 : 64;137 : 72;138 : 80;139 : 88;140 : 96;141 : 104;142 : 112;
143 : 120;144 : 0;145 : 9;146 : 18;147 : 27;148 : 36;149 : 45;150 : 54;
151 : 63;152 : 72;153 : 81;154 : 90;155 : 99;156 : 108;157 : 117;
158 : 126;159 : 135;160 : 0;161 : 10;162 : 20;163 : 30;164 : 40;165 : 50;
166 : 60;167 : 70;168 : 80;169 : 90;170 : 100;171 : 110;172 : 120;
173 : 130;174 : 140;175 : 150;176 : 0;177 : 11;178 : 22;179 : 33;
180 : 44;181 : 55;182 : 66;183 : 77;184 : 88;185 : 99;186 : 110;187 : 121;
188 : 132;189 : 143;190 : 154;191 : 165;192 : 0;193 : 12;194 : 24;
195 : 36;196 : 48;197 : 60;198 : 72;199 : 84;200 : 96;201 : 108;
202 : 120;203 : 132;204 : 144;205 : 156;206 : 168;207 : 180;208 : 0;
209 : 13;210 : 26;211 : 39;212 : 52;213 : 65;214 : 78;215 : 91;216 : 104;
217 : 117;218 : 130;219 : 143;220 : 156;221 : 169;222 : 182;223 : 195;
```

```
224 : 0;225 : 14;226 : 28;227 : 42;228 : 56;229 : 70;230 : 84;231 : 98;
232 : 112;233 : 126;234 : 140;235 : 154;236 : 168;237 : 182;238 : 196;
239 : 210;240 : 0;241 : 15;242 : 30;243 : 45;244 : 60;245 : 75;246 : 90;
247 : 105;248 : 120;249 : 135;250 : 150;251 : 165;252 : 180;
253 : 195;    254 : 210;  255 : 225;
END;
```

注：上面数据的书写格式应一个数据一行，此处为节省篇幅，进行了改动。

4. 编译

至此已完成源文件输入。参照前面的例子，利用 New Project Wizard 建立工程。本例中设立的工程名为 my_mult，选择菜单 Project→Set as Top-Level Entity，将 mult_ip.bdf 设为顶层实体，选择菜单 Processing→Start Compilation（或者单击 ▶ 按钮），对设计进行编译。编译完成后的 Flow Summary 页面如图 3.51 所示，可以发现，本例只使用了 2048（8×256）bit 的存储器构成，没有用到 LE 单元。

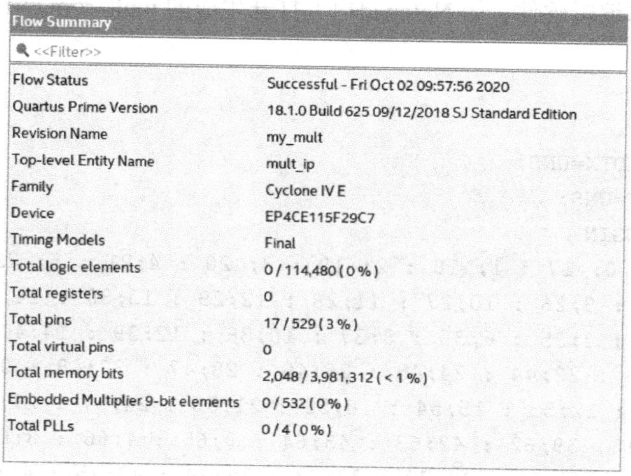

Flow Summary	
Flow Status	Successful - Fri Oct 02 09:57:56 2020
Quartus Prime Version	18.1.0 Build 625 09/12/2018 SJ Standard Edition
Revision Name	my_mult
Top-level Entity Name	mult_ip
Family	Cyclone IV E
Device	EP4CE115F29C7
Timing Models	Final
Total logic elements	0 / 114,480 (0 %)
Total registers	0
Total pins	17 / 529 (3 %)
Total virtual pins	0
Total memory bits	2,048 / 3,981,312 (< 1 %)
Embedded Multiplier 9-bit elements	0 / 532 (0 %)
Total PLLs	0 / 4 (0 %)

图 3.51　4×4 无符号数乘法器的 Flow Summary 页面

5. 仿真

本例的 Test Bench 激励文件示于例 3.4 中。

【例 3.4】　4×4 无符号数乘法器的 Test Bench 文件。

```
`timescale 1 ns/ 1 ns
module mult_ip_vlg_tst();
reg [3:0] a,b;
reg clk;
wire [7:0]  q;
mult_ip i1(.a(a),.b(b),.clk(clk),.q(q));
initial
begin
   a=6;  b=8;
#  40  b=9;
#  40 b=10;
#  40 a=8;
#  40 a=9;
#  40 a=10;
```

```
# 100 $stop;
$display("Running testbench");
end
always  begin
  clk = 1'b0;
  clk = #20 1'b1;
  # 20;
  end
endmodule
```

　　还需对 Test Bench 做进一步的设置，选择菜单 Assignments→Settings，弹出 Settings 对话框，选中 EDA Tool Settings 下的 Simulation 项，单击 Compile test bench 栏右边的 Test Benches 按钮，弹出 Test Benches 对话框，单击其中的 New 按钮，出现 New Test Bench Settings 对话框，在其中填写 Test bench name 为 mult_ip_vlg_tst，同时，Top level module in test bench 也填写为 mult_ip_vlg_tst；Test bench and simulation files 选择 D:\Verilog\mult_rom\simulation\modelsim\mult_ip.vt，并将其加载。上述设置过程示于图 3.52 中。

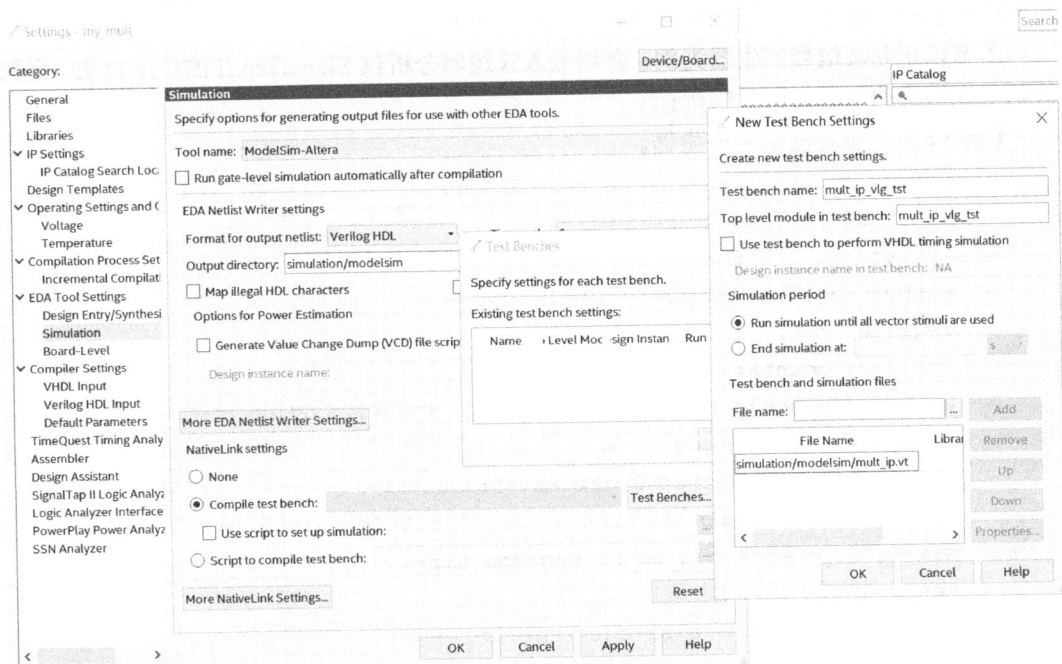

图 3.52　对 Test Bench 进一步设置

　　本例的门级仿真结果如图 3.53 所示。可以看出，在 CLK 时钟的上升沿到来时，ROM 模块将相应地址存储的数据输出。

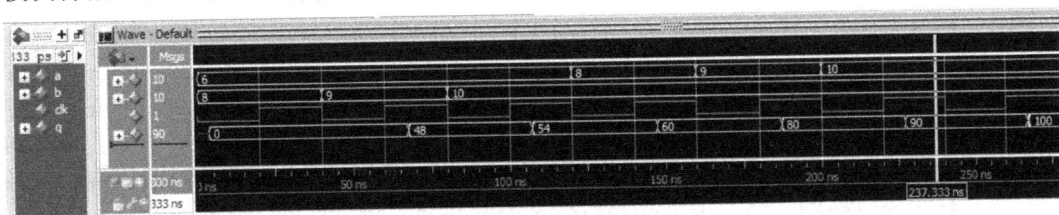

图 3.53　基于 LPM_ROM 的 4×4 无符号数乘法器波形门级仿真结果

　　在本例中，ROM 地址的高 4 位作为被乘数，地址的低 4 位作为乘数，计算结果存储在该地址所对应的存储单元中，这样就把乘法运算转换为了查表操作。

　　采用与本例类似的方法，用 ROM 查表方式可以完成多种数值运算，也可以用于实现波形信号发生器的设计，这也是 FPGA 设计中的一种常用方法。目前多数 FPGA 器件内都有片内存储器，这些片内存储器速度快，读操作的时间一般为 3～4ns，写操作的时间约为 5ns 或更短，用这些片内存储器可实现 RAM、ROM 或 FIFO 等功能，非常灵活，为实现数字信号处理（DSP）、数据加密或数据压缩等复杂数字逻辑的设计提供了便利。

3.4　SignalTap II 的使用方法

　　Quartus Prime 的嵌入式逻辑分析仪 SignalTap II 为设计者提供了一种方便高效的硬件测试手段，它可以随设计文件一起下载到目标芯片中，捕捉目标芯片内信号节点或总线上的数据，将这些数据暂存于目标芯片的嵌入式 RAM 中，然后通过器件的 JTAG 端口，将采集到的信息和数据送到计算机进行显示，供用户分析。

　　本节以正弦波信号产生器为例，介绍嵌入式逻辑分析仪 SignalTap II 的使用方法。正弦波信号产生器的源码如例 3.5 所示。

　　【例 3.5】　正弦波信号产生器。

```
module sinout(clock,clr,dout,clk_6m);
input clr,clock;
output reg clk_6m;
output reg[7:0] dout;
reg[6:0] cnt;
reg[2:0] count8;
always @(posedge clock)        //从 50MHz 分频得到 6.25MHz 时钟
  begin if(count8==7)
        begin count8<=0;clk_6m<=1; end
        else  begin count8<=count8+1;clk_6m<=0;end end
always @(posedge clk_6m or negedge clr)
begin
if(!clr) cnt<=0;   else cnt<=cnt+1;
case(cnt)
0 : dout<=127;1 : dout<=134;2 : dout<=140;3 : dout<=146;4 : dout<=152;
5 : dout<=159;6 : dout<=165;7 : dout<=171;8 : dout<=176;9 : dout<=182;
10 : dout<=188;11 : dout<=193;12 : dout<=199;13 : dout<=204;14 : dout<=209;
15 : dout<=213;16 : dout<=218;17 : dout<=222;18 : dout<=226;19 : dout<=230;
20 : dout<=234;21 : dout<=237;22 : dout<=240;23 : dout<=243;24 : dout<=246;
25 : dout<=248;26 : dout<=250;27 : dout<=252;28 : dout<=253;29 : dout<=254;
30 : dout<=255;31 : dout<=255;32 : dout<=255;33 : dout<=255;34 : dout<=255;
35 : dout<=254;36 : dout<=253;37 : dout<=252;38 : dout<=250;39 : dout<=248;
40 : dout<=246;41 : dout<=243;42 : dout<=240;43 : dout<=237;44 : dout<=234;
45 : dout<=230;46 : dout<=226;47 : dout<=222;48 : dout<=218;49 : dout<=213;
50 : dout<=209;51 : dout<=204;52 : dout<=199;53 : dout<=193;54 : dout<=188;
55 : dout<=182;56 : dout<=176;57 : dout<=171;58 : dout<=165;59 : dout<=159;
```

```
60 : dout<=152;61 : dout<=146;62 : dout<=140;63 : dout<=134;64 : dout<=128;
65 : dout<=121;66 : dout<=115;67 : dout<=109;68 : dout<=103;69 : dout<=96;
70 : dout<=90;71 : dout<=84;72 : dout<=79;73 : dout<=73;74 : dout<=67;
75 : dout<=62;76 : dout<=56;77 : dout<=51;78 : dout<=46;79 : dout<=42;
80 : dout<=37;81 : dout<=33;82 : dout<=29;83 : dout<=25;84 : dout<=21;
85 : dout<=18;86 : dout<=15;87 : dout<=12;88 : dout<=9;89 : dout<=7;
90 : dout<=5;91 : dout<=3;92 : dout<=2;93 : dout<=1;94 : dout<=0;
95 : dout<=0;96 : dout<=0;97 : dout<=0;98 : dout<=0;99 : dout<=1;
100 : dout<=2;101 : dout<=3;102 : dout<=5;103 : dout<=7;104 : dout<=9;
105 : dout<=12;106 : dout<=15;107 : dout<=18;108 : dout<=21;109 : dout<=25;
110 : dout<=29;111 : dout<=33;112 : dout<=37;113 : dout<=42;114 : dout<=46;
115 : dout<=51;116 : dout<=56;117 : dout<=62;118 : dout<=67;119 : dout<=73;
120 : dout<=79;121 : dout<=84;122 : dout<=90;123 : dout<=96;
124 : dout<=103;125 : dout<=109;126 : dout<=115;127 : dout<=121;
endcase  end
endmodule
```

保存源文件（如存为 C:\Verilog\tap\sinout.v），建立工程（本例的工程名为 sinout）进行编译。

在使用逻辑分析仪之前，需要锁定芯片和一些关键的引脚。本例中，需要锁定外部时钟输入（clock）、复位（clr）两个引脚，为逻辑分析仪提供时钟源，否则将得不到逻辑分析的结果。引脚锁定基于 DE2-115，先指定芯片为 EP4CE115F29C7，再将 clock 引脚锁定为 PIN_Y2（50 MHz 时钟频率输入），将 clr 引脚锁定为 PIN_AB28（SW0）。

完成引脚锁定并通过编译后，进入嵌入式逻辑分析仪 SignalTap II 的使用阶段，分为新建 SignalTap II 文件，调入待测信号，SignalTap II 参数设置，文件存盘、编译下载和运行分析等步骤。

1. 新建 SignalTap II 文件

执行菜单 File→New 命令，在弹出的如图 3.54 所示的 New 对话框中，选择 SignalTap II Logic Analyzer File，弹出 SignalTap II 编辑窗口，如图 3.55 所示。

2. 调入待测信号

SignalTap II 编辑窗口包含 Instance、Data 标签页、Setup 标签页等。

图 3.54　新建 SignalTap II 文件页面

首先单击 Instance 栏内的 auto_signaltap_0，更名为 stp1。

双击信号观察窗口，弹出 Node Finder 对话框（见图 3.55），在对话框的 Filter 栏目中选择 Pins:all 项后，单击 List 按钮，在 Matching Nodes 栏目内列出了当前工程的全部引脚，选中需要观察的引脚 clr 和 dout（clock 引脚要作为 SignalTap II 的工作时钟信号，故不列入观察信号引脚），将其移至右边的 Nodes Found 栏，单击 Insert 按钮，选中的节点就会出现在信号观察窗口中。

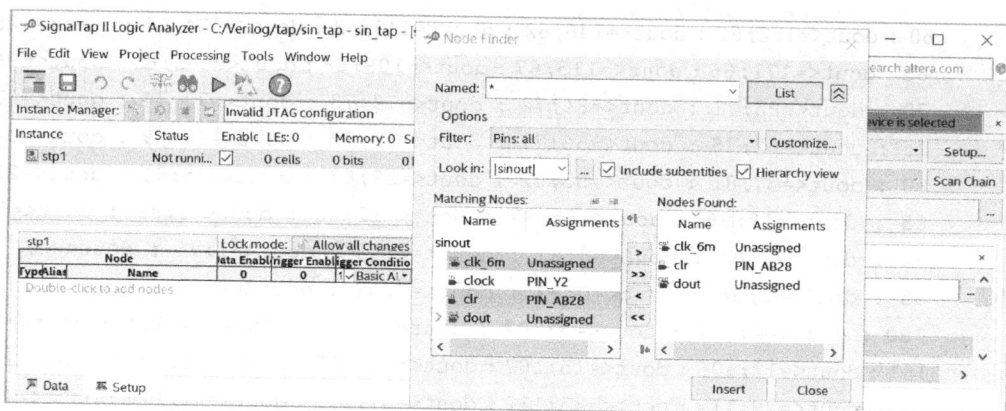

图 3.55　调入待测信号

3. SignalTap II 参数设置

单击图 3.55 左下角的 Setup 标签页，弹出图 3.56 所示的参数设置窗口。连接好 DE2-115 实验板及 USB-Blaster 调试线，加电后进行如下几项参数设置：

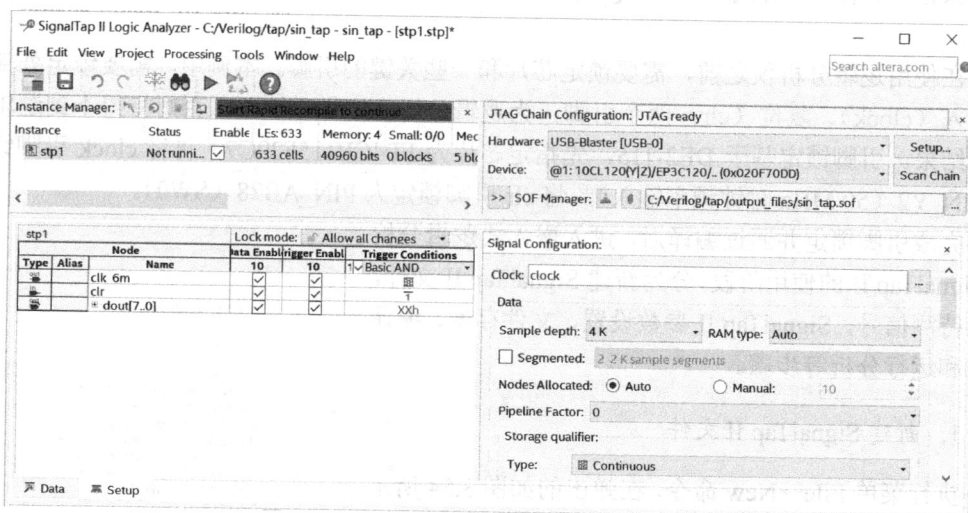

图 3.56　SignalTap II 参数设置窗口

① 设置 SignalTap II 的工作时钟信号，在图 3.56 右边的 Signal Configuration 栏中，单击时钟 Clock 栏右边的查阅按钮，弹出 Node Finder 对话框，在对话框中选中工程文件的时钟信号（clock 引脚）。

② 在 Data 框的 Sample depth 栏选择样本深度为 4 K 位，样本深度的选择应根据实际需要和器件的片内存储器的大小来确定。

③ 在图 3.56 左边的 Trigger 栏中，选择 clr 引脚为触发信号，并在 Trigger Conditions 的下拉菜单中选择 High（高电平）作为触发方式。

④ 在图 3.56 右侧的 Hardware 栏中，单击右边的 Setup 按钮，在弹出的硬件设置对话框中选中 USB-Blaster 下载线。

⑤ 单击 Scan Chain 按钮，系统自动搜索所连接的开发板，如果在栏中出现板上 FPGA 芯片的型号，表示 JTAG 连接正常。

⑥ 单击 SOF Manager 右边的查阅按钮，弹出选择编程文件对话框。在对话框中选择下载文件为 C:/Verilog/tap/output_files/sin_tap.sof。

4. 文件存盘、编译与下载

选择菜单 File→Save As，将 SignalTap II 文件存盘，默认的存盘文件名是 stp1.stp，单击保存按钮后，出现一个提示如图 3.57 所示，单击 Yes 按钮，表示同意将 SignalTap II 文件与当前工程一起编译，一起下载至芯片中实现实时探测。也可以这样设置：在 Quartus Prime 主界面中选择 Assignments→Settings 菜单，弹出 Settings 对话框，在 Category 中选择 SignalTap II Logic Analyzer，在如图 3.58 所示的页面中，选中 Enable SignalTap II Logic Analyzer 复选框，并找到已存盘的 SignalTap II 文件 stp1.stp，单击 OK 按钮即可。

当利用 SignalTap II 将芯片中的信号全部测试完成后，需将 SignalTap II 从设计中移除，重新下载，以免浪费资源。

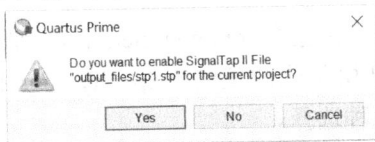

图 3.57　SignalTap II 参数设置窗口　　　　图 3.58　使能或删除 SignalTap II 加入编译

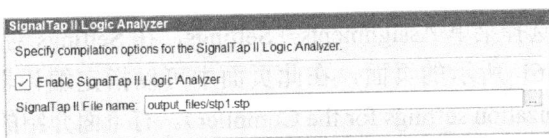

选择 Processing→Start Compilation 菜单，或者单击 ▶ 按钮，启动全程编译。

编译完成后单击 SOF Manager 栏中的下载按钮，将 sinout.sof 下载至目标芯片中。

5. 运行分析

单击数据按钮，展开信号观察窗口。用鼠标右击被观察的信号名 dout[7..0]，弹出选择信号显示模式的快捷菜单，在快捷菜单中选择 Bus Display Format（总线显示方式）中的 Unsigned Line Chart，将输出 dout[7..0] 设置为无符号线图显示模式。

单击运行分析（Run Analysis）按钮或自动运行分析（Autorun Analysis）按钮，在 Data 标签页可以见到 SignalTap II 实时采样的正弦信号发生器的输出波形（此时 DE2-115 实验板的 SW0 开关应拨到 1 的位置，使 clr 信号为 1），如图 3.59 所示。由于本例的样本深度为 4K，因此一个样本深度可以采样到 4 个周期的波形数据，对实时采样的信号波形 dout[7..0] 展开，如图 3.60 所示。

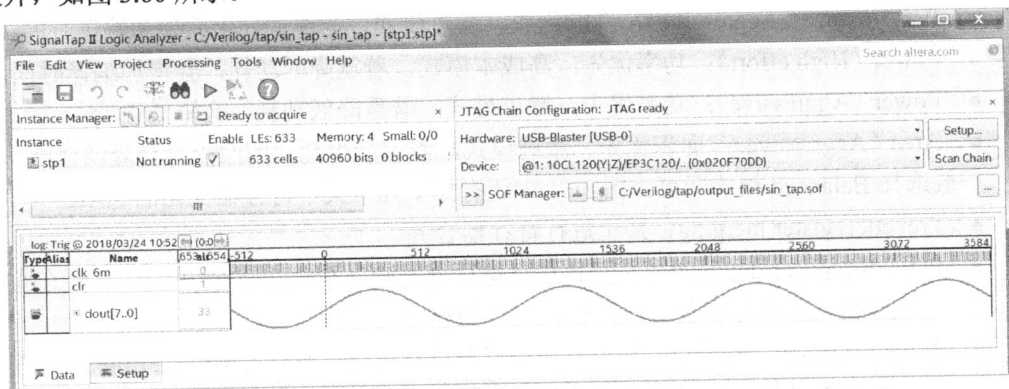

图 3.59　SignalTap II 数据窗口显示的实时采样的信号波形

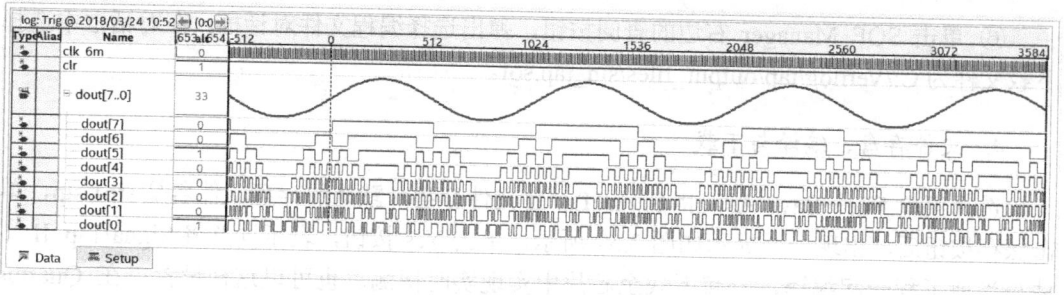

图 3.60　对实时采样的信号波形展开

3.5　Quartus Prime 的优化设置

1. 编译设置

选择菜单 Assignments→Settings，在 Settings 对话框中选择 Compiler Settings，弹出如图 3.61 所示的页面，在此页面中可以指定编译器高层优化的策略（Specify high-level optimization settings for the Compiler）。有下面介绍的几种选择。

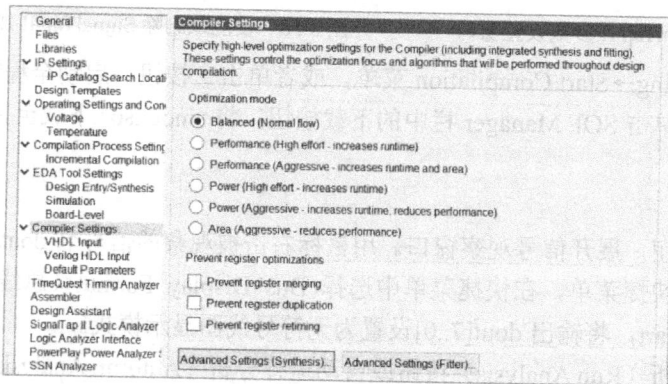

图 3.61　编译器设置

- **Balanced**：平衡模式，兼顾性能、面积和功率等指标。
- **Performance（High effort）**：性能优先，高成本模式，会增加编译时间。
- **Performance（Aggressive）**：性能优先，激进模式，会增加耗用面积和编译时间。
- **Power（High effort）**：功率优先，高成本模式，着重降低功耗，会增加编译时间。
- **Power（Aggressive）**：功率优先，激进模式，着重降低功耗，会降低性能。
- **Area（Aggressive）**：面积优先，激进模式，着重减少耗用的面积，会降低性能。

一般选择 Balanced 模式即可。图 3.61 中还有如下几个关于寄存器优化的选项。

- **Prevent register merging**：禁止进行寄存器合并。
- **Prevent register duplication**：禁止进行寄存器复制。禁止 Quartus Prime 软件在布局布线期间使用寄存器复制对寄存器进行物理综合优化。
- **Prevent register retiming**：禁止进行寄存器重新定时。禁止 Quartus Prime 软件在布局布线期间使用寄存器重新定时对寄存器进行物理综合优化。

2. 网表查看器（Netlist Viewer）

工程编译后，可以使用网表查看器查看综合后的网表结构，以分析综合结果是否与设想的一致。网表查看器分为 RTL Viewer（RTL 视图）和 Technology Map Viewer（门级视图）。RTL 视图与器件无关，而门级视图则与锁定的器件相关。Technology Map Viewer 又分为 Post-Mapping（映射后视图）和 Post-Fitting（适配后视图）两种。

选择菜单 Tools→Netlist Viewers→RTL Viewer，即可观察当前设计的 RTL 级电路视图，比如，图 3.62 所示为一个 4 位计数器的 RTL 综合视图，可以看出，该设计由 1 个加法器、1 个 4 位寄存器和 1 个 2 选 1 数据选择器这 3 个模块实现。

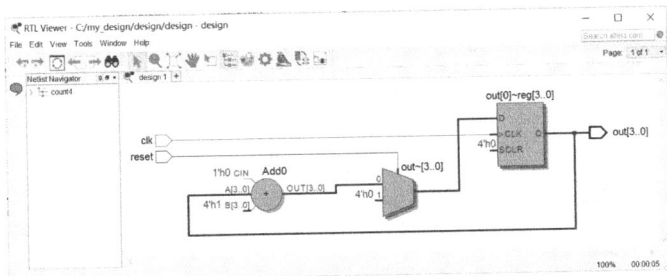

图 3.62　4 位计数器的 RTL 综合视图

选择菜单 Tools→Netlist Viewers→Technology Map Viewer，可观察当前设计的门级电路网表。比如，图 3.63 所示为 4 位计数器的门级综合视图，该视图与锁定的 FPGA 芯片有关。

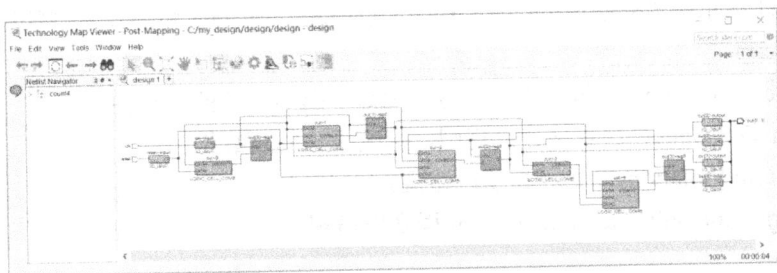

图 3.63　4 位计数器的门级综合视图

3. 器件资源利用报告

编译后，还可以查看器件资源利用信息，这些信息对分析设计中的布局布线问题有时非常必要。

要确定资源使用情况，可查看 Compilation Report 中的 Flow Summary，得到逻辑资源利用百分比，用了多少 LE 单元、引脚、存储器、乘法器、锁相环等。可查看 Compilation Report 的 Fitter 部分中的 Resource Section 下面的报告，了解详细的资源信息。Fitter Resource Usage Summary 报告将逻辑使用信息分成几部分，并表明逻辑单元的使用情况，提供包括每一类存储器模块中比特数在内的其他资源信息。

还有一些报告描述编译期间执行的一些优化。例如，如果使用 Quartus Prime 集成综合，那么 Analysis & Synthesis 部分中 Optimization Results 文件夹下面的报告会显示综合期间移除的寄存器的信息。使用此报告对某部分设计的器件资源利用情况进行评估，以确保寄存器不会因为丢失而与其他部分的连接被移除。

编译流程的每个阶段都会产生信息，包括信息提示、警告和严重警告，在 Quartus Prime 的 Message 栏可查看这些信息，通过这些信息可以查出所有的设计问题。一定要理解所有警告信息的重要性，并按要求修改设计或设置。

4. 设计可靠性检查

选择菜单 Assignments→Settings，在 Settings 对话框的 Category 中选择 Design Assistant，然后在右边的对话框中选中 Run Design Assistant during compilation 选项，对工程编译后，可在 Compilation Report 中查看 Design Assistant 的相关信息，如图 3.64 所示。

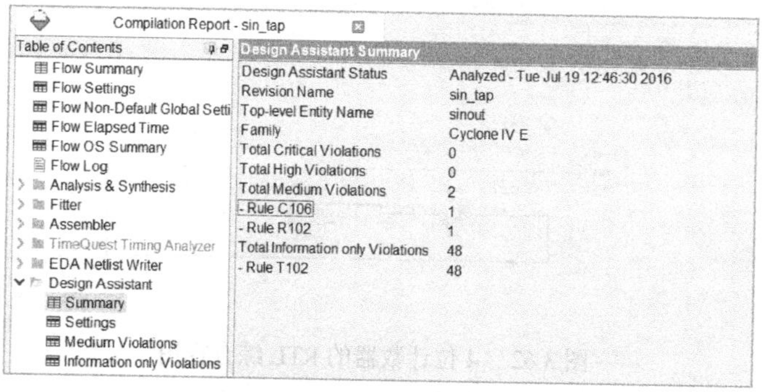

图 3.64　查看 Design Assistant 的相关信息

在图 3.64 所示的 Compilation Report 中，Design Assistant 将违反规则的情况分为 4 个等级。

- Critical Violations：非常严重地违反规则，影响设计的可靠性。
- High Violations：严重地违反规则，影响设计的可靠性。
- Medium Violations：中等程度地违规。
- Information only Violations：一般程度地违规。

5. 利用 Optimization Advisors（优化指导）对设计进行优化

可利用 Optimization Advisors（优化指导）对设计进行优化。选择菜单 Tools→Advisors →Resource Optimization Advisor，软件会对资源的优化利用提出建议，图 3.65 所示为某设计的资源优化建议，可看到针对 LE 单元、存储器、DSP 模块等，分别提出了各种片内资源优化利用的建议，设计者可评估这些建议，按照提示进行设置，重新编译后，与之前的资源耗用进行对比，查看优化的效果。

选择菜单 Tools→Advisors→Timing Optimization Advisor，弹出如图 3.66 所示的时序优化建议。可看到，在最高运行频率、I/O 时序、建立时间和最小延时等方面都提出了时序优化设置的建议。同样可以按照这些建议进行设置，重新编译。

Quartus 软件的 Advisors 还包括 Power Optimization Advisor，根据当前设计工程的设置和约束提供具体的功耗优化意见和建议，选择菜单 Tools→Advisors→Power Optimization Advisor，可查看功耗优化意见和建议，根据这些建议修改设计并重新编译，然后运行 Power Play Power Analyzer，可检查功耗结果的变化情况。

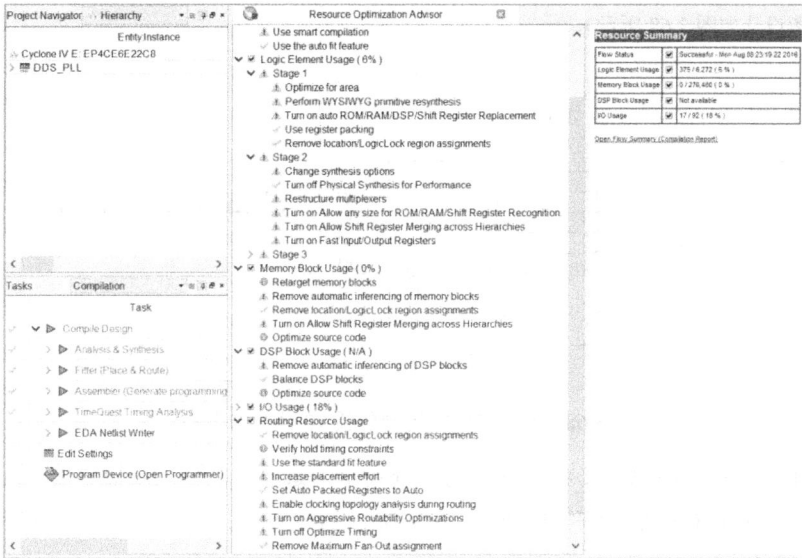

图 3.65 资源优化建设（Resource Optimization Advisor）

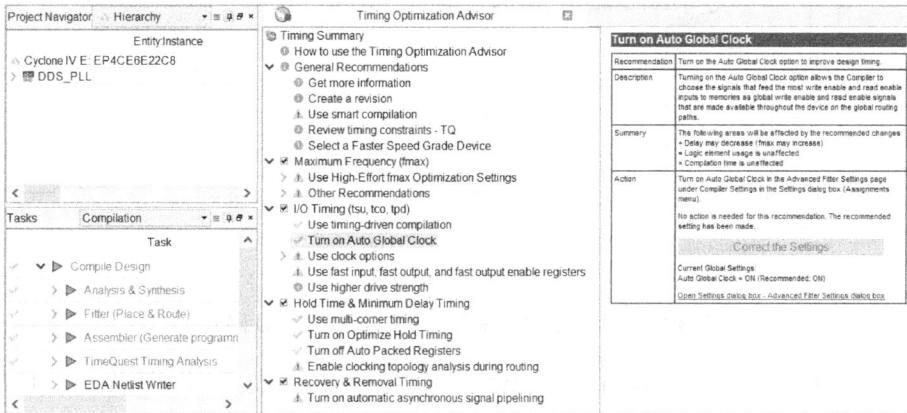

图 3.66 时序优化建设（Timing Optimization Advisor）

习 题 3

3.1 基于 Quartus Prime 软件，采用原理图设计方式用 D 触发器设计一个 2 分频电路；在此基础上，设计一个 4 分频和 8 分频电路并进行仿真。（参考设计如图 3.67 所示）

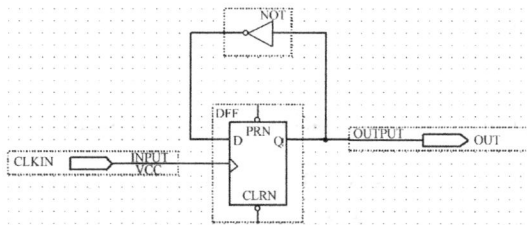

图 3.67 2 分频电路

3.2 基于 Quartus Prime 软件，采用原理图设计方式，用 74161 设计一个模 10 计数器，并进行编译

和仿真。（参考设计如图 3.68 所示）

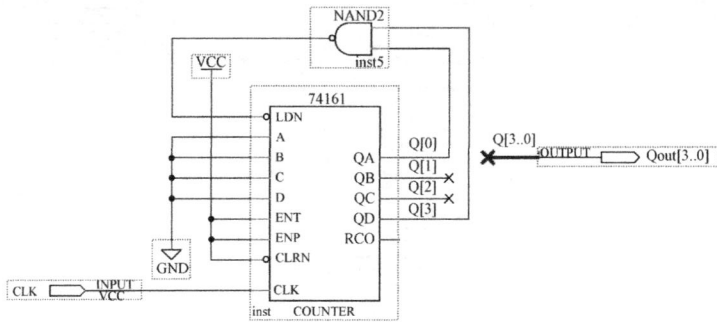

图 3.68　利用 74161 实现的模 10 计数器电路

　　3.3　基于 Quartus Prime 软件，用 74161 设计一个模 99 计数器，个位和十位都采用 8421BCD 码的编码方式设计，分别用置 0 和置 1 两种方法实现，完成原理图设计输入、编译、仿真和下载整个过程。（参考设计如图 3.69 所示）

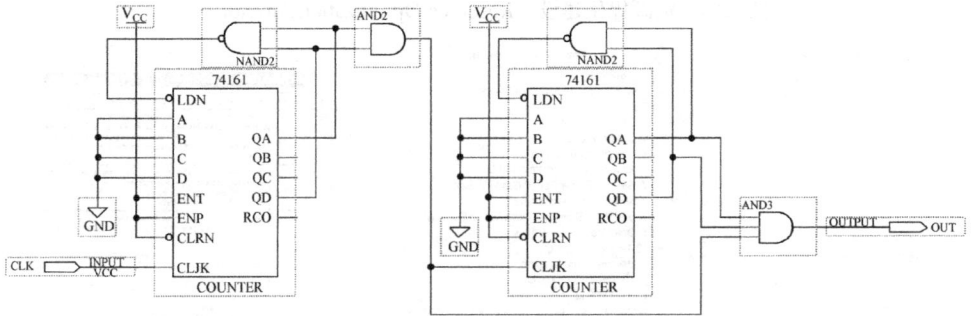

图 3.69　模 99 计数器原理图（采用 8421BCD 码）

　　3.4　基于 Quartus Prime 软件，用 7490 设计一个模 71 计数器，个位和十位都采用 8421BCD 码的编码方式设计，完成原理图设计输入、编译、仿真和下载整个过程。（参考设计如图 3.70 所示）

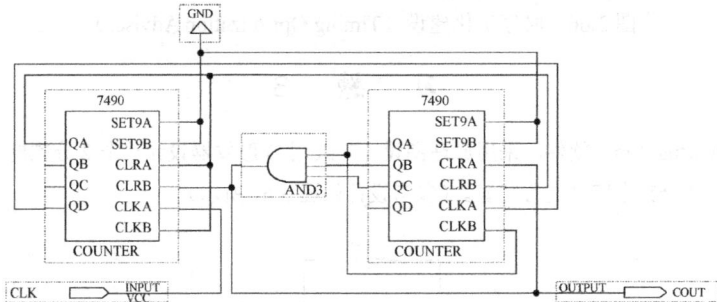

图 3.70　7490 模 71 计数器原理图（采用 8421BCD 码）

　　3.5　基于 Quartus Prime 软件，用 74283（4 位二进制全加器）设计实现一个 8 位全加器，并进行综合和仿真，查看综合结果和仿真结果。（参考设计如图 3.71 所示）

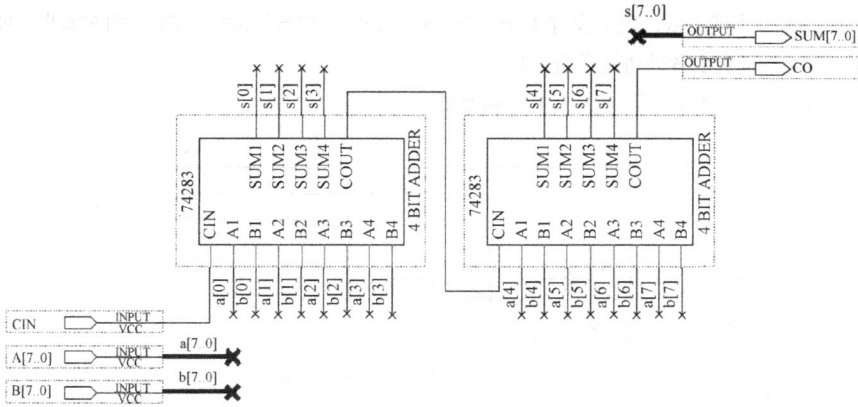

图 3.71   8 位全加器原理图

3.6   基于 Quartus Prime，用 74194（4 位双向移位寄存器）设计一个 00011101 序列产生器电路，进行编译和仿真，查看仿真结果。

参考设计：图 3.72 是序列产生器原理图，序列产生器采用 74194 和 74153（双 4 选 1 数据选择器）构成。

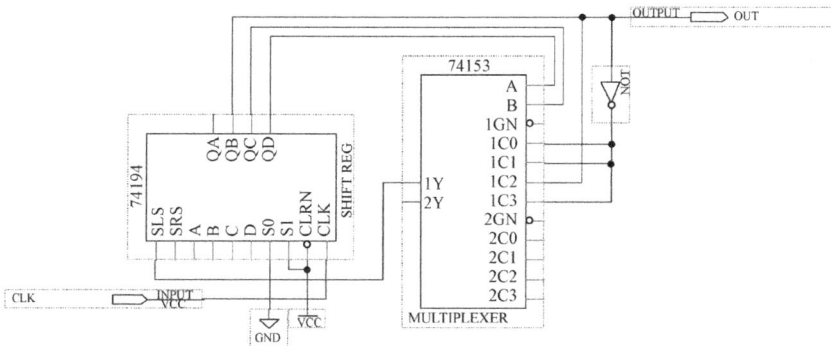

图 3.72   00011101 序列产生器原理图

3.7   用 D 触发器构成按循环码（000→001→011→111→101→100→000）规律工作的六进制同步计数器。

3.8   采用 Quartus Prime 软件的 IP 核 lpm_counter 设计一个模为 60 的加法计数器，进行编译和仿真，查看仿真结果。

3.9   采用 Quartus Prime 软件的 IP 核 lpm_rom，用查表方式实现两个 8 位无符号数加法的电路，并进行编译和仿真。

3.10   先利用 lpm_rom 设计 8×8 位乘法器，然后用 Verilog 语言设计 8×8 位乘法器。比较两种乘法器的运行速度和资源耗用情况。

3.11   用数字锁相环实现分频。假定输入时钟频率为 10 MHz，要得到 6 MHz 的时钟信号，试用 IP 核 altpll 实现该电路。

3.12   设计消抖动电路，并对其功能进行仿真。

参考设计：由 4 个触发器和一个 4 输入与门构成的消抖动电路如图 3.73 所示，消抖动电路实质上就是一个信号过滤器，能够将信号中的毛刺、抖动等都滤除掉，图 3.74 是其仿真波形，从波形可看出，输出信号实现了消抖动，同时可以发现如下特点：

① 输出脉宽变小了，它只等于 CLK 的一个周期的宽度。

② CLK 的频率不能太低，应至少有 4 个上升沿包含在正常信号脉冲中；CLK 的频率也不能太高，其周期不能太多地小于干扰或者抖动信号的脉宽。

③ 增加 D 触发器的数量，可以改善消抖动效果。

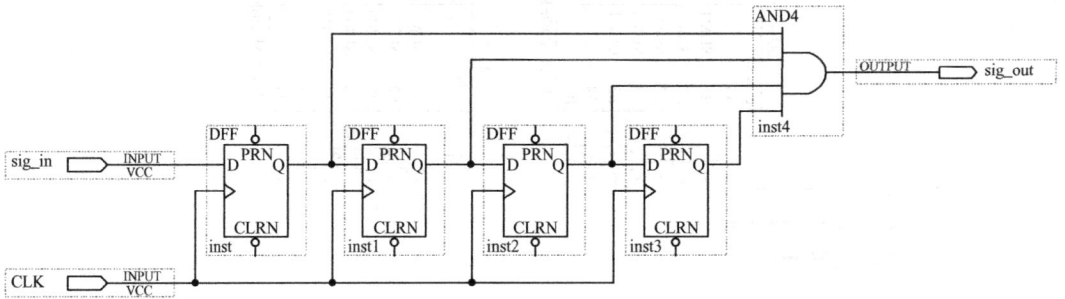

图 3.73　消抖动电路

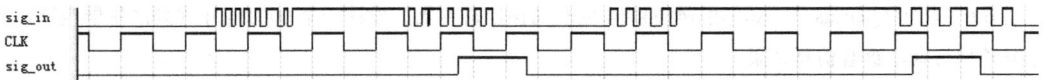

图 3.74　消抖动电路仿真波形

第 4 章 Verilog 语言初步

本章从 Verilog 的简单例子入手，使读者对用 Verilog 进行数字电路设计有初步的了解，并对模块结构和一些基本的语法现象进行介绍。本章力图使读者能迅速从总体上把握 Verilog 程序的基本结构和特点，达到快速入门的目的。

4.1 Verilog 的历史

Verilog HDL 是 1983 年由 GDA（Gateway Design Automation）公司的 Phil Moorby 首创的。之后，Moorby 又设计了 Verilog-XL 仿真器，Verilog-XL 仿真器大获成功，也使 Verilog HDL 语言得到推广使用。1989 年，Cadence 收购 GDA；1990 年，Cadence 公开发布了 Verilog HDL，并成立 OVI（Open Verilog International）组织专门负责 Verilog HDL 的发展。Verilog 语言具有简洁、高效、易用、功能强等优点，逐渐被众多设计者所接受和喜爱。此后，Verilog HDL 的发展又经历了下面几个重要节点：

- 1995 年，Verilog HDL 成为 IEEE 标准，称为 IEEE Standard 1364-1995（Verilog-1995）。
- 2001 年，IEEE 1364-2001 标准（Verilog-2001）获批通过，目前多数综合器、仿真器都已支持 Verilog-2001 标准，如 Quartus Prime、ModelSim 等。Verilog-2001 对 Verilog 语言进行扩充和增强，提高了 Verilog 行为级和 RTL 级建模的能力，改进了 Verilog 在深亚微米设计和 IP 建模的能力，纠正了 Verilog-1995 标准中的错误。
- 2002 年，为使综合器输出的结果和基于 IEEE Std 1364-2001 标准的仿真和分析工具的结果一致，推出了 IEEE Std 1364[1].1-2002 标准，为 Verilog 的 RTL 级综合定义了一系列的建模准则。

Verilog 语言是在 C 语言的基础上发展而来的。从语法结构上看，Verilog 语言继承、借鉴了 C 语言的很多语法结构，两者有许多相似之处。不过，Verilog 作为一种硬件描述语言，与 C 语言还是有着本质区别的。概括地说，Verilog 语言具有下述特点：

- 既适于可综合的电路设计，也可胜任电路与系统的仿真。
- 能在多个层次上对所设计的系统加以描述，从开关级、门级、寄存器传输级（RTL）到行为级，都可以胜任，在一个设计中，各模块可以在不同设计层次上建模和描述，Verilog 语言不对设计规模施加任何限制，也支持混合建模。
- 内置各种基本逻辑门，如 and、or 和 nand 等，可进行门级结构描述；内置开关级元件，如 pmos、nmos 和 cmos 等，可进行开关级的建模。
- 用户定义原语（UDP）创建的灵活性。用户定义的原语既可以是组合逻辑，也可以是时序逻辑；可通过编程语言接口（PLI）机制进一步扩展 Verilog HDL 语言的描述能力。

Verilog 语言在易用性上比 VHDL 更胜一筹，便于设计者上手；从功能上看，可满足各个层次设计者的需要，因此成为使用最为广泛的硬件描述语言；在 ASIC 设计领域，Verilog 语言一直是事实上的标准。

4.2　Verilog 模块的结构

Verilog 程序的基本设计单元是模块（module），一个模块由几部分组成。下面通过实例对 Verilog 模块的基本结构进行解析。图 4.1 是一个简单的"与-或-非"门电路。该电路表示的逻辑函数可表示为 $f = \overline{ab + cd}$，用 Verilog 语言对该电路描述如例 4.1 所示。

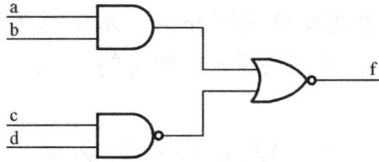

图 4.1　一个简单的"与-或-非"门电路

【例 4.1】　　"与-或-非"门电路。

```
module aoi(a,b,c,d,f);        /* 模块名为 aoi, 端口列表 a, b, c, d, f */
input a,b,c,d;                //模块的输入端口为 a, b, c, d
output f;                     //模块的输出端口为 f
wire a,b,c,d,f;               //定义信号的数据类型
assign f=~((a&b)|(~(c&d)));   //逻辑功能描述
endmodule
```

通过上例我们对 Verilog 程序有一个初步的印象。从书写形式上看，Verilog 程序具有以下一些特点：

- Verilog 程序是由模块构成的。每个模块的内容都嵌在 module 和 endmodule 两个关键字之间。
- 每个模块首先要进行端口定义，分为输入端口 input 和输出端口 output 等，然后对模块的功能进行定义。
- Verilog 程序书写格式自由，一行可以写几个语句，一个语句也可以分多行写。
- 除了 endmodule 等少数语句，每个语句的最后必须有分号。
- 可以用 /*……*/ 和 //…… 对 Verilog 程序进行注释，好的源程序应加上必要的注释，以增强程序的可读性和可维护性。

上面是我们的直观认识，对照例 4.1 与图 4.1，可对 Verilog 程序有更为具体的认识。该程序的第 1 行为模块的名字、模块的端口列表；第 2、3 行为输入输出端口声明，第 4 行定义了端口的数据类型；在第 5 行对输入、输出信号间的逻辑关系进行了描述。

Verilog 模块的基本结构如图 4.2 所示。Verilog 模块结构完全嵌在 module 和 endmodule 关键字之间，每个 Verilog 程序包括 4 个主要部分：模块声明、端口定义、信号类型声明和逻辑功能定义。

1. 模块声明

模块声明包括模块名，模块输入、输出端口列表。模块定义格式如下：

```
module 模块名(端口1, 端口2, 端口3, ……);
```

模块结束的标志为关键字：endmodule。

2. 端口定义

对模块的输入/输出端口要明确说明，其格式为

```
input  端口名 1, 端口名 2,…,端口名 n;        //输入端口
output 端口名 1, 端口名 2,…,端口名 n;        //输出端口
inout  端口名 1, 端口名 2,…,端口名 n;        //双向端口
```

端口（Port）是模块与外界连接和通信的信号线，图 4.3 为模块的端口示意图，有三种端口类型，分别是输入端口（input）、输出端口（output）和双向端口（inout）。

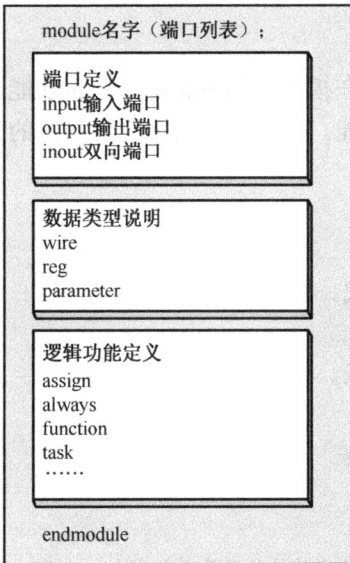

图 4.2　Verilog 模块的基本结构

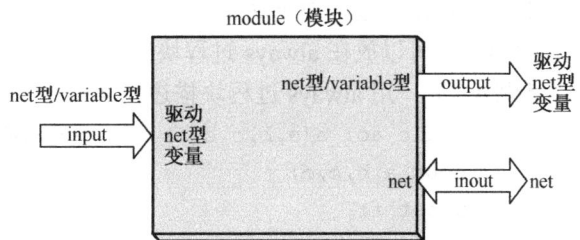

图 4.3　模块的端口示意图

定义端口时需注意，每个端口除了要声明是输入、输出还是双向端口，还要声明其数据类型是 wire 型、reg 型还是其他类型；输入端口和双向端口不能声明为 reg 型；在测试模块中不需要定义端口。

3. 信号类型声明

对模块中所用到的所有信号（包括端口信号、节点信号等）都必须进行数据类型的定义。Verilog 语言提供了各种信号类型，分别模拟实际电路中的各种物理连接和物理实体。

下面是定义信号数据类型的几个例子：

```
reg cout;              //定义信号 cout 的数据类型为 reg 型
reg[3:0] out;          //定义信号 out 的数据类型为 4 位 reg 型
wire a,b,c,d,f;        //定义信号 a, b, c, d, f 为 wire 型
```

如果信号的数据类型没有定义，则综合器将其默认是 wire 型。

在 Verilog-2001 标准中，规定可将端口声明和信号类型声明放在一条语句中完成，例如：

```
output reg f;          //f 为输出端口，其数据类型为 reg 型
output reg[3:0] out;   //out 为输出端口，其数据类型为 4 位 reg 型
```

还可以将端口声明和信号类型声明放在模块列表中，而不是放在模块内部，更接近 ANSI C 语言的风格，如例 4.1 可写为例 4.2 的形式。

【例 4.2】 将端口类型和信号类型的声明放在模块列表中。

```
module aoi_2001                        //模块声明采用 Verilog-2001 格式
                (input wire a,b,c,d,
                 output wire f);
    assign f=~((a&b)|(~(c&d)));
    endmodule
```

例 4.2 与例 4.1 在功能上没有区别，在书写形式上更简单。端口类型和信号类型放在模块列表中声明后，在模块内部就不需要再重复声明了。

4. 逻辑功能定义

模块中最核心的部分是逻辑功能定义。有多种方法可在模块中描述和定义逻辑功能，还可以调用函数（function）和任务（task）来描述逻辑功能。下面介绍定义逻辑功能的几种基本方法。

1）用 assign 持续赋值语句定义。例如：

```
    assign f=~((a&b)|(~(c&d)));
```

assign 语句多用于组合逻辑的赋值，称为持续赋值方式。

2）用 always 过程块定义。

例 4.1 也可以放在 always 过程块中定义，如例 4.3 所示。

【例 4.3】 用 always 过程块描述例 4.1。

```
    module aoi_a(a,b,c,d,f);     //模块名及端口列表
    input a,b,c,d;               //模块的输入端口
    output f;                    //模块的输出端口
    reg f;                       //在 always 过程块中赋值的变量应定义为 reg 型
    always @(a or b or c or d)   //always 过程块及敏感信号列表
      begin
      f=~((a&b)|(~(c&d)));       //逻辑功能描述
      end
    endmodule
```

例 4.3 的功能与例 4.1 完全相同，如果用综合器进行综合，其结果一致。例 4.3 中的模块声明如果采用 Verilog-2001 格式，可写为如下的形式。

【例 4.4】 将端口类型和信号类型的声明放在模块列表中。

```
    module aoi_b                 //模块声明采用 Verilog-2001 格式
                (input a,b,c,d,
                 output reg f);
    always @(*)                  //通配符，等价于 a or b or c or d
      begin
      f=~((a&b)|(~(c&d)));
      end
    endmodule
```

always 过程语句既可以描述组合电路，也可以描述时序电路。

3）调用元件（元件例化）

调用元件的方法类似于在电路图输入方式下调入图形符号，这种方法侧重于电路的结构描述。在 Verilog 语言中，可通过调用如下元件的方式来描述电路的结构：

- 调用 Verilog 内置门元件（门级结构描述）。
- 调用开关级元件（开关级结构描述）。
- 在多层次结构电路设计中，高层次模块调用低层次模块。

综上所述，给出 Verilog 模块的模板如下：

```
module <顶层模块名> (<输入输出端口列表>);
input 输入端口列表;                    //输入端口声明
output 输出端口列表;                   //输出端口声明
/*定义数据，信号的类型，函数声明，用关键字 wire, reg, task, function 等定义*/
wire 信号名;
reg 信号名;
//逻辑功能定义
assign <结果信号名>=<表达式>;          //使用 assign 语句定义逻辑功能
//用 always 块描述逻辑功能
always @(<敏感信号表达式>)
  begin
   //过程赋值
   //if-else,case 语句; for 循环语句
   //task, function 调用
  end
//调用其他模块
<调用模块名> <例化模块名> (<端口列表>);
//门元件例化
门元件关键字<例化门元件名> (<端口列表>);
endmodule
```

4.3　Verilog 组合逻辑设计

本节介绍常用组合逻辑电路（Combinational Logic Circuit）的 Verilog 描述方法。

1. 用 Verilog 设计表决电路

图 4.4 是一个三人表决电路。该电路表示的逻辑函数可表示为 $f = ab + bc + ac$。用 Verilog 对该电路描述如例 4.5 所示。

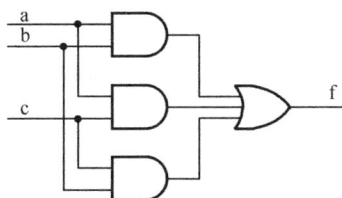

图 4.4　三人表决电路

【例 4.5】　三人表决电路的 Verilog 描述。

```
module vote(a,b,c,f);                   //模块名与端口列表
input a,b,c;                            //模块的输入端口
output f;                               //模块的输出端口
```

```
wire a,b,c,f;                        //定义信号的数据类型
assign f=(a&b)|(a&c)|(b&c);          //逻辑功能描述，f = ab + ac + bc
endmodule
```

例 4.5 与前面的例 4.1 类似，需强调的是

● 位运算符：符号"&"和"|"属于位运算符，分别表示按位与、按位或。

● 文件取名与存盘：存盘文件名应与 Verilog 模块名一致，如本例应存为 vote.v。

2. 用 Verilog 设计二进制加法器

加法器是常用的组合逻辑电路，例 4.6 是用 Verilog 描述的 4 位二进制加法器。

【例 4.6】　4 位二进制加法器的 Verilog 描述。

```
module add4_bin(
         input cin,
         input[3:0] ina,inb,
         output[3:0] sum, output cout);
assign {cout,sum}=ina+inb+cin;              /*逻辑功能定义*/
endmodule
```

将例 4.6 的源码用 Quartus Prime 进行综合，图 4.5 所示为其 RTL 级综合视图，可以看出采用两个加法器模块来实现该设计，综合器可将文本转化为电路网表结构，并以原理图的形式呈现出来，便于语言的学习。例 4.7 是例 4.6 的 Test Bench 仿真代码，以验证其功能。

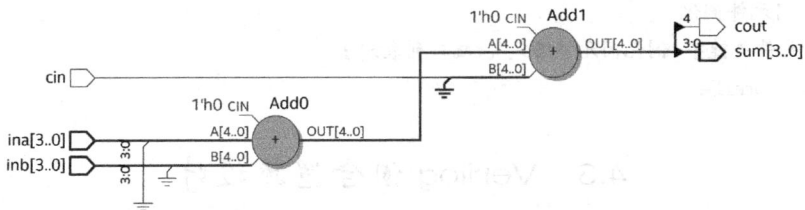

图 4.5　4 位二进制加法器 RTL 级综合结果

【例 4.7】　4 位加法器的仿真代码。

```
`timescale 1ns / 1ps
module add4_tb( );
reg[3:0] a,b; reg cin;               //测试输入信号定义为 reg 型
wire[3:0] sum; wire cout;            //测试输出信号定义为 wire 型
integer i,j;
add4_bin i1(                         //调用测试对象
        .cin(cin),
        .ina(a),
        .inb(b),
        .sum(sum),
        .cout(cout));
always #5 cin=~cin;                  //设定 cin 的取值
initial begin a=0;b=0;cin=0;
for(i=1;i<16;i=i+1)
#10 a=i; end                         //设定 a 的取值
initial begin
```

```
for(j=1;j<16;j=j+1)
#10 b=j; end                      //设定 b 的取值
initial begin                     //定义结果显示格式
$monitor($time,,,"%d+%d+%b={%b,%d}",a,b,cin,cout,sum);
#160 $finish; end
endmodule
```

将上面的代码用 ModelSim 软件进行编译和仿真，RTL 仿真输出的波形如图 4.7 所示。

图 4.7　4 位加法器 RTL 仿真输出的波形

3. 用 Verilog 设计 BCD 码加法器

例 4.8 描述了 BCD 码加法器，采用的是逢十进一的加法规则。

【例 4.8】　BCD 码加法器。

```
module add4_bcd(
            input cin, input[3:0] ina,inb,
            output reg[3:0] sum,
            output reg cout);
reg[4:0] temp;
always @(ina,inb,cin)                     //always 过程语句
  begin  temp<=ina+inb+cin;
  if(temp>9) {cout,sum}<=temp+6;          //两重选择的 if 语句
  else {cout,sum}<=temp;
  end
endmodule
```

图 4.7 所示为 BCD 码加法器的 RTL 级综合视图，对比图 4.5 可以发现，其构成中多了比较器、2 选 1 数据选择器等部件，相应地，其门级视图也更复杂一些。

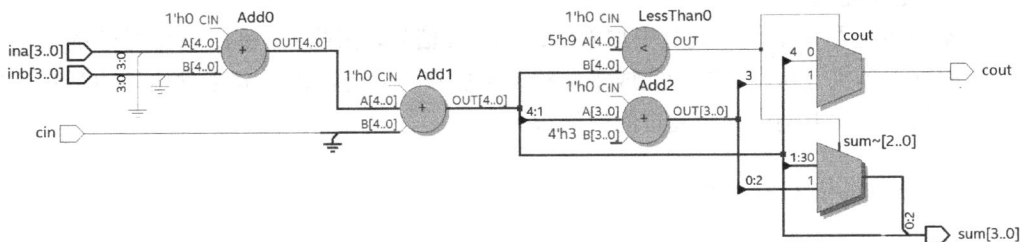

图 4.7　BCD 码加法器的 RTL 级综合视图

4.4　Verilog 时序逻辑设计

1. 用 Verilog 设计触发器

时序电路的核心是触发器，如例 4.9 所示，描述了带同步清零/同步置 1 端的 D 触发器。

【例 4.9】　　带同步清零/同步置 1 端（低电平有效）的 D 触发器。

```
module dff_syn(
            input d,clk,set,reset,
            output reg q,qn);
always @(posedge clk)
  begin
  if(~reset)
   begin q<=1'b0;qn<=1'b1;end            //同步清零，低电平有效
      else if(~set)
          begin q<=1'b1;qn<=1'b0;end      //同步置1，低电平有效
      else  begin q<=d; qn<=~d; end
   end
endmodule
```

在例 4.9 中，需要引起注意的 Verilog 语法如下。

● 时钟边沿的表示：时序电路中常需要用到时钟边沿的概念。在上例中，用关键字
  posedge 表示上升沿；在综合时，综合器会自动将其翻译为上升沿电路结构。

例 4.9 中的复位和置位如要改为异步复位/置位，可参照例 4.10 这样改动。

【例 4.10】　　异步清零/异步置 1（低电平有效）的 D 触发器。

```
module dff_asyn(
            input d,clk,set,reset,
            output reg q,qn);
always @(posedge clk or negedge set or negedge reset)
  begin
    if(~reset)
        begin q<=1'b0;qn<=1'b1; end        //异步清零，低电平有效
    else if(~set)
        begin q<=1'b1;qn<=1'b0; end        //异步置1，低电平有效
    else     begin q<=d;qn<=~d; end
   end
endmodule
```

例 4.10 在过程敏感信号列表中加入 set 和 reset 信号，因此 set 和 reset 信号值的变化会
激发过程进入到执行状态，立即完成复位和置位操作，此外，由于 if 条件语句的判断是含
有优先级的，因此上例中异步复位的优先级更高。

2. 用 Verilog 设计计数器

计数器是另一种典型的时序逻辑电路，例 4.11 是 4 位二进制加法计数器的例子。

【例 4.11】　　4 位二进制加法计数器。

```
module count4(
            input reset,clk,
            output reg[3:0] out);
always @(posedge clk)
  begin
    if(reset)     out<=0;                  //同步复位
    else          out<=out+1;              //计数
```

```
          end
     endmodule
```

图 4.8 是例 4.11 使用 Quartus Prime 软件综合的 RTL 级综合原理图，可以看到采用了
4 位加法器、2 选 1 MUX、4 个 D 触发器等模块来实现该设计。

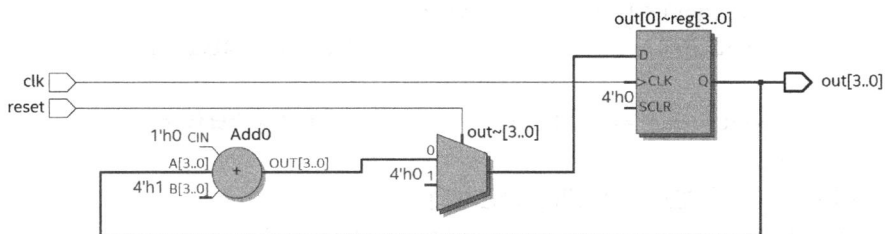

图 4.8　4 位计数器的 RTL 级综合原理图

例 4.12 是 4 位计数器的 Test Bench 激励脚本。

【例 4.12】　　4 位计数器的 Test Bench 激励脚本。

```
     `timescale 1ns/ 1ps
     module  count4_tb();
     reg clk,reset;
     wire [3:0]  out;
     count4 i1(
            .clk(clk),
            .out(out),
            .reset(reset));
     parameter PERIOD=40;          //定义时钟周期为 40 ns
       initial  begin
         reset = 1;clk =0;
         #PERIOD;    reset = 0;
     #(PERIOD*50) $stop;
     end
     always begin
         #(PERIOD/2) clk = ~clk;
     end
     endmodule
```

将上面的代码放在 ModelSim 软件中运行，其仿真波形如图 4.9 所示。

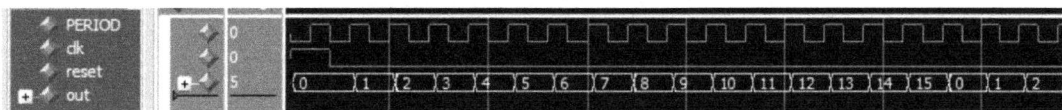

图 4.9　4 位计数器的仿真波形

例 4.13 描述了带同步复位的 4 位模 10 8421BCD 码计数器。

【例 4.13】　　带同步复位的 4 位模 10 8421BCD 码计数器。

```
     module count10(
            input reset,clk,
            output reg[3:0] qout,
```

```
                    output cout);
       always @ (posedge clk)
          begin
          if(reset) qout<=0;                  //同步复位
          else if(qout<9) qout<=qout+1;
          else qout<=0;                       //大于 9，计数值清零
          end
       assign cout=(qout==9)?1:0;             //产生进位输出信号
       endmodule
```

在例 4.13 中，需要注意的 Verilog 语法如下。

- 多重选择的 if 语句：上例中使用了多重选择的 if 语句（if... else if... else...）描述计数器的功能。
- 条件运算符（?:）：上例中用条件运算符产生进位输出信号（cout=(qout==9)?1:0;），当条件(qout==9)成立时，cout 取值为 1，反之为 0。

图 4.10 是例 4.13 的 RTL 级综合原理图，可以看到采用了比较器、加法器、2 选 1 MUX、D 触发器等模块来实现该计数器。

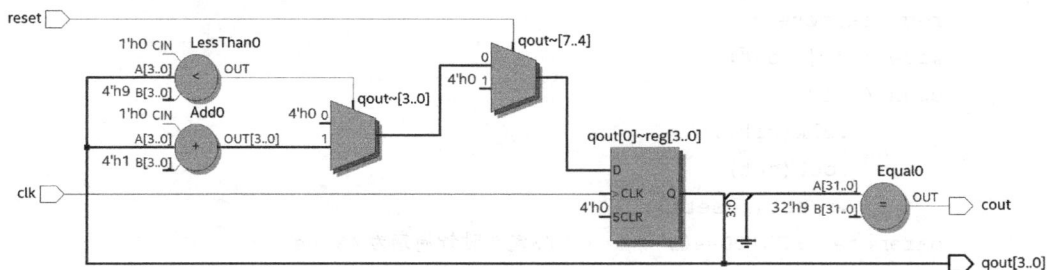

图 4.10　4 位模 10 8421BCD 码计数器的 RTL 级综合原理图

习　题　4

4.1　用 Verilog 设计一个 8 位十进制加法器，进行综合和仿真。

4.2　用 Verilog 设计一个 8 位二进制加法计数器，带异步复位端口，进行综合和仿真。

4.3　用 Verilog 设计一个模 60 的 8421BCD 码计数器，进行综合和仿真。

第 5 章 Verilog 语言要素

本章介绍 Verilog 语言的基本要素，包括数字、字符串、标识符、运算符、数据类型和关键字等。

5.1 概 述

Verilog 程序由各种符号流构成，这些符号包括空白符（White Space）、运算符（Operator）、数字（Number）、字符串（String）、注释（Comment）、标识符（Identifier）和关键字（Key Word）等，下面分别择要予以介绍。

1. 空白符（White Space）

在 Verilog 代码中，空白符包括空格、Tab、换行和换页。空白符使程序中的代码错落有致，阅读起来更方便。在综合时空白符均被忽略。

Verilog 程序可以不分行，也可以加入空白符采用多行书写。例如：

```
initial begin ina=3'b001;inb=3'b011; end
```

这段程序等同于下面的书写格式：

```
initial
    begin                    //加入空格、换行等，使代码错落有致，提高可读性
        ina=3'b001;
        inb=3'b011;
    end
```

2. 注释（Comment）

在 Verilog 程序中有两种形式的注释。
- 单行注释：以"//"开始到本行结束，不允许续行。
- 多行注释：以"/*"开始，到"*/"结束。

3. 标识符（Identifier）

标识符是用户在编程时给 Verilog 对象起的名字，模块、端口和实例的名字都是标识符。标识符可以是任意一组字母、数字以及符号"$"和"_"（下画线）的组合，但标识符的第一个字符必须是字母（a~z、A~Z）或者是下画线"_"，标识符最长可以包含 1023 个字符。此外，标识符是区分大小写的。

以下是几个合法的标识符的例子：

```
count
COUNT                    //COUNT 与 count 是不同的
_A1_d2                   //以下画线开头
R56_68
```

```
FIVE
```

而下面几个例子则是非法的标识符：

```
30count                    //非法: 标识符不允许以数字开头
out*                       //非法: 标识符中不允许包含字符*
```

还有一类标识符称为转义标识符（Escaped Identifiers）。转义标识符以符号"\"开头，以空白符结尾，可以包含任何字符。例如：

```
\7400
\~#@sel
```

反斜线和结束空白符并不是转义标识符的一部分，因此，标识符"\OutGate"和标识符"OutGate"恒等。

4. 关键字（Key Word）

Verilog 语言内部已经使用的词称为关键字或保留字，用户不能随便使用这些保留字。附录 A 和附录 B 列出了 Verilog 语言中的所有保留字。需要注意的是，所有关键字都是小写的，例如，ALWAYS（标识符）不是关键字，它与 always（关键字）是不同的。

5. 运算符（Operator）

与 C 语言类似，Verilog 语言提供了丰富的运算符。运算符将在 5.6 节详细介绍。

5.2　常　　量

在程序运行过程中，其值不能被改变的量称为常量（Constant）。Verilog 中的常量主要有如下 3 种类型：

- 整数（Integer）；
- 实数（Real）；
- 字符串（String）。

其中，整数型常量是可综合的，而实数型和字符串型常量是不可综合的。

5.2.1　整数

整数按如下方式书写：

```
+/-<size>'<base><value>
```

即

```
+/-<位宽>'<进制><数字>
```

size 为对应二进制数的宽度，base 为进制，value 是基于进制的数字序列。其中，进制有如下 4 种表示形式：

- 二进制（b 或 B）；
- 十进制（d 或 D，或默认）；
- 十六进制（h 或 H）；
- 八进制（o 或 O）。

另外，在书写时，十六进制中的 a～f 与值 x 和 z 一样，不区分大小写。

下面是一些合法的书写整数的例子：

8'b11000101	//位宽为 8 位的二进制数 11000101
8'hd5	//位宽为 8 位的十六进制数 d5
5'O27	//5 位八进制数
4'D2	//4 位十进制数 2
4'B1x_01	//4 位二进制数 1x01
5'Hx	//5 位 x（扩展的 x），即 xxxxx
4'hZ	//4 位 z，即 zzzz
8□'h□2A	/*在位宽和'之间，以及进制和数值之间允许出现空格，但'和进制之间、数值间是不允许出现空格的，比如 8'□h2A、8'h2□A 等形式都是不合法的写法 */

下面是一些不正确的书写整数的例子：

3'□b001	//非法：'和基数 b 之间不允许出现空格
4'd-4	//非法：数值不能为负，有负号应放最左边
(3+2)'b10	//非法：位宽不能为表达式

在书写和使用整数时需注意下面一些问题。

① 在较长的数中可用下画线将其分开，如 16'b1010_1101_0010_1001。

符号下画线 "_" 可以随意用在整数或实数中，它们本身没有意义，只是用来提高可读性；但数字的第一个字符不能是下画线 "_"，下画线也不可以用在位宽和进制处，只能用在具体的数字之中。

② 如果未定义一个整数的位宽（unsized number），则默认为 32 位。例如：

'b1101	//默认为 32'b00000000000000000000000000001101
'haf	//默认为 32'b00000000000000000000000010101111

③ 如果定义的位宽比数值的位数长，通常在左边填 0 补位。但如果数的最左边一位为 x 或 z，就相应地用 x 或 z 在左边补位。例如：

10'b10	//左边补 0，0000000010
10'bx0x1	//左边补 x，xxxxxxx0x1

如果定义的位宽比数值的位数小，那么其左边的位被截掉。例如：

3'b1001_0011	//与 3'b011 相等
5'H0FFF	//与 5'H1F 相等

④ "?" 是高阻态 z 的另一种表示符号。在数字的表示中，字符 "?" 和 Z（或 z）是完全等价的，可互相替代。

⑤ x（或 z）在二进制中代表 1 位 x 或 z，在八进制中代表 3 位 x 或 z，在十六进制中代表 4 位 x 或 z，其代表的宽度取决于所用的进制。例如：

8'h9x	//等价于 8'b1001xxxx
8'haz	//等价于 8'b1010zzzz

⑥ 整数可以带符号（正、负号），并且正、负号应写在最左边。负数通常表示为二进制补码的形式。

⑦ 当位宽与进制默认时，是十进制的数。例如：

32	//表示十进制数 32
-15	//十进制数-15

⑧ 在位宽和'之间以及进制和数值之间允许出现空格，但'和进制之间以及数值之间不允许出现空格。

⑨ 在 Verilog-2001 中，扩展了带符号的整数定义。例如：

```
8'sh5a              //一个 8 位的十六进制带符号整数 5a
```

5.2.2　实数

实数有下面两种表示法。

1）十进制表示法。例如：

```
2.0
5.678
0.1                 //以上 3 例是合法的实数表示形式
2.                  //非法：小数点两侧都必须有数字
```

2）科学记数法。例如：

```
43_5.1e2            //其值为 43510.0
9.6E2               //960.0(e 与 E 相同)
5E-4                //0.0005
```

Verilog 语言定义了实数转换为整数的方法,实数通过四舍五入被转换为最相近的整数,例如：

```
42.446, 42.45       //若转换为整数，则都是 42
92.5，92.699        //若转换为整数，则都是 93
-16.62              //若转换为整数，则是-17
-25.22              //若转换为整数，则是-26
```

5.2.3　字符串

字符串是双引号内的字符序列。字符串不能分成多行书写。例如：

```
"INTERNAL ERROR"
"this is an example for Verilog HDL"
```

在 Verilog 中采用 reg 型变量来存储字符串，例如：

```
reg [8*12:1] stringvar;
initial
begin
 stringvar = "Hello world!";
end
```

在上面的例子中，存储 12 个字符构成的字符串"Hello world!"需要一个宽度为 8×12（96 位）的 reg 型变量。

如果字符串用作 Verilog 表达式或赋值语句中的操作数，则字符串被看作 8 位的 ASCII 码序列。在操作过程中，如果声明的 reg 型变量位数大于字符串实际长度，则在赋值操作后，字符串变量的左端（即高位）补 0，这一点与非字符串的赋值操作是一致的；如果声明的 reg 型变量位数小于字符串实际长度，那么字符串的左端被截去。下面是一个字符串操作的例子。

【例 5.1】　字符串操作举例。

```
module string_test;
reg [8*14:1] stringvar;
initial begin
stringvar = "Hello world";
$display("%s is stored as %h", stringvar,stringvar);
```

```
stringvar = {stringvar,"!!!"};
$display("%s is stored as %h", stringvar,stringvar);
end
endmodule
```

输出结果为

```
Hello world is stored as 00000048656c6c6f20776f726c64
Hello world!!! is stored as 48656c6c6f20776f726c64212121
```

字符串中有一类特殊字符，特殊字符必须用字符"\"来说明，如表 5.1 所示。

表 5.1　特殊字符

特　殊　字　符	说　　明
\ n	换行
\ t	Tab 键
\\	符号\
\ "	符号 "
\ ddd	八进制数 ddd 对应的 ASCII 字符

例如：

```
\123              //八进制数 123 对应的 ASCII 字符是大写字母 S
```

5.3　数 据 类 型

数据类型（Data Type）是用来表示数字电路中的物理连线、数据存储和传输单元等物理量的。

Verilog 的数据类型在下面 4 种逻辑值中取值（四值逻辑）。

- 0：低电平、逻辑 0 或逻辑非。
- 1：高电平、逻辑 1 或"真"。
- z 或 Z：高阻态。
- x 或 X：不确定或未知的逻辑状态。

Verilog 中的所有数据类型都在上述 4 种逻辑状态中取值，其中 0、1、z 可综合；x 表示不定值，通常只用在仿真中。

注：x 和 z 是不区分大小写的，也就是说，值 0x1z 与值 0X1Z 是等同的。

此外，在可综合的设计中，只有端口变量可赋值为 z，因为三态逻辑仅在 FPGA 器件的 I/O 引脚中是物理存在的，可物理实现高阻逻辑。

Verilog 主要有两种数据类型：

- net 型。
- variable 型。

net 型中常用的有 wire、tri；variable 型包括 reg、integer 等。

注：在 Verilog-1995 标准中，variable 型变量称为 register 型；在 Verilog-2001 标准中将 register 一词改为了 variable，以避免初学者将 register 和硬件中的寄存器概念混淆起来。

5.3.1　net 型

net 型数据相当于硬件电路中的各种物理连接，其特点是输出的值随输入值的变化而变化。net 型数据的值取决于驱动的值，对 net 型变量有两种驱动方式，一种方式是在结构描述中将其连接到一个门元件或模块的输出端，另一种方式是用持续赋值语句 assign 对其进行赋值。如果 net 型变量没有连接到驱动，则其值为高阻态 z（trireg 除外）。

net 型变量包括多种类型，如表 5.2 所示，表中符号"√"表示可综合。

表 5.2　常用的 net 型变量

类　型	功　能	可综合性
wire，tri	连线类型	√
wor，trior	具有线或特性的多重驱动连线	
wand，triand	具有线与特性的多重驱动连线	
tri1，tri0	分别为上拉电阻和下拉电阻	
supply1，supply0	分别为电源（逻辑 1）和地（逻辑 0）	√
trireg	具有电荷保持作用的连线，可用于电容的建模	

1. wire 型

wire 是最常用的 net 型数据变量，Verilog 模块中的输入/输出信号在没有明确指定数据类型时都被默认为 wire 型。wire 型信号可以用作为任何表达式的输入，也可以用作 assign 语句和实例元件的输出。对于综合器而言，其取值可为 0、1、X、Z，如果 wire 型变量没有连接到驱动，那么其值为高阻态 z。

wire 型变量的定义格式如下：

```
wire 数据名 1，数据名 2，…，数据名 i;          //数据的宽度为 1 位
wire[n-1:0] 数据名 1，数据名 2，…，数据名 i;   //数据的宽度为 n 位
wire[n:1] 数据名 1，数据名 2，…，数据名 i;     //数据的宽度为 n 位
```

例如：

```
wire a,b;              //声明了 2 个 wire 型变量 a 和 b
wire[7:0] databus;     //databus 的宽度是 8 位
wire[20:1] addrbus;    //addrbus 的宽度是 20 位
```

多位的 wire 型数据（如总线）也称为 wire 型向量（Vector）。

2. tri 型

tri 和 wire 在功能及使用方法上是完全一样的，对于 Verilog 综合器来说，对 tri 型数据和 wire 型数据的处理是完全相同的。将信号定义为 tri 型，只是为了增加程序的可读性，可以更清楚地表示该信号综合后的电路连线具有三态的功能。

5.3.2　variable 型

variable 型变量必须放在过程语句（如 initial、always）中，通过过程赋值语句赋值；在 always、initial 等过程块内被赋值的信号也必须定义成 variable 型。需要注意的是，variable 型变量（在 Verilog-1995 标准中称为 register 型）并不意味着一定对应着硬件上的一个触发器或寄存器等存储元件，在综合器进行综合时，variable 型变量根据其被赋值的具体情况确

定是映射成连线还是映射为存储元件（触发器或寄存器）。

variable 型数据包括 4 种类型，如表 5.3 所示，表中符号"√"表示可综合。

表 5.3　常用的 variable 型变量及可综合性说明

类　　型	功　　能	可　综　合
reg	常用的寄存器型变量	√
integer	32 位带符号整型变量	√
real	64 位带符号实型变量	
time	64 位无符号时间变量	

表 5.3 中的 real 和 time 两种寄存器型变量都是纯数学的抽象描述，不对应任何具体的硬件电路，real 和 time 型变量不能被综合。time 主要用于对模拟时间的存储与处理，real 表示实数寄存器，主要用于仿真。

1. reg 型

reg 型变量是最常用的 variable 型变量，reg 型变量的定义格式类似 wire 型，如下所示：

```
reg 数据名 1, 数据名 2, ..., 数据名 i;        //数据的宽度为 1 位
reg[n-1:0] 数据名 1, 数据名 2, ..., 数据名 i;   //数据的宽度为 n 位
reg[n:1] 数据名 1, 数据名 2, ..., 数据名 i;     //数据的宽度为 n 位
```

例如：

```
reg a,b;                 //声明了 2 个 reg 型变量 a, b
reg[7:0] qout;           //声明了 8 位宽的 reg 型向量
reg[8:1] qout;           //声明了 8 位宽的 reg 型向量
```

reg 型变量并不意味着一定对应着硬件上的寄存器或触发器，在综合时，综合器根据具体情况确定将其映射成寄存器还是映射为连线，如例 5.2 所示。

【例 5.2】　reg 型变量的综合。

```
module abc(
        input a,b,c,
        output f1,f2);
reg f1,f2;                 //在 always 过程块中赋值的变量需定义为 reg 型
always @(a or b or c)
    begin
    f1=a|b; f2=f1^c;       //f1,f2 综合时不会映射为寄存器
    end
endmodule
```

例 5.2 用 Synplify 综合器进行综合，可得到如图 5.1 所示的电路。可见，变量 f1、f2 虽然被定义为 reg 型，但综合器并没有将其映射为寄存器，而是映射为连线。综合时，reg 型变量的初始值为 x。

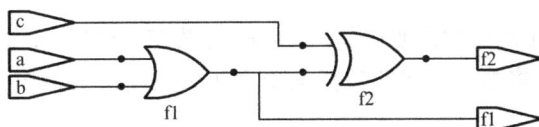

图 5.1　reg 型变量综合为连线

2. integer 型

integer 型变量多用于表示循环变量，如用来表示循环次数等。integer 型变量的定义与 reg 型变量相同。下面是 integer 型变量定义的例子：

```
integer i,j;                //i,j 为 integer 型变量
integer[31:0] d;
```

integer 型变量不能作为位向量访问。例如，对于上面的 integer 型变量 d，d[6]和 d[16:10] 是非法的。在综合时，integer 型变量的初始值为 x。

5.4　参　　数

在 Verilog 语言中，用参数 parameter 来定义符号常量，即用 parameter 定义一个参数名来代表一个常量。参数常用来定义时延和变量的宽度。使用参数说明的常量只能被赋值一次。

5.4.1　参数 parameter

参数声明的格式如下：

```
parameter 参数名 1=表达式 1，参数名 2=表达式 2，…;
```

参数名通常用大写字母表示[①]，例如：

```
parameter SEL=8,CODE=8'ha3;
    //为参数 SEL 赋值 8（十进制），参数 CODE 赋值 a3（十六进制）
parameter DATAWIDTH=8,ADDRWIDTH=DATAWIDTH*2;
    //为参数 DATAWIDTH 赋值 8，参数 ADDRWIDTH 赋值 16（8*2）
parameter STROBE_DELAY=18,DATA=16'bx;
parameter BYTE=8,PI=3.14;
```

例 5.3 的数据比较器中采用 parameter 定义数据的位宽，比较的结果有大于、等于和小于三种。改变 parameter 的数值，可将比较器改为任意宽度。

【例 5.3】　采用参数定义的数据比较器。

```
module compare_w(a,b,larger,equal,less);
parameter SIZE=8;        //参数声明
input[SIZE-1:0] a,b;
output wire larger,equal,less;
assign larger=(a>b);
assign equal=(a==b);
assign less=(a<b);
endmodule
```

5.4.2　Verilog-2001 中的参数声明

Verilog-2001 改进了端口的声明语句，采用#(参数声明语句 1,参数声明语句 2,…)的形式定义参数；同时允许将端口声明和数据类型声明放在同一条语句中。Verilog-2001 标准

[①] 建议参数名用大写字母表示，而标识符、变量等一律采用小写字母表示。

的模块声明语句如下：

```
module 模块名
        #(parameter_declaration, parameter_declaration,...)
        (端口声明 端口名 1, 端口名 2,...,
         port_declaration port_name, port_name,...);
```

例 5.4 采用参数定义加法器操作数的位宽，使用 Verilog-2001 的声明格式。

【例 5.4】　采用参数定义的加法器。

```
module add_w                           //模块声明采用 Verilog-2001 格式
         #(parameter MSB=15,LSB=0)    //参数声明，注意没有分号
         (input[MSB:LSB] a,b,
          output[MSB+1:LSB] sum);
assign sum=a+b;
endmodule
```

例 5.5 的 Johnson 计数器也使用了参数，Johnson 计数器又称扭环形计数器，是一种用 n 个触发器产生 $2n$ 个计数状态的计数器，且相邻 2 个状态间只有 1 个比特位不同；其移位的规则是：将最高有效位取反后从最低位移入。该例的模块声明同样采用了 Verilog-2001 格式，图 5.2 是其门级综合原理图，由图可以看出，该计数器有 8 个触发器，故其模是 $2n$，即 16。

【例 5.5】　采用参数声明的 Johnson 计数器。

```
module johnson_w                       //模块声明采用 Verilog-2001 格式
         # (parameter WIDTH=8)    //参数声明
         (input clk,clr,
          output reg[(WIDTH-1):0] qout);
always @(posedge clk or posedge clr)
    begin    if(clr)            qout<=0;
             else    begin      qout<=qout<<1;
                     qout[0]<=~qout[WIDTH-1];
                     end
    end
endmodule
```

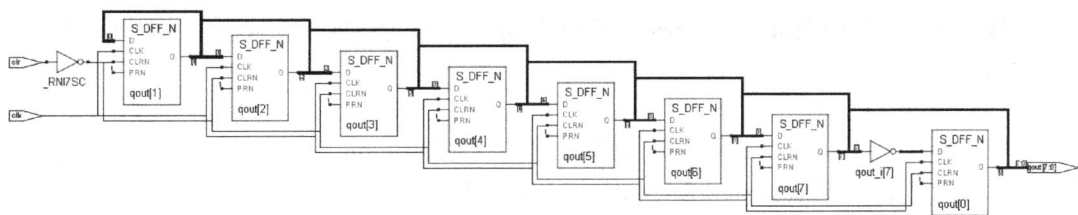

图 5.2　Johnson 计数器门级综合原理图

5.4.3　参数的传递

parameter 还具有参数传递（重载）的功能。

在多层次的设计中，涉及高层模块对下层模块的例化（调用），此时，可利用 parameter 的参数传递功能更改下层模块的规模（尺寸）。

参数的传递有如下三种方式实现。

1）用 "#" 符号隐式地重载：重载的顺序必须与参数在原定义模块中声明的顺序相同，并且不能跳过任何参数。

2）在线显式重载（in-line explicit redefinition）参数方式：Verilog–2001 标准增加了这种参数传递方式，允许在线参数值按照任意顺序排列。

3）使用 defparam 语句显式重载。

参数的传递将在 7.5 节更详细地介绍，此处不再赘述。

5.4.4　localparam

Verilog 还有一个关键字 localparam，用于定义局部参数。localparam 定义的参数的作用范围仅限于本模块内，不可用于参数传递。也就是说，在实例化时，不能通过层次引用进行重定义，只能通过源代码来改变，常用于状态机参数的定义。

例 5.6 中，采用 localparam 语句定义一个局部参数 HSB=MSB+1，该例的功能与例 5.4 的功能相同。

【例 5.6】　采用局部参数 localparam 的加法器。

```
module add_localp
          #(parameter MSB=15,LSB=0)        //parameter 参数定义
           (input[MSB:LSB] a,b,
            output[HSB:LSB] sum);
localparam HSB=MSB+1;                       //localparam 参数定义
assign sum=a+b;
endmodule
```

5.5　向　　量

1. 标量与向量

宽度为 1 位的变量称为标量，如果在变量声明中没有指定位宽，则默认为标量（1 位）。举例如下：

```
wire a;            //a 为标量
reg  clk;          //clk 为标量 reg 型变量
```

线宽大于 1 位的变量（包括 net 型和 variable 型）称为向量（Vector）。向量的宽度用下面的形式定义：

```
[MSB : LSB]
```

方括号内左边的数字表示向量的最高有效位（Most Significant Bit，MSB），右边的数字表示最低有效位（Least Significant Bit，LSB）。例如：

```
wire[3:0]  bus;    //4 位的总线
reg[7:0] ra,rb;    //定义了两个 8 位寄存器，其中 ra[7]、rb[7]分别为最高有效位
reg[0:7] rc;       //rc[0]为最高有效位，rc[7]为最低有效位
```

2. 位选择和域选择

在表达式中可任意选中向量中的一位或相邻几位，分别称为位选择（bit-select）和域选择（part-select）。例如：

```
A=mybyte[6];              //将 mybyte 的第 6 位赋值给变量 A，位选择
```

```
    B=mybyte[5:2];              //将mybyte的第 5，4，3，2 位的值赋给变量 B，域选择
    reg[7:0] a,b; reg[3:0] c; reg d;
    d=a[7]&b[7];                //位选择
    c=a[7:4]+b[3:0];            //域选择
```

用位选择和域选择赋值时，应注意等号左右两端宽度要一致。例如：

```
    wire[7:0] out; wire[3:0] in;
    assign out[5:2]=in;         //out 向量的第 2 位到第 5 位与 in 向量相等
```

它等效于

```
    assign out[5]=in[3];
    assign out[4]=in[2];
    assign out[3]=in[1];
    assign out[2]=in[0];
```

还有一类向量是不支持位选择和域选择的，即向量类向量。向量可分为标量类向量和向量类向量两种。标量类向量支持位选择和域选择，在定义时用关键字 scalared 说明；向量类向量不支持位选择和域选择，只能作为一个统一的整体进行操作，在定义时用关键字 vectored 说明。例如：

```
    wire vectored [7:0]  databus;    //向量类向量
    reg scalared [31:0] rega;        //rega 为 32 位标量类向量
```

标量类向量的说明可以默认，如上面的例子可以书写为

```
    reg[31:0] rega;
```

凡没有注明 vectored 关键字的向量都认为是标量类向量，可以对其进行位选择和域选择。

3. 存储器

在数字系统设计中，经常用到存储器（Memory）。存储器可看作二维的向量，或是由一组寄存器构成的阵列，若干相同宽度的寄存器向量构成的阵列（Array）即构成一个存储器。

用 Verilog 定义存储器时，需定义存储器的容量和字长，容量表示存储器存储单元的数量，字长则是每个存储单元的数据宽度。例如：

```
    reg[7:0] mymem[63:0];
```

上面的声明语句定义了一个 64 个单元（容量）、每个单元宽度（字长）为 8 位的存储器，该存储器的名字是 mymem，可将其看作由 64 个 8 位寄存器构成的阵列。再如：

```
    reg[3:0] amem[63:0];            //amem 是容量为 64、字长 4 位的存储器
    reg bmem[5:1];                  //bmem 是容量为 5、字长 1 位的存储器
```

也可用 parameter 参数定义存储器的尺寸，例如：

```
    parameter WIDTH=8,MEMSIZE=1024;
    reg[WIDTH-1:0] mymem[MEMSIZE-1:0];
        //定义了一个宽度为 8 bit、容量为 1024 个存储单元的存储器
```

对存储器赋值时要注意的是，只能对存储器的某一单元整体赋值。例如：

```
    reg[7:0] mymem[63:0];    //存储器定义
    mymem[8]=8'b10001001;    //mymem 存储器的第 8 个单元被赋值为二进制数 10001001
    mymem[25]=65;            //mymem 存储器的第 25 个单元被赋值为十进制数 65
```

在 Verilog-1995 中不允许直接对存储器进行位选择和域选择，只能首先将存储器的值

赋给寄存器，然后对寄存器进行位选择和域选择。在 Verilog-2001 标准中，已经允许直接对存储器进行位选择和域选择，并扩展了多维矩阵存储器，具体可见 6.8 节的内容。

为存储器赋值的另一种方法是使用系统任务（仅限于电路仿真中使用）：

```
$readmemb（从文件中读取二进制数据到存储器中）
$readmemh（从文件中读取十六进制数据到存储器中）
```

这两个系统任务从指定的文本文件中读取数据并加载到存储器，文本文件必须包含相应的二进制数或者十六进制数，其使用方法参见 11.1 节相关内容。

在 Verilog 设计中，需要注意寄存器和存储器的区别。如下面的声明语句：

```
reg[1:8] rega;           //定义了一个 8 位的寄存器
reg mema[1:8];           //定义了一个字长为 1、容量为 8 的存储器
```

但在赋值时，两者有区别，所表示的意义也不同：

```
rega[2]=1'b1;            //对寄存器 rega 的第 2 位赋值 1，合法
mema[2]=1'b1;            //对存储器 mema 的第 2 个单元赋值 1，合法
rega=8'b01011000;        //对寄存器 rega 整体赋值，合法
mema=8'b01011000;        //非法，不允许对存储器的多个或者所有单元一次性赋值
```

在实际设计中，如果需要用到存储器，更多的是采用设计软件提供的存储器宏功能模块去实现；在综合时，设计软件（如 Quartus Prime）一般自动采用 FPGA 器件中的嵌入式存储器块去物理实现。

5.6 运 算 符

Verilog 语言提供了丰富的运算符，按功能划分，包括算术运算符、逻辑运算符、关系运算符、等式运算符、缩减运算符、条件运算符、位运算符、移位运算符和位拼接运算符等 9 类；如果按运算符所带操作数的个数来划分，可分为三类：

- 单目运算符（Unary Operator）：运算符只带一个操作数。
- 双目运算符（Binary Operator）：运算符可带两个操作数。
- 三目运算符（Ternary Operator）：运算符可带三个操作数。

下面按功能的不同分别介绍这些运算符。

1. 算术运算符（Arithmetic Operator）

常用的算术运算符包括：
- ＋　　　　　　加
- －　　　　　　减
- *　　　　　　乘
- /　　　　　　除
- %　　　　　　求模

以上算术运算符都属于双目运算符。符号"+、−、*、/"分别表示常用的加、减、乘、除四则运算，"%"是求模运算符，或称为求余运算符，如 9%3 的值为 0，9%4 的值为 1，9%5 的值则为 4。

2. 逻辑运算符（Logical Operator）

- &&　　　　　　逻辑与

- ||　　　　　　逻辑或
- !　　　　　　逻辑非

例如，A 的非表示为!A；A 和 B 的与表示为 A&&B；A 和 B 的或表示为 A||B。

在逻辑运算符的运算中，若操作数是一位的，则逻辑运算的真值表如表 5.4 所示。

表 5.4　逻辑运算符的真值表

a	b	a&&b	a‖b	!a	!b
1	1	1	1	0	0
1	0	0	1	0	1
0	1	0	1	1	0
0	0	0	0	1	1

若操作数不止一位，则应将操作数作为一个整体来对待，若操作数全是 0，则相当于逻辑 0，但只要某一位是 1，则操作数就应该整体看作逻辑 1。

逻辑运算符的操作结果是 1 位的，要么为逻辑 1，要么为逻辑 0。

例如：若 A=4'b0000，B=4'b0101，C=4'b0011，D=4'b0000，则有

```
!A=1; !B=0; A&&B=0; B&&C=1; A&&C=0; A&&D=0;
A||B=1; B||C=1; A||C=1; A||D=0。
```

3. 位运算符（Bitwise Operator）

位运算，即将两个操作数按对应位分别进行逻辑运算。位运算符包括

- ~　　　　　　按位取反
- &　　　　　　按位与
- |　　　　　　按位或
- ^　　　　　　按位异或
- ^~,~^　　　　按位同或（符号^~与~^是等价的）

按位与、按位或、按位异或的真值表如表 5.5 所示。

表 5.5　按位与、按位或、按位异或的真值表

&	0	1	x	|	0	1	x	^	0	1	x
0	0	0	0	0	0	1	x	0	0	1	x
1	0	1	x	1	1	1	1	1	1	0	x
x	0	x	x	x	x	1	x	x	x	x	x

例如，若 A=5'b11001，B=5'b10101，则有

```
~A=5'b00110; A&B=5'b10001; A|B=5'b11101; A^B=5'b01100;
```

需要注意的是，两个不同长度的数据进行位运算时，会自动将两个操作数按右端对齐，位数少的操作数会在高位用 0 补齐。

4. 关系运算符（Relational Operator）

- <　　　　　　小于
- <=　　　　　小于或等于
- >　　　　　　大于

- >=   大于或等于

注：其中，"<="操作符也用于表示信号的一种赋值操作。

在进行关系运算时，若声明的关系是假，则返回值是 0；若声明的关系是真，则返回值是 1；若某个操作数的值不定，则关系的结果是模糊的，返回值是不定值。

5. 等式运算符（Equality Operator）

等式运算符有 4 种，分别为

- ==   等于
- !=   不等于
- ===   全等
- !==   不全等

这 4 种运算符都是双目运算符，得到的结果是 1 位的逻辑值。得到 1，说明声明的关系为真；得到 0，说明声明的关系为假。

相等运算符（==）和全等运算符（===）的区别是：参与比较的两个操作数必须逐位相等，其相等比较的结果才为 1，如果某些位是不定态或高阻值，其相等比较得到的结果是不定值；而全等比较（===）则是对这些不定态或高阻值的位也进行比较，两个操作数必须完全一致，其结果才是 1，否则结果是 0。

相等运算符（==）和全等运算符（===）的真值表如表 5.6 所示。

表 5.6 相等运算符（==）和全等运算符（===）的真值表

==	0	1	x	z	===	0	1	x	z
0	1	0	x	x	0	1	0	0	0
1	0	1	x	x	1	0	1	0	0
x	x	x	x	x	X	0	0	1	0
z	x	x	x	x	Z	0	0	0	1

例如，若寄存器变量 a=5'b11x01，b=5'b11x01，则"a==b"得到的结果为不定值 x，而"a===b"得到的结果为 1。

6. 缩减运算符（Reduction Operator）

缩减运算符是单目运算符，它包括下面几种：

- &   与
- ~&   与非
- | 或
- ~| 或非
- ^   异或
- ^~,~^   同或

缩减运算符与位运算符的逻辑运算法则一样，但缩减运算是对单个操作数进行与、或、非递推运算的，它放在操作数的前面。缩减运算符将一个矢量缩减为一个标量。例如：

```
reg[3:0] a;
b=&a;                        //等效于b=((a[0]&a[1])&a[2])&a[3];
```

再如，若 A=5'b11001，则有

```
&A=0;                        //只有 A 的各位都为 1 时，其与缩减运算的值才为 1
|A=1;                        //只有 A 的各位都为 0 时，其或缩减运算的值才为 0
~|A=0;
```

7. 移位运算符（Shift Operator）

- `>>`　　　　　右移
- `<<`　　　　　左移
- `>>>`　　　　算术右移
- `<<<`　　　　算术左移

Verilog-1995 的移位运算符只有左移和右移。其用法为

```
A>>n 或 A<<n
```

表示把操作数 A 右移或左移 n 位。该移位是逻辑移位，移出的位用 0 添补。

例如，若 A=5'b11001，则

```
A>>2 的值为 5'b00110;        //将 A 右移 2 位，用 0 添补移出的位
A<<2 的值为 5'b00100;        //将 A 左移 2 位，用 0 添补移出的位
```

Verilog-1995 中没有指数运算符。但是，移位操作符可用于支持部分指数操作。例如，若 A=8'b0000_0100，则二进制的 A^3 可以使用移位操作实现：

```
A<<3                         //执行后，A 的值变为: 8'b0010_0000
```

在 Verilog-2001 中增加了算术移位操作符 ">>>" 和 "<<<"，对于有符号数，执行算术移位操作时，将符号位填补移出的位，以保持数值的符号。例如，如果定义有符号二进制数 A = 8'sb10100011，那么执行逻辑右移和算术右移后的结果如下：

```
A>>3;                        //逻辑右移后其值为 8'b00010100
A>>>3;                       //算术右移后其值为 8'b11110100
```

8. 指数运算符**（Power Operator）

Verilog-2001 标准中增加了指数运算符 "**"，执行指数运算，一般使用更多的是底数为 2 的指数运算，如 2^n。例如：

```
parameter WIDTH=16;
parameter DEPTH=8;
reg[WIDTH-1:0] mem [0:(2**DEPTH)-1];
  //定义了一个位宽 16 位，2^8（256）个单元的存储器
```

9. 条件运算符（Conditional Operator）

```
?:
```

这是一个三目运算符，对三个操作数进行运算，其定义同 C 语言中的定义一样，方式如下：

```
signal=condition ? true_expression : false_expression;
信号=条件?表达式 1:表达式 2;
```

当条件成立时，信号取表达式 1 的值，反之取表达式 2 的值。

例如，对于 2 选 1 MUX，可用条件运算符描述为

```
out=sel ? in1 : in0;         //sel=1 时 out=in1; sel=0 时 out=in0
out=(sel==0)?in0:in1;        //与上句功能相同
```

10. 位拼接运算符（Concatenation Operator）

```
{ }
```

该运算符将两个或多个信号的某些位拼接起来。使用如下：

```
{信号 1 的某几位，信号 2 的某几位，......，信号 n 的某几位}
```

例如，在进行加法运算时，可将和与进位输出拼接在一起使用：

```
input[3:0] ina,inb; input cin;
output[3:0] sum; output cout;
assign {cout,sum}=ina+inb+cin;         //进位与和拼接在一起
```

位拼接可用来进行符号位扩展，例如：

```
wire[7:0] data;
wire[11:0] s_data;
s_data={{4{data[7]}},data};            //将 data 的符号位扩展
```

位拼接可以嵌套使用，还可以用复制法来简化书写，例如：

```
{3{a,b}}          //复制 3 次，等价于{{a,b},{a,b},{a,b}}或{a,b,a,b,a,b}
{2{3'b101}}       //复制 2 次，结果为 101101
```

位拼接可以用来进行移位操作，例如：

```
f = a*4 + a/8;
```

假如 a 的宽度是 8 位，则可以用位拼接符来进行移位操作实现上面的运算：

```
f = {a[5:0],2b'00} +{3b'000,a[7:3]};
```

11. 运算符的优先级

运算符的优先级（Precedence）如表 5.7 所示。不同的综合开发工具在执行这些优先级时可能有微小的差别，因此在书写程序时建议用括号来控制运算的优先级，这样能有效避免错误，同时增加程序的可读性。

表 5.7　运算符的优先级

类　别	运　算　符	优　先　级
单目运算符 （包括正负号，非逻辑运算符，缩减运算符）	+ - ! ~ & ~& | ~| ^ ~^ ^~	高优先级
指数运算符	**	
算术运算符	* / %	
	+ -	
移位运算符	<< >> <<< >>>	
关系运算符	< <= > >=	
等式运算符	== != === !==	
位运算符	&	
	^ ~^ ^~	
	|	
逻辑运算符	&&	
	||	
条件运算符	?:	低优先级
位拼接运算符	{} {{}}	

习　题　5

5.1　下列标识符哪些是合法的、哪些是错误的？

Cout, 8sum, \a*b, _data, \wait, initial, $latch

5.2　下列数字的表示是否正确？

6'd18, 'Bx0, 5'b0x110, 'da30, 10'd2, 'hzF

5.3　reg 型变量的初始值一般是什么？

5.4　定义如下变量和常量：

1）定义一个名为 count 的整数；

2）定义一个名为 ABUS 的 8 位 wire 总线；

3）定义一个名为 address 的 16 位 reg 型变量，并将该变量的值赋为十进制数 128；

4）定义参数 Delay_time，参数值为 8；

5）定义一个名为 DELAY 的时间变量；

6）定义一个容量为 128 位、字长为 32 位的存储器 MYMEM。

5.5　在 Verilog 的运算符中，哪些运算符的运算结果是一位的？

5.6　能否对存储器进行位选择和域选择？

第 6 章 Verilog 语句语法

Verilog HDL 支持许多行为语句，使其成为结构化和行为性的语言，这些行为语句包括过程语句、块语句、赋值语句、条件语句、循环语句、编译指示语句等，如表 6.1 所示。

表 6.1 Verilog 的行为语句

类 别	语 句	可 综 合 性
过程语句	initial	
	always	√
块语句	串行块 begin-end	√
	并行块 fork-join	
赋值语句	持续赋值 assign	√
	过程赋值=、<=	√
条件语句	if-else	√
	case	√
循环语句	for	√
	repeat	
	while	
	forever	
编译指示语句	`define	√
	`include	
	`ifdef、`else、`endif	√

几乎所有的 HDL 语句都可用于仿真，但可综合的语句通常只是 HDL 语句的一个核心子集，不同综合器支持的 HDL 语句集通常有所不同。学习行为语句时，应对语句的可综合性有所了解。目前，可综合的 Verilog 子集也在向标准化发展，已经推出的 IEEE Std 1364[1].1-2002 标准为 Verilog 语言的 RTL 级综合定义了一系列的建模准则。

编写 HDL 程序，就是在描述一个电路，每一段程序都对应着相应的硬件电路结构，应深入理解两者的关系。综合器可将 HDL 文本对应的硬件电路以图形呈现出来，便于学习者建立 HDL 程序与硬件电路之间的对应关系。

6.1 过 程 语 句

Verilog 中的多数过程模块都属于以下两种过程语句：

- initial
- always

在一个模块（module）中，使用 initial 和 always 语句的次数是不受限制的。initial 语句常用于仿真中的初始化，initial 过程块中的语句只执行一次；always 块内的语句则是不断重复执行的。always 过程语句是可综合的，在可综合的电路设计中广泛采用。

6.1.1　always 过程语句

always 过程语句使用模板如下：

```
always @(<敏感信号列表 sensitivity list>)
begin
    //过程赋值
    //if-else, case, casex, casez 选择语句
    //while, repeat, for 循环
    //task, function 调用
end
```

always 过程语句通常带有触发条件，触发条件写在敏感信号表达式中，仅当触发条件满足时，其后的 begin-end 块语句才能被执行。因此，此处首先讨论敏感信号列表"sensitivity list"的含义以及如何写敏感信号表达式。

1.　敏感信号列表（sensitivity list）

敏感信号列表又称为事件表达式或敏感信号表达式，当该列表中变量的值改变时，会引发块内语句的执行。因此，敏感信号列表中应列出影响块内取值的所有信号。有两个或两个以上信号时，它们之间用"or"连接。例如：

```
@(a)                            //当信号 a 的值发生改变
@(a or b)                       //当信号 a 或信号 b 的值发生改变
@(posedge clock)                //当 clock 的上升沿到来时
@(negedge clock)                //当 clock 的下降沿到来时
@(posedge clk or negedge reset) //当 clk 的上升沿或 reset 信号的下降沿到来时
```

如例 6.1 中用 case 语句描述的 4 选 1 数据选择器，只要输入信号 in0、in1、in2、in3，或选择信号 sel 中的任一个发生改变，输出就会改变，所以，敏感信号列表写为

```
@ (in0 or in1 or in2 or in3 or sel)
```

【例 6.1】　用 case 语句描述的 4 选 1 数据选择器。

```
module mux4_1(
        input in0,in1,in2,in3,
        input[1:0] sel, output reg out);
always @(in0 or in1 or in2 or in3 or sel)        //敏感信号列表
    case(sel)
    2'b00:  out=in0;
    2'b01:  out=in1;
    2'b10:  out=in2;
    2'b11:  out=in3;
    default:out=2'bx;
    endcase
endmodule
```

敏感信号分为两种：边沿敏感型和电平敏感型。每个 always 过程最好只由一种类型的敏感信号来触发，避免将边沿敏感型和电平敏感型信号列在一起。例如下面的例子：

```
always @(posedge clk or posedge clr)
    //两个敏感信号都是边沿敏感型的
always @(A or B)
```

```
                //两个敏感信号都是电平敏感型的
always @ (posedge clk or clr)
                //不建议这样用，不宜将边沿敏感型和电平敏感型信号列在一起
```

2. posedge 与 negedge 关键字

对于时序电路，事件通常是由时钟边沿触发的。为表达边沿这个概念，Verilog HDL 提供了 posedge 和 negedge 两个关键字来描述。

【例 6.2】　同步置数、同步清零的计数器。

```
module count(                      //模块声明采用 Verilog-2001 格式
        input load,clk,reset,
        input[7:0] data,
        output reg[7:0] out);
always @ (posedge clk)             //clk 上升沿触发
    begin
      if(!reset)     out<=8'h00;   //同步清零，低电平有效
      else if(load)  out<=data;    //同步预置
      else           out<=out+1;   //计数
    end
endmodule
```

在上面的例子中，posedge clk 表示将时钟信号 clk 的上升沿作为触发条件，而 negedge clk 表示将时钟信号 clk 的下降沿作为触发条件。

在例 6.2 中，没有将 load、reset 信号列入敏感信号列表，因此属于同步置数、同步清零，这两个信号要起作用，必须有时钟的上升沿到来。对于异步的清零/置数，如时钟信号为 clk，clr 为异步清零信号，则敏感信号列表应写为

```
always @(posedge clk or posedge clr)
                //clr 信号上升沿到来时清零，故高电平清零有效
always @(posedge clk or negedge clr)
                //clr 信号下降沿到来时清零，故低电平清零有效
```

若有其他异步控制信号，可按此方式加入。

注：块内的逻辑描述要与敏感信号列表中信号的有效电平一致。

例如，下面的描述是错误的：

```
always @(posedge clk or negedge clr)          //低电平清零有效
begin
    if(clr) out<=0;    //与敏感信号列表中低电平清零有效矛盾，应改为 if(!clr)
    else out<=in;
end
```

3. Verilog-2001 标准对敏感信号列表新的规定

Verilog-2001 标准对敏感信号列表做了新的规定。

1）敏感信号列表中可用逗号分隔敏感信号

在 Verilog-2001 中，可用逗号分隔敏感信号，例如：

```
always @(a or b or cin)
always @(posedge clk or negedge clr)
```

上面的语句按照 Verilog-2001 标准可写为下面的形式：

```
always @(a,b,cin)                        //用逗号分隔信号
always @(posedge clk,negedge clr)
```

2）在敏感信号列表中使用通配符"*"

用 always 过程块描述组合逻辑时，应在敏感信号列表中列出所有的输入信号，在 Verilog-2001 中，可用通配符"*"来表示包括该过程块中的所有信号变量。

例如，在 Verilog-1995 中，一般这样写敏感信号列表：

```
always @(a or b or cin)
    {cout,sum}=a+b+cin;
```

上面的敏感信号列表在 Verilog-2001 中可表示为下面两种形式，这两种形式是等价的。

```
always @*                        //形式 1
    {cout,sum}=a+b+cin;
always @(*)                      //形式 2
    {cout,sum}=a+b+cin;
```

4. 用 always 过程块实现较复杂的组合逻辑电路

always 过程语句通常用来对寄存器类型的数据进行赋值，但 always 过程语句也可以用来设计组合逻辑。在有些情况下，使用 assign 实现组合逻辑电路会显得冗长且效率低下，而适当采用 always 过程语句来实现，能收到更好的效果。

例 6.3 是一个指令译码电路的例子，该例通过指令判断对输入数据执行相应的操作，包括加、减、求与、求或、求反，这是一个较为复杂的组合逻辑电路，如果采用 assign 语句描述，表达起来非常复杂。在本例中使用了电平敏感的 always 块，并采用 case 结构来进行分支判断，不但设计思想得到直观体现，而且代码看起来整齐有序。

【例 6.3】　用 always 过程语句描述的简单算术逻辑单元。

```
`define add      3'd0
`define minus    3'd1
`define band     3'd2
`define bor      3'd3
`define bnot     3'd4
module alu(
    input[2:0] opcode,          //操作码
    input[7:0] a,b,             //操作数
    output reg[7:0] out);
always@*                        //或写为 always@(*)
begin   case(opcode)
    `add:   out=a+b;            //加操作
    `minus: out=a-b;            //减操作
    `band:  out=a&b;            //按位与
    `bor:   out=a|b;            //按位或
    `bnot:  out=~a;             //按位取反
    default:out=8'hx;           //未收到指令时，输出任意态
    endcase
end
endmodule
```

6.1.2　initial 过程语句

initial 语句的使用格式如下：

```
initial
  begin
      语句1;
      语句2;
      …
  end
```

initial 语句不带触发条件，initial 过程中的块语句沿时间轴只执行一次。initial 语句通常用于仿真模块中对激励向量的描述，或用于给寄存器变量赋初值，它是面向模拟仿真的过程语句，通常不能被逻辑综合工具支持。

下面举例说明 initial 语句的使用方法。如例 6.4 的测试模块中利用 initial 语句完成对测试变量 a、b、c 的赋值。

【例 6.4】　用 initial 过程语句对测试变量赋值。

```
`timescale 1ns/1ns
module test;
reg a,b,c;
initial  begin   a=0;b=1;c=0;
           #50  a=1;b=0;
           #50  a=0;c=1;
           #50  b=1;
           #50  b=0;c=0;
           #50 $finish;  end
endmodule
```

例 6.4 对 a、b、c 的赋值相当于定义了如图 6.1 所示的波形。

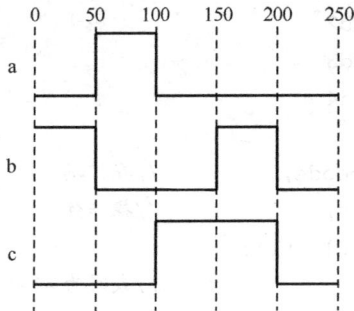

图 6.1　例 6.4 所定义的波形

下面的代码用 initial 语句对 memory 存储器进行初始化，将其所有存储单元的初始值都置为 0。

```
initial
  begin
    for(addr=0;addr<size;addr=addr+1)
    memory[addr]=0;                          //对memory存储器进行初始化
  end
```

6.2　块　语　句

块语句是由块标识符 begin-end 或 fork-join 界定的一组语句,当块语句只包含一条语句时,块标识符可以缺省。下面分别介绍串行块 begin-end 和并行块 fork-join。

6.2.1　串行块 begin-end

begin-end 串行块中的语句按串行方式顺序执行,例如:

```
begin
  regb=rega;
  regc=regb;
end
```

begin-end 块内的语句顺序执行,最后将 regb、regc 的值都更新为 rega 的值,该 begin-end 块执行完后,regb、regc 的值是相同的。

在仿真时,begin-end 块中的每条语句前面的延时都是相对于前一条语句执行结束的相对时间。例如,例 6.5 模块产生一段周期为 10 个时间单位的信号波形。

【例 6.5】　用 begin-end 串行块产生信号波形。

```
`timescale 10ns/1ns
module wave1;
parameter CYCLE=10;
reg wave;
initial
  begin              wave=0;
    #(CYCLE/2)       wave=1;
    #(CYCLE/2)       wave=0;
    #(CYCLE/2)       wave=1;
    #(CYCLE/2)       wave=0;
    #(CYCLE/2)       wave=1;
    #(CYCLE/2)       $stop;
end
initial $monitor($time,,,"wave=%b",wave);
endmodule
```

上面的程序用 ModelSim 编译仿真后,可得到一段周期为 10 个时间单位（100 ns）的信号波形,如图 6.2 所示。

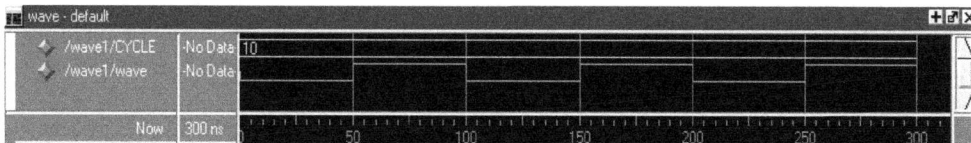

图 6.2　例 6.5 所描述的波形

6.2.2　并行块 fork-join

并行块 fork-join 中的所有语句都是并发执行的,例如:

```
fork
  regb=rega;
  regc=regb;
join
```

由于 fork-join 并行块中的语句是同时执行的，在上面的块语句执行完后，regb 更新为 rega 的值，而 regc 的值更新为改变之前的 regb 的值，故执行后，regb 与 regc 的值不同。

在仿真时，fork-join 并行块中的每条语句前面的延时都是相对于该并行块的起始执行时间的。如要用 fork-join 并行块产生一段与例 6.5 相同的信号波形，应该像例 6.6 这样标注延时。

【例 6.6】 用 fork-join 并行块产生信号波形。

```
`timescale 10ns/1ns
module wave2;
parameter CYCLE=5;
reg wave;
initial
  fork            wave=0;
    #(CYCLE)      wave=1;
    #(2*CYCLE)    wave=0;
    #(3*CYCLE)    wave=1;
    #(4*CYCLE)    wave=0;
    #(5*CYCLE)    wave=1;
    #(6*CYCLE)    $stop;
  join
initial $monitor($time,,,"wave=%b",wave);
endmodule
```

上面的程序用 ModelSim 编译仿真后，可得到与图 6.3 相同的信号波形。将例 6.5 和例 6.6 进行对比，可体会 begin-end 串行块和 fork-join 并行块的区别。

6.3 赋值语句

6.3.1 持续赋值与过程赋值

Verilog 有持续赋值与过程赋值两种赋值方式。

1. 持续赋值语句（Continuous Assignment）

assign 为持续赋值语句，主要用于对 wire 型变量的赋值，例如：

```
assign c=a&b;
```

在上面的赋值中，a、b、c 皆为 wire 型变量，a 和 b 信号的任何变化，都将随时反映到 c 上来。例 6.7 是用持续赋值方式定义的 2 选 1 多路选择器。

【例 6.7】 持续赋值方式定义的 2 选 1 多路选择器。

```
module mux2_1(              //模块声明采用 Verilog-2001 格式
            input a,b,sel,
            output out);
```

```
assign out=(sel==0)?a:b;        //持续赋值，如果 sel 为 0，则 out=a；否则 out=b
endmodule
```

例 6.8 采用 assign 语句描述了一个基本 RS 触发器，图 6.3 是其综合结果。

【**例 6.8**】　基本 RS 触发器。

```
module rs_ff(
        input r,s,
        output q,qn);
assign qn=~(r & q);
assign  q=~(s & qn);
endmodule
```

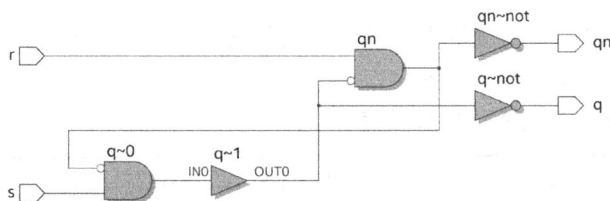

图 6.3　基本 RS 触发器综合结果

例 6.9 采用持续赋值语句实现了对 8 位带符号二进制数的求补码运算，采用的是按位取反再加 1 的实现方法。

【**例 6.9**】　用持续赋值语句实现对 8 位带符号二进制数的求补码运算。

```
module buma(
        input[7:0] ain,         //8 位二进制数
        output[7:0] yout);      //补码输出信号
assign yout=~ain+1;             //求补
endmodule
```

2. 过程赋值语句（Procedural Assignment）

过程赋值语句多用于对 reg 型变量进行赋值。过程赋值有阻塞赋值和非阻塞赋值两种方式。

1）非阻塞（non_blocking）赋值方式：赋值符号为 "<="，例如：

```
b<=a;
```

非阻塞赋值在整个过程块结束时才完成赋值操作，即 b 的值并不是立刻改变的。

2）阻塞（blocking）赋值方式：赋值符号为 "="，例如：

```
b=a;
```

阻塞赋值在该语句结束时就立即完成赋值操作，即 b 的值在该条语句结束后立刻改变。如果一个块语句中有多条阻塞赋值语句，那么在前面的赋值语句完成之前，后面的语句不能被执行，仿佛被阻塞了（blocking），因此称为阻塞赋值方式。例 6.10 是用阻塞赋值方式定义的 2 选 1 多路选择器。

【例 6.10】　　阻塞赋值方式定义的 2 选 1 多路选择器。

```
module mux2_1_block(
        input a,b,sel,
        output reg out);
always @*
  begin  if(sel==0) out=a;
         else out=b;  end
endmodule
```

6.3.2　阻塞赋值与非阻塞赋值

阻塞赋值方式和非阻塞赋值方式的区别常给设计人员带来问题。为弄清非阻塞赋值与阻塞赋值的区别，我们给出例 6.11。

【例 6.11】　　非阻塞赋值与阻塞赋值。

```
//非阻塞赋值模块
module non_block(
        input clk,a,
        output reg c,b);
always @(posedge clk)
  begin
    b<=a;
    c<=b;
  end
endmodule
```

```
//阻塞赋值模块
module block(
        input clk,a,
        output reg c,b);
always @(posedge clk)
  begin
    b=a;
    c=b;
  end
endmodule
```

将上面两段代码进行综合和仿真，所得波形分别如图 6.4（非阻塞赋值波形图）和图 6.5（阻塞赋值波形图）所示。

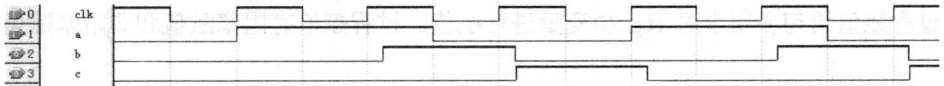

图 6.4　非阻塞赋值的时序仿真波形图

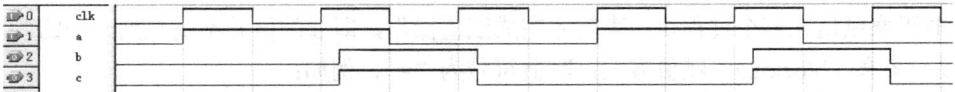

图 6.5　阻塞赋值的时序仿真波形图

从图中可看出二者的区别：对于非阻塞赋值，c 的值落后 b 的值一个时钟周期，这是因为该 always 块中两条语句是同时执行的，每次执行完后，b 的值得到更新，而 c 的值仍是上一时钟周期的 b 值。对于阻塞赋值，c 的值和 b 的值相同，因为 b 的值是立即更新的，更新后赋给 c，因此 c 与 b 的值相同。

综合后的电路分别如图 6.6 和图 6.7 所示。

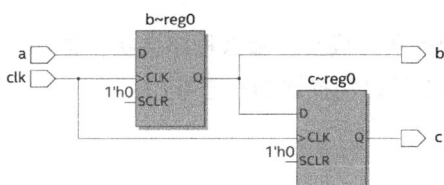

图 6.6　非阻塞赋值综合结果　　　　　　　　图 6.7　阻塞赋值综合结果

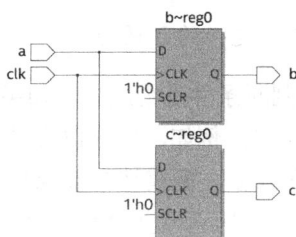

通过上面的讨论我们可以认为，在 always 过程块中，阻塞赋值可以理解为赋值语句是顺序执行的，非阻塞赋值可以理解为赋值语句是并发执行的。为避免出错，在同一块内，最好不要将输出再作为输入使用。为使阻塞赋值方式完成与上述非阻塞赋值同样的功能，可采用两个 always 块来实现，如下所示，其中，两个 always 过程块是并发执行的。

```
module non_block(input clk,a,
                 output reg c,b);
always @(posedge clk)
  begin b=a; end
always @(posedge clk)
  begin c=b; end
endmodule
```

阻塞赋值与非阻塞赋值是学习 Verilog 语言的难点之一，这两种赋值方式将在后面进一步讨论。

6.4　条件语句

条件语句有 if-else 语句和 case 语句两种，都属于顺序语句，应放在 always 块内。下面分别介绍这两种语句。

6.4.1　if-else 语句

if 语句的格式与 C 语言中的 if-else 语句的格式类似，使用方法有以下几种：

```
（1）if（表达式）        语句 1;          //非完整性 if 语句
（2）if（表达式）        语句 1;          //二重选择的 if 语句
    else               语句 2;
（3）if（表达式 1）      语句 1;          //多重选择的 if 语句
    else if（表达式 2）  语句 2;
    else if（表达式 3）  语句 3;
    …
    else if（表达式 n）  语句 n;
    else          语句 n+1;
```

在上述方式中，表达式一般为逻辑表达式或关系表达式，也可能是 1 位的变量。系统对表达式的值进行判断，若为 0、x、z，则按"假"处理；若为 1，则按"真"处理，执行指定语句。语句可以是单句，也可以是多句，多句时用 begin-end 块语句括起来。if 语句也可以多重嵌套，对于 if 语句的嵌套，若不清楚 if 和 else 的匹配，最好用 begin-end 语句括起来。

下面举例说明 if 语句常用的几种使用方法。

1. 二重选择的 if 语句

首先判断条件是否成立，如果 if 语句中的条件成立，那么程序会执行语句 1，否则程序执行语句 2。例如，例 6.12 是用两重选择的 if 语句描述的三态非门。

【例 6.12】　　两重选择 if 语句描述的三态非门。

```
module tri_not(input x,oe,
                output reg y);
always @(x,oe)
  begin if(!oe)      y<=~x;
        else         y<=1'bZ;
  end
endmodule
```

2. 多重选择的 if 语句

例 6.13 用多重选择 if 语句描述了一个 1 位二进制数比较器。

【例 6.13】　　比较两个 1 位二进制数大小。

```
module compare(input a,b,
                output reg less,equ,larg);
always @(a,b)
  begin if(a>b) begin larg<=1'b1;equ<=1'b0;less<=1'b0;end
    else if(a==b) begin equ<=1'b1;larg<=1'b0;less<=1'b0;end
    else begin less<=1'b1;larg<=1'b0;equ<=1'b0;end
  end
endmodule
```

3. 多重嵌套的 if 语句

if 语句可以嵌套，多用于描述具有复杂控制功能的逻辑电路。
多重嵌套的 if 语句的格式如下：

```
if（条件 1）  语句 1；
if（条件 2）  语句 2；
    ...
```

例 6.14 是用多重嵌套的 if 语句实现的模为 60 的 8421BCD 码加法计数器。

【例 6.14】　　模为 60 的 8421BCD 码加法计数器。

```
module count60(                      //模块声明采用 Verilog-2001 格式
        input load,clk,reset,
        input[7:0] data,
        output reg[7:0] qout,
        output cout);
always @(posedge clk)                //时钟上升沿时计数
  begin
    if(reset)        qout<=0;        //同步复位
    else if(load)    qout<=data;     //同步置数
    else  begin
        if(qout[3:0]==9)             //低位是否为 9
```

```
            begin qout[3:0]<=0;                       //回 0
            if (qout[7:4]==5)  qout[7:4]<=0;          //判断高位是否为 5，是的话回 0
            else qout[7:4]<=qout[7:4]+1;              //高位不为 5，则加 1
            end
        else qout[3:0]<=qout[3:0]+1;                  //低位不为 9，则加 1
        end
    end
assign cout=(qout==8'h59)?1:0;                        //产生进位输出信号
endmodule
```

6.4.2　case 语句

相对 if 语句只有两个分支而言，case 语句是一种多分支语句，故 case 语句多用于多条件译码电路，如描述译码器、数据选择器、状态机及微处理器的指令译码等。case 语句有 case、casez、casex 三种表示方式，这里分别说明。

1. case 语句

case 语句的使用格式如下：

```
case （敏感表达式）
    值1: 语句1;                        //case 分支项
    值2: 语句2;
        ⋮
    值n: 语句n;
    default: 语句 n+1;
endcase
```

当敏感表达式的值为 1 时，执行语句 1；值为 2 时，执行语句 2；依次类推；若敏感表达式的值与上面列出的值都不相符，则执行 default 后面的语句 n+1。若前面已列出了敏感表达式所有可能的取值，则 default 语句可以省略。

例 6.15 是一个用 case 语句描述的 3 人表决电路，其综合结果见图 6.8。

【例 6.15】　用 case 语句描述的 3 人表决电路。

```
module vote3(                              //模块声明采用 Verilog-2001 格式
        input a,b,c,
        output reg pass);
always @(a,b,c)
  begin
    case({a,b,c})                          //用 case 语句进行译码
    3'b000,3'b001,3'b010,3'b100: pass=1'b0;    //表决不通过
    3'b011,3'b101,3'b110,3'b111: pass=1'b1;    //表决通过
                                           //注意多个选项间用逗号","连接
    default: pass=1'b0;
    endcase
  end
endmodule
```

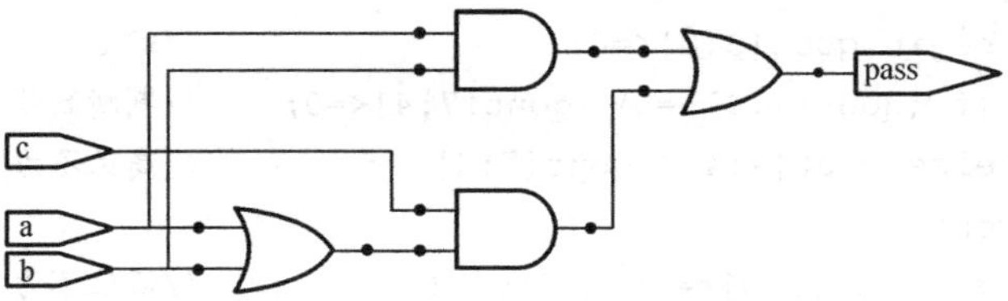

图 6.8　3 人表决电路综合结果

下面的例子是用 case 语句编写的 BCD 码-7 段数码管译码电路，实现 4 位 8421BCD 码到 7 段数码管显示译码的功能。7 段数码管实际上是由 7 个长条形的发光二极管组成的（一般用 a、b、c、d、e、f、g 分别表示 7 个发光二极管），多用于显示字母、数字，图 6.9 是 7 段数码管的结构与共阴极、共阳极两种连接方式的示意图。假定采用共阴极连接方式，用 7 段数码管显示 0~9 十个数字，则相应的译码电路的 Verilog 描述如例 6.16 所示。

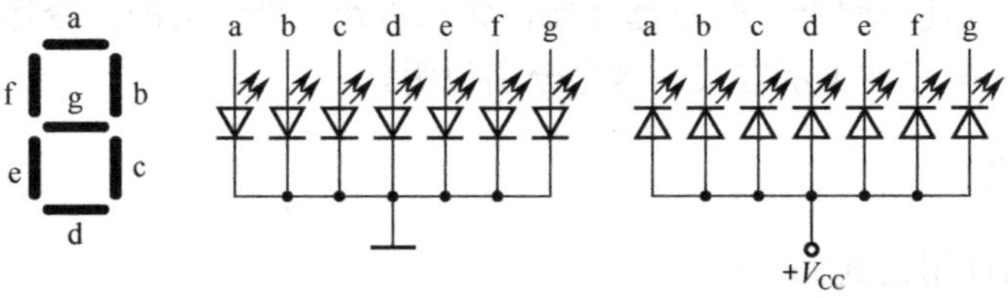

（a）7段数码管结构　　　（b）共阴极连接　　　（c）共阳极连接

图 6.9　7 段数码管

【例 6.16】　BCD 码-7 段数码管译码器。

```verilog
module decode4_7(
        input D3,D2,D1,D0,                      //输入的 4 位 BCD 码
        output reg a,b,c,d,e,f,g);
always @*                                       //使用通配符
  begin
    case({D3,D2,D1,D0})                         //用 case 语句进行译码
    4'd0:{a,b,c,d,e,f,g}=7'b1111110;            //显示 0
    4'd1:{a,b,c,d,e,f,g}=7'b0110000;            //显示 1
    4'd2:{a,b,c,d,e,f,g}=7'b1101101;            //显示 2
    4'd3:{a,b,c,d,e,f,g}=7'b1111001;            //显示 3
    4'd4:{a,b,c,d,e,f,g}=7'b0110011;            //显示 4
    4'd5:{a,b,c,d,e,f,g}=7'b1011011;            //显示 5
    4'd6:{a,b,c,d,e,f,g}=7'b1011111;            //显示 6
    4'd7:{a,b,c,d,e,f,g}=7'b1110000;            //显示 7
    4'd8:{a,b,c,d,e,f,g}=7'b1111111;            //显示 8
    4'd9:{a,b,c,d,e,f,g}=7'b1111011;            //显示 9
    default:{a,b,c,d,e,f,g}=7'b1111110;         //其他均显示 0
    endcase
  end
endmodule
```

例 6.17 是用 case 语句描述的 JK 触发器。

【例 6.17】　用 case 语句描述下降沿触发的 JK 触发器。

```verilog
module jk_ff(
```

```
            input clk,j,k,
            output reg q);
    always @(negedge clk)
      begin
        case({j,k})
        2'b00: q<=q;                    //保持
        2'b01: q<=1'b0;                 //置 0
        2'b10: q<=1'b1;                 //置 1
        2'b11: q<=~q;                   //翻转
        endcase
      end
    endmodule
```

从例 6.17 可以看出，用 case 语句描述实际上就是将模块的真值表描述出来，如果已知模块的真值表，不妨用 case 语句对其进行描述，该例的 RTL 综合结果如图 6.10 所示，是用 D 触发器和数据选择器 MUX 构成的。

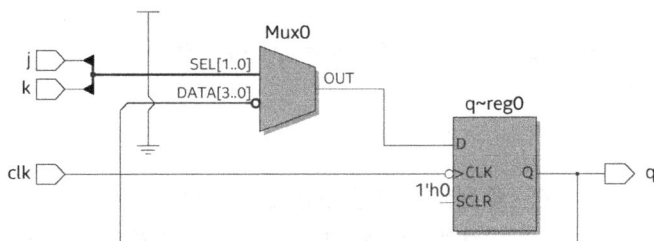

图 6.10　JK 触发器的综合结果

2. casez 与 casex 语句

在 case 语句中，敏感表达式与值 $1 \sim n$ 的比较是一种全等比较，必须保证两者的对应位全等。casez 与 casex 语句是 case 语句的两种变体，在 casez 语句中，如果分支表达式某些位的值为高阻 z，那么对这些位的比较就不予考虑，因此只需关注其他位的比较结果。而在 casex 语句中，则把这种处理方式进一步扩展到对 x 的处理。即如果比较的双方有一方的某些位的值是 x 或 z，那么这些位的比较就都不予考虑。

表 6.2 给出了 case、casez 和 casex 在进行比较时的规则。

表 6.2　case、casez 和 casex 语句的比较规则

case	0	1	x	z	casez	0	1	x	z	casex	0	1	x	z
0	1	0	0	0	0	1	0	0	1	0	1	0	1	1
1	0	1	0	0	1	0	1	0	1	1	0	1	1	1
x	0	0	1	0	x	0	0	1	1	x	1	1	1	1
z	0	0	0	1	z	1	1	1	1	z	1	1	1	1

此外，还有另一种标识 x 或 z 的方式，即用表示无关值的符号"？"来表示。例如：

```
case(a)
2'b1x:out=1;              //只有 a=1x，才有 out=1
casez(a)
```

```
2'b1x:out=1;           //如果 a=1x、1z，有 out=1
casex(a)
2'b1x:out=1;           //如果 a=10、11、1x、1z 等，有 out=1
casez(a)
3'b1??:out=1;          //如果 a=100、101、110、111 或 1xx、1zz 等，有 out=1
3'b01?:out=1;          //如果 a=010、011、01x、01z，有 out=1
```

下例是一个采用 casez 语句以及符号"？"描述的数据选择器的例子。

【例 6.18】　用 casez 语句描述数据选择器。

```
module mux_casez(
        input a,b,c,d, input[3:0] select,
        output reg out);
always @*
begin
    casez(select)
    4'b???1:out=a;
    4'b??1?:out=b;
    4'b?1??:out=c;
    4'b1???:out=d;         //不需再加 default 语句
    endcase
end
endmodule
```

在使用条件语句时，应注意列出所有条件分支，否则，编译器认为条件不满足时，会引进一个触发器保持原值。在设计组合电路时，应避免这种隐含触发器的存在。当然，在很多情况下，不可能列出所有分支，因为每一变量至少有 4 种取值：0、1、z、x。为了包含所有分支，可在 if 语句最后加上 else；在 case 语句的最后加上 default 语句。

例 6.19 是一个隐含锁存器的例子。

【例 6.19】　隐含锁存器举例。

```
module buried_ff(
        input b,a,
        output reg c);
always @(a or b)
    begin
        if((b==1)&&(a==1))  c=a&b;
    end
endmodule
```

设计者原意是设计一个 2 输入与门，但由于 if 语句中无 else 语句，在综合时会默认 else 语句为"c=c;"，因此会形成一个隐含锁存器。例 6.19 的综合结果如图 6.11 所示。

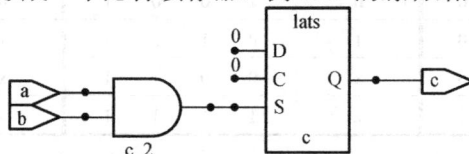

图 6.11　隐含锁存器

仿真时，在语句 c=1 执行之后 c 的值会一直维持为 1。为改正此错误，只需加上"else c=0;"

语句即可。即

```
always @(a or b)
begin  if((b==1)&&(a==1)) c=a&b;
 else c=0;
end
```

6.5　循 环 语 句

Verilog 中存在 4 种类型的循环语句，用来控制语句的执行次数，分别是

1）for：有条件的循环语句。

2）repeat：连续执行一条语句 n 次。

3）while：执行一条语句直到某个条件不满足。

4）forever：连续地执行语句；多用在 initial 块中，以生成时钟等周期性波形。

6.5.1　for 语句

for 语句的使用格式如下（同 C 语言）：

```
for (循环变量赋初值; 循环结束条件; 循环变量增值)
执行语句;
```

例 6.20 通过 7 人表决器的例子说明 for 语句的使用：通过一个循环语句统计赞成的人数，若超过 4 人赞成则表决通过。用 vote[7:1]表示 7 人的投票情况，1 代表赞成，即 vote[i] 为 1 代表第 i 个人赞成，pass=1 表示表决通过。

【例 6.20】　用 for 语句描述的 7 人投票表决器。

```
module voter7(
                input[7:1] vote,
                output reg pass);
reg[2:0] sum; integer i;
always @(vote)
  begin  sum=0;
    for(i=1;i<=7;i=i+1)              //for 语句
        if(vote[i]) sum=sum+1;
        if(sum[2])  pass=1;         //若超过 4 人赞成，则 pass=1
        else        pass=0;
  end
endmodule
```

例 6.21 中用 for 循环语句实现了两个 8 位二进制数的乘法操作。

【例 6.21】　用 for 语句实现两个 8 位数相乘。

```
module mult_for              //模块声明采用 Verilog-2001 格式
        #(parameter SIZE=8)
          (input[SIZE:1] a,b,              //操作数
           output reg[2*SIZE:1] outcome); //结果
integer i;
always @(a or b)
    begin  outcome<=0;
       for(i=1;i<=SIZE;i=i+1)                    //for 语句
```

```
            if(b[i]) outcome<=outcome+(a<<(i-1));
        end
   endmodule
```

例 6.22 是一个用 for 循环语句生成奇校验位的例子。

【例 6.22】　用 for 循环语句生成奇校验位。

```
   module parity_check(
                input[7:0] a,
                output reg y);
   integer i;
   always @(a)
     begin  y=1'b1;                //注意此处不能采用非阻塞赋值<=
     for(i=0;i<=7;i=i+1)           //for 语句
       y=y ^ a[i];  end            //此处不能采用非阻塞赋值<=
   endmodule
```

在例 6.22 中，for 循环语句执行 1⊕a[0]⊕a[1]⊕a[2]⊕a[3]⊕a[4]⊕a[5]⊕a[6]⊕a[7]运算，综合后生成的 RTL 综合结果如图 6.12 所示。如果将变量 y 的初值改为 0，则上例变为偶校验电路。

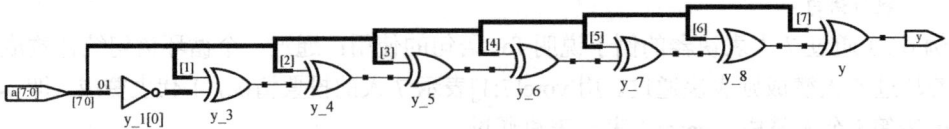

图 6.12　奇校验电路 RTL 综合结果

大多数综合器都支持 for 循环语句，在可综合的设计中，若需使用循环语句，应首先考虑用 for 语句实现。

6.5.2　repeat、while、forever 语句

1. repeat 语句

repeat 语句的使用格式如下：

```
   repeat（循环次数表达式） begin
                    语句或语句块
                    end
```

例 6.23 利用 repeat 循环语句和移位运算符实现了两个 8 位二进制数的乘法。

【例 6.23】　利用 repeat 实现两个 8 位二进制数的乘法。

```
   module mult_repeat
                #(parameter SIZE=8)
                (input[SIZE:1] a,b,
                 output reg[2*SIZE:1] result);
   reg[2*SIZE:1] temp_a; reg[SIZE:1] temp_b;
   always @(a or b)
     begin
       result=0; temp_a=a; temp_b=b;
       repeat(SIZE)                  //repeat 语句，SIZE 为循环次数
         begin
         if(temp_b[1])               //如果 temp_b 的最低位为 1，就执行下面的加法
         result=result+temp_a;
```

```
            temp_a=temp_a<<1;      //操作数 a 左移 1 位
            temp_b=temp_b>>1;      //操作数 b 右移 1 位
            end
        end
    endmodule
```

2. while 语句

while 语句的使用格式如下：

```
while（循环执行条件表达式） begin
                  语句或语句块
                  end
```

while 语句在执行时，首先判断循环执行条件表达式是否为真，若为真，则执行后面的语句或语句块，然后回头判断循环执行条件表达式是否为真，若为真，再执行一遍后面的语句，如此不断，直到循环执行条件表达式不为真。因此，在执行语句中必须有一条改变循环执行条件表达式值的语句。

例如，在下面的代码中，利用 while 语句统计 rega 变量中 1 的个数。

```
begin : count1s
reg [7:0] tempreg;
count = 0;
tempreg = rega;
while (tempreg) begin
  if (tempreg[0])
    count = count + 1;
    tempreg = tempreg >> 1;
  end
end
```

下面的例子分别用 while 和 repeat 语句显示 4 个 32 位整数。

```
module loop1;
integer i;
initial  //repeat 循环
 begin i=0; repeat(4)
  begin
$display("i=%h",i);i=i+1;
  end end
endmodule
```

```
module loop2;
integer i;
initial  //while 循环
 begin  i=0; while(i<4)
  begin
$display("i=%h",i);i=i+1;
  end end
endmodule
```

用 ModelSim 软件运行的话，其输出结果均如下：

```
i=00000001    //i 是 32 位整数
i=00000002
i=00000003
i=00000004
```

3. forever 语句

forever 语句的使用格式如下：

```
forever  begin
      语句或语句块
```

```
                    end
```

forever 循环语句连续不断地执行后面的语句或语句块，常用于产生周期性的波形。forever 语句多用在 initial 语句中，要用它进行模块描述，可用 disable 语句进行中断。

6.6　编译指示语句

Verilog 语言和 C 语言一样提供编译指示功能。Verilog 语言允许在程序中使用特殊的编译指示（Compiler Directive）语句，在编译时，通常先对这些指示语句进行预处理，然后将预处理的结果和源程序一起编译。

指示语句以符号"`"开头，以区别于其他语句。Verilog HDL 提供了十几条编译指示语句，如`define、`ifdef、`else、`endif、`restall 等。比较常用的有`define、`include 和`ifdef、`else、`endif，下面分别介绍这些常用语句。

1. 宏替换`define

`define 语句用于将一个较为简单的名字或标识符（或称为宏名）代替一个复杂的名字、字符串或表达式，其使用格式为

```
    `define 宏名（标识符） 字符串
```

例如：

```
    `define sum ina+inb+inc
```

用宏名 sum 代替一个复杂的表达式 ina+inb+inc：

```
    assign out=`sum+ind;            //等价于 out=ina+inb+inc+ind;
```

再如：

```
    `define WORDSIZE 8
    reg[`WORDSIZE:1] data;          //相当于定义 reg[8:1] data;
```

从上面的例子可以看出：

1）`define 宏定义语句行末是没有分号的。

2）在引用已定义的宏名时，必须在宏名的前面加上符号"`"，以表示该名字是一个宏定义的名字。

3）`define 的作用范围是跨模块（module）的，可以是整个工程。就是说，在一个模块中定义的`define 指令可以被其他模块调用，直到遇到`undef 失效。所以，用`define 定义常量和参数时，一般将定义语句放在模块外。与`define 相比，用 parameter 定义的参数作用范围只限于本模块内，但上层模块例化下层模块时，可通过参数传递重新定义下层模块中参数的值。

2. 文件包含`include

`include 是文件包含语句，它可将一个文件全部包含到另一个文件中。其格式为

```
    `include "文件名"
```

`include 类似于 C 语言中的#include <filename.h>结构，后者用于将内含全局或公用定义的头文件包含在设计文件中；`include 则用于指定包含任何其他文件的内容。被包含的文件既可以使用相对路径定义，也可以使用绝对路径定义；如果没有路径信息，则默认在当前目录下搜寻要包含的文件。`include 命令后加入的文件名称必须放在双引号中。

使用`include 语句时应注意以下几点。

1）一个`include 语句只能指定一个被包含的文件。如果需要包含多个文件，则需要使用多个`include 命令进行包含，多个`include 命令可以写在一行，但命令行中只可以出现空格和注释，例如：

```
`include "file1.v"  `include "file2.v"
```

2）`include 语句可以出现在源程序的任何地方。被包含的文件若与包含文件不在同一个子目录下，必须指明其路径名。

3）文件允许多重包含，如文件 1 包含文件 2，文件 2 又包含文件 3 等。

3. 条件编译`ifdef、`else 和`endif

条件编译命令`ifdef、`else 和`endif 可以指定仅对程序中的部分内容进行编译，这三个命令有如下两种使用形式。

1）

```
`ifdef  宏名
语句块
`endif
```

这种形式的意思是：若宏名在程序中被定义过（用`define 语句定义），则下面的语句块参与源文件的编译，否则，该语句块不参与源文件的编译。

2）

```
`ifdef  宏名
语句块 1
`else   语句块 2
`endif
```

这种形式的意思是：若宏名在程序中被定义过（用`define 语句定义），则语句块 1 将被编译到源文件中，否则，语句块 2 将被编译到源文件中，如例 6.24 所示。

【例 6.24】 条件编译举例。

```
module compile(
        input a,b,
        output out);
`ifdef add            //宏名为 add
    assign out=a+b;
`else  assign out=a-b;
`endif
endmodule
```

在例 6.24 中，若在程序中定义了“`define add”，则执行“assign out=a+b;”操作，若没有该语句，则执行“assign out=a−b;”操作。

6.7　任务与函数

任务和函数的关键字分别是 task 和 function。利用任务和函数可以把一个大的程序模块分解成许多小的子模块，方便调试，并能使程序结构清晰。

6.7.1　任务

任务（task）的定义如下：

```
task <任务名>;              //注意无端口列表
     端口及数据类型声明语句;
     其他语句;
endtask
```

任务调用的格式为

```
<任务名>（端口 1，端口 2，…）;
```

需要注意的是，任务调用时和定义时的端口变量应是一一对应的。比如，下面是一个定义任务的例子。

```
task test;
input in1,in2; output out1,out2;
#1 out1=in1&in2;
#1 out2=in1|in2;
endtask
```

当调用该任务时，可使用如下语句：

```
test(data1,data2,code1,code2);
```

调用任务 test 时，变量 data1 和 data2 的值赋给 in1 和 in2；任务执行完成后，out1 和 out2 的值赋给 code1 和 code2。

在例 6.25 中，定义了一个完成两个操作数按位与操作的任务，然后在后面的算术逻辑单元的描述中调用该任务，完成与操作。

【例 6.25】　任务举例。

```
module alutask(code,a,b,c);
input[1:0] code; input[3:0] a,b;
output reg[4:0] c;
task my_and;                        //任务定义,注意无端口列表
input[3:0] a,b;                     //a,b,out 名称的作用域范围为 task 任务内部
output[4:0] out;
integer i;  begin for(i=3;i>=0;i=i-1)
    out[i]=a[i]&b[i];               //按位与
end
endtask
always@(code or a or b)
    begin  case(code)
    2'b00:my_and(a,b,c);            /*调用任务my_and,需注意端口列表的顺序应与任务
定义时一致，这里的a,b,c分别对应任务定义中的a,b,out */
    2'b01:c=a|b;                    //或
    2'b10:c=a-b;                    //相减
    2'b11:c=a+b;                    //相加
    endcase
```

```
            end
        endmodule
```

为检验其功能，编写例 6.26 的激励脚本并对其仿真。

【例 6.26】　激励脚本。

```
    `timescale 100 ps/ 1 ps
    module alutask_vlg_tst();
    parameter DELY=100;
    reg eachvec;
    reg [3:0] a;reg [3:0] b;reg [1:0] code;
    wire [4:0]  c;
     alutask i1(.a(a),.b(b),.c(c),.code(code));
    initial    begin
    code=4'd0;a=4'b0000;b=4'b1111;
    #DELY   code=4'd0;a=4'b0111;b=4'b1101;
    #DELY   code=4'd1;a=4'b0001;b=4'b0011;
    #DELY   code=4'd2;a=4'b1001;b=4'b0011;
    #DELY   code=4'd3;a=4'b0011;b=4'b0001;
    #DELY   code=4'd3;a=4'b0111;b=4'b1001;
    $display("Running testbench");
    end
    always  begin
    @eachvec;
    end
    endmodule
```

用 ModelSim 运行上面的脚本，得到如图 6.13 所示的仿真波形。

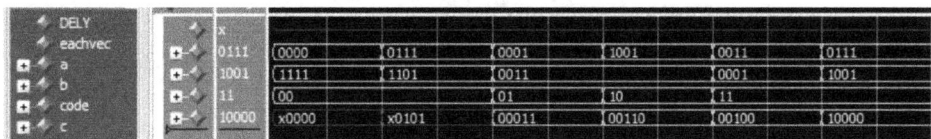

图 6.13　例 6.26 的仿真波形

注：在使用任务时，应注意以下几点：

1）任务的定义与调用必须在一个 module 模块内。

2）定义任务时，没有端口名列表，但需紧接着进行输入/输出端口和数据类型的说明。

3）当任务被调用时，任务被激活。任务的调用与模块调用一样，通过任务名调用实现，调用时，需列出端口名列表，端口名的排序和类型必须与任务定义时相一致。

4）一个任务可以调用别的任务和函数，可以调用的任务和函数个数不受限制。

6.7.2　函数

在 Verilog 模块中，如果多次用到重复的代码，则可以把这部分重复代码摘取出来，定义成函数（function）。在综合时，每调用一次函数，则复制或平铺（flatten）该电路一次，所以函数不宜过于复杂。

函数可以有一个或多个输入，但只能返回一个值，通常在表达式中调用函数的返回值。

函数的定义格式如下：

```
function  <返回值位宽或类型说明> 函数名；
              端口声明；
              局部变量定义；
              其他语句；
endfunction
```

<返回值位宽或类型说明>是一个可选项，如果默认，则返回值为 1 位寄存器类型的数据。

函数的调用是通过将函数作为表达式中的操作数来实现的。调用格式如下：

```
<函数名> (<表达式><表达式>);
```

例 6.27 用函数定义了一个 8—3 编码器，并使用 assign 语句调用了该函数。

【例 6.27】　用函数和 case 语句描述的编码器（不含优先顺序）。

```
module code_83(din,dout);
input[7:0] din; output[2:0] dout;
function[2:0] code;               //函数定义
input[7:0] din;                   //函数只有输入，输出为函数名本身
    casex(din)
    8'b1xxx_xxxx:code=3'h7;
    8'b01xx_xxxx:code=3'h6;
    8'b001x_xxxx:code=3'h5;
    8'b0001_xxxx:code=3'h4;
    8'b0000_1xxx:code=3'h3;
    8'b0000_01xx:code=3'h2;
    8'b0000_001x:code=3'h1;
    8'b0000_000x:code=3'h0;
    default:code=3'hx;
    endcase
endfunction
assign dout=code(din);            //函数调用
endmodule
```

与 C 语言相类似，Veirlog 语言使用函数以适应对不同操作数采取同一运算的操作。函数在综合时被转换成具有独立运算功能的电路，每调用一次函数相当于改变这部分电路的输入以得到相应的计算结果。

例 6.28 中定义了一个实现阶乘运算的函数 factorial，该函数返回一个 32 位的寄存器类型的值。采用同步时钟触发运算的执行，每个 clk 时钟周期都会执行一次运算。

【例 6.28】　阶乘运算函数。

```
module funct(clk,n,result,reset);
input reset,clk; input[3:0] n; output reg[31:0] result;
always @(posedge clk)              //在 clk 的上升沿执行运算
    begin if(!reset) result<=0;
    else
```

```
        begin result<=2*factorial(n); end  //调用 factorial 函数
      end
function[31:0] factorial;           //阶乘运算函数定义（注意无端口列表）
input[3:0] opa;                     //函数只能定义输入端，输出端口为函数名本身
reg[3:0] i;
      begin  factorial=(opa>=4'b1)?1:0;
      for(i=2;i<=opa;i=i+1)         //for 语句若要综合，opa 应赋具体的数值
        factorial=i*factorial;      //阶乘运算
      end
endfunction
endmodule
```

注： 函数的定义中蕴涵了一个与函数同名的、函数内部的寄存器。在函数定义时，将函数返回值所使用的寄存器名称设为与函数同名的内部变量，因此函数名被赋予的值就是函数的返回值。

Verilog-2001 标准中定义了一种递归函数（Function Automatic），增加了一个关键字 automatic，表示函数的迭代调用。例如，上面的阶乘运算可采用递归函数来描述，如例 6.29 所示，通过函数自身的迭代调用，实现了 32 位无符号整数的阶乘运算。

比较例 6.28 与例 6.29 的异同，可体会函数与递归函数的区别。

【例 6.29】 阶乘递归函数。

```
module tryfact;
function automatic integer factorial;    //函数定义
input [31:0] operand;
if (operand >= 2)
factorial = factorial(operand-1) * operand;
else
factorial = 1;
endfunction
integer result;
integer n;
initial begin
for (n = 0; n <= 7; n = n+1) begin
result = factorial(n);                    //函数调用
$display("%0d factorial=%0d", n, result);
end end
endmodule
```

例 6.29 的仿真结果如下：

```
0 factorial=1
1 factorial=1
2 factorial=2
```

```
3 factorial=6
4 factorial=24
5 factorial=120
6 factorial=720
7 factorial=5040
```

注：在使用函数时，应注意以下几点：

1）函数的定义与调用必须在一个 module 模块内。

2）函数只允许有输入变量且必须至少有一个输入变量，输出变量由函数名本身担任。如在例 6.28 中，函数名 factorial 就是输出变量，在调用该函数时，"result<=2* factorial(n);"自动将 n 的值赋给函数的输入变量 opa，完成函数计算后，将结果通过 factorial 名字本身返回，作为一个操作数参与 result 表达式的计算。因此，在定义函数时，需声明函数名的数据类型和位宽。

3）定义函数时没有端口名列表，但调用函数时需列出端口名列表，端口名的排序和类型必须与定义时一致。这一点与任务相同。

3）函数可以出现在持续赋值 assign 的右端表达式中。

4）函数的使用与任务相比有更多的限制和约束。函数不能启动任务，而任务可以调用别的任务和函数，且调用任务和函数的个数不受限制。在函数中不能包含有任何时间控制语句。

表 6.3 对任务与函数进行了比较。

表 6.3　任务与函数的比较

比 较 项 目	任 务	函 数
输入与输出	可有任意个各种类型的参数	至少有一个输入，不能将 inout 类型的参数作为输出
调用	任务只可在过程语句中调用，不能在连续赋值语句 assign 中调用	函数可作为表达式中的一个操作数来调用，在过程赋值和连续赋值语句中均可以调用
定时事件控制（#, @和 wait）	任务可以包含定时和事件控制语句	函数不能包含这些语句
调用其他任务和函数	任务可调用其他任务和函数	函数可调用其他函数，但不可以调用其他任务
返回值	任务不向表达式返回值	函数向调用它的表达式返回一个值

合理使用任务和函数会使程序显得结构清晰而简单，一般的综合器都支持任务和函数，但也有的综合器不支持任务。

6.8　Verilog-2001 语言标准

Verilog 语言处于不断的发展过程中。1995 年，IEEE 将 Verilog 采纳为标准，推出 Verilog-1995 标准（即 IEEE 1364-1995）；2001 年 3 月，IEEE 又批准了 Verilog-2001 标准（即 IEEE 1364-2001）。

几乎所有的综合器、仿真器都能很好地支持 Verilog-2001 标准。比如，从图 6.14 可以看出，Quartus Prime 支持的 Verilog 标准包括 Verilog-1995，Verilog-2001，SystemVerilog。Verilog-2001 标准较为重要，有必要更为深入地了解和学习 Verilog-2001 标准。

6.8.1　Verilog-2001 改进和增强的语法结构

Verilog-2001 标准对 Verilog 语言的改进和增强主要表现在三个方面：

- 提高 Verilog 行为级和 RTL 级建模的能力。
- 改进 Verilog 在深亚微米设计和 IP 建模的能力。
- 纠正和改进了 Verilog-1995 标准中的错误和易产生歧义之处。

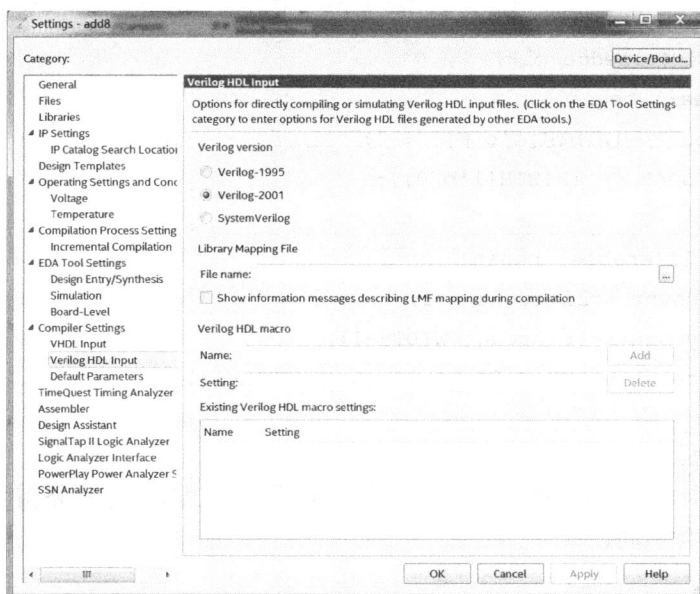

图 6.14　Quartus Prime 软件支持的 Verilog 标准

下面举例说明具体的改进。

1. ANSI C 风格的模块声明

Verilog-2001 标准改进了端口的声明语句，使其更接近 ANSI C 语言的风格，可用于模块、任务和函数。同时允许将端口声明和数据类型声明放在同一条语句中。例如，在 Verilog-1995 标准中，可采用如下方式声明一个 FIFO 模块：

```
module fifo(in,clk,read,write,reset,out,full,empty);
parameter MSB=3,DEPTH=4;
input[MSB:0] in;
input clk,read,write,reset;
output[MSB:0] out; output full,empty;
reg[MSB:0] out; reg full,empty;
```

上面的模块声明在 Verilog-2001 标准中可以写成下面的形式：

```
module fifo_2001
        #(parameter MSB=3,DEPTH=4)    //参数定义，注意前面有"#"
          ( input[MSB:0] in,             //端口声明和数据类型声明放在同一条语句中
           input clk,read,write,reset,
           output reg[MSB:0] out,
           output reg full,empty);
```

例 6.30 的 4 位格雷码计数器，其模块声明部分采用了 Verilog-2001 格式。

【例 6.30】　4 位格雷码计数器。

```
module graycount  #(parameter WIDTH = 4)
        (output reg[WIDTH-1:0] graycount,  //格雷码输出信号
         input wire  enable,clear,clk);      //使能、清零、时钟信号
reg [WIDTH-1:0] bincount;
always @ (posedge clk)
  if(clear) begin
   bincount<={WIDTH{1'b 0}} + 1;
   graycount <= {WIDTH{1'b 0}};
   end
   else if(enable) begin
     bincount <=bincount + 1;
     graycount<={bincount[WIDTH-1],
     bincount[WIDTH-2:0] ^ bincount[WIDTH-1:1]};
    end
endmodule
```

4 位格雷码计数器的行为级仿真波形如图 6.15 所示，其输出按照格雷码编码，相邻码字只有一个比特位不同。

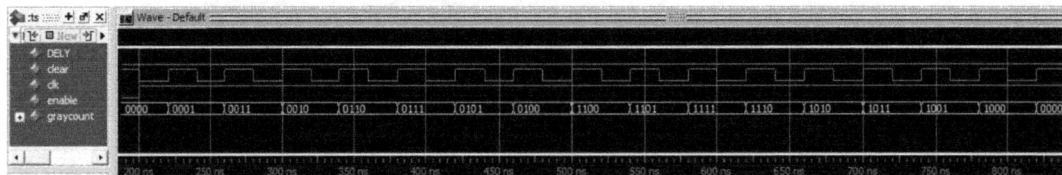

图 6.15　4 位格雷码计数器的行为仿真波形

2. 逗号分隔的敏感信号表

在 Verilog-1995 标准中书写敏感信号列表时，通常用 or 来连接敏感信号，例如：

```
always @(a or b or cin)
    {cout,sum}=a+b+cin;
always @(posedge clk or negedge clr)
    if(!clr) q<=0; else q<=d;
```

在 Verilog-2001 标准中可用逗号分隔敏感信号，上面的语句可写为

```
always @(a, b, cin)              //用逗号分隔信号
    {cout,sum}=a+b+cin;
always @(posedge clock,negedge clr)
    if(!clr) q<=0; else  q<=d;
```

3. 在组合逻辑敏感信号列表中使用通配符"*"

用 always 过程块描述组合逻辑时，应在敏感信号列表中列出所有的输入信号，在 Verilog-2001 标准中可用通配符"*"表示包含该过程块中的所有输入信号变量。

在 Verilog-1995 标准和 Verilog-2001 标准中，4 选 1 MUX 的敏感信号列表书写格式的对比如下：

```
//Verilog-1995
always @(sel or a or b or c or d)
    case(sel)
    2'b00:y=a;
    2'b01:y=b;
    2'b10:y=c;
    2'b11:y=d;
    endcase
```

```
//Verilog-2001
always @ *     //通配符
    case(sel)
    2'b00:y=a;
    2'b01:y=b;
    2'b10:y=c;
    2'b11:y=d;
    endcase
```

4. generate 语句

Verilog-2001 标准新增了语句 generate，generate 循环可以产生一个对象（如 module、primitive，或者 variable、net、task、function、assign、initial 和 always）的多个例化，为可变尺度的设计提供便利。

generate 语句一般和循环语句、条件语句（for，if，case）一起使用。为此，Verilog-2001 标准增加了 4 个关键字 generate、endgenerate、genvar 和 localparam。genvar 是一个新的数据类型，用在 generate 循环中的标尺变量必须定义为 genvar 型数据。还要注意的是，for 循环的内容必须加 begin 和 end（即使只有一条语句），且必须给 begin 和 end 块语句起个名字。

例 6.31 是一个用 generate 语句描述的行波进位加法器的例子，它采用 generate 语句和 for 循环产生元件的例化和元件间的连接关系。

【例 6.31】 采用 generate for 循环描述的 4 位行波进位加法器。

```
module add_ripple  #(parameter SIZE=4)
    (input[SIZE-1:0] a,b,
     input cin,
     output[SIZE-1:0] sum,
     output cout);
wire[SIZE:0] c;
assign c[0]=cin;
generate
genvar i;
for(i=0;i<SIZE;i=i+1)
    begin : add
    wire n1,n2,n3;
xor g1(n1,a[i],b[i]);
xor g2(sum[i],n1,c[i]);
and g3(n2,a[i],b[i]);
and g4(n3,n1,c[i]);
or g5(c[i+1],n2,n3);  end
endgenerate
assign cout=c[SIZE];
endmodule
```

例 6.31 用 Quartus Prime 软件综合，其 RTL 综合原理图如图 6.16 所示。从图中可以看到，在 generate 执行过程中，每次循环中有唯一的名字，如 add[0]、add[1]等，这也是 begin-end

块语句需要起名字的一个原因。

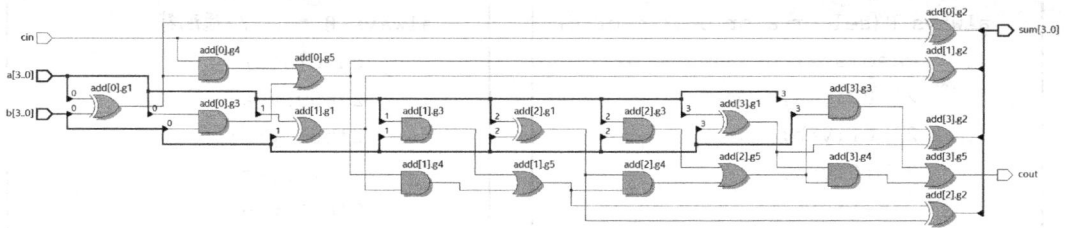

图 6.16　4 位行波加法器 RTL 综合原理图

下面的例子用 generate 语句描述一个可扩展的乘法器，当乘法器的 a 和 b 的位宽小于 8 时，生成 CLA 超前进位乘法器；否则生成 WALLACE 树状乘法器。

```
module multiplier(a, b, product);
parameter a_width = 8, b_width = 8;
localparam product_width = a_width+b_width;
input [a_width-1:0] a;
input [b_width-1:0] b;
output[product_width-1:0] product;
generate
if((a_width < 8) || (b_width < 8))
CLA_multiplier #(a_width, b_width)
u1 (a, b, product);
else
WALLACE_multiplier #(a_width, b_width)
u1 (a, b, product);
endgenerate
endmodule
```

5. 带符号的算术扩展

signed 是 Verilog-1995 标准中的保留字，未使用。在 Verilog-2001 标准中，用 signed 来定义带符号的数据类型、端口、整数、函数等。

在 Verilog-2001 标准中，对带符号的算术运算进行了如下几点扩充。

1）wire 型和 reg 型的变量可以声明为带符号（signed）变量。例如：

```
wire signed[7:0] a,b;
reg signed[15:0] data;
output signed[15:0] sum;
```

2）任何进制的整数都可以带符号；参数也可以带符号。例如：

```
12'sh54f              //一个 12 位的十六进制带符号整数 54f
parameter p0=2`sb00,p1=2`sb01;
```

3）函数的返回值可以有符号。例如：

```
function signed[31:0] alu;
```

4）增加了算术移位操作符。

Verilog-2001 标准增加了算术移位操作符 ">>>" 和 "<<<"，对于有符号数，执行算术移位操作时，用符号位填补移出的位，以保持数值的符号。例如，若定义有符号二进制数

A = 8'sb10100011，则执行逻辑右移和算术右移后的结果如下：

```
A>>3;                      //逻辑右移后其值为 8'b00010100
A>>>3;                     //算术右移后其值为 8'b11110100
```

5）新增了系统函数$signed( )和$unsigned( )，可以将数值强制转换为带符号的值或不带符号的值。例如：

```
reg[63:0] a;               //定义 a 为无符号数据类型
always@(a)  begin
  result1=a/2;             //无符号运算
  result2=$signed(a)/2;    //a 变为带符号数
end
```

6. 指数运算符**（Power Operator）

Verilog-2001 标准增加了指数运算符 "**"，执行指数运算，一般使用的是底数为 2 的指数运算（2^n）。例如：

```
parameter WIDTH=16;
parameter DEPTH=8;
reg[WIDTH-1:0] data [0:(2**DEPTH)-1];
                   //定义了一个位宽 16 位，$2^8$（256）个单元的存储器
```

7. 变量声明时进行赋值

Verilog-2001 标准规定可以在变量声明时对其赋初始值，所赋的值必须是常量，并且在下次赋值之前，变量都会保持该初始值不变。变量在声明时的赋值不适用于矩阵。

如下面的例子，在 Verilog-1995 标准中需要先声明一个 reg 变量 a，然后在 initial 块中为其赋值 4'h4；而在 Verilog-2001 标准中可直接在声明时赋值，两者是等效的。

```
//Verilog-1995
reg[3:0] a;
 initial
  a=4'h4;
```

```
//Verilog-2001
reg[3:0] a=4'h4;
```

也可同时声明多个变量，为其中的一个或几个赋值，例如：

```
integer i=0, j, k=1;
real r1=2.5, n300k=3E6;
```

在声明矩阵时，为其赋值是非法的，如下面的代码是非法的：

```
reg [3:0] array [3:0]=0;   //非法
```

8. 常数函数

Verilog-2001 标准增加了一类特殊的函数——常数函数，其定义和其他 Verilog 函数的定义相同，不同之处在于其赋值是在编译或详细描述（elaboration）时被确定的。

常数函数有助于创建可改变维数和规模的可重用模型。例如，下例定义了一个常数函数 clogb2，该函数返回一个整数，可根据 ram 的深度（ram 的单元数）确定 ram 地址线的宽度。

```
module ram(address_bus, write, select, data);
```

```
parameter SIZE = 1024;
input [clogb2(SIZE)-1:0] address_bus;
...
function integer clogb2 (input integer depth);
begin
    for(clogb2=0; depth>0; clogb2=clogb2+1)
    depth = depth >> 1;
end
endfunction
...
endmodule
```

注：常数函数只能调用常数函数，不能调用系统函数，常数函数内部用到的参数（parameter）必须在该常数函数被调用之前定义。

9. 向量的位选和域选

在 Verilog-1995 标准中，可以从向量中取出一个或者若干个相连比特，称为位选和域选，但被选择的部分必须是固定的。

Verilog-2001 标准对向量的部分选择进行了扩展，增加了一种方式：索引的部分选择（indexed part selects），其形式如下：

```
[base_expr      +:    width_expr]
   //起始表达式   正偏移    位宽
[base_expr      -:    width_expr]
   //起始表达式   负偏移    位宽
```

它包括起始表达式（base_expr）和位宽（width_expr）。其中，位宽必须为常数，而起始表达式可以是变量；偏移方向表示选择区间是起始表达式加上位宽（正偏移），还是起始表达式减去位宽（负偏移）。例如：

```
reg [63:0] word;
reg [3:0] byte_num;      //取值范围：0 到 7
wire [7:0] byteN = word[byte_num*8 +: 8];
```

上例中，如果变量 byte_num 当前的值是 4，则 byteN = word[39:32]，起始位为 32（byte_num*8），终止位 39 由宽度和正偏移 8 确定。再如：

```
reg[63:0] vector1;            //小端（little-endian）次序
reg[0:63] ventor2;           //大端（big-endian）次序
Byte=vector1[31-:8];          //Byte=vector1[31:24]
Byte=vector1[24+:8];          //Byte=vector1[31:24]
Byte=vector2[31-:8];          //Byte=vector2[24:31]
Byte=vector2[24+:8];          //Byte=vector2[24:31]
```

10. 多维矩阵

Verilog-1995 标准中只允许一维的矩阵变量（即 memory），Verilog-2001 标准对其进行了扩展，允许使用多维矩阵；矩阵单元的数据类型也扩展至 variable 型（如 reg）和 net 型（如 wire）均可，例如：

```
reg [7:0] array1 [0:255];
```

```
    //一维矩阵，存储单元为 reg 型
wire [7:0] out1 = array1[address];
    //一维矩阵，存储单元为 wire 型
wire [7:0] array3 [0:255][0:255][0:15];
    //三维矩阵，存储单元为 wire 型
wire [7:0] out3 = array3[addr1][addr2][addr3];
    //三维矩阵，存储单元为 wire 型
```

11. 矩阵的位选择和部分选择

在 Verilog-1995 标准中，不允许直接访问矩阵的某一位或某几位，必须首先将整个矩阵单元转移到一个暂存变量中，再从暂存变量中访问。例如：

```
reg[7:0]  mem[0:1023];        //存储器（一维矩阵）
reg[7:0]  temp;
reg[3:0]  vect;
initial
  begin  temp=mem[55];
  vect=temp[3:0];             //合法
  vect=mem[55][3:0];          //非法
  end
```

而在 Verilog-2001 标准中，可以直接访问矩阵的某个单元的一位或几位。例如：

```
reg [31:0] array2 [0:255][0:15];
wire [7:0] out2 = array2[100][7][31:24];
    //选择宽度为 32 位的二维矩阵中[100][7]单元的[31:24]字节
```

12. 模块实例化时的参数重载

当模块实例化时，其内部定义的参数（parameter）值是可以改变的（或称为参数重载）。在 Verilog-1995 标准中，有两种方法改变参数值：一种是使用 defparam 语句显式地重载；另一种就是模块实例化时使用"#"符号隐式地重载，重载的顺序必须与参数在原定义模块中声明的顺序相同，并且不能跳过任何参数。由于这种方法容易出错，而且代码的含义不易理解，所以 Verilog-2001 标准增加了一种在线显式重载（in-line explicit redefinition）参数的方式，这种方式允许在线参数值按照任意顺序排列。例如：

```
module ram(...);                    //ram 模块定义
parameter WIDTH = 8;
parameter SIZE = 256;
...
endmodule

module my_chip (...);
...
RAM ram1 (...);                     //ram 模块例化 1
defparam ram1.SIZE = 1023;
//使用 defparam 语句显式地重新定义 SIZE=1023
RAM #(8,1023) ram2 (...);           //ram 模块例化 2
```

```
//使用"#"符号隐式地重载参数，注意参数的排列顺序
RAM #(.SIZE(1023)) ram3 (...);  //ram 模块例化 3
//在线显式重载参数 SIZE 为 1023
endmodule
```

13. register 改为 variable

在 Verilog 诞生后，一直用 register 这个词表示一种数据类型，但初学者很容易混淆 register 和硬件中的寄存器概念。而实际中，register 数据类型的变量常被综合器映射为组合逻辑电路。

在 Verilog-2001 标准中，将 register 一词改为了 variable，以避免混淆。

14. 新增条件编译语句

Verilog-1995 标准支持条件编译命令`ifdef、`else、`endif，可以指定仅对程序中的部分内容进行编译。Verilog-2001 标准增加了条件编译语句`elsif 和`ifndef。

15. 超过 32 位的自动宽度扩展

在 Verilog-1995 标准中对超过 32 位的总线赋高阻时，如果不指定位宽，则只将低 32 位赋成高阻，高位补 0。如果想将所有位都置为高阻，必须明确指定位宽。例如：

```
//Verilog-1995 标准中的超过 32 位的总线赋高阻:
parameter WIDTH = 64;
reg [WIDTH-1:0] data;
data = 'bz;          //赋值后，data='h00000000zzzzzzzz
data = 64'bz;        //赋值后，data='hzzzzzzzzzzzzzzzz
```

Verilog-2001 标准改变了赋值扩展规则，将高阻 z 或者不定态 x 赋给未指定位宽的信号时，可以自动扩展到信号的整个位宽范围。例如：

```
//Verilog-2001 标准中将高阻或不定态赋给未指定位宽的信号:
parameter WIDTH = 64;
reg [WIDTH-1:0] data;
data ='bz;          //赋值后，data='hzzzzzzzzzzzzzzzz
```

16. 可重入任务（Reentrant Task）和递归函数（Recursive Function）

Verilog-2001 标准增加了一个关键字 automatic，可用于任务和函数的定义中。

1）可重入任务：任务本质上是静态的（Static Task），同时并发执行的多个任务共享存储区。若某个任务在模块中的多个地方被同时调用，则这两个任务对同一块地址空间进行操作，结果可能是错误的。Verilog-2001 标准中增加了关键字 automatic，空间是动态分配的，使任务成为可重入的。若定义任务时使用 automatic，则定义了一个可重入任务。这两种类型的任务消耗的资源不同。

2）递归函数：关键字 automatic 用于函数，表示函数的迭代调用。如在下面的例子中，通过函数自身的迭代调用，实现 32 位无符号整数的阶乘运算。

```
function automatic [63:0] factorial;
input [31:0] n;
  if (n == 1)  factorial = 1;
```

```
        else
        factorial = n * factorial(n-1);   //迭代调用
    endfunction
```

由于 Verilog-2001 标准增加了关键字 signed，所以函数的定义还可在 automatic 后面加上 signed，返回有符号数。例如：

```
function automatic signed [63:0] factorial;
```

17. 文件和行编译指示

Verilog 编译和仿真工具需要不断地跟踪源代码的行号和文件名，Verilog 可编程语言接口（PLI）可以取得并利用行号和源文件的信息，以标记运行中的错误。但是，如果 Verilog 代码经过其他工具的处理，源代码的行号和文件名可能丢失。故在 Verilog-2001 标准中增加了 `line，用来标定源代码的行号和文件名。

6.8.2 属性及 PLI 接口

Verilog-2001 对下面介绍的一些方面做了改进和增强。

1. 设计管理

Verilog-1995 标准将设计管理工作交给软件来承担，但各仿真工具的设计管理方法各不相同，不利于设计的共享。为了更好地在设计人员之间共享 Verilog 设计，并提高某个特定仿真的可重用性，Verilog-2001 标准加强了对设计内容的管理和配置。

Verilog-2001 标准中增加了配置块（Configuration Block），用它来指定每个 Verilog 模块的版本及其源代码的位置。配置块位于模块定义之外，可以指定 Verilog 程序设计从顶层模块开始执行，找到在顶层模块中实例化的模块，进而确定其源代码的位置，照此顺序，直到确定整个设计的源程序。

Verilog-2001 标准中新增了关键字 config 和 endconfig，还增加了关键字 design、instance、cell、use 和 liblist，以供在配置块中使用。

下面的例子是一个简单的设计配置，test 是一个测试模块（Test Bench），其中包含了设计模块 myChip，myChip 中又包含了其他实例化模块。

```
    module test;
    ...
    myChip dut (...); /*设计模块实例化*/
    ...
    endmodule
    module myChip(...);
    ...
    adder a1 (...);
    adder a2 (...);
    ...
    endmodule
```

配置块可以指定所有或个别实例化模块的源代码的位置。配置块位于模块定义之外，所以需要重新配置时，Verilog 源代码可以不做任何修改。

在下面的配置块中，design 语句指定了顶层模块及其源代码来源，rtlLib.top 表示顶层模块的源代码来自 rtlLib；default 和 liblist 语句相配合指定了所有在顶层模块中实例化的模块均来自 rtlLib 库和 gateLib 库；又使用 instance 语句具体指定了加法器实例 a2 的源程序来自门级库 gateLib。

```
config cfg4                                  //给配置块命名
design rtlLib.top                            //指定从哪里找到顶层模块
default liblist rtlLib gateLib;              //设置查找实例化模块的默认顺序
instance test.dut.a2 liblist gateLib;
       //明确指定模块例化使用哪一个库: a2 来自门级库 gateLib
endconfig
```

下面的语句指定了 RTL 库和 gateLib 库模块的位置。

```
library rtlLib ./*.v;                        //RTL 库模块的位置（位于当前目录下）
library gateLib ./synth_out/*.v;             //gateLib 库模块的位置
```

2. 属性

属性用来向综合工具传递信息，以控制综合工具的行为和操作。属性包含在两个 "*" 之间，可用于对象的所有实例调用，也可只应用于某一个实例调用。部分与综合有关的属性语句如下：

```
(* synthesis, async_set_reset[="signal_name1,signal_name2,..."]*)
(* synthesis, black_box[=<optional_value>] *)
(* synthesis, combinational[=<optional_value>] *)
(* synthesis, fsm_state[=<encoding_scheme>] *)
(* synthesis, full_case[=<optional_value>] *)
(* synthesis, implementation="<value>" *)
(* synthesis, keep[=<optional_value>] *)
(* synthesis, label="name" *)
(* synthesis, parallel_case[=<optional_value>] *)
(* synthesis, ram_block[=<optional_value>] *)
(* synthesis, rom_block[=<optional_value>] *)
(* synthesis, probe_port[=<optional_value>] *)
```

Verilog 没有定义标准的属性，属性的名字和数值由工具厂商或其他标准来定义，目前尚无统一的标准。

3. 增强的文件输入、输出操作

Verilog-1995 标准在文件的输入、输出操作方面功能非常有限，文件操作通常借助于 Verilog PLI（编程语言接口），通过与 C 语言的文件输入、输出库的访问来处理，并规定同时打开的 I/O 文件数目不能超过 31 个。

Verilog-2001 标准增加了新的系统任务和函数，为 Verilog 语言提供了强大的文件输入、输出操作，而不再需要使用 PLI，并将可同时打开的文件数目增至 230。这些新增的文件输入、输出系统任务和函数包括$ferror、$fgetc、$fgets、$fflush、$fread、$fscanf、$fseek、$fscanf、$ftel、$rewind 和$ungetc；还有读写字符串的系统任务，包括$sformat、$swrite、$swriteb、$swriteh、$swriteo 和$sscanf，用于生成格式化的字符串或者从字符串中读取信息。

增加了命令行输入任务$test$plusargs 和$value$plusargs。

4. VCD 文件的扩展

VCD 文件用于记录仿真过程中信号的变化，只记录在函数中指定的层次中相关的信号。信息的记录由 VCD 系统任务来完成。在 Verilog-1995 标准中只有一种类型的 VCD 文件，即四状态类型，这种类型的 VCD 文件只记录变量在 0、1、x 和 z 状态之间的变化，不记录信号强度信息。而在 Verilog-2001 标准中增加了一种扩展类型的 VCD 文件，能够记录变量在所有状态之间的转换，同时记录信号强度信息。

扩展型 VCD 系统任务包括$dumpports、$dumpportsoff、$dumpportson、$dumpportsall、$dumpportslimit、$dumpportsfulsh 和$vcdclose。

5. 提高了对 SDF（标准延时文件）的支持

在 Verilog-1995 标准中，specparam 常数只能在 specify 块（指定块）中定义；Verilog-2001 标准允许在模块层级声明和使用 specparam 常数。Verilog-2001 标准基于最新的 SDF 标准（IEEE Std 1497-1999），提高了对 SDF（Standard Delay File）的支持度。

6. 编程语言接口的改进

编程语言接口（Programming Language Interface，PLI）包括三个 C 功能库，分别是 ACC、TF 和 VPI。Verilog-2001 标准清理和更正了旧的 ACC 和 TF 库中的许多定义，但并没有增加任何新的功能。Verilog-2001 标准对 PLI 的所有改进都体现在 VPI 库中，包括增加了 6 个 VPI 子程序：vpi_control( )、vpi_get_data( )、vpi_put_data( )、vpi_get_userdata( )、vpi_put_userdata( )和 vpi_flush( )，为用户提供了更大的便利。

习　题　6

6.1　用持续赋值语句描述一个 4 选 1 数据选择器。

6.2　用行为语句设计一个 8 位计数器，每次在时钟的上升沿，计数器加 1，当计数器溢出时，自动从零开始重新计数，计数器有同步复位端。

6.3　设计一个 4 位移位寄存器。

6.4　initial 语句与 always 语句的区别是什么？

6.5　分别用任务和函数描述一个 4 选 1 多路选择器。

6.6　在 Verilog 中，哪些操作是并发执行的？哪些操作是顺序执行的？

6.7　试编写求补码的 Verilog 程序，输入是带符号的 8 位二进制数。

6.8　试编写两个 4 位二进制数相减的 Verilog 程序。

6.9　有一个比较电路，当输入的一位 8421BCD 码大于 4 时，输出为 1，否则为 0，试编写出 Verilog 程序。

6.10　用 Verilog 设计一个类似 74138 的译码器电路，对设计文件进行综合，观察综合视图。

6.11　用 Verilog 设计一个 8 位加法器并进行综合和仿真。

第 7 章 Verilog 设计的层次与风格

本章介绍 Verilog 设计的层次与风格，包括门级结构描述、行为描述、数据流描述以及多层级的设计等。

7.1 Verilog 设计的层次

Verilog HDL 是一种用于数字逻辑设计的语言，用 Verilog 语言描述的电路就是该电路的 Verilog 模型。Verilog 既是一种行为描述语言，也是一种结构描述语言。也就是说，既可以描述电路的功能，也可以用元器件及其相互之间的连接来建立所设计电路的 Verilog 模型。

Verilog 是一种能够在多个层级对数字系统进行描述的语言，Verilog 模型可以是实际电路不同级别的抽象。这些抽象级别可分为 5 级：

- 系统级（System Level）。
- 算法级（Algorithm Level）。
- 寄存器传输级（Register Transfer Level，RTL）。
- 门级（Gate Level）。
- 开关级（Switch Level）。

其中，前 3 种属于高级别的描述方法，门级描述主要利用逻辑门来构筑电路模型，而开关级的模型则主要描述器件中晶体管和存储节点以及它们之间的连接关系（在数字电路中，晶体管通常工作于开关状态，因此将基于晶体管的设计层次称为开关级）。Verilog 在开关级提供了完整的原语（primitive），可以精确地建立 MOS 器件的底层模型。

Verilog 允许设计者用以下三种方式来描述逻辑电路：

- 结构（Structural）描述。
- 行为（Behavioural）描述。
- 数据流（Data Flow）描述。

结构描述调用电路元件（如逻辑门，甚至晶体管）构建电路，行为描述则通过描述电路的行为特性设计电路，也可以采用上述方式的混合来描述设计。

7.2 门级结构描述

所谓结构描述方式，是指在设计中，通过调用库中的元件或已设计好的模块来完成设计实体功能的描述。在结构体中，描述只表示元件（或模块）和元件（或模块）之间的互连，就像网表一样。当调用库中不存在的元件时，必须首先进行元件的创建，然后将其放在工作库中，这样才可以通过调用工作库来调用元件。

在 Verilog 程序中，可通过如下方式描述电路的结构：

- 调用 Verilog 内置门元件（门级结构描述）。
- 调用开关级元件（晶体管级结构描述）。
- 用户自定义元件 UDP（也在门级）。
- 多层次结构电路中，不同模块间的调用也属于结构描述。

在上述的结构描述中，用户自定义元件主要与仿真有关，在第 11 章中介绍，开关级结构描述不是本书讨论的重点，本节重点介绍 Verilog 门元件和门级结构描述。

7.2.1　Verilog 门元件

Verilog 内置 26 个基本元件（Basic Primitive），其中，14 个是门级元件（Gate-level Primitive），12 个是开关级元件（Switch-level Primitive）。这 26 个基本元件及其类型如表 7.1 所示。

表 7.1　Verilog HDL 内置基本元件及其类型

元　　　件	类　　　型	
and, nand, or, nor, xor, xnor	基本门	多输入门
buf, not		多输出门
buif0, bufif1, notif0, notif1	三态门	允许定义驱动强度
nmos, pmos, cmos, rnmos, rpmos, rcmos	MOS 开关	无驱动强度
tran, tranif0, tranif1	双向开关	无驱动强度
rtran, rtranif0, rtranif1		无驱动强度
pullup, pulldown	上拉、下拉电阻	允许定义驱动强度

Verilog 中丰富的门元件为电路的门级结构描述提供了方便。Verilog 的内置门元件如表 7.2 所示。

表 7.2　Verilog HDL 的内置门元件

门 元 件	类　　别	关 键 字	符号示意图
与门	多输入门	and	
与非门		nand	
或门		or	
或非门		nor	
异或门		xor	
异或非门		xnor	
缓冲器	多输出门	buf	
非门		not	

续表

门 名 称	类 别	关 键 字	符号示意图
高电平使能三态缓冲器	三态门	bufif1	
低电平使能三态缓冲器		bufif0	
高电平使能三态非门		notif1	
低电平使能三态非门		notif0	

1. 基本门的逻辑真值表

表 7.3、表 7.4 和表 7.5 分别是与非门和或非门、异或门和异或非门、缓冲器和非门的真值表。

表 7.3　nand（与非门）和 nor（或非门）的真值表

nand	0	1	x	z	nor	0	1	x	z
0	1	1	1	1	0	1	0	x	x
1	1	0	x	x	1	0	0	0	0
x	1	x	x	x	x	x	0	x	x
z	1	x	x	x	z	x	0	x	x

表 7.4　xor（异或门）和 xnor（异或非门）的真值表

xor	0	1	x	z	xnor	0	1	x	z
0	0	1	x	x	0	1	0	x	x
1	1	0	x	x	1	0	1	x	x
x	x	x	x	x	x	x	x	x	x
z	x	x	x	x	z	x	x	x	x

表 7.5　buf（缓冲器）和 not（非门）的真值表

buf		not	
输　入	输　出	输　入	输　出
0	0	0	1
1	1	1	0
x	x	x	x
z	x	z	x

bufif1、bufif0、notif1 和 notif0 这 4 种三态门的真值表分别如表 7.6 和表 7.7 所示。表中的 L 代表 0 或 z，H 代表 1 或 z。

表 7.6　bufif1（高电平使能三态缓冲器）和 bufif0（低电平使能三态缓冲器）的真值表

bufif1		Enable（使能端）				bufif0		Enable（使能端）			
		0	1	x	z			0	1	x	z
输入	0	z	0	L	L	输入	0	0	z	L	L
	1	z	1	H	H		1	1	z	H	H
	x	z	x	x	x		x	x	z	x	x
	z	z	x	x	x		z	x	z	x	x

表 7.7　notif1（高电平使能三态非门）和 notif0（低电平使能三态非门）的真值表

notif1		Enable（使能端）				notif0		Enable（使能端）			
		0	1	x	z			0	1	x	z
输入	0	z	1	H	H	输入	0	1	z	H	H
	1	z	0	L	L		1	0	z	L	L
	x	z	x	x	x		x	x	z	x	x
	z	z	x	x	x		z	x	z	x	x

2. 门元件的调用

调用门元件的格式如下：

　　　　门元件名字 <例化的门名字>（<端口列表>）

其中，普通门的端口列表按下面的顺序列出：

　　　　（输出，输入 1，输入 2，输入 3，…）；

例如：

```
and a1(out,in1,in2,in3);        //三输入与门，其名字为 a1
and a2(out,in1,in2);            //二输入与门，其名字为 a2
```

对于三态门，则按以下顺序列出输入、输出端口：

　　　　（输出，输入，使能控制端）；

例如：

```
bufif1 g1(out,in,enable);       //高电平使能的三态门
bufif0 g2(out,a,ctrl);          //低电平使能的三态门
```

对于 buf 和 not 两种元件的调用，需要注意的是，它们允许有多个输出，但只能有一个输入。例如：

```
not g3(out1,out2,in);           //1 个输入 in，2 个输出 out1,out2
buf g4(out1,out2,out3,in);      //1 个输入 in，3 个输出 out1,out2,out3
```

7.2.2　门级结构描述

图 7.1 是用基本门实现的 4 选 1 数据选择器（MUX）的原理图。对于该电路，用 Verilog 语言门级结构描述，如例 7.1 所示。

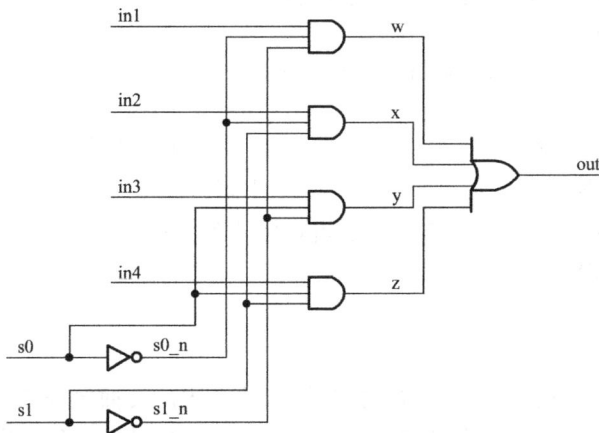

图 7.1　用基本门实现的 4 选 1 MUX 的原理图

【例 7.1】　调用门元件实现的 4 选 1 MUX。

```
module mux4_1a(
        input in1,in2,in3,in4,s0,s1,
        output out);
wire s0_n,s1_n,w,x,y,z;
not (s0_n,s0),(s1_n,s1);
and (w,in1,s0_n,s1_n),(x,in2,s0_n,s1),
    (y,in3,s0,s1_n),(z,in4,s0,s1);
or (out,w,x,y,z);
endmodule
```

7.3　数据流描述与行为描述

1. 数据流描述

数据流描述方式主要使用持续赋值语句，多用于描述组合逻辑电路，其格式如下：

```
assign LHS_net=RHS_expression;
```

右边表达式中的操作数无论何时发生变化，都会引起表达式值的重新计算，并将重新计算后的值赋予左边表达式的 net 型变量。例如，前面的 4 选 1 数据选择器采用数据流描述则如例 7.2 所示。

【例 7.2】　数据流描述的 4 选 1 MUX。

```
module mux4_1b(
        input in1,in2,in3,in4,s0,s1,
        output out);
assign out=(in1 & ~s0 & ~s1)|(in2 & ~s0 & s1)|
        (in3& s0 & ~s1)|(in4 & s0 & s1);
endmodule
```

用条件运算符完成的数据流描述方式如例 7.3 所示。

【例 7.3】　用条件运算符描述的 4 选 1 MUX。

```
module mux4_1c(
        input in1,in2,in3,in4,s0,s1,
        output out);
assign out=s0?(s1?in4:in3):(s1?in2:in1);
endmodule
```

用数据流描述方式设计电路与用传统的逻辑方程设计电路很相似。设计中只要有了布尔代数表达式，就很容易将它用数据流方式表达出来。表达方法是用 Verilog 语言中的逻辑运算符置换布尔逻辑运算符。例如，若逻辑表达式为 $f = ab + \overline{cd}$，则用数据流方式描述为 assign f=(a&b)|(~(c&d))。

2. 行为描述

所谓行为描述，就是对设计实体的数学模型的描述，其抽象程度远高于结构描述。行为描述类似于高级编程语言，当描述一个设计实体的行为时，无须知道具体电路的结构，只要描述清楚输入与输出信号的行为，而不必花费精力关注设计功能的门级实现。

可综合的 Verilog 行为描述方式多采用 always 过程语句实现，这种行为描述方式既适

合设计时序逻辑电路，也适合设计组合逻辑电路。例 7.4 所示的是行为描述方式实现的 4 选
1 MUX，用 case 语句实现。

【例 7.4】　用 case 语句描述的 4 选 1 MUX。

```verilog
module mux4_1d(
    input in1,in2,in3,in4,s0,s1,
    output reg out);
always @*                    //通配符
  begin
    case({s0,s1})
    2'b00:out=in1;
    2'b01:out=in2;
    2'b10:out=in3;
    2'b11:out=in4;
    default:out=2'bx;
    endcase  end
endmodule
```

采用行为描述方式时需注意以下几点：

- 用行为描述方式设计电路可以降低设计难度。行为描述只需表示输入与输出之间的
  关系，不需要包含任何结构方面的信息。
- 设计者只需写出源程序，而挑选电路方案的工作由 EDA 软件自动完成，最终选取
  的电路的优化程度，往往取决于综合软件的技术水平和器件的支持能力。可能最终
  选取的电路方案耗用的器件资源并不是最少的。
- 在电路规模较大或需要描述复杂的逻辑关系时，应首先考虑用行为描述方式设计实
  现，如果设计的结果不能满足要求，则应改变描述方式。

注：在实际的设计中，有些描述形式究竟属于哪一种模式会很难界定，数据流描述有
时也表示行为，有时还含有结构信息，因此，设计中不需要过于纠结于描述形式的区分。

7.4　不同描述风格的设计

对综合器而言，行为级的描述为综合器的优化提供了更大的空间，较之门级结构描述
更能发挥综合器的性能，所以多采用行为建模方式。

7.4.1　半加器设计

首先设计一个半加器，其真值表如表 7.8 所示。

表 7.8　半加器的真值表

输　　　入		输　　　出	
a	b	sum	cout
0	0	0	0
0	1	1	0
1	0	1	0
1	1	0	1

由此可得其门级结构原理图如图 7.2 所示。

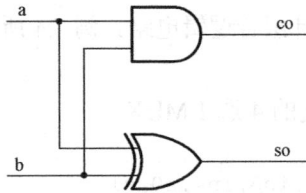

图 7.2　半加器门级结构图

例 7.5 中分别用门元件、数据流和描述真值表的方式描述了上面的半加器。

【例 7.5】　半加器。

```
//门元件例化
module half_add1(
    input a,b,
    output so,co);
and(co,a,b);
xor(so,a,b);
endmodule
```

```
//数据流描述
module half_add(
    input a,b,
    output so,co);
assign so=a^b;
assign co=a&b;
endmodule
```

```
module half_add2(
    input a,b,
    output reg so,co);
always @(a, b)
begin  case({a,b})    //用 case 语句描述真值表
        2'b00:begin so=0;co=0;end
        2'b01:begin so=1;co=0;end
        2'b10:begin so=1;co=0;end
        2'b11:begin so=0;co=1;end
    endcase  end
endmodule
```

7.4.2　1 位全加器设计

例 7.6 分别用门元件例化、数据流和行为描述实现了该 1 位全加器。门元件例化实现 1 位全加器的综合视图如图 7.3 所示。

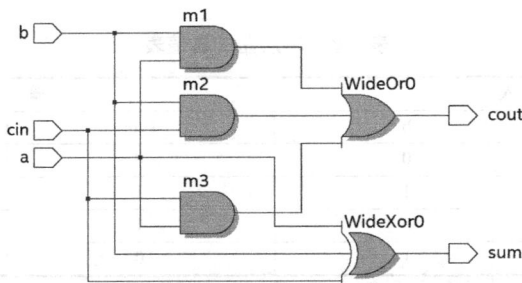

图 7.3　门元件例化实现 1 位全加器的综合视图

【例 7.6】　1 位全加器。

```
module full_add_g(              //门元件例化
        input a,b,cin,
        output sum,cout);
wire s1,m1,m2,m3;
and (m1,a,b),(m2,b,cin),(m3,a,cin);
xor (sum,a,b,cin);
or (cout,m1,m2,m3);
endmodule
```

```
//数据流描述
module full_add_df(
    input a,b,cin,
    output sum,cout);
assign sum=a^b^cin;
assign cout=(a&b)|(b&cin)|(cin&a);
endmodule
```

```
//行为描述
module full_add(
    input a,b,cin,
    output reg sum,cout);
always @*  begin
  {cout,sum}=a+b+cin;  end
endmodule
```

用两个半加器和一个或门可以构成 1 位全加器，其连接关系如图 7.4 所示。例 7.7 通过调用半加器模块 half_add、或门（or）实现该电路，其中半加器源码见例 7.5。

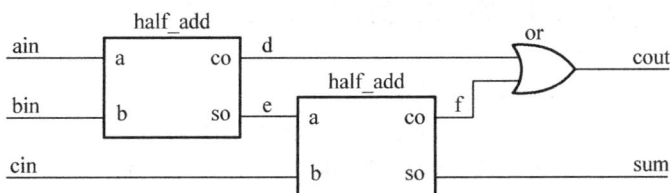

图 7.4　两个半加器构成一位全加器

【例 7.7】　用半加器构成的 1 位全加器。

```
module full_add1(
        input ain,bin,cin,
        output sum,cout);
wire d,e,f;                     //用于内部连接的节点信号
half_add u1(ain,bin,e,d);       //半加器源码见例 7.5，位置关联方式例化
half_add u2(e,cin,sum,f);       //半加器源码见例 7.5，位置关联方式例化
or u3(cout,d,f);                //或门例化
endmodule
```

7.4.3　加法器的级联

1 位全加器级联即可构成多位加法器，比如，用 4 个 1 位全加器按图 7.5 所示级联起来，可实现 4 位加法器，其 Verilog 描述见例 7.8。

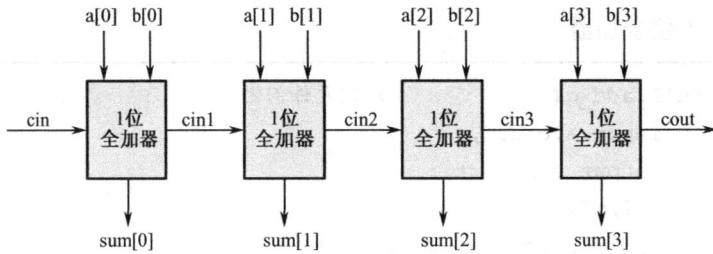

图 7.5　4 位加法器结构示意图

【例 7.8】　结构描述的 4 位级联加法器。

```
module add4_jl(
        input cin, input[3:0] a,b,
        output[3:0] sum, output cout);
full_add1 f0(a[0],b[0],cin,sum[0],cin1);      //级联描述
full_add1 f1(a[1],b[1],cin1,sum[1],cin2);     //full_add1源码见例7.6
full_add1 f2(a[2],b[2],cin2,sum[2],cin3);
full_add1 f3(a[3],b[3],cin3,sum[3],cout);
endmodule
```

上面的元件例化仍然烦琐，Verilog-2001 标准新增了语句 generate，可以更好地实现上面的级联描述。通过 generate 和 for 循环，可产生一个对象的多个例化，在例 7.9 中采用 generate 语句和 for 循环产生元件的例化和元件间的连接关系，更简洁也更容易扩展。

【例 7.9】　用 generate for 循环描述的 8 位级联加法器。

```
module add8_gene
            #(parameter SIZE=8)
             (input cin, input[SIZE-1:0] a,b,
             output[SIZE-1:0] sum, output cout);
wire[SIZE:0] c;
assign c[0]=cin;
generate
genvar i;
for(i=0;i<SIZE;i=i+1)
begin : add
full_add1 fi(a[i],b[i],c[i],sum[i],c[i+1]);
end
endgenerate
assign cout=c[SIZE];
endmodule
```

7.5　多层次结构电路的设计

如果数字系统比较复杂，可采用 Top-down 的方法进行设计。首先把系统分为几个模块，每个模块再分为几个子模块，以此类推，直到易于实现为止。这种 Top-down 的方法能够把复杂的设计分解为许多简单的逻辑来实现，同时也适合多人分工合作，如同用 C 语言编写大型软件一样。Verilog 语言能够很好地支持这种 Top-down 的设计方法。

7.5.1　模块例化

本节用 8 位累加器的例子介绍多层次结构电路的设计方法。

8 位累加器（ACC）用于对输入的 8 位数据进行累加，可分两个模块实现：8 位全加器和 8 位寄存器。全加器负责对输入的数据、进位进行累加；寄存器负责暂存累加和，并把累加结果输出、反馈到累加器输入端，以进行下一次的累加。

例 7.10 和例 7.11 分别是 8 位全加器和寄存器的设计。

【例 7.10】　8 位全加器。

```
module add8
            #(parameter MSB=8,LSB=0)
              (input[MSB-1:LSB] a,b,
               input cin,
               output[MSB-1:LSB] sum,
               output cout);
assign {cout,sum}=a+b+cin;
endmodule
```

【例 7.11】　8 位寄存器。

```
module reg8
            #(parameter SIZE=8)
              (input clk,clear,
               input[SIZE-1:0] in,
               output reg[SIZE-1:0] qout);
always @(posedge clk, posedge clear)
    begin if(clear) qout<=0;                    //异步清零
          else  qout<=in;
    end
endmodule
```

对于顶层模块，可以像例 7.12 这样进行描述。

【例 7.12】　累加器顶层连接描述。

```
module acc
            #(parameter WIDTH=8)
              (input[WIDTH-1:0] accin,
               input cin,clk,clear,
               output[WIDTH-1:0] accout,
               output cout);
wire[DEPTH-1:0] sum;
add8 u1(.cin(cin),.a(accin),.b(accout),.cout(cout),.sum(sum));
            //例化 add8 子模块，信号名关联
reg8 u2(.qout(accout),.clear(clear),.in(sum),.clk(clk));
            //例化 reg8 子模块，信号名关联
endmodule
```

在模块例化时，需注意端口信号的对应关系。在例 7.12 中，采用的是信号名关联方式（对应方式），此种方式在调用时可按任意顺序排列信号。

还可按照位置对应（或称为位置关联）的方式进行模块例化，此时，例化端口列表中信号的排列顺序应与模块定义时端口列表中的信号排列顺序相同。如上面对 add8 和 reg8 的例化，采用位置关联方式应写为下面的形式。

```
add8 u3(accin,accout,cin,sum,cout);
                //例化 add8 子模块，位置关联
reg8 u4(clk,clear,sum,accout);
                //例化 reg8 子模块，位置关联
```

建议采用信号名关联方式进行模块例化，以避免出错。

7.5.2 用 parameter 进行参数传递

在高层模块中例化底层模块时，底层内部定义的参数（parameter）值是可以在高层模块中直接改变的，称为参数传递或参数重载。

1. 用 "#" 符号隐式地重载参数方式

在 Verilog-1995 标准中可使用 "#" 符号隐式地重载参数，用此方式重载参数，参数重载的顺序必须与参数在原定义模块中声明的顺序相同，并且不能跳过任何参数。

例如，在前面的设计中，累加器是 8 位宽度，如果要将其改为 16 位宽度，可采用 "#" 符号，如例 7.13 所示。

【例 7.13】　用 "#" 符号进行参数传递。

```
module acc16
            #(parameter WIDTH=16)
            (input[WIDTH-1:0] accin,
             input cin,clk,clear,
             output[WIDTH-1:0] accout,
             output cout);
wire[WIDTH-1:0] sum;
add8 #(16,0)
    //用"#"符号重载参数方式，参数排列必须与被引用模块中的参数一一对应
  u1 (.cin(cin),.a(accin),.b(accout),.cout(cout),.sum(sum));
            //例化 add8 子模块
reg8 #(16)              //用"#"符号重载参数
  u2 (.qout(accout),.clear(clear),.in(sum),.clk(clk));
            //例化 reg8 子模块
endmodule
```

例 7.13 用 Quartus Prime 综合后的 RTL 视图如图 7.6 所示，可见，整个设计的尺度已变为 16 位。

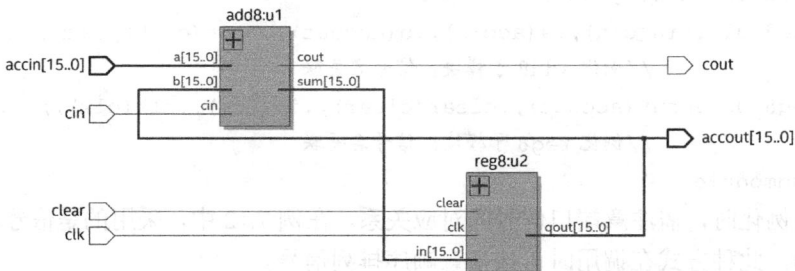

图 7.6　16 位累加器综合后的 RTL 视图

2. 在线显式重载参数方式

用 "#" 符号重载参数方式容易出错，Verilog-2001 标准中增加了一种在线显式重载（in-line explicit redefinition）参数的方式，这种方式允许在线参数值按照任意顺序排列。例如，例 7.13 采用显式参数传递方式可写为例 7.14 的形式。

【例 7.14】 在线显式重载参数方式。

```
module acc16n
              #(parameter WIDTH=16)
               (input[WIDTH-1:0] accin,
                input cin,clk,clear,
                output[WIDTH-1:0] accout,
                output cout);
wire[WIDTH-1:0] sum;
add8 #(.MSB(16),.LSB(0))              //在线显式参数传递方式
  u1 (.cin(cin),.a(accin),.b(accout),.cout(cout),.sum(sum));
                                      //例化 add8 子模块
reg8 #(.SIZE(16))                    //在线显式参数传递方式
  u2 (.qout(accout),.clear(clear),.in(sum),.clk(clk));
                                      //例化 reg8 子模块
endmodule
```

例 7.14 用 Quartus Prime 综合后的 RTL 视图与图 7.6 相同。在该例中，用 add8 #(.MSB(16),.LSB(0)) 修改了 add8 模块中的两个参数的值。显然，此时原来模块中的参数值已失效，被顶层例化语句中的参数值代替。

综上，可以总结参数传递的两种格式如下：

```
模块名 # (.参数 1(参数 1 值),.参数 2(参数 2 值),…) 例化模块名 (端口列表);
                                      //在线显式重载参数方式
模块名 # (参数 1 值,参数 2 值,…) 例化模块名 (端口列表);
                                      //用 "#" 符号隐式地参数传递方式
```

7.5.3 用 defparam 进行参数重载

还可以在高层模块中采用 defparam 语句来显式更改（重载）底层模块的参数值，defparam 重载语句在例化之前就改变了原模块内的参数值，其使用格式如下：

```
defparam 例化模块名.参数 1 = 参数 1 值, 例化模块名.参数 2 = 参数 2 值,…;
模块名 例化模块名 (端口列表);
```

对于例 7.13，如果用 defparam 语句来实现参数重载，可以写为例 7.15 的形式。

【例 7.15】 用 defparam 进行参数重载。

```
module acc16_def
              #(parameter WIDTH=16)
               (input[WIDTH-1:0] accin,
                input cin,clk,clear,
                output[WIDTH-1:0] accout,
                output cout);
wire[WIDTH-1:0] sum;
defparam u1.MSB =16, u1.LSB =0;      //用 defparam 进行参数重载
add8 u1 (.cin(cin),.a(accin),.b(accout),.cout(cout),.sum(sum));
                                      //例化 add8 子模块
defparam u2.SIZE = 16;               //用 defparam 进行参数重载
```

```
reg8 u2 (.qout(accout),.clear(clear),.in(sum),.clk(clk));
                                        //例化 reg8 子模块
endmodule
```

defparam 语句是可综合的，例 7.15 的综合结果与例 7.13、例 7.14 相同。

在上述 3 种参数传递方式中，建议选择 Verilog-2001 的在线显式重载参数方式进行参数传递。

7.6　Verilog 组合电路设计

本节介绍常用组合逻辑电路（Combinational Logic Circuit）的设计和描述。

1. 3—8 译码器（Decoder）

例 7.16 用 case 语句描述了一个 3—8 译码器（功能与 74138 相同），74138 有一个高电平使能信号 g1、两个低电平使能信号 g2a 和 g2b，只有当 g1、g2a、g2b 为 100 时，译码器才使能；其输出低电平有效。

【例 7.16】　74138 的 Verilog 描述。

```
module ttl74138(
        input[2:0] a,
        input g1,g2a,g2b,
        output reg[7:0] y);
always @*
begin if(g1 & ~g2a & ~g2b)      //g1、g2a、g2b 为 100 时，译码器使能
    begin  case(a)
    3'b000:y<=8'b11111110;       //译码输出
    3'b001:y<=8'b11111101;
    3'b010:y<=8'b11111011;
    3'b011:y<=8'b11110111;
    3'b100:y<=8'b11101111;
    3'b101:y<=8'b11011111;
    3'b110:y<=8'b10111111;
    3'b111:y<=8'b01111111;
    default:y<=8'b11111111;
    endcase  end
    else  y<=8'b11111111;
end
endmodule
```

2. 8—3 优先编码器（Priority Encoder）

优先编码器的特点是：当多个输入信号有效时，编码器只对优先级最高的信号进行编码。74148 是一个 8—3 优先编码器，其功能如表 7.9 所示。编码器的输入为 din[7]～din[0]，编码优先顺序从高到低为 din[7]～din[0]，输出为 dout[2]～dout[0]，ei 是输入使能，eo 是输出使能，gs 是组选择输出信号，只有当编码器输出二进制编码时，gs 才为低电平。

表 7.9　74148 优先编码器功能表

输　入		输　出	
ei	din[0] din[1] din[2] din[3] din[4] din[5] din[6] din[7]	dout[2] dout[1] dout[0]	gs　eo
1	x　x　x　x　x　x　x　x	1　1　1	1　1
0	1　1　1　1　1　1　1　1	1　1　1	1　0
0	x　x　x　x　x　x　x　0	0　0　0	0　1
0	x　x　x　x　x　x　0　1	0　0　1	0　1
0	x　x　x　x　x　0　1　1	0　1　0	0　1
0	x　x　x　x　0　1　1　1	0　1　1	0　1
0	x　x　x　0　1　1　1　1	1　0　0	0　1
0	x　x　0　1　1　0　1　1	1　0　1	0　1
0	x　0　1　1　1　0　1　1	1　1　0	0　1
0	0　1　1　1　1　0　1　1	1　1　1	0　1

　　例 7.17 是采用多重选择 if 语句描述的 8—3 优先编码器 74148。作为条件语句，if-else
语句的分支是有优先顺序的，利用 if-else 语句的特点，正好可实现优先编码器的设计。

【例 7.17】　8—3 优先编码器 74148 的 Verilog 描述。

```
module ttl74148(input ei,
                input[7:0] din,
                output reg gs,eo,
                output reg[2:0] dout);
always @(ei,din)
  begin if(ei) begin  dout<=3'b111;gs<=1'b1;eo<=1'b1; end
    else if(din==8'b111111111) begin dout<=3'b111;gs<=1'b1;eo<=1'b0;end
    else if(!din[7]) begin dout<=3'b000;gs<=1'b0;eo<=1'b1;end
    else if(!din[6]) begin dout<=3'b001;gs<=1'b0;eo<=1'b1;end
    else if(!din[5]) begin dout<=3'b010;gs<=1'b0;eo<=1'b1;end
    else if(!din[4]) begin dout<=3'b011;gs<=1'b0;eo<=1'b1;end
    else if(!din[3]) begin dout<=3'b100;gs<=1'b0;eo<=1'b1;end
    else if(!din[2]) begin dout<=3'b101;gs<=1'b0;eo<=1'b1;end
    else if(!din[1]) begin dout<=3'b110;gs<=1'b0;eo<=1'b1;end
    else begin dout<=3'b111;gs<=1'b0;eo<=1'b1;end
  end
endmodule
```

例 7.18 用函数定义了 8—3 优先编码器。

【例 7.18】　用函数定义的 8—3 优先编码器。

```
module coder_83(din,dout);
input[7:0] din; output[2:0] dout;
function[2:0] code;                 //函数定义
input[7:0] din;                     //函数只有输入端口，输出为函数名本身
if(din[7])       code=3'd7;
else if(din[6])  code=3'd6;
else if(din[5])  code=3'd5;
```

```
            else if(din[4])  code=3'd4;
            else if(din[3])  code=3'd3;
            else if(din[2])  code=3'd2;
            else if(din[1])  code=3'd1;
            else             code=3'd0;
            endfunction
            assign dout=code(din);              //函数调用
            endmodule
```

3. 奇偶校验（Parity Check）位产生器

例 7.19 对并行输入的 8 位数据 a 进行奇偶校验，生成奇校验位 odd_bit 和偶校验位 even_bit，图 7.7 是该例的综合结果。

【例 7.19】　奇偶校验位产生器。

```
module parity(
        input[7:0] a,
        output even_bit,odd_bit);
assign even_bit= ^a;
  //生成偶校验位,等效于 even_bit=((a[0]^a[1])^a[2]) … ^a[7];
assign odd_bit=~even_bit;          //生成奇校验位
endmodule
```

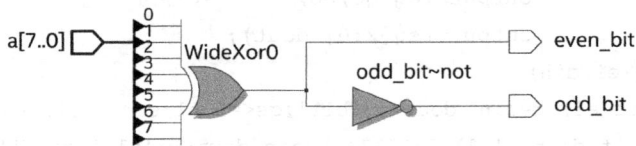

图 7.7　奇偶校验位产生器的综合结果

4. 简易微处理器

例 7.20 设计了简易 ALU（算术逻辑单元），该 ALU 根据输入的指令，能实现加、减、加 1 和减 1 四种操作，操作码和操作数均从输入指令中提取。

【例 7.20】　用函数实现简易 ALU。

```
module mpc(
        input[17:0] instr,          //instr 为输入的指令
        output reg[8:0] out);        //输出结果
reg func;
reg[7:0] op1,op2;                    //从指令中提取操作数
function[16:0] code_add;             //函数的定义
input[17:0] instr;
reg add_func;  reg[7:0] code,opr1,opr2;
    begin
    code=instr[17:16];               //输入指令 instr 的高 2 位是操作码
    opr1=instr[7:0];                 //输入指令 instr 的低 8 位是操作数
    case(code)
```

```
        2'b00:  begin  add_func=1;
                opr2=instr[15:8]; end     //从 instr 中取第二个操作数
        2'b01:  begin  add_func=0;
            opr2=instr[15:8]; end         //从 instr 中取第二个操作数
        2'b10:  begin  add_func=1;
            opr2=8'd1;   end              //第二个操作数取为 1，实现+1 操作
        default:begin add_func=0;
            opr2=8'd1; end                //实现-1 操作
        endcase
        code_add={add_func,opr2,opr1};
        end
    endfunction
    always @(instr)
        begin
        {func,op2,op1}=code_add(instr);   //调用函数
        if(func==1)  out=op1+op2;         //实现两数相加、操作数 1 加 1 操作
        else          out=op1-op2;        //实现两数相减、操作数 1 减 1 操作
        end
    endmodule
```

编写如例 7.21 所示的激励代码以检验其功能，其时序仿真波形如图 7.8 所示。

【例 7.21】　简易 ALU 的激励代码。

```
    `timescale 1 ns/1 ps
    module mpc_vlg_tst();
    parameter DELY=10;
    reg [17:0] instr;
    wire [8:0]  out;
    mpc i1(.instr(instr),
        .out(out));
    initial
    begin instr=18'd0;
    #DELY instr=18'b00_01001101_00101111;
    #DELY instr=18'b00_11001101_11101111;
    #DELY instr=18'b01_01001101_11101111;
    #DELY instr=18'b01_01001101_00101111;
    #DELY instr=18'b10_01001101_00101111;
    #DELY instr=18'b11_01001101_00101111;
    #DELY instr=18'b00_01001101_00101111;
    $display("Running testbench");
    end
    endmodule
```

图 7.8　简易 ALU 的时序仿真波形

7.7　Verilog 时序电路设计

本节举例介绍基本时序逻辑电路（Sequential Logic Circuit）的设计。

1. 触发器

例 7.22 为带异步清 0、异步置 1（低电平有效）功能的 JK 触发器的描述。

【例 7.22】　带异步清 0/异步置 1 的 JK 触发器。

```
module jkff_rs(
        input clk,j,k,set,rs,
        output reg q);
always @(posedge clk, negedge rs, negedge set)
    begin if(!rs)  q<=1'b0;
    else if(!set) q<=1'b1;
    else case({j,k})
       2'b00:q<=q;
       2'b01:q<=1'b0;
       2'b10:q<=1'b1;
       2'b11:q<=~q;
       default:q<=1'bx;
       endcase
    end
endmodule
```

2. 数据锁存器

例 7.23 描述了电平敏感的 1 位数据锁存器。

【例 7.23】　电平敏感的 1 位数据锁存器。

```
module latch1(
        input d,le,
        output q);
assign q=le?d:q;      //le 为高电平时，将输入数据锁存
endmodule
```

例 7.24 用 assign 语句描述了一个带置位/复位端的电平敏感型的 1 位数据锁存器。

【例 7.24】　带置位/复位端的 1 位数据锁存器。

```
module latch2(
        input d,le,set,reset,
        output q);
assign q=reset?0:(set? 1:(le?d:q));
endmodule
```

例 7.25 描述了电平敏感型数据锁存器，能一次锁存 8 位数据，功能类似于 74LS373，图 7.9 是该例的 RTL 综合结果。

【例 7.25】　8 位数据锁存器。

```
module ttl373(
```

```
            input le,oe,
            input[7:0] d,
            output reg[7:0] q);
always @*
    begin if(~oe & le) q<=d;
    //或写为 if((!oe) && (le))
    else q<=8'bz;
    end
endmodule
```

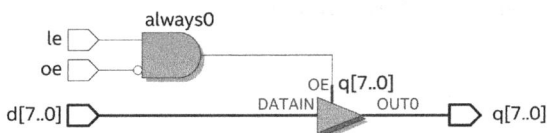

图 7.9　8 位数据锁存器（74LS373）的 RTL 综合结果

3. 数据寄存器

首先看一下数据锁存器（Latch）和数据寄存器（Register）的区别。从寄存数据的角度看，锁存器和寄存器的功能相同，两者的区别在于：锁存器一般由电平信号控制，属于电平敏感型；而寄存器一般由时钟信号控制，属于边沿敏感型。两者有不同的使用场合，主要取决于控制方式以及控制信号和数据信号之间的时序关系：若数据滞后于控制信号，则只能使用锁存器；若数据提前于控制信号，并要求同步操作，则可用寄存器来存放数据。

例 7.26 设计了 8 位数据寄存器，每次对 8 位并行输入的数据进行同步寄存。

【例 7.26】　数据寄存器。

```
module reg_w
            #(parameter WIDTH=8)
             (input clk,clr,
             input[WIDTH-1:0] din,
             output reg[WIDTH-1:0] dout);
always @(posedge clk, posedge clr)
    begin
    if(clr) dout<=0;else dout<=din; end
endmodule
```

4. 移位寄存器

74LS194 是 4 位双向移位寄存器，采用 16 引脚双列直插式封装，其引脚排列如图 7.10 所示。74LS194 具有异步清零、数据保持、同步左移、同步右移、同步置数等 5 种工作模式。CLR 为异步清零输入，低电平有效，S1、S0 为方式控制输入：S1S0=00 时，74194 工作于保持方式；S1S0=01 时，74194 工作于右移方式，其中 DR 为右移数据输入端，Q3 为右移数据输出端；S1S0=10 时，74194 工作于左移方式，其中 DL 为左移数据输入端，Q0 为左移数据输出端；S1S0=11 时，74194 工作于同步置数方式，其中 D3～D0 为并行数据输入端。例 7.27 实现了 74LS194 的上述功能。

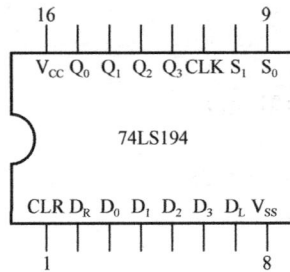

图 7.10　4 位双向移位寄存器 74LS194 引脚排列图

【例 7.27】　　4 位双向移位寄存器 74LS194。

```verilog
module LS194(
        input wire clr,clk,
        input wire S0,S1,Dl,Dr,
        input wire D0,D1,D2,D3,
        output wire Q0,Q1,Q2,Q3);
reg [0:3] qout;
assign {Q0,Q1,Q2,Q3}=qout;
always @(posedge clk, negedge clr)
begin if(!clr)
  begin qout<=4'b0000; end            //异步清零
  else begin
  case ({S1,S0})
  2'b00: qout<=qout;                   //数据保持
  2'b01: qout<={Dr,qout[0:2]};         //同步右移
  2'b10: qout<={qout[1:3],Dl};         //同步左移
  2'b11: qout<={D0,D1,D2,D3};          //同步置数
  default:qout<=4'b0000;
  endcase
end end
endmodule
```

5. m 序列发生器

m 序列是最大长度线性反馈移位寄存器（Linear Feedback Shift Register，LFSR）序列的简称，n 级线性反馈移位寄存器可产生周期最长为 2^n-1 的序列。图 7.11 表示的是 n 级线性反馈移位寄存器产生序列的示意图，图中 C_0，C_1，…，C_n 为反馈线，C_0 和 C_n 必须为 1，即参与反馈，其他系数若为 1，表示参与反馈；为 0，表示不参与反馈。一个线性反馈移位寄存器能否产生 m 序列，取决于它的反馈系数，表 7.10 列出了部分 m 序列的反馈系数 C_i，按照表中的系数来构造移位寄存器，就能产生相应的 m 序列。

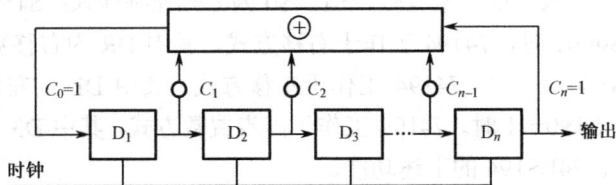

图 7.11　n 级线性反馈移位寄存器模型

反馈系数一旦确定，所产生的序列就确定了，当移位寄存器的初始状态不同时，所产生的周期序列的初始相位不同，也就是观察的初始值不同，但仍是同一序列。

表 7.10 部分 m 序列的反馈系数表

级数 n	周期 P	反馈系数 C_i（八进制数）
4	15	23
5	31	45，67，75
6	63	103，147，155
7	127	203，211，217，235，277，313，325，345，367
8	255	435，453，537，543，545，551，703，747
9	511	1 021，1 055，1 131，1 157，1 167，1 175
10	1 023	2 011，2 033，2 157，2 443，2 745，3 471

此处以 $n=5$、周期为 $2^5-1=31$ 的 m 序列的产生为例，介绍 m 序列的设计方法。查表 7.10 可得，表中 $n=5$，反馈系数 $C_i=(45)_8=(100101)_2$，即相应的反馈系数为 $C_0=1$；$C_1=0$；$C_2=0$；$C_3=1$；$C_4=0$；$C_5=1$；生成多项式：$f(x)=1+x^3+x^5$，图 7.12 所示是该序列发生器的原理图，根据此电路，给定移位寄存器初始状态（如 00001），即可产生相应的码序列（初始状态不能为全零，因为一旦进入全零状态，系统会陷入死循环）。例 7.28 是该 m 序列发生器的 Verilog 描述，例 7.29 是其测试脚本。

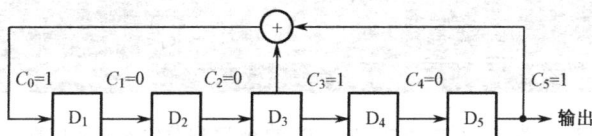

图 7.12 n 为 5、反馈系数 $C_i=(45)_8$ 的 m 序列发生器的原理图

【例 7.28】 n 为 5、反馈系数 $C_i=(45)_8$ 的 m 序列发生器。

```verilog
// the generation poly is 1+x**3+x**5
module m_sequence(
            input clr,clk,
            output reg m_out);
reg[4:0] shift_reg;
always @(posedge clk, negedge clr)
  begin
   if(~clr)
   begin shift_reg<=5'b00001; end        //异步复位，设置非零初始态
   else begin
        shift_reg[0] <= shift_reg[2] ^ shift_reg[4];
        shift_reg[4:1]<=shift_reg[3:0];
        m_out <= shift_reg[4];  end
  end
endmodule
```

【例 7.29】 测试脚本。

```verilog
`timescale 1 ns/ 1 ps
module m_sequence_vlg_tst();
```

```
        parameter CYCLE=40;
        reg clk=1'b0;
        reg clr=1'b0;
        wire m_out;
        m_sequence i1(.clk(clk),
                      .clr(clr),
                      .m_out(m_out));
        initial
        begin
        #(CYCLE*2)  clr=1'b1;
        #(CYCLE*40) $stop;
        $display("Running testbench");
        end
        always
        begin #(CYCLE/2)  clk=~clk; end
        endmodule
```

例 7.29 的 RTL 仿真波形图如图 7.13 所示，通过波形图可看到 D_5 输出的码序列为
0000100101100111110001101110101…，码序列周期长度 $P=31$。

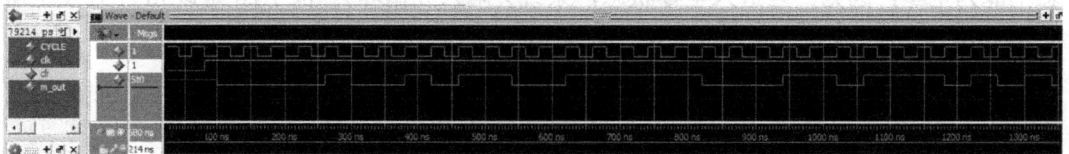

图 7.13　　n 为 5、反馈系数 $C_i=(45)_8$ 的 m 序列发生器功能仿真波形图

如果电路反馈逻辑关系不变，换另一个初始状态，则产生的序列仍为 m 序列，只是起始位置（初始相位）不同而已。例如，初始状态为"10000"的输出序列是初始状态为"00001"的输出序列循环右移一位而已。此外移位寄存器级数 n 相同，反馈逻辑不同，产生的 m 序列就不同，如 5 级移位寄存器（$n=5$），其反馈系数 C_i 除 $(45)_8$ 外，还可以是 $(67)_8$ 和 $(75)_8$。在例 7.30 中，通过 sel 设置端可以选择反馈系数，并产生相应的 m 序列。

【例 7.30】　　n 为 5、反馈系数 C_i 分别为 $(45)_8$，$(67)_8$，$(75)_8$ 的 m 序列发生器。

```
        module m_seq5(
              input clr,clk,
              input[1:0] sel;                    //设置端，用于选择反馈系数
              output reg m_out);
        reg[4:0] shift_reg;
        always @(posedge clk, negedge clr)
          begin if(~clr)
          begin shift_reg<=5'b00001; end          //异步复位，低电平有效
          else begin
          case (sel)
          2'b00: begin                            //反馈系数 C_i 为 (45)_8
            shift_reg[0]<=shift_reg[2] ^ shift_reg[4];
            shift_reg[4:1]<=shift_reg[3:0]; end
          2'b01: begin                            //反馈系数 C_i 为 (67)_8
```

```
shift_reg[0]<=shift_reg[0]^shift_reg[2]^shift_reg[3]^shift_reg[4];
shift_reg[4:1]<=shift_reg[3:0]; end
2'b10: begin                                 //反馈系数 Ci 为 (75)8
shift_reg[0]<=shift_reg[0]^shift_reg[1]^shift_reg[2]^shift_reg[4];
shift_reg[4:1]<=shift_reg[3:0]; end
default: shift_reg<=5'bX;
endcase
m_out <= shift_reg[4];
    end  end
endmodule
```

6. Gold 码发生器

Gold 码是 Gold 于 1967 年提出的，Gold 序列是 m 序列的复合码，它由两个码长相等、速率相同的 m 序列优选对模 2 加得到。两个 m 序列发生器的级数相同，即 $n_1 = n_2 = n$。如果两个 m 序列相对相移不同，所得到的是不同的 Gold 码序列。对 n 级 m 序列，共有 $2^n - 1$ 个不同相位，所以通过模 2 加后可得到 $2^n - 1$ 个 Gold 码序列，其周期均为 $2^n - 1$。产生 Gold 码序列的结构形式有两种：一种是将两个 n 级 m 序列发生器并联，另一种是将两个 m 序列发生器串联成级数为 $2n$ 的线性移位寄存器，这两种结构如图 7.14 所示。

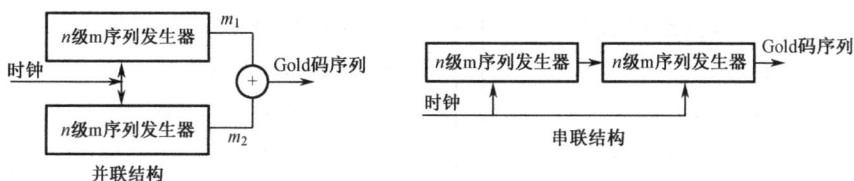

图 7.14　Gold 码产生框图

在 Gold 序列的构造中，每改变两个 m 序列的相对位移就可得到一个新的 Gold 序列。当相对位移（2^n-1）比特时，就可得到一组（2^n-1）个 Gold 序列。再加上两个 m 序列，共有（2^n+1）个 Gold 序列。用 Verilog 也不难实现 Gold 码序列发生器，如例 7.31 所示。其 RTL 仿真波形如图 7.15 所示，其一个周期序列为 00000001000110110000110011100011。

【例 7.31】　n 为 5、反馈系数 C_i 分别为 $(45)_8$ 和 $(57)_8$ 的 Gold 码序列发生器。

```
module gold(
        input clr,clk,
        output gold_out);
reg[4:0] shift_reg1,shift_reg2;
assign gold_out=shift_reg1[4] ^ shift_reg2[4];     //两个 m 序列异或
always @(posedge clk, negedge clr)
  begin  if(~clr) begin
   shift_reg1<=5'b00001;
   shift_reg2<=5'b00001; end                        //异步复位
  else begin
   shift_reg1[0]<=shift_reg1[2] ^ shift_reg1[4]; //反馈系数 Ci 为 (45)8
   shift_reg1[4:1]<=shift_reg1[3:0];
   shift_reg2[0]<=shift_reg2[1] ^ shift_reg2[2] ^
```

```
                           shift_reg2[3] ^ shift_reg2[4];    //反馈系数 Ci 为 (57)8
            shift_reg2[4:1]<=shift_reg2[3:0];
        end  end
    endmodule
```

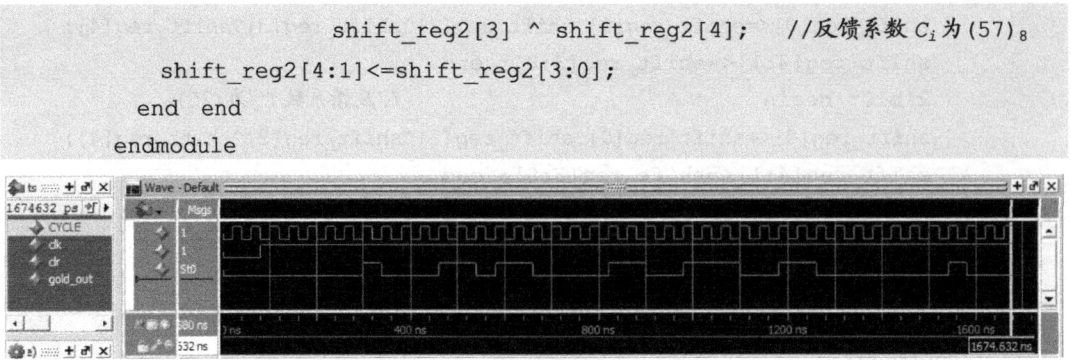

图 7.15　n 为 5、反馈系数 C_i 为 $(45)_8$ 和 $(57)_8$ 的 gold 码序列发生器功能仿真波形图

7.8　三态逻辑设计

在需要信息双向传输时，三态门是必需的。例 7.32 分别采用 if 语句、调用门元件 bufif1、assign 语句等方式描述三态门。该三态门当 en 为 1 时，out = in；当 en 为 0 时，输出高阻。

【例 7.32】　三态门。

```
//用 if 语句描述的三态门
module tris1(
    input in,en,
    output reg out
    );
always @*
  begin
  if(en) out<=in;
   else out<=1'bz;
  end
endmodule
```

```
//调用门元件 bufif1
module tris2(
    input in,en,
    output tri out);
bufif1 b1(out,in,en);
endmodule
```

```
//数据流描述
module tris3
(input in,en, output out);
assign out=en?in:1'bz;
 endmodule
```

如果一个 I/O 引脚既要作为输入又要作为输出，则必然要用到三态门。在例 7.33 中定义了 1 位三态双向缓冲器，其 RTL 综合结果如图 7.16 所示，可以看出，端口 y 可作为双向 I/O 端口使用，当 en 为 1（三态门呈现高阻态）时，y 作为输入端口，否则 y 作为输出端口。

【例 7.33】　三态双向驱动器。

```
module bidir(
        input a,en,
        output b, inout y);
assign y=en ? a : 1'bz;
assign b=y;
endmodule
```

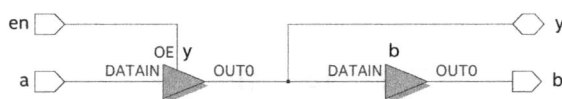

图 7.16　三态双向缓冲器 RTL 综合图

注： 在可综合的设计中，凡赋值为 z 的变量必须定义为端口，因为对于 FPGA 器件，三态缓存器仅在器件的 I/O 引脚中是物理存在的。

例 7.33 也可采用行为描述，如例 7.34 所示。

【例 7.34】　三态双向驱动器。

```
module bidir_b(
        input a,en,
        output b, inout y);
reg temp;
always @*
  begin  if(en) temp<=a;
         else temp<=1'bz; end
assign y=temp; assign b=y;
endmodule
```

设计一个功能类似于 74LS245 的三态双向 8 位总线缓冲器，其功能如表 7.11 所示，两个 8 位数据端口（a 和 b）均为双向端口，oe 和 dir 分别为使能端和数据传输方向控制端。设计源码见例 7.35，其 RTL 综合视图如图 7.17 所示。

表 7.11　三态双向总线缓冲器功能表

输　　入		输　　出
oe	dir	
0	0	b→a
0	1	a→b
1	x	隔开

【例 7.35】　三态双向总线缓冲器。

```
module ttl245(
        input oe,dir,          //使能信号和方向控制
        inout[7:0] a,b);       //双向数据线
assign a=({oe,dir}==2'b00)?b:8'bz;
assign b=({oe,dir}==2'b01)?a:8'bz;
endmodule
```

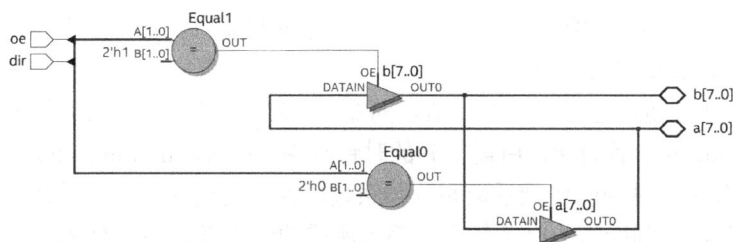

图 7.17　三态双向总线缓冲器 RTL 综合视图

7.9　锁　相　环

大多数 FPGA 内部都集成了锁相环（Phase Locked Loop，PLL），用以完成时钟的高精度、低抖动的倍频、分频、占空比调整、移相等，其精度一般在皮秒（10^{-12} 秒）的数量级。善用芯片内部的 PLL 资源完成时钟的分频、倍频、移相等操作，不仅能提高设计效率，还能有效提高系统的精度和稳定性。

altpll 是 Quartus Prime 软件自带的参数化锁相环模块，altpll 以输入时钟作为参考信号实现锁相，输出若干个同步倍频或分频的片内时钟信号。与直接来自片外的时钟相比，片内时钟可以减少时钟延迟，减小片外干扰，还可以改善时钟的建立时间和保持时间，是系统稳定工作的保证。

本节用 altpll 锁相环模块实现倍频和分频，将输入的 50 MHz 参考时钟信号经过锁相环，输出一路 9 MHz（占空比为 50%）的分频信号，一路有 5 ns 相移的 100 MHz（占空比为 40%）倍频信号，并进行仿真验证。

1. 配置 altpll 锁相环模块

1）在 Quartus Prime 软件中利用 New Project Wizard 建立一个名为 expll 的工程。打开 IP Catalog，在 Basic Functions 目录下找到 altpll 宏模块，双击该模块，弹出图 7.18 所示的 Save IP Variation 对话框，在其中为定制的 altpll 模块命名，如 mypll，同时，选择语言类型为 Verilog。

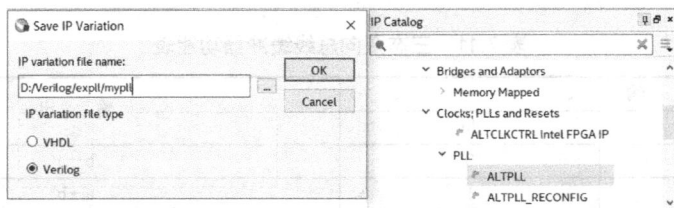

图 7.18　altpll 模块命名

2）单击 OK 按钮，自动启动 MegaWizard Plug-In Manager，对 altpll 模块进行参数设置。首先，弹出如图 7.19 所示的窗口，在此窗口中选择芯片系列、速度等级和参考时钟，芯片系列选择 Cyclone IV E 系列，将输入时钟 inclk0 的频率设置为 50 MHz，设置 device speed grade 为 7，其他保持默认状态。

3）单击 Next 按钮，进入图 7.20 所示的窗口，在此窗口中主要设置锁相环的端口，Optional inputs 框中有使能信号 pllena（高电平有效）、异步复位信号 areset（高电平有效）和 pfdena 信号（相位/频率检测器的使能端，高电平有效）。为方便操作，我们只选择了 areset 异步清零端；同时在 Lock Output 项目下，使能 locked，通过此端口可以判断锁相环是否失锁，失锁则该端口为 0，高电平表示正常。

4）单击 Next 按钮，进入如图 7.21 所示的窗口，对输出时钟信号 c0 进行设置。在 Enter output clock frequency 后面输入所需得到的时钟频率；Clock multiplication factor 和 Clock division factor 分别是时钟的倍频系数和分频系数，也就是输入的参考时钟分别乘一个系数再除以一个系数，得到所需的时钟频率，输入所需的输出频率后，倍频系数和分频系数都会自动计算出来，只要单击 Copy 按钮即可。

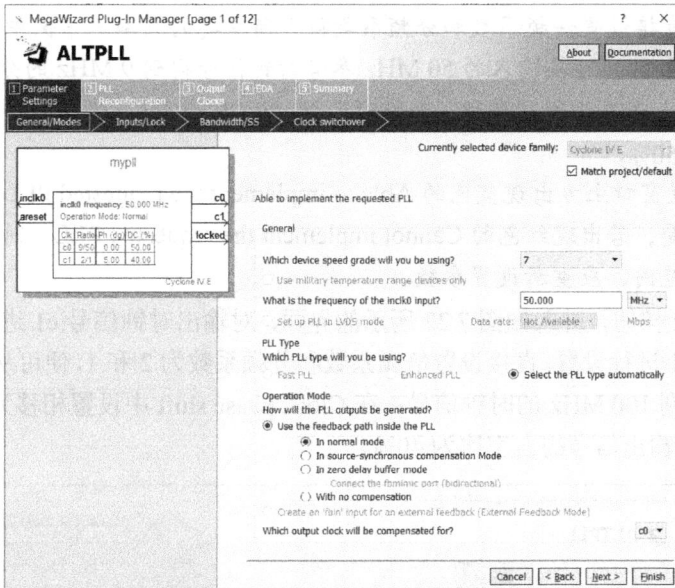

图 7.19 选择芯片和设置参考时钟

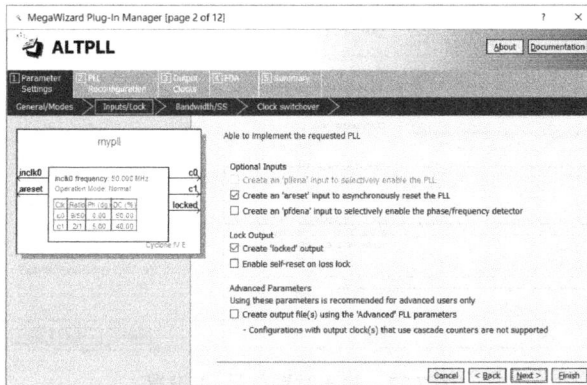

图 7.20 锁相环端口设置

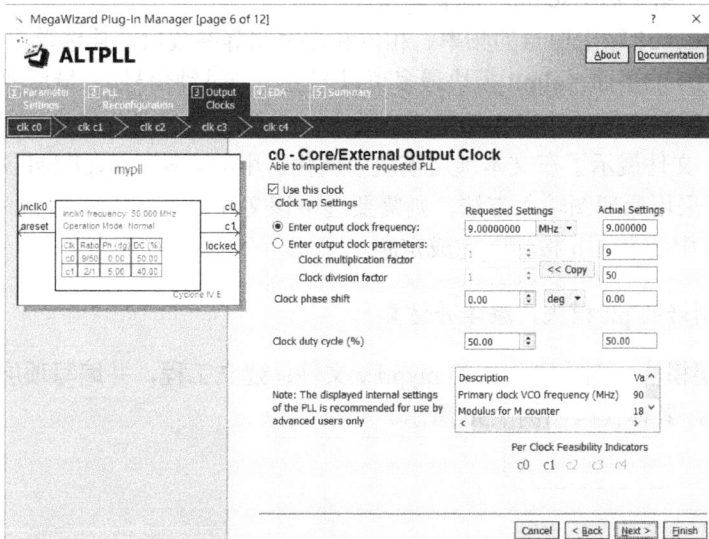

图 7.21 输出时钟信号 c0 设置

注：也可以直接设置倍频系数和分频系数得到所需要的频率。本例中的倍频系数和分频系数分别为 9 和 50，可从输入的 50 MHz 参考时钟信号得到 9 MHz 的分频信号。

在 Clock phase shift 中设置相移，此处设为 0。在 Clock duty cycle 中设置输出信号的占空比，此处设为 50%。

注：若在设置窗口上方出现蓝色的 Able to implement the requested PLL 提示，则表示设置的参数可以接受；若出现红色的 Cannot implement the requested PLL，则说明设置的参数超出所能接受的范围，应重新设置参数。

5）单击 Next 按钮，进入如图 7.22 所示的界面，对输出时钟信号 c1 进行设置，可以像设置 c0 一样对 c1 进行设置。直接设置倍频系数和分频系数为 2 和 1，便可从输入的 50 MHz 参考时钟信号得到 100 MHz 的时钟信号；在 Clock phase shift 中设置相移为 5 ns，在 Clock duty cycle 中设置输出信号的占空比为 40%。

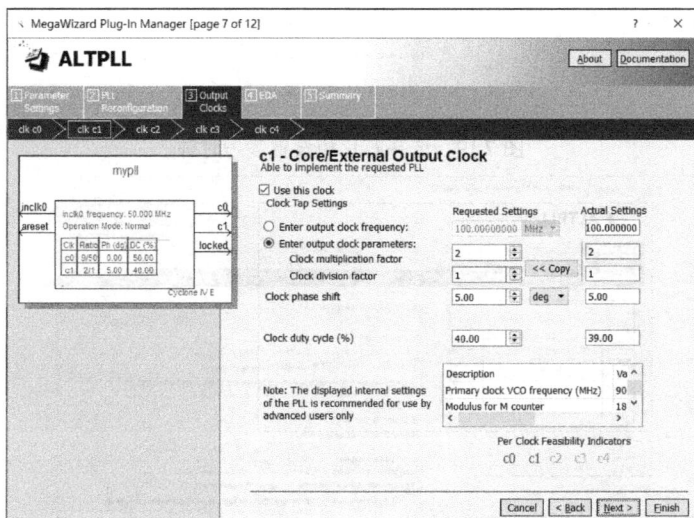

图 7.22　输出时钟信号 c1 设置

注：需要选中图中的 Use this clock 选项。

6）设置完 c0、c1 输出信号的频率、相位和占空比等参数后，连续单击 Next 按钮（忽略设置 c2、c3、c4 的页面，altpll 模块最多可以产生 5 个时钟信号），最后弹出如图 7.23 所示的界面，设置需要产生的输出文件格式。其中，mypll.v 文件是设计源文件，系统默认选中；mypll_inst.v 文件展示了在文本顶层模块中例化引用的方法；mypll.bsf 文件是模块符号文件，如果顶层采用原理图输入方法，则需要选中该文件。

单击图 7.23 中的 Finish 按钮，完成定制。

2. 例化定制好的 pll 模块，编译并仿真

1）新建顶层模块，例化刚生成的 mypll.v 文件：建立工程，并编写顶层 Verilog 模块，命名为 pll_top.v，具体代码如例 7.36 所示。

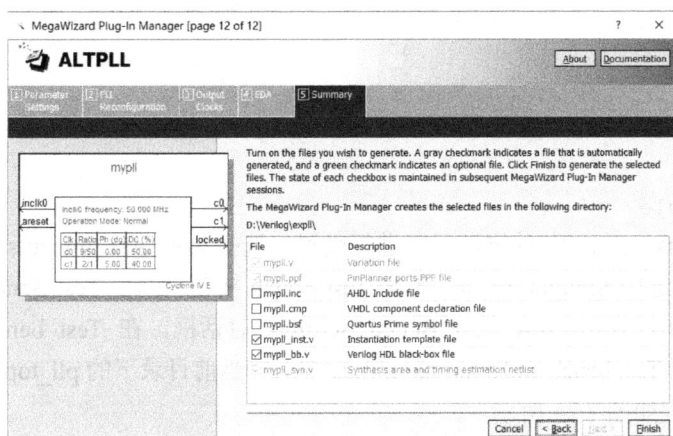

图 7.23   选择需要的输出文件格式

【例 7.36】   顶层模块，例化 mypll.v 文件。

```verilog
module pll_top(
        input aclr,clk50m,
        output clk9m,clk100m,locked);
    mypll i1(
        .areset(aclr),
        .inclk0(clk50m),
        .c0(clk9m),
        .c1(clk100m),
        .locked(locked));
endmodule
```

2）将 pll_top.v 设置为顶层实体模块，进行编译。

3）编译通过后，编写 Test Bench 激励文件，具体代码如例 7.37 所示。

【例 7.37】   对 pll_top.v 测试的 Test Bench 文件。

```verilog
`timescale 1 ns/ 1 ps
module pll_top_vlg_tst();
reg aclr,clk50m;
wire clk9m,clk100m,locked;
pll_top i1 (
    .aclr(aclr),
    .clk9m(clk9m),
    .clk50m(clk50m),
    .clk100m(clk100m),
    .locked(locked));
initial
begin
    aclr = 1'b1;
# 100  aclr = 0;
# 1000 $stop;
$display("Running testbench");
end
always
```

```
      begin
      clk50m = 1'b0;
      clk50m = #10 1'b1;
      # 10;
      end
    endmodule
```

4）在 Quartus Prime 中对仿真环境进行设置：选择菜单 Assignments→Settings，弹出 Settings 对话框，选中 Simulation 项，单击 Test Bench 按钮，弹出 Test Bench 对话框，单击其中的 New 按钮，弹出 New Test Bench Settings 对话框，在 Test bench name 中填写 pll_top_vlg_tst，在 Test bench and simulation files 中选择当前目录下的 pll_top.vt，并将其加载。

上述设置过程如图 7.24 所示。

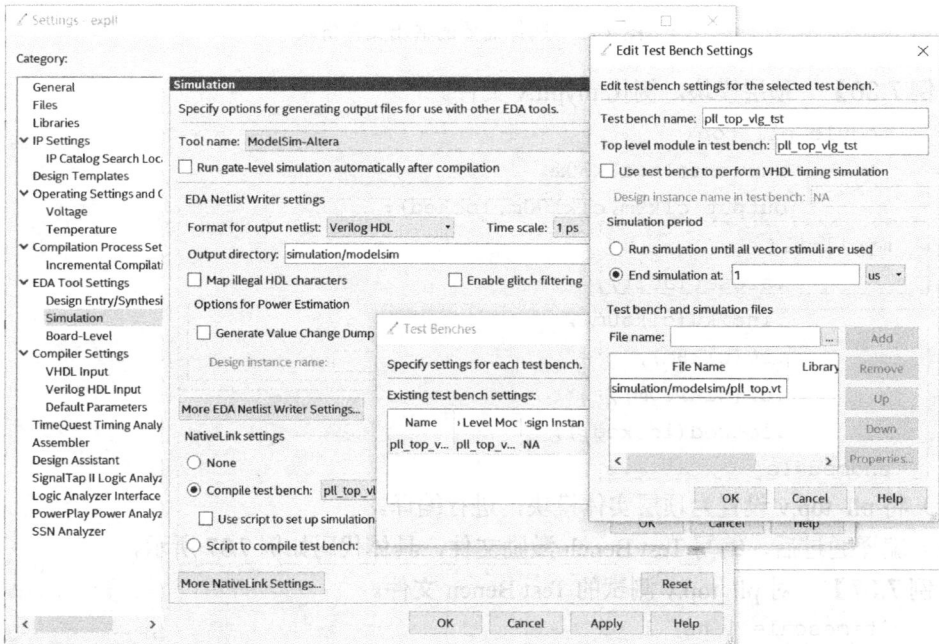

图 7.24　Test Bench 设置

5）选择菜单 Tools→Run Simulation Tool→Gate Level Simulation，选择门级仿真，弹出如图 7.25 所示的选择器件的时序模型对话框，从下拉菜单中选择 Slow -7 1.2V 0 Model，单击 Run 按钮，启动门级仿真。

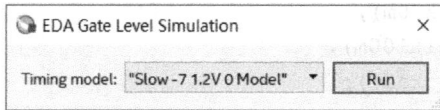

图 7.25　选择器件的时序模型

也可以选择菜单 Tools→Run Simulation Tool→RTL Simulation，启动 RTL 仿真。

图 7.26 所示是门级仿真的结果，通过各信号的波可以观察到输入信号 clk50m 和输出信号 clk9m、clk100m 之间的周期和相位关系。

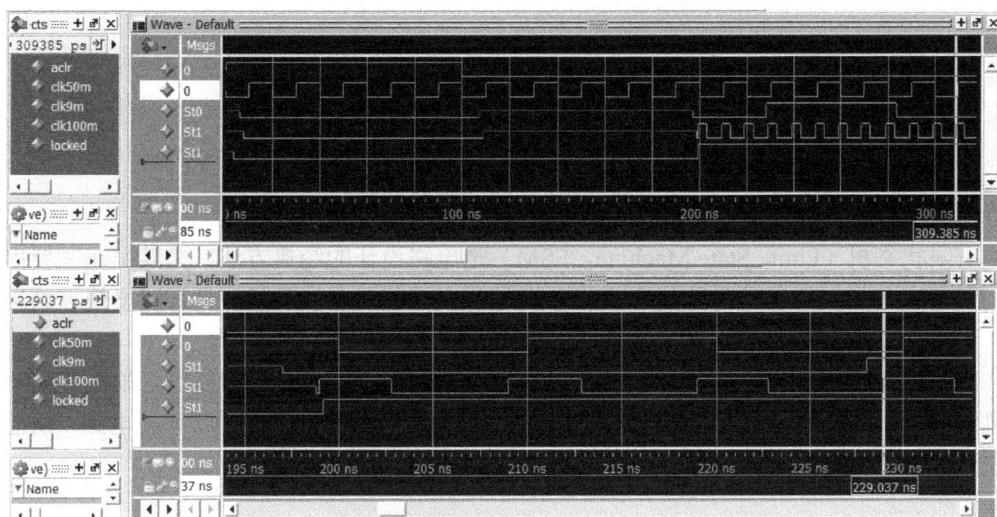

图 7.26　锁相环电路时序仿真波形

习　题　7

7.1　分别用结构描述和行为描述方式设计一个基本的 D 触发器。在此基础上，采用结构描述的方式，用 8 个 D 触发器构成一个 8 位移位寄存器。

7.2　分别用结构描述和行为描述方式设计一个 JK 触发器，并进行综合。

7.3　试编写同步模 5 计数器程序，有进位输出和异步复位端。

7.4　分别编写 4 位串并转换程序和 4 位并串转换程序。

7.5　编写 4 位除法电路程序。

7.6　用 Verilog 编写一个用 7 段数码管交替显示 26 个英文字母的程序，自己定义字符的形状。

7.7　用 Verilog 编写一个将带符号二进制数的 8 位原码转换成 8 位补码的电路，并基于 Quartus Prime 软件进行综合和仿真。

7.8　编写一个 8 路彩灯控制程序，要求彩灯有以下 3 种演示花型。

1）8 路彩灯同时亮灭；

2）从左至右逐个亮（每次只有 1 路亮）；

3）8 路彩灯每次 4 路灯亮，4 路灯灭，且亮灭相间，交替亮灭。

第 8 章　Verilog 有限状态机设计

有限状态机（Finite State Machine，FSM）是电路设计的经典方法，尤其是在需要串行控制和高速 A/D、D/A 器件的场合，状态机是解决问题的有效手段，具有速度快、结构简单、可靠性高等优点。

有限状态机非常适合用 FPGA 器件实现，用 Verilog 的 case 语句能很好地描述基于状态机的设计，再通过 EDA 工具软件的综合，一般可以生成性能极优的状态机电路，从而使其在运行速度、可靠性和占用资源等方面优于由 CPU 实现的方案。

8.1　有限状态机

有限状态机是按照设定好的顺序实现状态转移并产生相应输出的特定机制，是组合逻辑和寄存器逻辑的一种特殊组合：寄存器用于存储状态［包括现态（Current State，CS）和次态（Next State，NS）］，组合逻辑用于状态译码并产生输出逻辑（Output Logic，OL）。

根据输出信号产生方法的不同，状态机可分为两类：摩尔型（Moore）和米里型（Mealy）。摩尔型状态机的输出只与当前状态有关，如图 8.1 所示；米里型状态机的输出不仅与当前状态相关，还与当前输入直接相关，如图 8.2 所示。米里型状态机的输出是在输入变化后立即变化的，不依赖时钟信号的同步，摩尔型状态机的输入发生变化时还需要等待时钟的到来，状态发生变化时才导致输出的变化，因此比米里型状态机要多等待一个时钟周期。

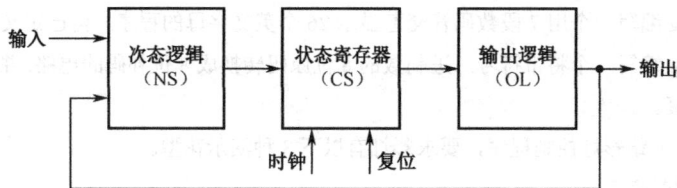

图 8.1　摩尔型状态机

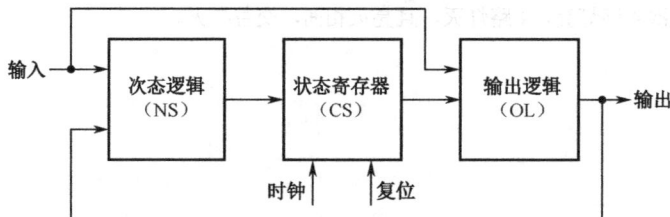

图 8.2　米里型状态机

实用的状态机一般设计为同步时序方式，它在时钟信号的触发下完成各个状态之间的转换，并产生相应的输出。状态机有三种表示方法：状态图（State Diagram）、状态表（State Table）和流程图，这三种表示方法是等价的，相互之间可以转换。其中，状态图是最常用的表示方式。米里型状态图的表示如图 8.3 所示，图中的每个圆圈表示一个状态，每个箭头表示状态之间的一次转移，引起转换的输入信号及产生的输出信号标注在箭头上。

状态机特别适合于需要复杂的控制时序的场合，以及一些需要单步执行的场合（如控制液晶屏，控制高速 A/D 和 D/A 芯片等），计数器也可以看成是状态机，可看成是按照固定的状态转移顺序进行转换的状态机。如模 5 计数器的状态图可表示为图 8.4 的形式，显然，此状态机属于摩尔型状态机，该状态机的 Verilog 描述如例 8.1 所示。

图 8.3　米里型状态图的表示　　　　图 8.4　模 5 计数器的状态图（摩尔型）

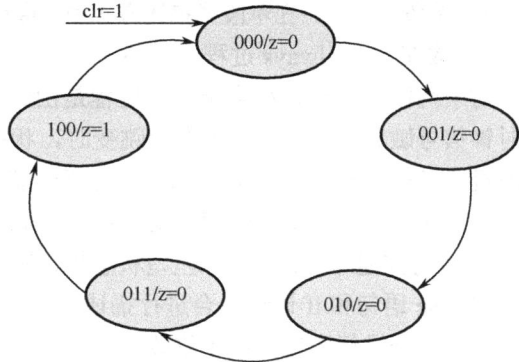

【例 8.1】　用状态机设计模 5 计数器。

```
module fsm(input clk,clr,
           output reg z,
           output reg[2:0] qout);
always @(posedge clk, posedge clr)    //此过程定义状态转换
begin if(clr) qout<=0;                 //异步复位
    else  case(qout)
    3'b000: qout<=3'b001;
    3'b001: qout<=3'b010;
    3'b010: qout<=3'b011;
    3'b011: qout<=3'b100;
    3'b100: qout<=3'b000;
    default: qout<=3'b000;             /*default 语句*/
    endcase end
always @(qout)                         /*此过程产生输出逻辑*/
begin  case(qout)
    3'b100: z=1'b1;
    default:z=1'b0;
endcase end
endmodule
```

8.2　有限状态机的 Verilog 描述

在状态机设计中，主要包含以下 3 个要素：

● 当前状态，或称为现态（CS）。
● 下一个状态，或称为次态（NS）。
● 输出逻辑（OL）。

相应地，在用 Verilog 描述有限状态机时，有下面几种描述方式。

- 三段式描述：即现态（CS）、次态（NS）、输出逻辑（OL）各用一个 always 过程描述。
- 两段式描述（CS+NS、OL 双过程描述）：使用两个 always 过程来描述有限状态机，一个过程描述现态和次态时序逻辑（CS+NS），另一个过程描述输出逻辑（OL）。
- 单段式描述：在单段式描述方式中，将状态机的现态、次态和输出逻辑（CS+NS+OL）放在一个 always 过程中描述。

对于两段式描述，相当于一个过程是由时钟信号触发的时序过程，时序过程对状态机的时钟信号敏感，当时钟发生有效跳变时，状态机的状态发生变化，一般用 case 语句检查状态机的当前状态，然后用 if 语句决定下一状态。另一个过程是组合过程，在组合过程中根据当前状态给输出信号赋值，对于摩尔型状态机，其输出只与当前状态有关，因此只需用 case 语句描述即可；对于米里型状态机，其输出则与当前状态和当前输入都有关，因此，可以用 case 语句和 if 语句组合进行描述。双过程的描述方式结构清晰，并且把时序逻辑和组合逻辑分开进行描述，便于修改。

在单过程描述方式中，将有限状态机的现态、次态和输出逻辑（CS+NS+OL）放在一个过程中描述，这样做带来的好处是相当于采用时钟信号来同步输出信号。因此，可以克服输出逻辑信号出现毛刺的问题，这在一些将输出信号作为控制逻辑的场合使用，有效避免了输出信号带有毛刺从而产生错误的控制逻辑的问题。但要注意的是，采用单过程描述方式，输出逻辑会比双过程描述方式的输出逻辑延迟一个时钟周期的时间。

8.2.1　用三个 always 块描述

下面以"101"序列检测器的设计为例，介绍 Verilog 描述状态图的几种方式。图 8.5 是"101"序列检测器的状态转换图，共有 4 个状态：s0、s1、s2 和 s3，分别用几种方式对其进行描述。例 8.2 采用三个过程进行描述。

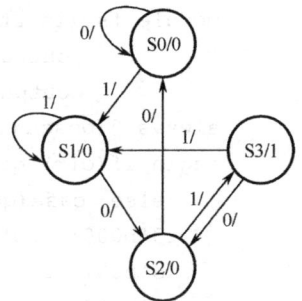

图 8.5　101 序列检测器状态图

【例 8.2】　"101"序列检测器的 Verilog 描述（CS、NS、OL 各用一个过程描述）。

```verilog
module fsm1_seq101(
          input clk,clr,x,
          output reg z);
reg[1:0] state,next_state;
parameter   S0=2'b00,S1=2'b01,S2=2'b11,S3=2'b10;
    /*状态编码,采用格雷（Gray）编码方式*/
always @(posedge clk, posedge clr)  /*此过程定义当前状态*/
begin   if(clr) state<=S0;           //异步复位,s0为起始状态
    else state<=next_state;  end
always @(state, x)                   /*此过程定义次态*/
begin
case (state)
    S0:begin if(x) next_state<=S1; else next_state<=S0; end
    S1:begin if(x) next_state<=S1; else next_state<=S2; end
    S2:begin if(x) next_state<=S3; else next_state<=S0; end
```

```
        S3:begin if(x) next_state<=S1; else next_state<=S2; end
        default: next_state<=S0;          /*default 语句*/
    endcase
    end
    always @*                         //此过程产生输出逻辑
    begin  case(state)
        S3: z=1'b1;
        default:z=1'b0;
    endcase
    end
endmodule
```

例 8.2 在用综合器综合后，可以直观地观察到生成的状态图，比如，在 Quartus Prime 软件中，对程序编译后，选择菜单 Tools→Netlist Viewers→State Machine Viewer，将弹出如图 8.6 所示的状态图。

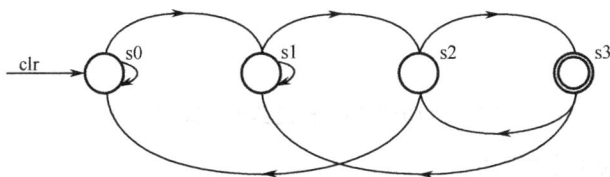

图 8.6　"101" 序列检测器状态机视图（Quartus Prime）

8.2.2　用两个过程描述

例 8.3 采用两个过程对 "101" 序列检测器进行描述。

【例 8.3】　"101" 序列检测器（CS+NS、OL 双过程描述）。

```
module fsm2_seq101(
            input clk,clr,x,
            output reg z);
    reg[1:0] state;
    parameter   S0=2'b00,S1=2'b01,S2=2'b11,S3=2'b10;
        /*状态编码，采用格雷（Gray）编码方式*/
    always @(posedge clk, posedge clr)     /*此过程定义起始状态*/
    begin  if(clr) state<=S0;            //异步复位，s0 为起始状态
        else case(state)
        S0:begin if(x) state<=S1; else state<=S0; end
        S1:begin if(x) state<=S1; else state<=S2; end
        S2:begin if(x) state<=S3; else state<=S0; end
        S3:begin if(x) state<=S1; else state<=S2; end
        default:state<=S0;
    endcase
    end
    always @(state)                       //产生输出逻辑（OL）
    begin  case (state)
        S3: z=1'b1;
        default:z=1'b0;
```

```
        endcase
        end
    endmodule
```

例 8.2 和例 8.3 的门级综合视图都如图 8.7 所示（综合器为 Quartus Prime，器件选择 EP4CE115F29C7），可看到电路由 2 个触发器、查找表组成，4 个状态采用 2 个触发器编码实现，查找表用于实现译码和产生输出逻辑。不同的描述方式综合出的电路是相同的，说明这两种描述方式在总体上没有很大区别。

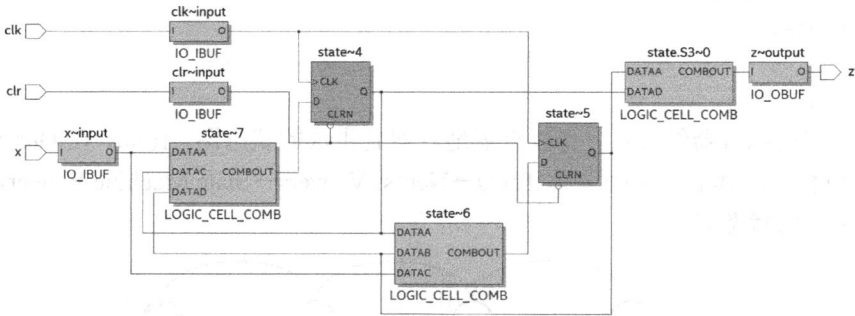

图 8.7　"101" 序列检测器的门级综合视图

8.2.3　单过程描述方式

也可以将有限状态机的现态、次态和输出逻辑（CS+NS+OL）放在一个过程中进行描述，如例 8.4 所示。

【例 8.4】　"101" 序列检测器（CS+NS+OL 单过程描述）。

```
module fsm4_seq101(
            input clk,clr,x,
            output reg z);
reg[1:0] state;
parameter    S0=2'b00,S1=2'b01,S2=2'b11,S3=2'b10;
                    /*状态编码，采用格雷（Gray）编码方式*/
always @(posedge clk, posedge clr)
begin  if(clr) state<=S0;
    else case(state)
    S0:begin if(x) begin state<=S1; z=1'b0;end
            else begin state<=S0; z=1'b0;end  end
    S1:begin if(x) begin state<=S1; z=1'b0;end
            else begin state<=S2; z=1'b0;end  end
    S2:begin if(x) begin state<=S3; z=1'b0;end
            else begin state<=S0; z=1'b0;end  end
    S3:begin if(x) begin state<=S1; z=1'b1;end
            else begin state<=S2; z=1'b1;end  end
    default:begin state<=S0; z=1'b0;end   /*default 语句*/
endcase  end
endmodule
```

例 8.4 的 RTL 综合视图如图 8.8 所示，其门级综合视图如图 8.9 所示（综合器为 Quartus Prime，器件选择 EP4CE115F29C7），对比图 8.7 和图 8.9 可以看出明显的区别，前者由 2

个触发器和逻辑门电路实现，后者由 3 个触发器构成，输出逻辑 z 也通过 D 触发器输出。这样做带来的好处是：相当于用时钟信号来同步输出信号，可以克服输出逻辑出现毛刺的问题，适合在一些将输出信号作为控制逻辑的场合使用，有效避免产生错误控制动作的可能。

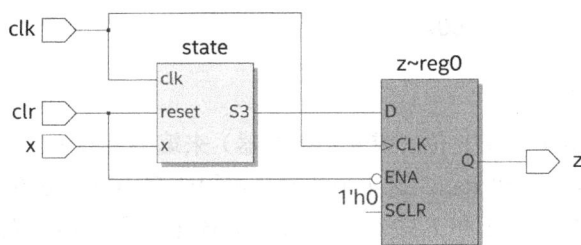

图 8.8　单过程描述的 "101" 序列检测器的 RTL 综合视图

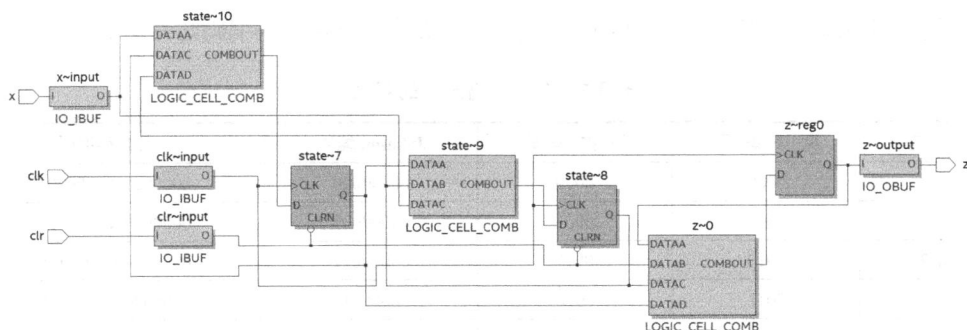

图 8.9　单过程描述的 "101" 序列检测器的门级综合视图

8.3　状态编码

8.3.1　常用的编码方式

在状态机设计中，有一个重要的问题是状态的编码，常用的编码方式有顺序编码、格雷编码、Johnson 编码和一位热码编码等几种方式。

1. 顺序编码

顺序编码采用顺序的二进制数编码的每个状态。例如，如果有 4 个状态分别为 state0、state1、state2 和 state3，其二进制编码各状态所对应的码字为 00、01、10 和 11。顺序编码的缺点是在从一个状态转换到相邻状态时，可能有多个比特位同时发生变化，瞬变次数多，容易产生毛刺，从而引发逻辑错误。

2. 格雷编码

如果将 state0、state1、state2 和 state3 这 4 个状态编码为 00、01、11 和 10，即为格雷（Gray）编码方式。格雷码节省逻辑单元，而且在状态的顺序转换中（state0→state1→state2→state3→state0→…），相邻状态每次只有一个比特位产生变化，这样既减少了瞬变的次数，也减少了产生毛刺和一些暂态的可能性。

3．Johnson 编码

在 Johnson 计数器的基础上引出 Johnson 编码。Johnson 计数器是一种移位计数器，采用的是把输出的最高位取反，反馈送到最低位触发器的输入端。Johnson 编码每相邻两个码字间也是只有 1 个比特位是不同的。如果有 6 个状态 state0～state5，用 Johnson 编码则为 000、001、011、111、110 和 100。

4．一位热码编码

一位热码（one-hot）采用 n 位（或 n 个触发器）来编码具有 n 个状态的状态机。例如，对于 state0、state1、state2 和 state3 这 4 个状态，可用码字 1000、0100、0010 和 0001 来代表。如果有 A、B、C、D、E 和 F 共 6 个状态需要编码，用顺序编码只需 3 位即可实现，但用一位热码编码则需 6 位，分别为 000001、000010、000100、001000、010000 和 100000。

表 8.1 是对 16 个状态分别用上述 4 种编码方式编码的对比。可以看出，为 16 个状态编码，顺序编码和格雷编码均需要 4 位，Johnson 编码需要 8 位，一位热码编码则需要 16 位。

表 8.1　4 种编码方式的对比

状　　态	顺 序 编 码	格 雷 编 码	Johnson 编码	一位热码编码
state0	0000	0000	00000000	0000000000000001
state1	0001	0001	00000001	0000000000000010
state2	0010	0011	00000011	0000000000000100
state3	0011	0010	00000111	0000000000001000
state4	0100	0110	00001111	0000000000010000
state5	0101	0111	00011111	0000000000100000
state6	0110	0101	00111111	0000000001000000
state7	0111	0100	01111111	0000000010000000
state8	1000	1100	11111111	0000000100000000
state9	1001	1101	11111110	0000001000000000
state10	1010	1111	11111100	0000010000000000
state11	1011	1110	11111000	0000100000000000
State12	1100	1010	11110000	0001000000000000
state13	1101	1011	11100000	0010000000000000
state14	1110	1001	11000000	0100000000000000
state15	1111	1000	10000000	1000000000000000

采用一位热码编码，虽然多用了触发器，但可以有效节省和简化译码电路。对于 FPGA 器件来说，采用一位热码编码可有效提高电路的速度和可靠性，也有利于提高器件资源的利用率。因此，对于 FPGA 器件，建议采用该编码方式。

可通过综合器指定编码方式，如在 Quartus Prime 软件中，选择菜单 Assignments→Settings，在 Settings 页面的 Category 栏中选 Compiler Settings 选项，单击 Advanced Settings（Synthesis）…按钮，在弹出的对话框 State Machine Processing 栏中选择需要的编码方式，可选的编码方式有 Auto、Gray、Johnson、Minimal Bits、One-Hot、Sequential 和 User-Encoded 等几种，如图 8.10 所示，可以根据需要选择合适的编码方式。

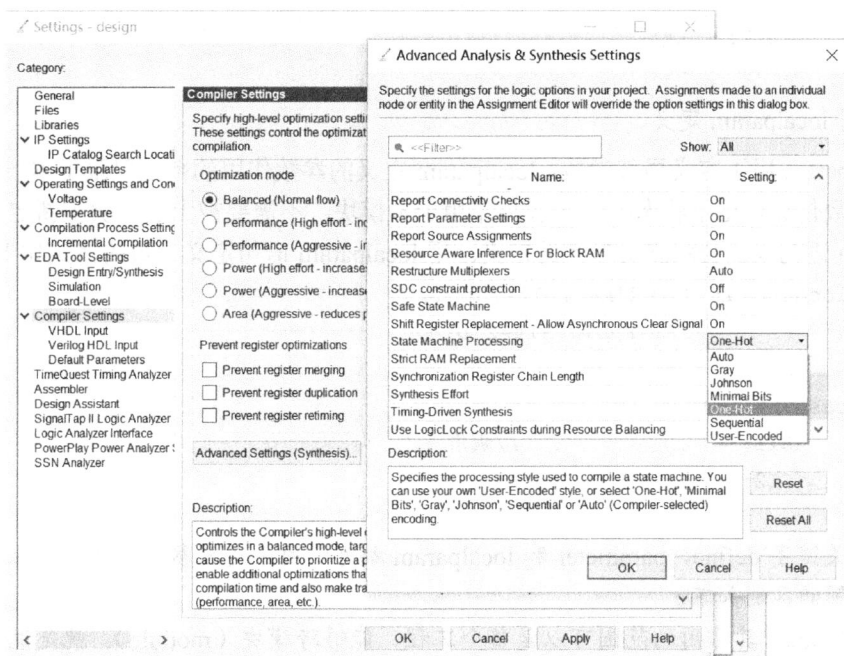

图 8.10 选择编码方式（Quartus Prime）

在图 8.10 中，还可以设置 Safe State Machine 选项为 On，这样就使能了安全状态机，防止状态机跑飞和进入无效死循环的可能性，尤其在选择了一位热码这样无效状态多的编码方式后，更需要使能该选项。

8.3.2　状态编码的定义

在 Verilog 中，可用来定义状态编码的语句有 parameter、`define 和 localparam。

如要为 ST1、ST2、ST3 和 ST4 这 4 个状态分别分配码字 00、01、11 和 10，可采用下面的几种方式。

1）用 parameter 参数定义

```
parameter ST1=2'b00,ST2=2'b01,
          ST3=2'b11,ST4=2'b10;
    …
case(state)
    ST1:    …;              //调用
    ST2:    …;
    …
```

2）用`define 语句定义

```
`define ST1  2'b00        //不要加分号";"
`define ST2  2'b01
`define ST3  2'b11
`define ST4  2'b10
    …
case(state)
    `ST1:   …;             //调用，不要漏掉符号"`"
```

```
        `ST2:    …;
        …
```

3）用 localparam 定义

localparam 用于定义局部参数，localparam 定义的参数作用的范围仅限于本模块内，不可用于参数传递。由于状态编码一般只作用于本模块，不需要被上层模块重新定义，因此 localparam 语句很适合状态机参数的定义。用 localparam 语句定义参数的格式如下：

```
    localparam ST1=2'b00,ST2=2'b01,
              ST3=2'b11,ST4=2'b10;
    …
    case(state)
       ST1:    …;                //调用
       ST2:    …;
       …
```

注：关键字`define，parameter 和 localparam 都可以用于定义参数和常量，但三者用法及作用范围的区别如下。

1）`define: 其作用的范围可以是整个工程，能够跨模块（module）。就是说，在一个模块中定义的`define 指令，可以被其他模块调用，直到遇到`undef 时失效，所以用`define 定义常量和参数时，一般习惯将定义语句放在模块外。

2）parameter: 通常作用于本模块内，可用于参数传递，即可以被上层模块重新定义。有三种参数传递的方式：通过#（参数）参数传递；使用 defparam 语句显式地重新定义；在 Verilog–2001 标准中还可以在线显式重新定义。

3）localparam: 局部参数，不可用于参数传递。也就是说，在实例化时不能通过层次引用进行重定义，只能通过源代码来改变，可用于状态机参数的定义。

一般使用 case、casez 和 casex 语句来描述状态之间的转换，用 case 语句表述比用 if-else 语句更清晰明了。例 8.5 采用了一位热码编码方式对例 8.2 的"101"序列检测器进行改写，程序中对 s0～s3 这 4 个状态进行了一位热码编码，并采用`define 语句进行定义。

【例 8.5】 "101"序列检测器（一位热码编码）。

```
    `define S0   4'b0001        //一般把`define定义语句放在模块外
    `define S1   4'b0010        //一位热码编码方式
    `define S2   4'b0100
    `define S3   4'b1000
    module fsm_seq101_onehot(
                input clk,clr,x,
                output reg z);
    reg[3:0] state,next_state;
    always @(posedge clk or posedge clr)
    begin    if(clr) state<=`S0;        //异步复位，S0 为起始状态
         else state<=next_state;
    end
    always @*
    begin
    case (state)
```

```
     `S0:begin if(x) next_state<=`S1; else next_state<=`S0; end
     `S1:begin if(x) next_state<=`S1; else next_state<=`S2; end
     `S2:begin if(x) next_state<=`S3; else next_state<=`S0; end
     `S3:begin if(x) next_state<=`S1; else next_state<=`S2; end
     default: next_state<=`S0;
  endcase  end
  always @*
  begin  case(state)
     `S3:          z=1'b1;
     default:      z=1'b0;
  endcase end
  endmodule
```

例 8.7 的门级综合视图如图 8.11 所示，可以看到采用一位热码编码后，状态机需要用 4 个触发器实现，耗用了更多的触发器逻辑，但译码电路相对简单。

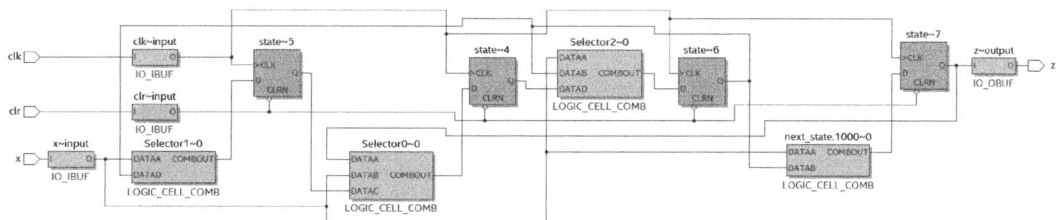

图 8.11　采用一位热码编码的"101"序列检测器门级综合视图

例 8.6 是一个"1111"序列检测器（输入序列中有 4 个或 4 个以上连续的 1 出现，输出为 1，否则输出为 0）的例子，其中采用 localparam 语句进行状态定义，使用了单段式描述方式。图 8.12 是该序列检测器的状态机图。

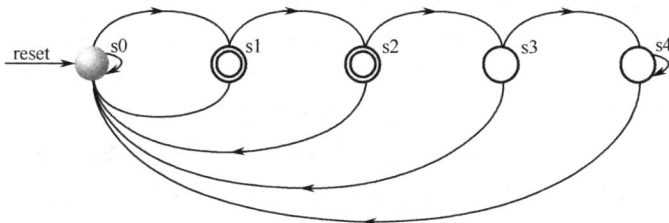

图 8.12　"1111"序列检测器状态机

【例 8.6】　"1111"序列检测器（单段式描述 CS+NS+OL）。

```
  module fsm_detect(
             input x,clk,reset,
             output reg z);
  reg[4:0] state;
  localparam S0='d0,S1='d1,S2='d2,S3='d3,S4='d4;
        //用 localparam 语句进行状态定义
  always @(posedge clk)
  begin if(reset) begin  state<=S0;z<=0; end
        else casex(state)
          S0:begin if(x==0)  begin state<=S0; z<=0; end
```

```
                    else  begin  state<=S1; z<=0;  end end
          S1:begin if(x==0)  begin state<=S0; z<=0; end
                    else  begin  state<=S2; z<=0; end end
          S2:begin if(x==0)  begin state<=S0; z<=0; end
                    else  begin  state<=S3; z<=0; end end
          S3:begin if(x==0)  begin  state<=S0; z<=0; end
                    else  begin  state<=S4; z<=1; end end
          S4:begin if(x==0)  begin state<=S0; z<=0; end
                    else  begin  state<=S4; z<=1; end end
          default: state<=S0;          //默认状态
      endcase
   end
 endmodule
```

例 8.8 的 RTL 综合视图如图 8.13 所示，可以看到输出逻辑 z 也由寄存逻辑输出。

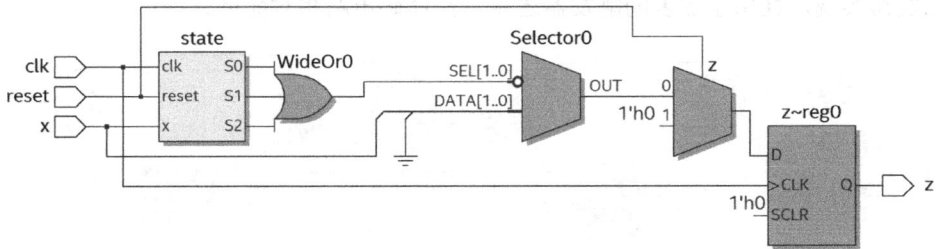

图 8.13　"1111" 检测器 RTL 级综合视图

8.3.3　用属性指定状态编码方式

可采用属性来指定状态编码方式，属性的格式没有统一的标准，在各个综合工具中是不同的。比如，在 Quartus Prime 中采用下面的写法：

```
(* fsm_encoding = "one-hot" *)  reg[3:0] state,next_state;
//以 one-hot 方式进行状态编码，state,next_state 是状态寄存器
```

在 Quartus Prime 中采用属性语句可指定的编码方式包括

- **"default"**　——默认方式，在该方式下根据状态的数量选择编码方式，状态数少于 5 个选择顺序编码；状态数在 5～50 个之间，选择一位热码编码方式；状态数超过 50 个，选择格雷编码方式。
- **"one-hot"**　——一位热码方式。
- **"sequential"**　——顺序编码方式。
- **"gray"**　——格雷编码方式。
- **"johnson"**　——约翰逊编码方式。
- **"compact"**　——最少比特编码方式。
- **"user"**　——用户自定义方式，用户可采用常数定义状态编码。

还可以采用属性语句将编码方式指定为安全（"safe"）编码方式，有多余或无效状态的编码方式都是非安全的，有跑飞和进入无效死循环的可能性，尤其是一位热码编码方式，有大量的无效状态。采用 ATTRIBUTE 语句将编码方式指定为安全（"safe"）方式后，综合器会增加额外的处理电路，防止状态机进入无效死循环，或者进入无效死循环会自动退出。

比如，例 8.6 的 "1111" 序列检测器，如果用属性语句指定编码方式为一位热码方式，

其模块定义部分可以采用下面的写法：

```
module fsm_seq_syn(
            input x,clk,reset,
            output reg z);
localparam S0='d0,S1='d1,S2='d2,S3='d3,S4='d4;
            //用 localparam 语句进行状态定义
(* syn_encoding = "safe,one-hot" *) reg[4:0] state;
            //以 safe,one-hot 方式进行状态编码
```

8.4　有限状态机设计要点

本节讨论状态机设计中需要注意的几个问题，包括起始状态的选择、复位和多余状态的处理等。

8.4.1　复位和起始状态的选择

1. 起始状态的选择

起始状态是指电路复位后所处的状态，选择合理的起始状态将使整个系统简洁、高效，EDA 软件会自动为基于状态机的设计选择一个最佳的起始状态。

2. 有限状态机的同步复位

状态机一般应设计为同步方式，并由一个时钟信号来触发。实用的状态机都应设计为由唯一时钟边沿触发的同步运行方式。实用的状态机都应有复位信号。和其他时序逻辑电路一样，有限状态机的复位有同步复位和异步复位两种。

同步复位信号在时钟的跳变沿到来时，对有限状态机进行复位操作，同时把初始值赋给输出信号并使有限状态机回到起始状态。在描述带同步复位的有限状态机的过程中，当同步复位信号到来时，为了避免在状态转移过程中的每个状态分支中都指定到起始状态的转移，可在状态转移过程的开始部分加入一个对同步复位信号进行判断的 if 语句：如果同步复位信号有效，则直接进入到起始状态；如果复位信号无效，则执行接下来的正常状态转移。

在描述带同步复位的有限状态机时，对同步复位信号进行判断的 if 语句中，如果不指定输出信号的值，那么输出信号将保持原来的值不变。这种情况需要额外的寄存器来保持原值，从而增加资源耗用。因此，应在 if 语句中指定输出信号的值。

3. 有限状态机的异步复位

如果只需要在上电和系统错误时进行复位操作，那么采用异步复位方式要比同步复位方式好，其原因是：同步复位方式占用较多的额外资源，而异步复位可以消除引入额外寄存器的可能性；而且异步复位的 Verilog 语言描述简单，只需在描述状态寄存器的过程中引入异步复位信号即可。

下面是一个状态机设计的例子，采用摩尔型状态机描述了一个自动转换量程的频率计控制器，图 8.14 是该频率计控制器的状态转移图，例 8.7 是其 Verilog 描述，状态编码采用 1 位热码编码，选择居中的一个状态（状态 C）作为起始状态（复位状态），采用异步复位。

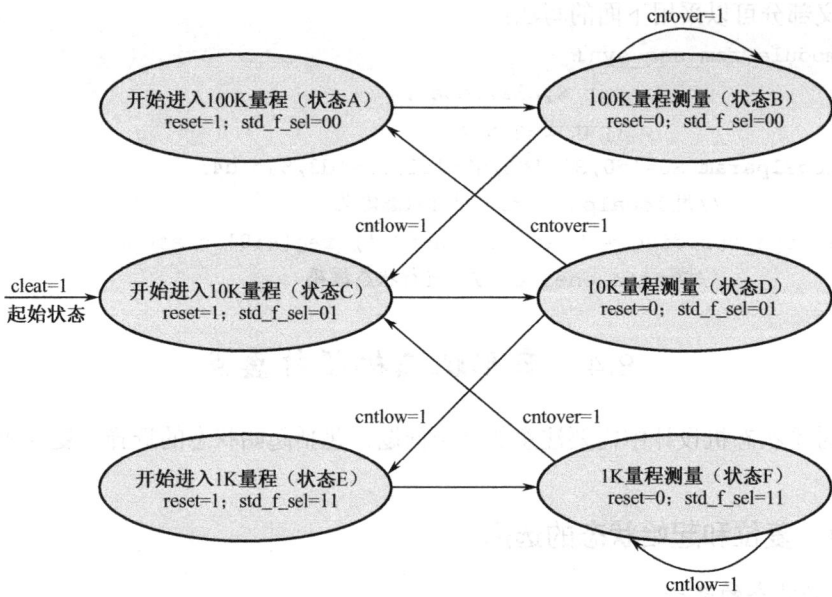

图 8.14　频率计控制器的状态转移图（摩尔型）

【例 8.7】 自动转换量程频率计控制器。

```
/*信号定义: clk:      输入时钟;
clear:           为整个频率计的异步复位信号;
reset:           用来在量程转换开始时复位计数器;
std_f_sel:       用来选择标准时基;
cntover:         代表超量程;
cntlow:          代表欠量程。
状态 A, B, C, D, E, F 采用一位热码编码 */
module control_fsm(
            input clk,clear,cntover,cntlow,
            output reg[1:0] std_f_sel,
            output reg reset);
reg[5:0] present,next;
localparam  START_F100K=6'b000001,  //状态 A 编码,采用一位热码
        F100K_CNT=6'b000010,     //状态 B
        START_F10K=6'b000100,    //状态 C,起始状态
        F10K_CNT=6'b001000,      //状态 D
        START_F1K=6'b010000,     //状态 E
        F1K_CNT=6'b100000;       //状态 F
always @(posedge clk, posedge clear)
    begin   if(clear)   present<=START_F10K;  //START_F10K 为起始状态
            else        present<=next;   end
always @(present or cntover or cntlow)
    begin
    case(present)                   //用 case 语句描述状态转换
        START_F100K:next<=F100K_CNT;
        F100K_CNT:
```

```
                    begin if(cntlow) next<=START_F10K;
                         else next<=F100K_CNT;  end
            START_F10K: next<=F10K_CNT;
            F10K_CNT:
                begin if(cntlow)    next<=START_F1K;
                    else if(cntover)  next<=START_F100K;
                    else              next<=F10K_CNT;  end
            START_F1K: next<=F1K_CNT;
            F1K_CNT:begin
                if(cntover)     next<=START_F10K;
                else            next<=F1K_CNT;  end
            default:next<=START_F10K;    //默认状态为起始状态
        endcase end
    always @(present)                       //产生各状态下的输出逻辑
        begin  case(present)
        START_F100K:    begin reset=1; std_f_sel=2'b00; end
        F100K_CNT:      begin reset=0; std_f_sel=2'b00; end
        START_F10K:     begin reset=1; std_f_sel=2'b01; end
        F10K_CNT:       begin reset=0; std_f_sel=2'b01; end
        START_F1K:      begin reset=1; std_f_sel=2'b11; end
        F1K_CNT:        begin reset=0; std_f_sel=2'b11; end
        default:        begin reset=1; std_f_sel=2'b01; end
        endcase
        end
    endmodule
```

8.4.2　多余状态的处理

在状态机设计中，通常会出现大量的多余状态，如采用 n 位状态编码，则总的状态数为 2^n，经常会出现多余状态，或称为无效状态、非法状态等。

一般有如下两种处理多余状态的方法：

- 在 case 语句中，用 default 分支决定一旦进入无效状态所采取的措施。
- 编写必要的 Verilog 源代码明确定义进入无效状态所采取的行为。

例 8.8 是一个用状态机实现除法运算的例子，共有 3 个有效状态。如果每个状态用两位编码，则产生一个多余状态；如果采用一位热码编码，则产生 5 个多余状态。在本例中，采用 default 语句定义了一旦进入无效状态应进入的次态，这从理论上消除了陷入无效死循环的可能。

注：并非所有综合软件都能按照 default 语句指示，综合出有效避免无效死循环的电路，所以这种方法的有效性视所用综合软件的性能而定。

【例 8.8】　用有限状态机设计除法电路。

```
    module division(
            input clk,
            input[3:0] a,b,                 //被除数和除数
            output reg[3:0] result,yu);      //商和余数
    reg[1:0] state; reg[3:0] m,n;
```

```
    localparam S0=2'b00,S1=2'b01,S2=2'b10;        //状态编码
    always @(posedge clk)
    begin  case(state)
      S0: begin if(a>=b) begin n<=a-b; m<=4'b0001; state<=S1; end
              else begin m<=4'b0000; n<=a;state<=S2; end  end
      S1: begin if(n>b) begin m<=m+1;n<=n-b;state<=S1; end
              else begin state<=S2; end  end
      S2: begin result<=m;yu<=n;state<=S0; end
    default: state<=S0;
    endcase  end
    endmodule
```

例 8.8 的状态机如图 8.15 所示，图 8.16 是其功能仿真波形图。

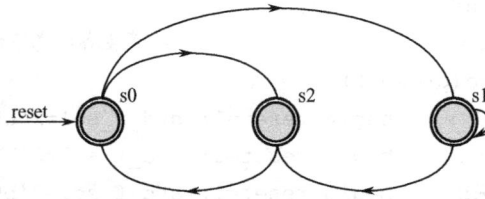

图 8.15　除法运算电路状态机

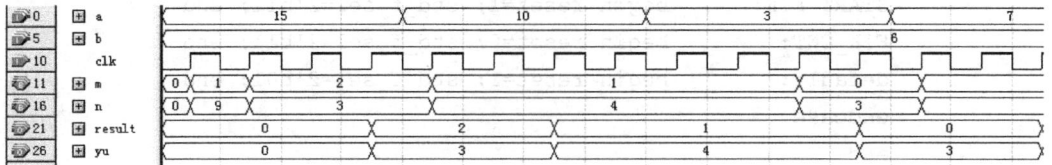

图 8.16　除法运算电路功能仿真波形图

8.5　用有限状态机控制流水灯

采用有限状态机设计流水灯控制器，控制 16 个 LED 灯实现如下的演示花型：
① 从两边往中间逐个亮，全灭。
② 从中间往两头逐个亮，全灭。
③ 循环执行上述过程。

8.5.1　流水灯控制器

采用有限状态机进行设计的流水灯控制器，其 Verilog 描述如例 8.9 所示，采用双过程描述：一个过程用于描述状态转移，另一个用于产生输出逻辑，从而使整个设计结构清晰。

【例 8.9】　用状态机控制 16 路 LED 灯实现花型演示。

```
    `timescale 1 ns/1 ps
    module liushuiled(
            input clk50m,             //50 MHz 时钟信号
            input clr,                //复位信号
            output reg[15:0] led);
    reg[4:0] state;
```

```
wire clk10hz;
parameter S0='d0,S1='d1,S2='d2,S3='d3,S4='d4,S5='d5,S6='d6,
S7='d7,S8='d8,S9='d9,S10='d10,S11='d11,S12='d12,S13='d13,
S14='d14,S15='d15,S16='d16,S17='d17;


clk_div  #(10) u1(                          //产生 10 Hz 时钟信号
          .clk(clk50m),
          .clr(clr),
          .clk_out(clk10hz)
          );
always @(posedge clk10hz,negedge clr)   //状态转移
  begin if(!clr) state<=S0;
        else  case(state)
        S0: state<=S1;      S1: state<=S2;
        S2: state<=S3;      S3: state<=S4;
        S4: state<=S5;      S5: state<=S6;
        S6: state<=S7;      S7: state<=S8;
        S8: state<=S9;      S9: state<=S10;
        S10: state<=S11;    S11: state<=S12;
        S12: state<=S13;    S13: state<=S14;
        S14: state<=S15;    S15: state<=S16;
        S16: state<=S17;    S17: state<=S0;
        default: state<=S0;
        endcase
  end
always @(state)                         //产生输出逻辑（OL）
  begin  case(state)
     S0:led<=16'b0000000000000000;          //全灭
     S1:led<=16'b1000000000000001;          //从两边往中间逐个亮
     S2:led<=16'b1100000000000011;
     S3:led<=16'b1110000000000111;
     S4:led<=16'b1111000000001111;
     S5:led<=16'b1111100000011111;
     S6:led<=16'b1111110000111111;
     S7:led<=16'b1111111001111111;
     S8:led<=16'b1111111111111111;          //全亮
     S9:led<=16'b0000000000000000;          //全灭
     S10:led<=16'b0000000110000000;         //从中间往两头逐个亮
     S11:led<=16'b0000001111000000;
     S12:led<=16'b0000011111100000;
     S13:led<=16'b0000111111110000;
     S14:led<=16'b0001111111111000;
     S15:led<=16'b0011111111111100;
```

```
        S16:led<=16'b0111111111111110;
        S17:led<=16'b1111111111111111;
        default:led<=16'b0000000000000000;
    endcase;
    end
  endmodule
```

本例代码中的分频子模块 clk_div 见例 8.10，此分频模块将需要产生的频率用参数 parameter 进行定义，并可在例化模块时修改此参数，而产生此频率所需要的分频比由参数 NUM（默认由 50 MHz 系统时钟分频得到）得出，NUM 参数不需要跨模块传递，故用 localparam 语句进行定义。

【例 8.10】　时钟分频子模块 clk_div。

```
module clk_div(
        input clk,
        input clr,
        output  reg clk_out);
parameter FREQ=1000;                       //所需频率
localparam NUM='d50_000_000/(2*FREQ);      //得出分频比
reg[29:0] count;
always @(posedge clk,negedge clr)
begin
   if(~clr)  begin clk_out <= 0;count<=0; end
   else if(count==NUM-1)
 begin count <= 0;clk_out <= ~clk_out;end
   else begin count<=count+1;end
end
endmodule
```

8.5.2　引脚分配与锁定

有多种方法可完成引脚的分配和锁定，此处专门进行说明，在平时的设计过程中，可选择其中一种或混合使用进行引脚的分配以及进行引脚电压的指定，以提高设计效率。

1. 用 Pin Planner 直接配置

引脚分配和锁定最直接的方法是使用 Pin Planner，选择菜单 Assignments→Pin Planner，在如图 8.17 所示的 Pin Planner 界面中直接分配引脚（在 Location 栏）并指定引脚电压（在 I/O Standard 栏）。

2. 用.qsf 文件配置

.qsf（Quartus Settings File）文件中包含了 Quartus 工程的所有约束，包括工程信息、器件信息、引脚约束、编译约束和用于 Classic Timing Analyzer 的时序约束。

1）.qsf 文件会通过编译产生，在当前工程目录下直接找到并进行编辑。

2）也可以专门导出.qsf 文件：选择菜单 Assignments→Export Assignments…，弹出如图 8.18 所示的对话框，填写文件路径和名称，导出.qsf 文件。

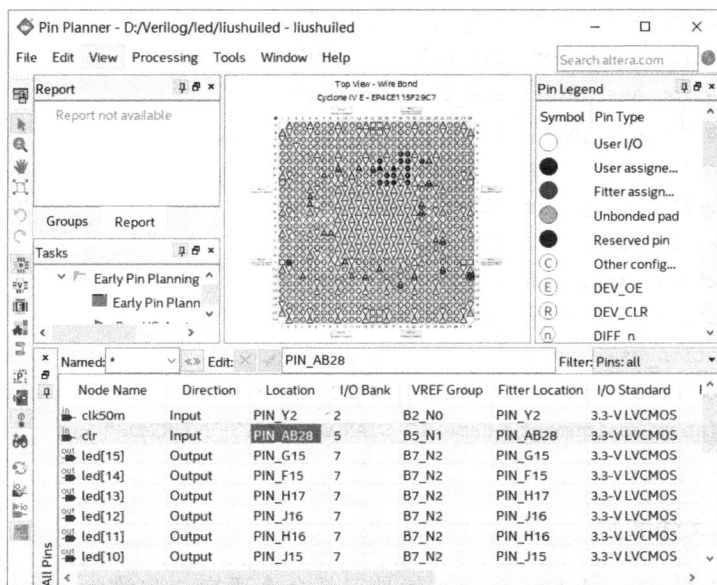

图 8.17　用 Pin Planner 分配引脚、指定电压

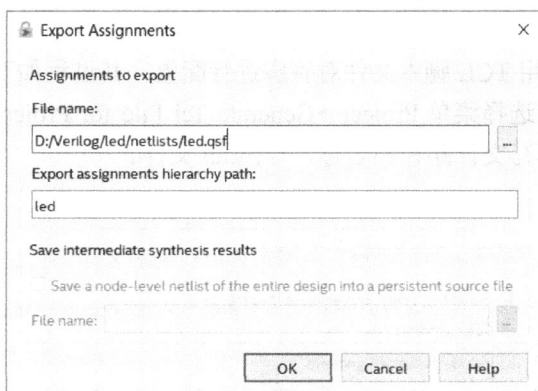

图 8.18　导出.qsf 文件

3）用 Quartus 自带的编辑器或者第三方文本编辑器（如 Notepad++），打开.qsf 文件，编辑该文件进行引脚分配。打开本例的 led.qsf 文件，可看到文件中包含了器件信息、源文件、顶层实体、引脚约束等各种信息，可在其中添加和修改引脚锁定信息和引脚电压等，编辑完成的 led.qsf 文件中有关器件和引脚锁定的内容如下：

```
set_global_assignment -name FAMILY "Cyclone IV E"
set_global_assignment -name DEVICE EP4CE115F29C7
set_global_assignment -name TOP_LEVEL_ENTITY liushuiled
set_location_assignment PIN_Y2 -to clk50m
set_location_assignment PIN_AB28 -to clr
set_location_assignment PIN_G19 -to led[0]
set_location_assignment PIN_F19 -to led[1]
set_location_assignment PIN_E19 -to led[2]
set_location_assignment PIN_F21 -to led[3]
set_location_assignment PIN_F18 -to led[4]
set_location_assignment PIN_E18 -to led[5]
```

```
        set_location_assignment PIN_J19 -to led[6]
        set_location_assignment PIN_H19 -to led[7]
        set_location_assignment PIN_J17 -to led[8]
        set_location_assignment PIN_G17 -to led[9]
        set_location_assignment PIN_J15 -to led[10]
        set_location_assignment PIN_H16 -to led[11]
        set_location_assignment PIN_J16 -to led[12]
        set_location_assignment PIN_H17 -to led[13]
        set_location_assignment PIN_F15 -to led[14]
        set_location_assignment PIN_G15 -to led[15]
        set_instance_assignment -name IO_STANDARD "3.3-V LVCMOS" -to clk50m
        set_instance_assignment -name IO_STANDARD "3.3-V LVCMOS" -to clr
        ......
```

3．用 TCL 文件配置

TCL（Tool Command Language）就是工具命令语言，也称为脚本语言（Scripting Language）。TCL 是一种解释性语言，不需要通过编译，它像 Shell 语言一样，直接对每条语句顺序解释执行。

在 Quartus 中可使用 TCL 脚本文件对管脚进行配置，其过程如下。

1）导出.tcl 文件：选择菜单 Project→Generate Tcl File for Project…，弹出如图 8.19 所示的对话框，在其中填写文件路径和名称，导出.tcl 文件。

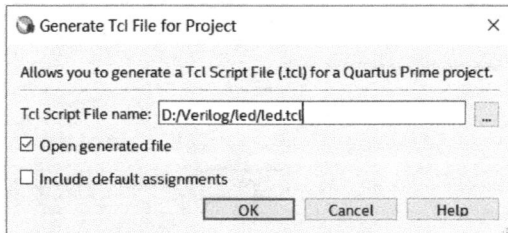

图 8.19　导出.tcl 文件

2）编辑.tcl 文件：用 Quartus（或第三方文本编辑器，如 Notepad++）打开.tcl 文件，可以看到文件中包含了器件、源文件、引脚约束、电压设定等信息，在文件中可通过文本编辑的方式添加和修改引脚锁定信息和引脚电压，采用复制粘贴等方式提高引脚分配的效率。本例的 led.tcl 文件中有关引脚锁定的内容如图 8.20 所示。

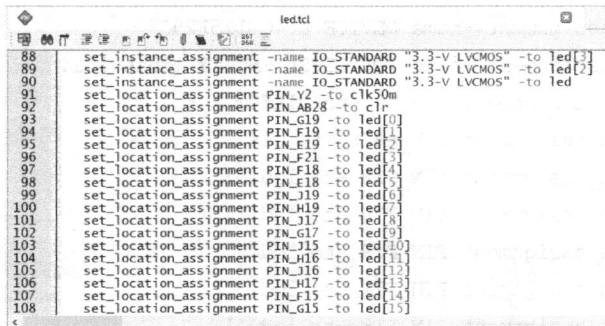

图 8.20　在 led.tcl 文件中编辑引脚锁定信息

3）添加和运行.tcl 文件：编辑完成.tcl 文件后，选择菜单 Tools→Tcl Scripts...，弹出如图 8.21 所示的界面，单击 Add to Project 按钮，将 led.tcl 文件添加到当前工程中，再单击 Run 按钮，运行该文件。运行后打开 Pin-Planner 界面，会看到引脚分配已经生效。

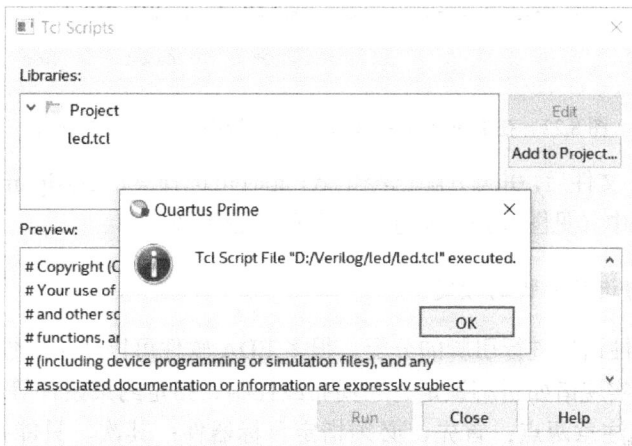

图 8.21　添加和运行.tcl 文件

4. 用.csv 文件进行引脚分配

1）使用 Notepad++或其他文本编辑器在当前工程目录下新建一个.csv 文件，其格式和内容如下，完成后将其保存为文件 led.csv。

注：在 to 和 location 中间，引脚名和引脚号中间的半角逗号不能遗漏。

```
to,      location
clk50m,  PIN_Y2
clr,     PIN_AB28
led[0],  PIN_G19
led[1],  PIN_F19
led[2],  PIN_E19
led[3],  PIN_F21
led[4],  PIN_F18
led[5],  PIN_E18
led[6],  PIN_J19
led[7],  PIN_H19
led[8],  PIN_J17
led[9],  PIN_G17
led[10], PIN_J15
led[11], PIN_H16
led[12], PIN_J16
led[13], PIN_H17
led[14], PIN_F15
led[15], PIN_G15
```

2）在 Quartus 软件中，选择菜单 Assignments→Import Assignments，在图 8.22 所示的对话框中找到刚生成的 led.csv 文件，单击 OK 按钮调入该文件。

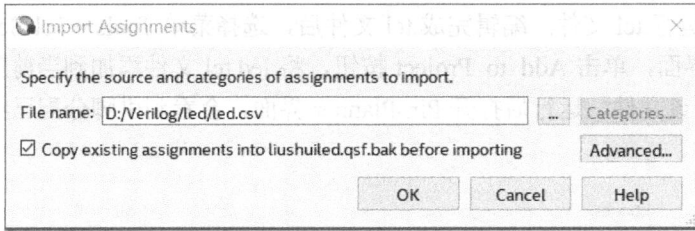

图 8.22　在 Import Assignments 对话框中调入 led.csv 文件

3）调入 led.csv 文件后，引脚分配已经生效，此时可选择菜单 Assignments→Pin Planner，在 Pin Planner 界面中（见图 8.17）验证引脚分配是否生效。

5. 用属性语句进行引脚的锁定

也可以采用属性语句进行引脚的分配。很多 EDA 软件可以使用属性（Attribute）完成一些特定的功能，实现诸如引脚锁定、布局布线控制、指定约束条件等功能。采用属性语句进行引脚定义应注意两点：首先，必须指定目标器件；其次，只能在顶层设计文件中定义。

用属性语句进行引脚锁定可像例 8.11 这样定义，目标板基于 DE2-115 实验板，目标器件为 EP4CE115F29C7。

注：本例的属性引脚锁定语句只适用于 Quartus 软件，不同 EDA 软件的属性定义语句的格式有所不同，具体用法应查阅软件的使用说明。

【例 8.11】　用属性定义语句进行引脚锁定。

```
/*  引脚锁定基于 DE2-115，芯片为 EP4CE115F29C7  */
module liushuiled(clk50m,clr,led);
(* chip_pin="Y2" *) input clk50m;      //时钟信号，用属性语句进行引脚锁定
(* chip_pin="AB28" *) input clr;       //复位信号及引脚锁定
(* chip_pin="G15,F15,H17,J16,H16,J15,G17,J17,H19,J19,E18,
F18,F21,E19,F19,G19" *) output reg[15:0] led;  //编译时此两行应写为一行
    ......
```

注：对 FPGA 的引脚还应注意如下几点：

1）FPGA 的引脚可分为电源引脚、时钟引脚、配置引脚和普通 I/O 引脚四种。以图 8.23 所示的 Pin Planner 界面下的芯片引脚顶视图为例（芯片为 EP4CE6F17C8），图中右侧为各种引脚的标注。图中，不同颜色代表不同的 Bank；三角形为电源引脚（正三角为 VCC，倒三角为 GND，三角中为 O 属于 I/O 电源管脚，为 I 则为内核电源）；圆形标记的引脚为普通 I/O 引脚；正方形且内部有时钟信号的为全局时钟引脚；五边形引脚为配置引脚。

2）默认 I/O 电压标准的设置：选择菜单 Assignments→Device，单击 Device and Pin Options 按钮，弹出如图 8.24 所示的对话框，单击左边的 Voltage 选项，在右侧将 Default I/O standard 设置为 3.3-V LVTTL，或者设置为 3.3-V LVCMOS。由于大部分开发板的 I/O 电压为 3.3 V，因此，此处将 FPGA 引脚的默认 I/O 电压设置为 3.3 V。

3）双用途引脚（Dual-Purpose Pins）的设置：有的引脚（如 nCEO 引脚）属于双用途引脚，在 FPGA 配置阶段可作为下载引脚使用；配置完成后，也可以当作普通 I/O 引脚使用。此类引脚作为普通 I/O 脚用时需进行必要的设置，否则在编译时会报错。

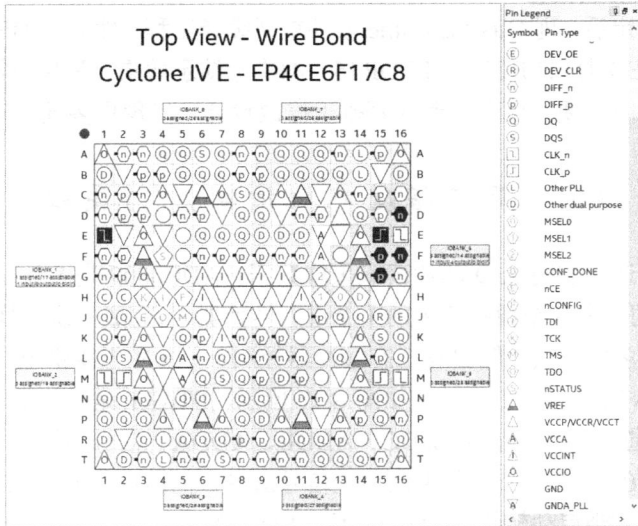

图 8.23　Pin Planner 界面下芯片引脚顶视图

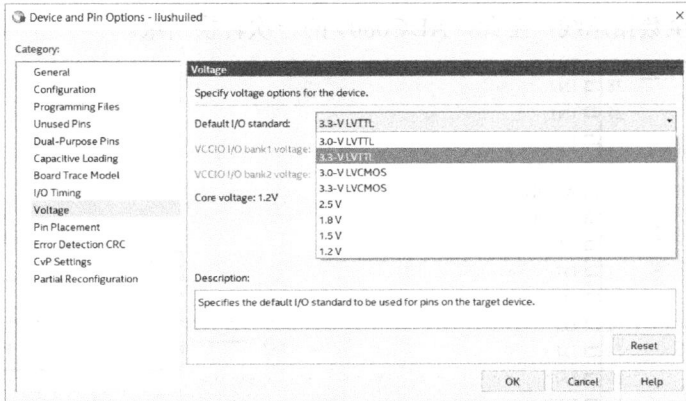

图 8.24　设置缺省 I/O 电压标准

选择菜单 Assignments→Device，单击 Device and Pin Options 按钮，弹出如图 8.25 所示的对话框，单击 Dual-Purpose Pins，找到 nCEO 引脚，在下拉菜单中选择 Use as regular I/O 选项，单击 OK 按钮。

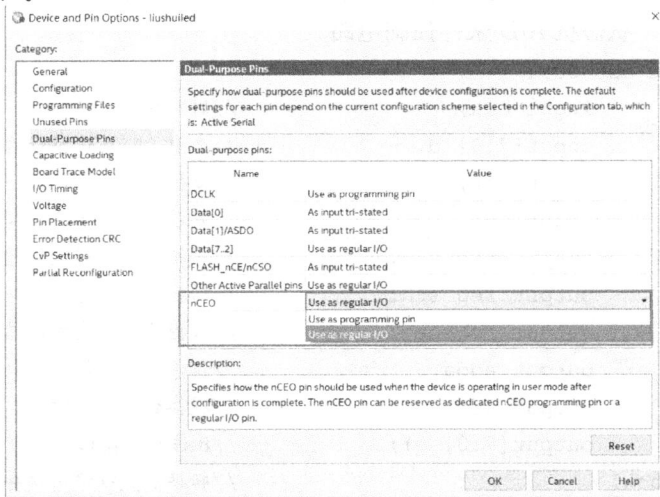

图 8.25　双用途引脚（Dual-Purpose Pins）的设置

本例在引脚锁定后，用 Quartus Prime 软件重新编译工程，然后在 DE2-115 实验板上下载，观察 16 个 LED 灯（LEDR0～LEDR15）的实际演示效果。采用有限状态机控制流水灯，结构清晰，修改方便，可在本例的基础上修改设计，实现更多演示花型。

8.6　用有限状态机控制 A/D 采样

有限状态机很适于控制 A/D 芯片读取采样数据。ADC0809 是 8 位 A/D 转换器，片内有 8 路模拟开关，可控制 8 个模拟量中的 1 个进入转换器中，完成一次转换的时间约 100 μs。含锁存控制的 8 个多路开关，输出有三态缓冲器控制，单 5 V 电源供电。ADC0809 的外部引脚信号如图 8.26 所示，其工作时序如图 8.27 所示。START 是转换启动信号，高电平有效；ALE 是 3 位通道选择地址（ADDC、ADDB、ADDA）信号的锁存信号。当模拟量送至某一输入端（IN0～IN7）时，由 3 位地址信号选择，而地址信号由 ALE 锁存；EOC 是转换情况状态信号，当启动转换约 100 μs 后，EOC 变为高电平，表示转换结束；在 EOC 的上升沿到来后，若输出使能信号 OE 为高电平，则控制打开三态缓冲器，把转换好的 8 位数据结果输出至数据总线，至此，ADC0809 的一次转换结束。

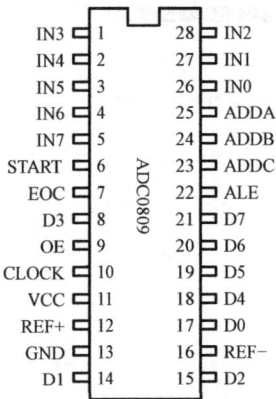

图 8.26　ADC0809 引脚图　　　　　　图 8.27　ADC0809 工作时序

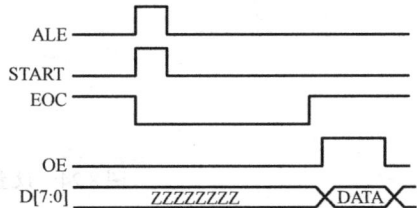

用状态机控制 A/D 采样电路的 Verilog 程序如例 8.12 所示。

【例 8.12】　状态机 A/D 采样控制电路。

```verilog
module adc0809(
        input clk,                  //时钟信号
        input[7:0] d,               //来自 0809 转换好的 8 位数据
        input clr,                  //复位信号
        input eoc,                  //转换状态指示，低电平表示正在转换
        output reg ale,             //模拟信号通道地址锁存信号
        output reg start,           //转换开始信号
        output reg oe,              //数据输出三态控制信号
        output adda,                //信号通道最低位控制信号
        output lock0,               //观察数据锁存时钟
        output[7:0] q);             //8 位数据输出
    reg lock;                       //转换后数据输出锁存时钟信号
    parameter S0='d0,S1='d1,S2='d2,S3='d3,S4='d4;
```

```
reg[2:0] current_state,next_state; reg[7:0] rel;
assign adda=0;    //adda 为 0，模拟信号进入通道 in0；adda 为 1，进入通道 in1
assign q=rel; assign lock0=lock;
always @(posedge clk or posedge clr)
    begin if(clr) current_state<=S0;
          else current_state<=next_state; end
always @(posedge lock)                //在 lock 的上升沿，将转换好的数据锁入
    begin rel<=d; end
always @(current_state,eoc)
    begin case(current_state)
    S0:begin le<=1'b0;start<=1'b0; lock<=1'b0;oe<=1'b0;
            next_state<=S1;   end        //0809 初始化
    S1:begin le<=1'b1;start<=1'b1; lock<=1'b0;oe<=1'b0;
            next_state<=S2; end      //启动采样
    S2:begin ale<=1'b0;start<=1'b0; lock<=1'b0;oe<=1'b0;
        if(eoc) next_state<=S3;       //eoc=1 表明转换结束
        else next_state<=S2;  end     //转换未结束，等待
    S3:begin le<=1'b0;start<=1'b0; lock<=1'b0;oe<=1'b1;
    next_state<=S4;  end              //开启 oe，输出转换好的数据
    S4:begin le<=1'b0;start<=1'b0; lock<=1'b1;oe<=1'b1;
    next_state<=S0;  end
    default:next_state<=S0;
    endcase; end
endmodule
```

习　题　8

8.1　设计一个 111 串行数据检测器。要求：当检测到连续 3 个或 3 个以上的 1 时，输出为 1，其他输入情况下输出为 0。

8.2　设计一个 1001 串行数据检测器。其输入、输出如下。

输入 x：000 101 010 010 011 101 001 110 101

输出 z：000 000 000 010 010 000 001 000 000

8.3　设计一个 1101 序列检测器。

8.4　编写一个 8 路彩灯控制程序，要求彩灯有以下 3 种演示花型：

1）8 路彩灯同时亮灭。

2）从左至右逐个亮（每次只有 1 路亮）。

3）8 路彩灯每次 4 路灯亮、4 路灯灭且亮灭相间，交替亮灭。

在演示过程中，仅在一种花型演示完毕时才转向其他演示花型。

8.5　用状态机设计交通灯控制器，设计要求：A 路和 B 路中每路都有红、黄、绿 3 种灯，持续时间为：红灯 45 s，黄灯 5 s，绿灯 40 s。A 路和 B 路灯的状态转换是：

1）A 红，B 绿（持续时间 40 s）。

2）A 红，B 黄（持续时间 5 s）。

3）A 绿，B 红（持续时间 40 s）。

4）A 黄，B 红（持续时间 5 s）。

8.6 设计一个汽车尾灯控制电路。已知汽车左右两侧各有 3 个尾灯，如图 8.19 所示，要求控制尾灯按如下规则亮灭。

1）汽车沿直线行驶时，两侧的指示灯全灭。

2）汽车右转弯时，左侧的指示灯全灭，右侧的指示灯按 000、100、010、001、000 循环顺序点亮。

3）汽车左转弯时，右侧的指示灯全灭，左侧的指示灯按与右侧同样的循环顺序点亮。

4）在直行时刹车，两侧的指示灯全亮；在转弯时刹车，转弯这一侧的指示灯按上述循环顺序点亮，另一侧的指示灯全亮。

5）汽车临时故障或紧急状态时，两侧的指示灯闪烁。

图 8.19 汽车尾灯示意图

参考设计如例 8.13 所示，采用属性语句进行引脚的锁定，目标板基于 DE2-115。

【例 8.13】 汽车尾灯控制器。

```verilog
module backlight(clk50m,turnl,turnr,brake,fault,lightl,lightr);
(* chip_pin="Y2" *) input clk50m;                    //时钟信号
(* chip_pin="AB28" *) input turnl;                   //左转信号
(* chip_pin="AC28" *) input turnr;                   //右转信号
(* chip_pin="AC27" *) input brake;                   //刹车信号
(* chip_pin="AD27" *) input fault;                   //故障信号
(* chip_pin="E18,F18,F21" *)output[2:0] lightl;      //左侧灯
(* chip_pin="E19,F19,G19" *)output[2:0] lightr;      //右侧灯
reg[23:0] count;
wire clock;
reg[2:0] shift=3'b001;
reg flash=1'b0;
always@(posedge clk50m)
   begin if(count==12500000) count<=0; else count<=count+1;  end
 assign clock=count[23];
 always@(posedge clock)
begin  shift={shift[1:0],shift[2]};flash=~flash;  end
assign lightl=turnl?shift:brake?3'b111:fault?{3{flash}}:3'b000;
assign lightr=turnr?shift:brake?3'b111:fault?{3{flash}}:3'b000;
endmodule
```

下载与验证：用 Quartus Prime 综合上面的代码，然后在 DE2-115 上下载。clk50M 接 50 MHz 晶体信号，turnl、turnr、brake、fault 分别接拨动开关 SW0~SW3，代表左转、右转、刹车和紧急状态的传感器输入，lightl、lightr 接 6 个 LED 灯（LEDR5~LEDR0），代表汽车尾灯。

第 9 章 Verilog 驱动常用 I/O 外设

本章通过若干可综合的实例讨论基于 Verilog 的设计技术，可以把这些设计与 EDA 实验开发装置相结合，下载设计生成的可配置数据后观察实际效果。

9.1 4×4 矩阵键盘

矩阵键盘又称为行列式键盘，它是由 4 条行线、4 条列线组成的键盘，其电路如图 9.1 所示。在行线和列线的每一个交叉点上设置一个按键，按键的个数是 4×4，按键排列如图 9.2 所示。按下某个按键后，为了辨别和读取键值信息，一般采用如下方法：向 A 端口扫描输入一组只含一个 0 的 4 位数据，如 1110、1101、1011、0111，若有按键按下，则 B 端口一定会输出对应的数据，因此，只要结合 A、B 端口的数据，就能判断按键的位置。比如，在图 9.1 中，S1 按键的位置编码是 {A,B} =1110_0111。

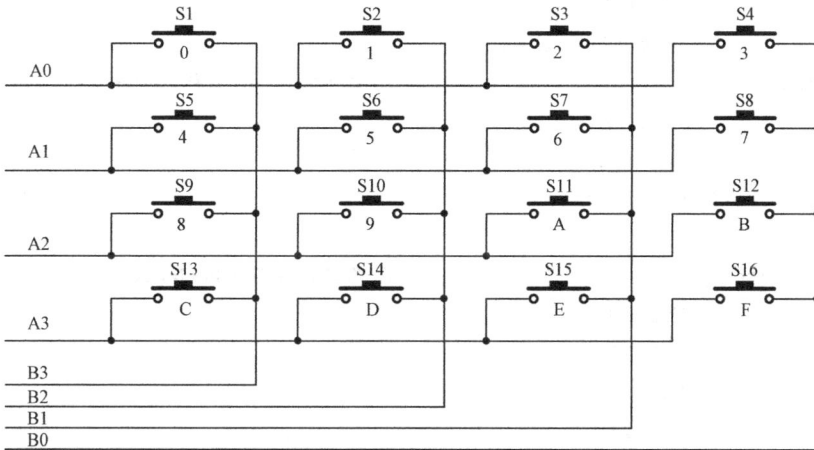

图 9.1 4×4 矩阵键盘电路

图 9.2 按键排列

例 9.1 是用 Verilog 编写的 4×4 矩阵键盘键值扫描判断程序。键盘扫描程序由 1 个 always 模块构成，在 always 模块中先进行模 4 计数，在计数器的每个状态从 FPGA 内部送出一列扫描数据给键盘，然后读入经过去抖处理的 4 行数据，根据行、列数据，确定按下的是哪个键。

【例 9.1】　 4×4 矩阵键盘扫描检测程序。

```verilog
//***********************************************************
//* 4×4 标准键盘板读取并显示键值
//***********************************************************
`timescale 1 ns/1 ps
module key4x4(
        input clk50m,                //50 MHz 时钟信号
        input [3:0] b,
        output reg[3:0] a,           //输出扫描信号给键盘
        output wire[6:0] led7s);
reg[3:0] keyvalue;
reg [1:0] q;

wire clk4k;
clk_div #(4000) u1(              //产生 4 kHz 扫描时钟, 源码见例 8.10
          .clk(clk50m),
          .clr(1),
          .clk_out(clk4k));
seg4_7 u2(                       //数码管译码, 源码见例 9.2
          .hex(keyvalue),
          .g_to_a(led7s));
always @(posedge clk4k)
begin   q<=q+1;
    case(q)                      //给键盘 A 口送出扫描数据
    0: a<=4'b1110;
    1: a<=4'b1101;
    2: a<=4'b1011;
    3: a<=4'b0111;
    default: a<=4'b0000;
    endcase
    case ({a,b})                                  //判断键值
    8'b1110_0111:begin keyvalue <=4'h0;end         //key0
    8'b1110_1011:begin keyvalue <=4'h1;end         //key1
    8'b1110_1101:begin keyvalue <=4'h2;end
    8'b1110_1110:begin keyvalue <=4'h3;end
    8'b1101_0111:begin keyvalue <=4'h4;end
    8'b1101_1011:begin keyvalue <=4'h5;end
    8'b1101_1101:begin keyvalue <=4'h6;end
    8'b1101_1110:begin keyvalue <=4'h7;end
    8'b1011_0111:begin keyvalue <=4'h8;end
    8'b1011_1011:begin keyvalue <=4'h9;end         //key9
    8'b1011_1101:begin keyvalue <=4'ha;end         //keyA
```

```
        8'b1011_1110:begin keyvalue <=4'hb;end
        8'b0111_0111:begin keyvalue <=4'hc;end
        8'b0111_1011:begin keyvalue <=4'hd;end
        8'b0111_1101:begin keyvalue <=4'he;end          //keyE
        8'b0111_1110:begin keyvalue <=4'hf;end          //keyF
        8'b0000_1111:begin keyvalue <=4'h0;end
        endcase
    end
    endmodule
```

clk_div 分频子模块源码见例 8.10，数码管译码子模块 seg4_7 源码如例 9.2 所示。

【例 9.2】　数码管显示译码子模块。

```
    module seg4_7(
        input wire[3:0] hex,                            //输入的 16 进制数
        output reg[6:0] g_to_a                          //数码管 7 段
        );
    always@(*)
    begin
        case(hex)
        4'd0:g_to_a <= 7'b100_0000;
        4'd1:g_to_a <= 7'b111_1001;
        4'd2:g_to_a <= 7'b010_0100;
        4'd3:g_to_a <= 7'b011_0000;
        4'd4:g_to_a <= 7'b001_1001;
        4'd5:g_to_a <= 7'b001_0010;
        4'd6:g_to_a <= 7'b000_0010;
        4'd7:g_to_a <= 7'b111_1000;
        4'd8:g_to_a <= 7'b000_0000;
        4'd9:g_to_a <= 7'b001_0000;
        4'ha:g_to_a <= 7'b000_1000;
        4'hb:g_to_a <= 7'b000_0011;
        4'hc:g_to_a <= 7'b100_0110;
        4'hd:g_to_a <= 7'b010_0001;
        4'he:g_to_a <= 7'b000_0110;
        4'hf:g_to_a <= 7'b000_1110;
        default:g_to_a <=7'b111_1111;
         endcase
    end
    endmodule
```

将此设计进行芯片和引脚的锁定，下载至目标板进行实际验证。目标板采用 DE2-115 实验板，FPGA 芯片锁定为 EP4CE115F29C7；选择菜单 Assignments→Pin Planner，在弹出的 Pin Planner 对话框中，进行引脚的锁定；还需要将端口 b 设置为弱上拉，选择菜单 Assignments→Assignment Editor，在弹出的如图 9.3 所示的对话框中，将 b[0]、b[1]、b[2]、b[3]引脚的 Assignment Name 设置为 Weak Pull-Up Resistor，Value 值设置为 On。

	tatu	From	To	Assignment Name	Value
1	✓		led7s[0]	Location	PIN_G18
2	✓		led7s[1]	Location	PIN_F22
3	✓		led7s[2]	Location	PIN_E17
4	✓		led7s[3]	Location	PIN_L26
5	✓		led7s[4]	Location	PIN_L25
6	✓		led7s[5]	Location	PIN_J22
7	✓		led7s[6]	Location	PIN_H22
8	✓		b[0]	Location	PIN_AC15
9	✓		b[1]	Location	PIN_Y17
10	✓		b[2]	Location	PIN_Y16
11	✓		b[3]	Location	PIN_AE16
12	✓		a[0]	Location	PIN_AF16
13	✓		a[1]	Location	PIN_AF15
14	✓		a[2]	Location	PIN_AE21
15	✓		a[3]	Location	PIN_AC22
16	✓		b[0]	Weak Pull-Up Resistor	On
17	✓		b[1]	Weak Pull-Up Resistor	On
18	✓		b[2]	Weak Pull-Up Resistor	On
19	✓		b[3]	Weak Pull-Up Resistor	On
20	✓		clk50m	Location	PIN_Y2

图 9.3　在 Assignment Editor 窗口中将端口 b 设置为弱上拉

用文本编辑器打开.qsf（本例为 key4x4.qsf）文件，可看到其中关于引脚锁定的内容如下：

```
set_location_assignment PIN_Y2 -to clk50m
set_location_assignment PIN_G18 -to led7s[0]
set_location_assignment PIN_F22 -to led7s[1]
set_location_assignment PIN_E17 -to led7s[2]
set_location_assignment PIN_L26 -to led7s[3]
set_location_assignment PIN_L25 -to led7s[4]
set_location_assignment PIN_J22 -to led7s[5]
set_location_assignment PIN_H22 -to led7s[6]
set_location_assignment PIN_AC15 -to b[0]
set_location_assignment PIN_Y17 -to b[1]
set_location_assignment PIN_Y16 -to b[2]
set_location_assignment PIN_AE16 -to b[3]
set_location_assignment PIN_AF16 -to a[0]
set_location_assignment PIN_AF15 -to a[1]
set_location_assignment PIN_AE21 -to a[2]
set_location_assignment PIN_AC22 -to a[3]
set_instance_assignment -name WEAK_PULL_UP_RESISTOR ON -to b[0]
set_instance_assignment -name WEAK_PULL_UP_RESISTOR ON -to b[1]
set_instance_assignment -name WEAK_PULL_UP_RESISTOR ON -to b[2]
set_instance_assignment -name WEAK_PULL_UP_RESISTOR ON -to b[3]
```

存盘编译后，将 4×4 键盘连接至 DE2-115 实验板的 GPIO 扩展口，下载后观察按键的实际效果，如图 9.4 所示，图中显示按下的是 B 键。

图 9.4　4×4 键盘连接至 DE2-115 开发板

9.2　标准 PS/2 键盘

本节以通用的 PS/2 键盘为输入，设计一个能够识别 PS/2 键盘输入编码（至少能够识别数字键 0～9 和 26 个英文字母键）并把键值通过数码管显示出来的电路。

1. 标准 PS/2 键盘物理接口的定义

PS/2 键盘接口标准是由 IBM 在 1987 年推出的，该标准定义了 84—101 键的键盘，主机和键盘之间采用 6 引脚 mini-DIN 连接器连接，采用双向串行通信协议进行通信。标准 PS/2 键盘 mini-DIN 连接器及其引脚的定义见表 9.1。6 个引脚中只使用了 4 个，其中，第 3 脚接地，第 4 脚接+5 V 电源，第 2 与第 6 脚保留；第 1 脚为 Data（数据），第 5 脚为 Clock（时钟），Data 与 Clock 这 2 个引脚采用了集电极开路设计，因此，标准 PS/2 键盘与接口相连时，这 2 个引脚要接一个上拉电阻方可使用。

表 9.1　PS/2 端口结构及引脚定义

标准 PS/2 键盘 mini-DIN 连接器		引　脚　号	名　　称	功　　能
插头（Plug）	插座（Socket）	1	Data	数据
		2	N.C	未用
		3	GND	电源地
		4	VCC	+5 V 电源
		5	Clock	时钟信号
		6	N.C	未用

2. 标准 PS/2 接口时序及通信协议

PS/2 接口与主机之间的通信采用双向同步串行协议。PS/2 接口的 Data 与 Clock 这 2 个引脚都是集电极开路的，平时都是高电平。数据从 PS/2 设备发送到主机或从主机发送到 PS/2 设备，时钟都是 PS/2 设备产生；主机对时钟控制有优先权，即主机想给 PS/2 设备发送控制指令时，可以拉低时钟线至少 100 μs，然后再下拉数据线，传输完成后释放时钟线为高。

当 PS/2 设备准备发送数据时，首先检查 Clock 是否为高。如果 Clock 为低电平，那么认为主机抑制了通信，此时它缓冲数据直到获得总线的控制权；如果 Clock 为高电平，PS/2

则开始向主机发送数据，数据发送按帧进行。

PS/2 键盘接口时序和数据格式如图 9.5 所示。数据位在 Clock 为高电平时准备好，在 Clock 下降沿被主机读入。数据帧格式为：1 个起始位（逻辑 0）；8 个数据位，低位在前；1 个奇校验位；1 个停止位（逻辑 1）；1 个应答位（仅用在主机对设备的通信中）。

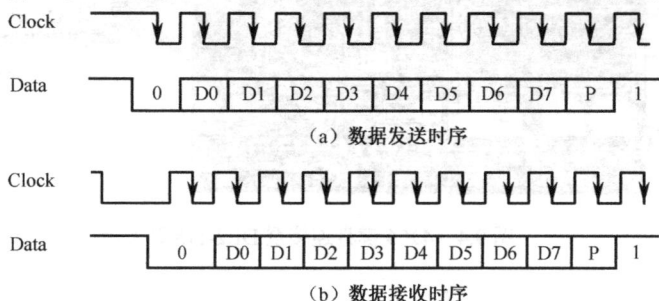

（a）数据发送时序

（b）数据接收时序

图 9.5　PS/2 键盘接口时序

3. PS/2 键盘扫描码

现在 PC 机使用的 PS/2 键盘都默认采用第二套扫描码集，扫描码有两种不同的类型：通码（make code）和断码（break code）。当一个键被按下或持续按住时，键盘将该键的通码发送给主机；当一个键被释放时，键盘将该键的断码发送给主机。每个键都有自己唯一的通码和断码。

通码只有 1 字节宽，但也有少数"扩展按键"的通码是 2 字节或 4 字节宽。根据通码字节数，可将按键分为如下 3 类：

- 第 1 类按键，通码为 1 字节，断码为 0xF0+通码形式。如 A 键，其通码为 0x1C，断码为 0xF0 0x1C。
- 第 2 类按键，通码为 2 字节 0xE0 + 0xXX 形式，断码为 0xE0+0xF0+0xXX 形式。如右 Ctrl 键，其通码为 0xE0 0x14，断码为 0xE0 0xF0 0x14。
- 第 3 类特殊按键有两个：Print Screen 键的通码为 0xE0 0x12 0xE0 0x7C，断码为 0xE0 0xF0 0x7C 0xE0 0xF0 0x12；Pause 键的通码为 0x El 0x14 0x77 0xEl 0xF0 0x14 0xF0 0x77，断码为空。

PS/2 键盘中 0～9 十个数字键和 26 个英文字母键对应的通码、断码如表 9.2 所示。

表 9.2　PS/2 键盘中 0～9 十个数字键和 26 个英文字母键对应的通码、断码

键	通　码	断　码	键	通　码	断　码
A	1C	F0 1C	S	1B	F0 1B
B	32	F0 32	T	2C	F0 2C
C	21	F0 21	U	3C	F0 3C
D	23	F0 23	V	2A	F0 2A
E	24	F0 24	W	1D	F0 1D
F	2B	F0 2B	X	22	F0 22
G	34	F0 34	Y	35	F0 35
H	33	F0 33	Z	1A	F0 1A
I	43	F0 43	0	45	F0 45

续表

键	通　码	断　码	键	通　码	断　码
J	3B	F0 3B	1	16	F0 16
K	42	F0 42	2	1E	F0 1E
L	4B	F0 4B	3	26	F0 26
M	3A	F0 3A	4	25	F0 25
N	31	F0 31	5	2E	F0 2E
O	44	F0 44	6	36	F0 36
P	4D	F0 4D	7	3D	F0 3D
Q	15	F0 15	8	3E	F0 3E
R	2D	F0 2D	9	46	F0 46

4. PS/2 键盘接口电路设计与实现

根据前面介绍的 PS/2 键盘的功能，这里采用 Verilog 设计实现一个能够识别 PS/2 键盘输入编码并把键值通过数码管显示出来的电路。限于篇幅，此例仅识别 0～9 十个数字和 26 个英文字母，程序如例 9.3 所示。

【例 9.3】 PS/2 键盘键值扫描及显示电路。

```verilog
`timescale 1ns / 1ps
module ps2(
        input clk50m,                   //50 MHz 时钟信号
        input reset,                    //复位信号
        inout ps2_clk,                  //PS2 时钟信号
        inout ps2_dat,                  //PS2 数据信号
        output[6:0] ps2_seg0,
        output[6:0] ps2_seg1);

    wire neg_ps2_clk;                   //ps2_clk 下降沿标志位
    reg ps2_clk_r0,ps2_clk_r1,ps2_clk_r2;   //ps2_clk 状态寄存器
    always @ (posedge clk50m, negedge reset)
    begin
    if(!reset) begin
            ps2_clk_r0 <= 1'b0;
            ps2_clk_r1 <= 1'b0;
            ps2_clk_r2 <= 1'b0;
        end
    else begin                          //锁存状态，进行滤波
            ps2_clk_r0 <= ps2_clk;
            ps2_clk_r1 <= ps2_clk_r0;
            ps2_clk_r2 <= ps2_clk_r1;
        end
    end
    assign neg_ps2_clk = ~ps2_clk_r1 & ps2_clk_r2;
            //以 PS/2 键盘的时钟作为主时钟，检测 PS/2 键盘时钟信号的下降沿
```

```
    reg[7:0] ps2_byte;                  //接收来自 PS2 的一个字节数据寄存器
    reg[7:0] temp_data;                 //当前接收数据寄存器
    reg[3:0] num;                       //计数器
    reg[15:0] temp_data16;
    always @ (posedge clk50m,negedge reset)
    begin
    if(!reset) begin
        num <= 4'd0;
        temp_data <= 8'd0;
        temp_data16 <= 16'd0;
      end
    else if(neg_ps2_clk) begin          //检测到 ps2_clk 的下降沿
        case (num)
            4'd0:   begin
                    num <= num+1'b1;key_f <= 1'b0;
                    end
            4'd1:   begin
                    num <= num+1'b1;
                    temp_data[0] <= ps2_dat;    //bit0
                    end
            4'd2:   begin
                    num <= num+1'b1;
                    temp_data[1] <= ps2_dat;    //bit1
                    end
            4'd3:   begin
                    num <= num+1'b1;
                    temp_data[2] <= ps2_dat;    //bit2
                    end
            4'd4:   begin
                    num <= num+1'b1;
                    temp_data[3] <= ps2_dat;    //bit3
                    end
            4'd5:   begin
                    num <= num+1'b1;
                    temp_data[4] <= ps2_dat;    //bit4
                    end
            4'd6:   begin
                    num <= num+1'b1;
                    temp_data[5] <= ps2_dat;    //bit5
                    end
            4'd7:   begin
                    num <= num+1'b1;
                    temp_data[6] <= ps2_dat;    //bit6
                    end
```

```
                  4'd8:    begin
                           num <= num+1'b1;
                           temp_data[7] <= ps2_dat;      //bit7
                           end
                  4'd9:    begin
                           num <= num+1'b1;                      //奇偶校验位，不做处理
                           end
                  4'd10: begin
                           num <= 4'd0;                          //num 清零
                           temp_data16<={temp_data16[7:0],temp_data};
                           ps2_byte<= temp_data;          //锁存当前键值
                           key_f <= 1'b1;
                           end
                  default: ;
                  endcase
       end
end

reg ps2_state;                      //键盘当前状态，ps2_state=1 表示有键被按下
reg key_f;                          //离键标志位，接收到数据 8'hf0 该位置 1
reg[7:0] ps2_asc;                   //键值的 ASCII 码
reg[3:0] ps2_tmp;

always @ (posedge clk50m, negedge reset)
begin
if(!reset) begin
       ps2_state <= 1'b0;
       ps2_asc <= 8'h0;
    end
else if(key_f == 1'b1)
begin
if((temp_data16[15:8]== 8'hf0)||(temp_data16[7:0]== 8'hf0))
begin
ps2_asc <= 8'h0;                    //收到离键动作
ps2_state <= 1'b0;
end
else begin
case (ps2_byte)        //键值转换为 ASCII 码（16 进制），此处只处理字母
    8'h1c: ps2_asc <= 8'h41;     //A
    8'h32: ps2_asc <= 8'h42;     //B
    8'h21: ps2_asc <= 8'h43;     //C
    8'h23: ps2_asc <= 8'h44;     //D
    8'h24: ps2_asc <= 8'h45;     //E
    8'h2b: ps2_asc <= 8'h46;     //F
    8'h34: ps2_asc <= 8'h47;     //G
```

```
        8'h33: ps2_asc <= 8'h48;          //H
        8'h43: ps2_asc <= 8'h49;          //I
        8'h3b: ps2_asc <= 8'h4a;          //J
        8'h42: ps2_asc <= 8'h4b;          //K
        8'h4b: ps2_asc <= 8'h4c;          //L
        8'h3a: ps2_asc <= 8'h4d;          //M
        8'h31: ps2_asc <= 8'h4e;          //N
        8'h44: ps2_asc <= 8'h4f;          //O
        8'h4d: ps2_asc <= 8'h50;          //P
        8'h15: ps2_asc <= 8'h51;          //Q
        8'h2d: ps2_asc <= 8'h52;          //R
        8'h1b: ps2_asc <= 8'h53;          //S
        8'h2c: ps2_asc <= 8'h54;          //T
        8'h3c: ps2_asc <= 8'h55;          //U
        8'h2a: ps2_asc <= 8'h56;          //V
        8'h1d: ps2_asc <= 8'h57;          //W
        8'h22: ps2_asc <= 8'h58;          //X
        8'h35: ps2_asc <= 8'h59;          //Y
        8'h1a: ps2_asc <= 8'h5a;          //Z
        default:ps2_asc <= 8'h0;
        endcase
        ps2_state  <= 1'b1;
        end
    end
    else ps2_state  <= 1'b0;
    end

    seg4_7 u1(                            //数码管译码，源码见例 9.2
        .hex(ps2_asc[3:0]),
        .g_to_a(ps2_seg0));
    seg4_7 u2(                            //数码管译码
        .hex(ps2_asc[7:4]),
        .g_to_a(ps2_seg1));
endmodule
```

基于 DE2-115 平台进行验证，编辑引脚约束文件（.qsf）内容如下：

```
set_location_assignment PIN_Y2 -to clk50m
set_location_assignment PIN_AB28 -to reset
set_location_assignment PIN_G6 -to ps2_clk
set_location_assignment PIN_H5 -to ps2_dat
set_location_assignment PIN_G18 -to ps2_seg0[0]
set_location_assignment PIN_F22 -to ps2_seg0[1]
set_location_assignment PIN_E17 -to ps2_seg0[2]
set_location_assignment PIN_L26 -to ps2_seg0[3]
set_location_assignment PIN_L25 -to ps2_seg0[4]
set_location_assignment PIN_J22 -to ps2_seg0[5]
```

```
set_location_assignment PIN_H22 -to ps2_seg0[6]
set_location_assignment PIN_M24 -to ps2_seg1[0]
set_location_assignment PIN_Y22 -to ps2_seg1[1]
set_location_assignment PIN_W21 -to ps2_seg1[2]
set_location_assignment PIN_W22 -to ps2_seg1[3]
set_location_assignment PIN_W25 -to ps2_seg1[4]
set_location_assignment PIN_U23 -to ps2_seg1[5]
set_location_assignment PIN_U24 -to ps2_seg1[6]
```

DE2-115 板上有专门的 PS/2 接口，直接把 PS/2 键盘连接至此接口，按动键盘上的数字和英文字母，可以将按键的通码在数码管上显示出来。如果所用目标板没有专门的 PS/2 接口，可将 PS/2 键盘连接至扩展 I/O 接口上，需连接 PS/2 接口中的 4 根线，分别是 ps2_clk 时钟信号、ps2_dat 数据信号、电源（+5V）和地线（GDN）。

9.3　字符液晶

常用的字符液晶是 LCD1602，它可以显示 16×2 个 5×7 大小的点阵字符，模块的字符存储器（Character Generator ROM，CGROM）中固化了 192 个常用字符的字模。

1. 字符液晶 LCD1602 及其端口

市面上的各种 LCD1602 基本上是兼容的，区别只是带不带背光，其驱动芯片都是 HD44780 及其兼容芯片。LCD1602 的接口基本一致，为 16 引脚的单排插针外接端口，引脚的定义如表 9.3 所示。

表 9.3　LCD1602 的引脚及其功能

引　脚　号	名　　称	功　　能
1	GND	电源地端
2	VCC	电源正极
3	V0	背光偏压
4	RS	数据/命令，0 为指令，1 为数据
5	RW	读/写选择，0 为写，1 为读
6	EN	使能信号
7～14	DB[0]～DB[7]	8 位数据
15	BLA	背光阳极
16	BLK	背光阴极

LCD1602 控制线主要分为 4 类：

- RS：数据/指令选择端，RS=0 时写指令，RS=1 时写数据。
- RW：读/写选择端，RW=0 时写指令/数据，RW=1 时读状态/数据。
- EN：使能端，下降沿使指令/数据生效。
- DB[0]～DB[7]：8 位双向数据线。

2. LCD1602 的数据读写时序

LCD1602 的数据读写时序如图 9.6 所示，其读/写操作时序由使能信号 EN 完成；对读/

写操作的识别是判断 RW 信号上的电平状态。当 RW 为 0 时，向显示数据存储器写数据，数据在使能信号 EN 的上升沿被写入；当 RW 为 1 时，将液晶模块的数据读入。RS 信号用于识别数据总线 DB0～DB7 上的数据是指令代码还是显示数据。

从图 9.8 中还可以看出一些关键时间参数（不同厂商产品有差异），一般要求数据读写周期 $T_C \geqslant 13$ μs；使能脉冲宽度 $T_{PW} \geqslant 1.5$ μs；数据建立时间 $T_{DSW} \geqslant 1$ μs；数据

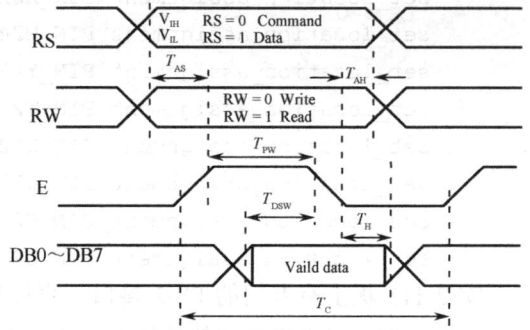

图 9.6　LCD1602 数据读写时序

保持时间 $T_H \geqslant 20$ ns；地址建立和保持时间（T_{AS} 和 T_{AH}）不得小于 1.5 μs，在驱动 LCD 时，需要满足上面的时间参数要求。

3. LCD1602 的指令集

LCD1602 的读/写操作、屏幕和光标的设置都是通过指令来实现的，共支持 11 条控制指令，这些指令可查阅相关资料。需要注意的是，液晶模块属于慢显示设备，因此，在执行每条指令之前，一定要确认模块的忙标志为低电平（表示不忙），否则此指令失效。显示字符时要先输入显示字符地址，也就是告诉模块在哪里显示字符。表 9.4 是 LCD1602 的内部显示地址。

表 9.4　LCD1602 的内部显示地址

显示位置	1	2	3	4	5	6	7	8	9	10	11	12	13	14	15	16
第 1 行	80	81	82	83	84	85	86	87	88	89	8A	8B	8C	8D	8E	8F
第 2 行	C0	C1	C2	C3	C4	C5	C6	C7	C8	C9	CA	CB	CC	CD	CE	CF

4. LCD1602 的字符集

LCD1602 模块内部的字符发生存储器（CGROM）中固化了 192 个常用字符的字模，其中常用的 128 个阿拉伯数字、大小写英文字母和常用符号等如表 9.5 所示（16 进制表示）。比如，大写英文字母 A 的代码是 41H，把地址 41H 中的点阵字符图形显示出来，就能看到字母 A。

表 9.5　CGROM 中字符与代码的对应关系

高位低位	0	2	3	4	5	6	7
0	CGRAM		0	@	P	\	p
1		!	1	A	Q	a	q
2		"	2	B	R	b	r
3		#	3	C	S	c	s
4		$	4	D	T	d	t
5		%	5	E	U	e	u
6		&	6	F	V	f	v
7		,	7	G	W	g	w

续表

高位＼低位	0	2	3	4	5	6	7
8		(	8	H	X	h	x
9		)	9	I	Y	i	y
a		*	:	J	Z	j	z
b		+	;	K	[	k	{
c		,	<	L	¥	l		
d		−	=	M	]	m	}
e		.	>	N	^	n	→
f		/	?	O	_	o	←

5. LCD1602 的初始化

LCD1602 开始显示前需要进行必要的初始化设置，包括设置显示模式、显示地址等，初始化指令及其功能如表 9.6 所示。

表 9.6　LCD1602 的初始化指令及其功能

初始化过程	初始化指令	功　能
1	8'h38	设置显示模式：16×2 显示，5×7 点阵，8 位数据接口
2	8'h0c	开显示，光标不显示（如要显示光标可改为 8'h0e）
3	8'h06	光标设置：光标右移，字符不移
4	8'h01	清屏，将以前的显示内容清除
行地址	1 行：'h80	第 1 行地址
	2 行：'hc0	第 2 行地址

6. 用状态机驱动 LCD1602 实现字符的显示

FPGA 驱动 LCD1602，其实就是通过同步状态机模拟单步执行驱动 LCD1602，过程是先初始化 LCD1602，然后写地址，最后写入显示数据。

用状态机驱动 LCD1602 实现字符显示的代码见例 9.4，下面的几点需特别注意。

1）LCD1602 的初始化过程主要由以下 4 条指令配置：

- 显示模式设置 MODE_SET：8'h38
- 显示开/关及光标设置 CURSOR_SET：8'h0c
- 显示地址设置 ADDRESS_SET：8'h06
- 清屏设置 CLEAR_SET：8'h01

由于是写指令，所以 RS=0；写完指令后，EN 下降沿使能。

2）初始化完成后，需写入地址，第一行初始地址是 8'h80；第二行初始地址是 8'hc0。写入地址时 RS=0，写入地址后 EN 下降沿使能。

3）写入地址后，开始写入显示数据。需注意地址指针每写入一个数据后自动加 1。写入数据时 RS=1，写完数据后 EN 下降沿使能。

4）由于需要动态显示，所以数据要刷新。由于采用了同步状态机模拟 LCD1602 的控制时序，所以在显示完最后的数据后，状态要跳回写入地址状态，以便进行动态刷新。

此外，需要注意 LCD1602 是慢速器件，应将其工作时钟设置为合适的频率。本例采用的是计数延时使能驱动，代码中通过计数器定时得出 **lcd_clk_en** 信号驱动，不同厂家生产的 LCD1602 延时不同。本例采用的是间隔 500 ns 使能驱动，延时长一些会更可靠一些。

　　注：在 DE2-115 中使用的 LCD1602 模块不含背光单元，故本例中对 BLA、BLK 两个背光引脚未加控制。

　　【例 9.4】　控制字符液晶 LCD1602，实现字符和数字的显示。

```verilog
`timescale 1 ns/ 1 ps
module lcd1602(
        input clk50m,               //50 MHz 时钟
        input reset,                //系统复位
        output reg lcd_rs,
        output lcd_rw,
        output reg lcd_en,
        output reg [7:0] lcd_data);
parameter MODE_SET = 8'h38,         //用于液晶初始化的参数
        CURSOR_SET = 8'h0c,
        ADDRESS_SET = 8'h06,
        CLEAR_SET = 8'h01;


//---------产生1 Hz 秒表时钟信号-----------------
wire clk_1hz;
clk_div #( 1 ) u1(                  //产生1 Hz 秒表时钟信号，源码见例 8.10
            .clk(clk50m),
            .clr(reset),
            .clk_out(clk_1hz));
//---------秒表计时，每10 min 重新循环----------------
reg[7:0] sec;
reg[3:0] min;
always @(posedge clk_1hz, negedge reset)
begin
    if(!reset)   begin sec<=0;min<=0;end
      else  begin
        if(min==9&&sec==8'h59)
        begin min<=0;sec<=0; end
        else if(sec==8'h59)
          begin min<=min+1; sec<=0;   end
        else if(sec[3:0]==9)
           begin sec[7:4]<=sec[7:4]+1;  sec[3:0]<=0; end
        else sec[3:0]<=sec[3:0]+1;
       end
end
//-----------产生 lcd1602 使能驱动 sys_clk_en------------
reg [31:0] cnt;
reg lcd_sys_clk_en;
always @(posedge clk50m, negedge reset)
```

```
  begin
     if(!reset)
     begin  cnt<=1'b0;  lcd_sys_clk_en<=1'b0;  end
     else if(cnt == 32'h24999)    //500us
     begin  cnt<=1'b0;  lcd_sys_clk_en<=1'b1;  end
     else
     begin  cnt<=cnt + 1'b1;  lcd_sys_clk_en<=1'b0;  end
  end
//---------------lcd1602显示状态机---------------------
wire[7:0] sec0,sec1,min0;             //秒表的秒、分钟数据（ASCII 码）
wire[7:0] addr;                       //写地址
reg[4:0] state;
assign min0 = 8'h30 + min;
assign sec0 = 8'h30 + sec[3:0];
assign sec1 = 8'h30 + sec[7:4];
assign addr = 8'h80;                  //赋初始地址
always@(posedge clk50m, negedge reset)
begin
     if(!reset)
     begin
          state <= 1'b0;      lcd_rs <= 1'b0;
          lcd_en <= 1'b0;     lcd_data <= 1'b0;
     end
     else if(lcd_sys_clk_en)
     begin
     case(state)                       //初始化
     5'd0: begin
          lcd_rs <= 1'b0;
          lcd_en <= 1'b1;
          lcd_data <= MODE_SET;    //显示格式设置: 8位格式,2行,5×7
          state <= state + 1'd1;
          end
     5'd1: begin  lcd_en<=1'b0;  state<=state+1'd1;  end
     5'd2: begin
          lcd_rs <= 1'b0;
          lcd_en <= 1'b1;
          lcd_data <= CURSOR_SET;
          state <= state + 1'd1;
          end
     5'd3: begin  lcd_en <= 1'b0;  state <= state + 1'd1;  end
     5'd4: begin
          lcd_rs <= 1'b0;  lcd_en <= 1'b1;
          lcd_data <= ADDRESS_SET;
          state <= state + 1'd1;
          end
```

```
5'd5: begin  lcd_en <= 1'b0; state <= state + 1'd1;  end
5'd6: begin
        lcd_rs <= 1'b0;
        lcd_en <= 1'b1;
        lcd_data <= CLEAR_SET;
        state <= state + 1'd1;
        end
5'd7: begin  lcd_en <= 1'b0;  state <= state + 1'd1;  end
5'd8: begin                          //显示
        lcd_rs <= 1'b0;
        lcd_en <= 1'b1;
        lcd_data <= addr;        //写地址
        state <= state + 1'd1;
        end
5'd9: begin  lcd_en <= 1'b0;  state<=state+1'd1;  end
5'd10: begin
        lcd_rs <= 1'b1;
        lcd_en <= 1'b1;
        lcd_data <= min0 ;       //写数据
        state <= state + 1'd1;
        end
5'd11: begin  lcd_en <= 1'b0;  state <= state+1'd1;  end
5'd12: begin
        lcd_rs <= 1'b1;
        lcd_en <= 1'b1;
        lcd_data <= "m";         //写数据
        state <= state + 1'd1;
        end
5'd13: begin  lcd_en <= 1'b0; state <= state+1'd1;  end
5'd14: begin
        lcd_rs <= 1'b1;
        lcd_en <= 1'b1;
        lcd_data <= "i";         //写数据
        state <= state + 1'd1;
        end
5'd15: begin  lcd_en <= 1'b0;  state <= state+1'd1;  end
5'd16: begin
        lcd_rs <= 1'b1;
        lcd_en <= 1'b1;
        lcd_data <= "n";         //写数据
        state <= state + 1'd1;
        end
5'd17: begin  lcd_en <= 1'b0;  state <= state+1'd1;  end
5'd18: begin
        lcd_rs <= 1'b1;
```

```
                    lcd_en <= 1'b1;
                    lcd_data <=" ";              //显示空格
                    state <= state + 1'd1;
                    end
            5'd19: begin  lcd_en<=1'b0;  state<=state+1'd1;  end
            5'd20: begin
                    lcd_rs <= 1'b1;
                    lcd_en <= 1'b1;
                    lcd_data <=sec1;              //显示秒数据, 十位
                    state <= state + 1'd1;
                    end
            5'd21: begin  lcd_en<=1'b0;  state<=state+1'd1;  end
            5'd22: begin
                    lcd_rs <= 1'b1;
                    lcd_en <= 1'b1;
                    lcd_data <=sec0;              //显示秒数据, 个位
                    state <= state + 1'd1;
                    end
            5'd23: begin  lcd_en<=1'b0; state<=state+1'd1;  end
            5'd24: begin
                    lcd_rs <= 1'b1;
                    lcd_en <= 1'b1;
                    lcd_data <= "s";              //写数据
                    state <= state + 1'd1;
                    end
             5'd25: begin  lcd_en <= 1'b0;  state<=state+1'd1;  end
             5'd26: begin
                    lcd_rs <= 1'b1;
                    lcd_en <= 1'b1;
                    lcd_data <= "e";              //写数据
                    state <= state + 1'd1;
                    end
             5'd27: begin  lcd_en <= 1'b0;  state<=state+1'd1;  end
             5'd28: begin
                    lcd_rs <= 1'b1;
                    lcd_en <= 1'b1;
                    lcd_data <= "c";              //写数据
                    state <= state + 1'd1;
                    end
             5'd29: begin  lcd_en <= 1'b0; state <= 5'd8;  end
             default: state <= 5'bxxxxx;
             endcase
         end
    end
assign lcd_rw = 1'b0;                            //只写
```

```
endmodule
```

本例的约束文件（.qsf）中有关引脚锁定的内容如下：

```
set_location_assignment PIN_Y2 -to clk50m
set_location_assignment PIN_M2 -to lcd_rs
set_location_assignment PIN_M1 -to lcd_rw
set_location_assignment PIN_L4 -to lcd_en
set_location_assignment PIN_L3 -to lcd_data[0]
set_location_assignment PIN_L1 -to lcd_data[1]
set_location_assignment PIN_L2 -to lcd_data[2]
set_location_assignment PIN_K7 -to lcd_data[3]
set_location_assignment PIN_K1 -to lcd_data[4]
set_location_assignment PIN_K2 -to lcd_data[5]
set_location_assignment PIN_M3 -to lcd_data[6]
set_location_assignment PIN_M5 -to lcd_data[7]
```

在目标板上下载本例，观察液晶屏上的分、秒计时显示效果。

9.4　汉字图形点阵液晶

图形点阵液晶显示模块广泛应用于智能仪器仪表、工业控制、通信设备和家用电器中。本节用 FPGA 控制 LCD12864B 汉字图形点阵液晶实现字符和图形的显示。

1. LCD12864B 的外部引脚特性

LCD12864B 是一种内部含有国标一级、二级简体中文字库的点阵型图形液晶显示模块；内置了 8192 个中文汉字（16×16 点阵）和 128 个 ASCII 字符集（8×16 点阵），它在字符显示模式下可以显示 8×4 个 16×16 点阵的汉字，或 16×4 个 16×8 点阵的英文（ASCII）字符；也可以在图形模式下显示分辨率为 128×64 的二值化图形。

LCD12864B 拥有 1 个 20 引脚的单排插针外接端口，端口引脚及其功能如表 9.7 所示。其中，DB7～DB0 为数据，E 为使能信号，RS 为寄存器选择信号，R/W 为读/写控制信号，RST 为复位信号。

表 9.7　LCD12864B 汉字图形点阵液晶的端口定义

引　脚　号	名　　称	功　　能
1	GND	电源地端
2	VCC	电源正极
3	V0	背光偏压
4	RS	数据/命令，0 为数据，1 为指令
5	R/W	读/写选择，0 为写，1 为读
6	E	使能信号
7～14	DB[0]～DB[7]	8 位数据
15	PSB	串并模式
16，18	NC	空脚
17	RST	复位端
19	BLA	背光阳极
20	BLK	背光阴极

2. LCD12864B 的数据读写时序

如果 LCD12864B 液晶模块工作在 8 位并行数据传输模式（PSB=1、RST=1）下，其数据读写时序与 9.3 节中的 LCD1602 数据读写时序完全一致（见图 9.6），LCD 模块的读/写操作时序由使能信号 E 完成；对读/写操作的识别是判断 R/W 信号上的电平状态，当 R/W 为 0 时向显示数据存储器写数据，数据在使能信号 E 的上升沿被写入，当 R/W 为 1 时将液晶模块的数据读入；RS 信号用于识别数据总线 DB0～DB7 上的数据是指令代码还是显示数据。一些关键时间参数在图 9.6 中也做了标注，这里不再赘述。

3. LCD12864B 的指令集

LCD12864B 液晶模块有自己的一套用户指令集，用户通过这些指令来初始化液晶模块并选择显示模式。LCD12864B 液晶模块字符、图形显示模式的初始化指令如表 9.8 所示。LCD 模块的图形显示模式需要用到扩展指令集，并且需要分成上下两个半屏设置起始地址，上半屏垂直坐标为 Y:8'h80～9'h9F（32 行），水平坐标为 X:8'h80；下半屏垂直坐标和上半屏相同，而水平坐标为 X:8'h88。

表 9.8　LCD12864B 的初始化指令

初始化过程	字 符 显 示	图 形 显 示
1	8'h38	8'h30
2	8'h0C	8'h3E
3	8'h01	8'h36
4	8'h06	8'h01
行地址/XY	1:'h80　2:'h90 3:'h88　4:'h98	Y:'h80～'h9F X:'h80/'h88

4. 用 Verilog 驱动 LCD12864B 实现汉字和字符的显示

用 Verilog 编写 LCD12864B 驱动程序，实现汉字和字符的显示，如例 9.5 所示，仍然采用了状态机进行控制。

【例 9.5】　控制点阵液晶 LCD12864B，实现汉字和字符的静态显示。

```verilog
//------------------------------------------------------
//驱动 12864 点阵液晶，显示汉字和字符，12864 液晶接至扩展接口
//------------------------------------------------------
`timescale 1 ns/ 1 ps
module lcd12864(
        input clk50m,
        output psb,
        output rst,
        output reg[7:0] DB,          //液晶数据接口
        output reg rs,
        output rw,
        output en,
        output bla,
        output blk);
```

```
    wire clk1k;
    reg [5:0] state;

    parameter s0=6'h00;
    parameter s1=6'h01;
    parameter s2=6'h02;
    parameter s3=6'h03;
    parameter s4=6'h04;
    parameter s5=6'h05;

    parameter d0=6'h10;  parameter d1=6'h11;
    parameter d2=6'h12;  parameter d3=6'h13;
    parameter d4=6'h14;  parameter d5=6'h15;
    parameter d6=6'h16;  parameter d7=6'h17;
    parameter d8=6'h18;  parameter d9=6'h19;
    parameter d10=6'h20; parameter d11=6'h21;
    parameter d12=6'h22; parameter d13=6'h23;
    parameter d14=6'h24; parameter d15=6'h25;
    parameter d16=6'h26; parameter d17=6'h27;
    parameter d18=6'h28; parameter d19=6'h29;

    assign rst=1'b1;
    assign psb=1'b1;
    assign rw=1'b0;
    assign bla=1'b1;
    assign blk=1'b0;
    assign en=clk1k;              //en 使能信号

    always @(posedge clk1k)
    begin
    case(state)
        s0:  begin  rs<=0; DB<=8'h30; state<=s1; end
        s1:  begin  rs<=0; DB<=8'h0c; state<=s2; end  //全屏显示
        s2:  begin  rs<=0; DB<=8'h06; state<=s3; end
            //写一个字符后地址指针自动加 1
        s3:  begin  rs<=0; DB<=8'h01; state<=s4; end  //清屏
        s4:  begin  rs<=0; DB<=8'h80; state<=d0;end   //第 1 行地址
            //显示汉字，不同的驱动芯片，汉字的编码会有所不同，具体应查液晶手册
        d0:  begin  rs<=1; DB<=8'hca; state<=d1; end  //数
        d1:  begin  rs<=1; DB<=8'hfd; state<=d2; end
        d2:  begin  rs<=1; DB<=8'hd7; state<=d3; end  //字
        d3:  begin  rs<=1; DB<=8'hd6; state<=d4; end
        d4:  begin  rs<=1; DB<=8'hcf; state<=d5; end  //系
        d5:  begin  rs<=1; DB<=8'hb5; state<=d6; end
        d6:  begin  rs<=1; DB<=8'hcd; state<=d7; end  //统
```

```
       d7:   begin  rs<=1; DB<=8'hb3; state<=d8; end
       d8:   begin  rs<=1; DB<=8'hc9; state<=d9; end  //设
       d9:   begin  rs<=1; DB<=8'he8; state<=d10; end
       d10:  begin  rs<=1; DB<=8'hbc; state<=d11; end //计
       d11:  begin  rs<=1; DB<=8'hc6; state<=s5; end

       s5:   begin  rs<=0; DB<=8'h90; state<=d12;end //第 2 行地址
       d12:  begin  rs<=1; DB<="f"; state<=d13; end
       d13:  begin  rs<=1; DB<="p"; state<=d14; end
       d14:  begin  rs<=1; DB<="g"; state<=d15; end
       d15:  begin  rs<=1; DB<="a"; state<=d16; end
       d16:  begin  rs<=1; DB<="F"; state<=d17; end //F
       d17:  begin  rs<=1; DB<="P"; state<=d18; end //P
       d18:  begin  rs<=1; DB<="G"; state<=d19; end //G
       d19:  begin  rs<=1; DB<="A"; state<=s4;  end //A
       default:state<=s0;
     endcase
   end

   clk_div  #(1000)  u1(            //产生 1 kHz 时钟信号, 源码见例 8.10
           .clk(clk50m),
           .clr(1),
           .clk_out(clk1k));

   endmodule
```

编辑约束文件（.qsf）中有关引脚锁定的内容如下。

```
   set_location_assignment PIN_Y2 -to clk50m
   set_location_assignment PIN_AC15 -to rs
   set_location_assignment PIN_Y17 -to rw
   set_location_assignment PIN_Y16 -to en
   set_location_assignment PIN_AD25 -to psb
   set_location_assignment PIN_AE25 -to rst
   set_location_assignment PIN_AG26 -to bla
   set_location_assignment PIN_AH26 -to blk
   set_location_assignment PIN_AE16 -to DB[0]
   set_location_assignment PIN_AE15 -to DB[1]
   set_location_assignment PIN_AF16 -to DB[2]
   set_location_assignment PIN_AF15 -to DB[3]
   set_location_assignment PIN_AE21 -to DB[4]
   set_location_assignment PIN_AC22 -to DB[5]
   set_location_assignment PIN_AF21 -to DB[6]
   set_location_assignment PIN_AD22 -to DB[7]
```

将 LCD12864 点阵液晶连接至 DE2-115 实验板的扩展接口，液晶模块的电源接 5 V，下载后观察本例的实际显示效果，参考图 9.7 所示（静态显示）。

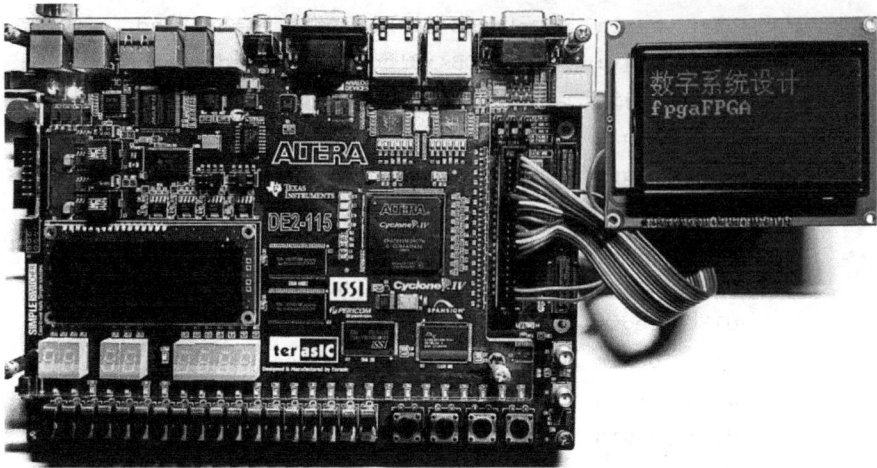

图 9.7　汉字图形点阵液晶静态显示效果

5. 实现字符的动态显示

例 9.6 实现了字符的动态显示，逐行显示 4 个字符，显示一行后清屏，然后到下一行显示，以此类推，同样采用了状态机设计。

【例 9.6】　控制点阵液晶 LCD12864B，实现字符的动态显示。

```
//-------------------------------------------------
//驱动 12864 液晶，实现字符的动态显示
//-------------------------------------------------
module lcd12864_mov(
            input clk50m,
            output reg[7:0] DB,        //液晶数据线
            output reg rs,
            output rw,
            output en,
            output rst,
            output psb,
            output bla,
            output blk);
wire clk4hz;
reg [7:0] state;

parameter  s0=8'h00;  parameter  s1=8'h01;
parameter  s2=8'h02;  parameter  s3=8'h03;
parameter  s4=8'h04;  parameter  s5=8'h05;
parameter  s6=8'h06;  parameter  s7=8'h07;
parameter  s8=8'h08;  parameter  s9=8'h09;
parameter  s10=8'h0a;

parameter  d01=8'h11;  parameter  d02=8'h12;
parameter  d03=8'h13;  parameter  d04=8'h14;
```

```
parameter  d11=8'h21;  parameter  d12=8'h22;
parameter  d13=8'h23;  parameter  d14=8'h24;
parameter  d21=8'h31;  parameter  d22=8'h32;
parameter  d23=8'h33;  parameter  d24=8'h34;
parameter  d31=8'h41;  parameter  d32=8'h42;
parameter  d33=8'h43;  parameter  d34=8'h44;


assign  rst=1'b1;
assign  psb=1'b1;
assign  rw=1'b0;
assign  bla=1'b1;
assign  blk=1'b0;
assign  en=clk4hz;    //en 使能信号


always @(posedge clk4hz)
begin
case(state)
        s0:   begin  rs<=0; DB<=8'h30; state<=s1; end
        s1:   begin  rs<=0; DB<=8'h0c; state<=s2; end  //全屏显示
        s2:   begin  rs<=0; DB<=8'h06; state<=s3; end
            //写一个字符后地址指针自动加 1
        s3:   begin  rs<=0; DB<=8'h01; state<=s4; end  //清屏
        s4:   begin  rs<=0; DB<=8'h80; state<=d01;end  //第 1 行地址

        d01:  begin  rs<=1; DB<="F"; state<=d02; end
        d02:  begin  rs<=1; DB<="P"; state<=d03; end
        d03:  begin  rs<=1; DB<="G"; state<=d04; end
        d04:  begin  rs<=1; DB<="A"; state<=s5; end

        s5:   begin  rs<=0; DB<=8'h01; state<=s6; end  //清屏
        s6:   begin  rs<=0; DB<=8'h90; state<=d11;end  //第 2 行地址

        d11:  begin  rs<=1; DB<="C"; state<=d12; end
        d12:  begin  rs<=1; DB<="P"; state<=d13; end
        d13:  begin  rs<=1; DB<="L"; state<=d14; end
        d14:  begin  rs<=1; DB<="D"; state<=s7; end

        s7:   begin  rs<=0; DB<=8'h01; state<=s8; end  //清屏
        s8:   begin  rs<=0; DB<=8'h88; state<=d21;end  //第 3 行地址

        d21:  begin  rs<=1; DB<="V"; state<=d22; end
        d22:  begin  rs<=1; DB<="e"; state<=d23; end
        d23:  begin  rs<=1; DB<="r"; state<=d24; end
        d24:  begin  rs<=1; DB<="i"; state<=s9; end
```

```
              s9:   begin  rs<=0; DB<=8'h01; state<=s10; end  //清屏
              s10:  begin  rs<=0; DB<=8'h98; state<=d31;end   //第 4 行地址

              d31:  begin  rs<=1; DB<="l"; state<=d32; end
              d32:  begin  rs<=1; DB<="o"; state<=d33; end
              d33:  begin  rs<=1; DB<="g"; state<=d34; end
              d34:  begin  rs<=1; DB<="!"; state<=s3; end
              default:state<=s0;
            endcase
     end

     clk_div #(4)  u1(                    //产生 4 Hz 时钟信号，源码见例 8.10
              .clk(clk50m),
              .clr(1),
              .clk_out(clk4hz));
     endmodule
```

本例引脚约束文件与例 9.5 相同。将 LCD12864 液晶连接至 DE2-115 开发板的扩展接口，下载后观察液晶的实际显示效果。

9.5　VGA 显示器

本节采用 FPGA 器件驱动 VGA 显示器实现彩条信号和图像信号的显示。

9.5.1　VGA 显示原理与时序

1. VGA 显示的原理与模式

VGA（Video Graphics Array）是 IBM 在 1987 年推出的一种视频传输标准，并迅速在彩色显示领域得到广泛应用，后来其他厂商在 VGA 基础上加以扩充，使其支持更高分辨率，这些扩充的模式称为 Super VGA，简称 SVGA。

2. D-SUB 接口

主机（如计算机）与显示设备间通过 VGA 接口（也称 D-SUB 接口）连接，主机的显示信息，通过显卡中的数字/模拟转换器转变为 R、G、B 三基色信号和行、场同步信号并通过 VGA 接口传输到显示设备中。VGA 接口是一个 15 针的梯形插头，传输的是模拟信号，其外形和信号定义如图 9.8 所示，共有 15 个针孔，分为 3 排，每排 5 个，引脚号标识如图中所示，其中的 6、7、8、10 引脚为接地端；1、2、3 引脚分别接红、绿、蓝信号；13 引脚接行同步信号；14 引脚接场同步信号。

实际应用中，一般只需控制三基色信号（R、G、B）、行同步（HS）和场同步信号（VS）这 5 个信号端即可。

3. DE2-115 的 FPGA 与 VGA 接口电路

DE2-115 开发板包含一个用于 VGA 视频输出的 15 引脚 D-SUB 接口。VGA 同步信号直接由 Cyclone IV E FPGA 所驱动，AD（Analog Device）公司的 ADV7123 三通道 10 位（仅取高 8 位连接到 FPGA）高速视频 DAC 芯片用来将输出的数字信号转换为模拟信号（R、

G、B）。芯片可支持的分辨率为 SVGA 标准（1280×1024），带宽达 100 MHz。FPGA 与 VGA 接口间的连接示意图如图 9.9 所示。图中，经 ADV7123 完成 D/A 转换后的视频、图像信号通过 15 脚的 D-Sub 接口输出至显示器，ADV7123 需要的消隐信号 VGA_BLANK、同步信号 VGA_SYNC 及时钟信号 VGA_CLOCK 也直接来自 FPGA 芯片；输出到 VGA 显示器的水平同步信号 VGA_HS 和垂直同步信号 VGA_VS 也需要由 FPGA 芯片提供。

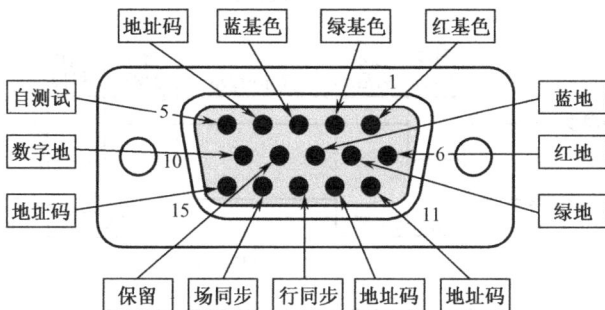

图 9.8　VGA 接口信号定义

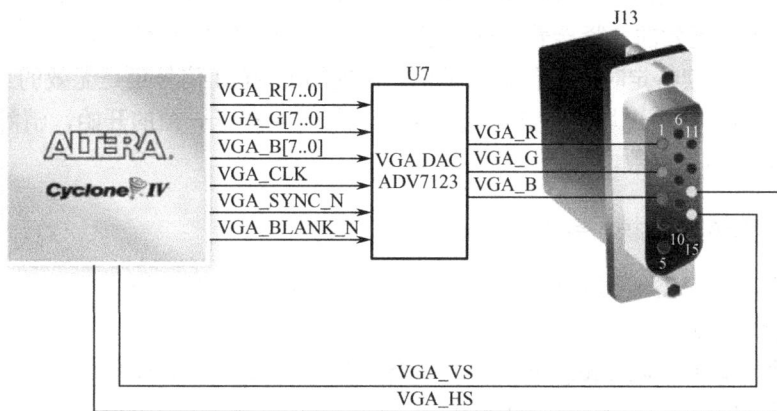

图 9.9　VGA 接口与 FPGA 间的连接示意图

4．VGA 显示的时序

CRT（Cathode Ray Tube）显示器的原理是采用光栅扫描方式，即轰击荧光屏的电子束在 CRT 显示器上从左到右、从上到下做有规律的移动，其水平移动受水平同步信号 HSYNC 控制，垂直移动受垂直同步信号 VSYNC 控制。扫描方式多采用逐行扫描。完成一行扫描的时间称为水平扫描时间，其倒数称为行频率；完成一帧（整屏）扫描的时间称为垂直扫描时间，其倒数称为场频，又称刷新率。

VGA 显示的时序可以用图 9.10 表示，不管是行信号还是场信号，其一个周期都可以分为 4 个区间：

- 同步头区间 a；
- 同步头结束与有效视频信号开始之间的时间间隔，即后沿（Back porch）b；
- 有效视频显示区间 c；
- 有效视频显示结束与下一个同步头开始之间的时间间隔，即前沿（Front porch）d。

（a）VGA行时序

（b）VGA场时序

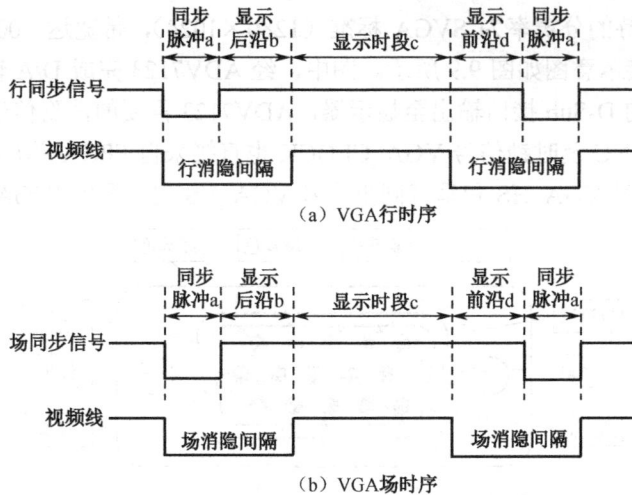

图 9.10　VGA 显示行场扫描时序

　　低电平有效信号指示上一扫行的结束和新扫行的开始。随之而来的是行扫后沿，这期间的 RGB 输入是无效的，紧接着是行显示区间，这期间的 RGB 信号将在显示器上逐点显示出来。最后是持续特定时间的行显示前沿，这期间的 RGB 信号也是无效的。场同步信号的时序完全类似，只不过场同步脉冲指示某一帧的结束和下一帧的开始，消隐期长度的单位不再是像素，而是行数。

　　5. 标准 VGA 显示模式与时序

　　本例实现标准 VGA 显示模式（640×480@60 Hz），故对此模式进行详细介绍。标准 VGA 模式的要求如下：

- 时钟频率（Clock Frequency）：25.175 MHz（像素输出的频率）。
- 行频（Line Frequency）：31 469 Hz。
- 场频（Field Frequency）：59.94 Hz（每秒图像刷新次数）。

　　显示时，VGA 显示器从屏幕的左上角开始扫描，先水平扫完一行（640 个像素点）到达最右边，再回到最左边（期间 CRT 对电子束进行行消隐）换下一行继续扫描，直到扫描到屏幕的最右下角（共 480 行），这样就扫描完一帧图像。然后，回到屏幕左上角（期间 CRT 对电子束进行场消隐），开始下一帧图像的扫描。在标准 VGA 模式（640×480@60 Hz）下，每秒必须扫描 60 帧，每一个像素点的扫描周期大约为 40 ns。

　　表 9.9 是标准 VGA 显示模式行、场扫描的时间参数，表中行的时间单位是像素（Pixel），场的时间单位是行（Line）。

表 9.9　标准 VGA 显示模式行、场扫描的时间参数

标准 VGA 模式		时 间 参 数			
		同步头段 a	后沿段 b	显示段 c	前沿段 d
640×480@60 Hz 像素时钟 25.175MHz	行（单位：像素，Pixel）	96	48	640	16
	场（单位：行，Line）	2	31	480	11

9.5.2　VGA 彩条信号发生器

1．VGA 彩条信号发生器顶层设计

如果三基色信号 R、G、B 只用 1 位表示，可显示 8 种颜色。表 9.10 是这 8 种颜色对应的编码。例 9.7 的彩条信号发生器可产生横彩条、竖彩条和棋盘格等方式的 VGA 彩条，例中的显示时序数据基于标准 VGA 显示模式（640×480@60 Hz）计算得出，系统时钟采用 25.175 MHz（本例中采用 25.20 MHz）信号。

表 9.10　VGA 颜色编码

颜　色	黑	蓝	绿	青	红	品	黄	白
R	0	0	0	0	1	1	1	1
G	0	0	1	1	0	0	1	1
B	0	1	0	1	0	1	0	1

【例 9.7】　VGA 彩条信号发生器（顶层代码）。

```verilog
/*key: 彩条选择信号, 为"00"时显示竖彩条, 为"01"时横彩条, 其他情况显示棋盘格;*/
module color(
        input clk50m,          //50 MHz 时钟
        output vga_hs,         //行同步信号
        output vga_vs,         //场同步信号
        output[7:0] vga_r,
        output[7:0] vga_g,
        output[7:0] vga_b,
        output clk_adv,        //输出到 adv7123 芯片的时钟信号
        input [1:0] key
        );
parameter H_TA=96;
parameter H_TB=48;
parameter H_TC=640;
parameter H_TD=16;
parameter H_TOTAL=H_TA+H_TB+H_TC+H_TD;
parameter V_TA=2;
parameter V_TB=31;
parameter V_TC=480;
parameter V_TD=11;
parameter V_TOTAL=V_TA+V_TB+V_TC+V_TD;

reg[2:0] rgb,rgbx,rgby;
reg[9:0] h_cont,v_cont;
wire vga_clk;
assign vga_r={8{rgb[2]}};
assign vga_g={8{rgb[1]}};
assign vga_b={8{rgb[0]}};
assign clk_adv=vga_clk;
```

```verilog
always@(posedge vga_clk)              //行计数
begin
  if(h_cont==H_TOTAL-1) h_cont<=0;
  else h_cont<=h_cont+1'b1;
end
always@(negedge vga_hs)               //场计数
begin
  if(v_cont==V_TOTAL-1)  v_cont<=0;
  else v_cont<=v_cont+1'b1;
end

assign vga_hs=(h_cont > H_TA-1);      //产生行同步信号
assign vga_vs=(v_cont > V_TA-1);      //产生场同步信号

always@(*)        //竖彩条
begin
  if (h_cont<=H_TA+H_TB+80-1)      rgbx<=3'b000; //黑
  else if(h_cont<=H_TA+H_TB+160-1) rgbx<=3'b001; //蓝
  else if(h_cont<=H_TA+H_TB+240-1) rgbx<=3'b010; //绿
  else if(h_cont<=H_TA+H_TB+320-1) rgbx<=3'b011; //青
  else if(h_cont<=H_TA+H_TB+400-1) rgbx<=3'b100; //红
  else if(h_cont<=H_TA+H_TB+480-1) rgbx<=3'b101; //品
  else if(h_cont<=H_TA+H_TB+560-1) rgbx<=3'b110; //黄
  else rgbx<=3'b111;                             //白
end

always@(*)         //横彩条
begin
  if(v_cont<=V_TA+V_TB+60-1)       rgby<=3'b000;
  else if(v_cont<=V_TA+V_TB+120-1) rgby<=3'b001;
  else if(v_cont<=V_TA+V_TB+180-1) rgby<=3'b010;
  else if(v_cont<=V_TA+V_TB+240-1) rgby<=3'b011;
  else if(v_cont<=V_TA+V_TB+300-1) rgby<=3'b100;
  else if(v_cont<=V_TA+V_TB+360-1) rgby<=3'b101;
  else if(v_cont<=V_TA+V_TB+420-1) rgby<=3'b110;
  else rgby<=3'b111;
end

always @(*)
begin
  case(key[1:0])                     //按键选择条纹类型
  2'b00: rgb<=rgbx;                  //显示竖彩条
  2'b01: rgb<=rgby;                  //显示横彩条
  2'b10: rgb<=(rgbx ^ rgby);         //显示棋盘格
  2'b11: rgb<=(rgbx ~^ rgby);        //显示棋盘格
  endcase
```

```
end

vga_clk u1(
        .inclk0 (clk50m),
        .c0 (vga_clk));            //用 IP 核产生 25.2 MHz 时钟

endmodule
```

上面的程序中的 25.2 MHz 时钟（vga_clk）采用 Quartus Prime 的锁相环 IP 核 altpll 来产生，其定制过程如下，主要介绍较为关键的步骤。

2. 用 IP 核 altpll 来产生 25.2 MHz 时钟信号

1）打开 IP Catalog，在 Basic Functions 目录下找到 altpll 宏模块，双击该模块，弹出图 9.11 所示的 Save IP Variation 对话框，在其中将 altpll 模块命名为 vga_clk，选择其语言类型为 Verilog。

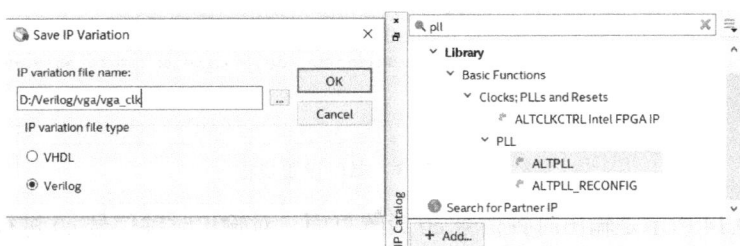

图 9.11　命名 altpll 模块

2）启动 MegaWizard Plug-In Manager，对 altpll 模块进行参数设置。图 9.12 所示是选择芯片和设置输入时钟的页面，芯片选择 Cyclone IV E 系列，输入时钟 inclk0 的频率设置为 50 MHz，其他保持默认状态。

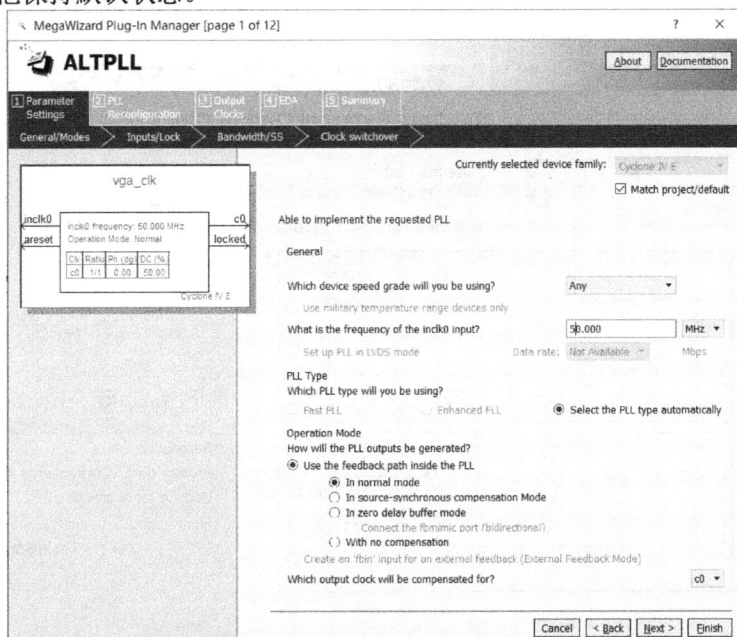

图 9.12　选择芯片和设置参考时钟

3）图 9.13 所示是锁相环的端口设置页面，为了简便，没有勾选任何端口，因此，只有输入时钟端口（inclk0）和输出时钟端口（c0）。

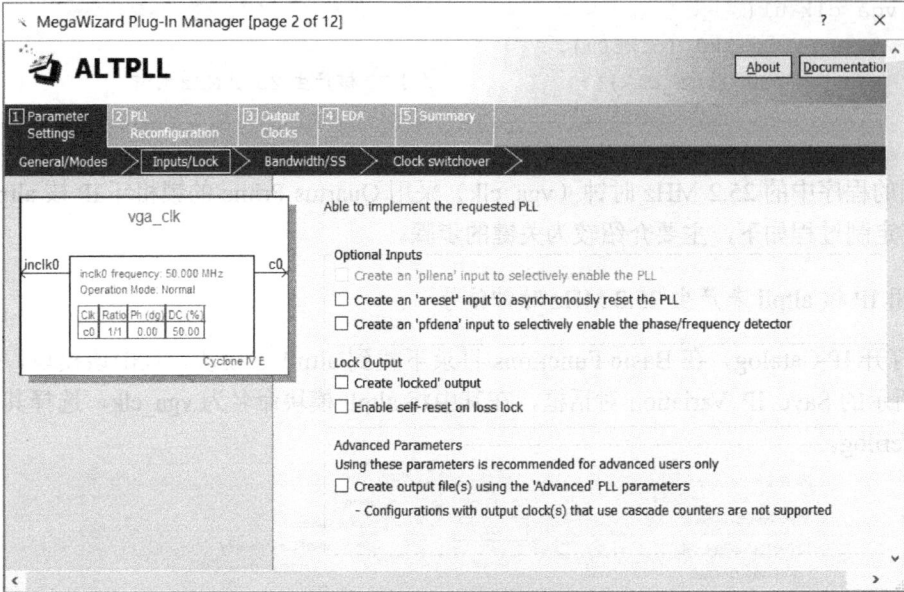

图 9.13　端口设置页面

4）图 9.14 所示是输出时钟信号 c0 设置页面，对输出时钟信号 c0 进行设置。在 Enter output clock frequency 后面输入所需得到的时钟频率，本例输入 25.2000 MHz，其他设置保持默认状态即可。

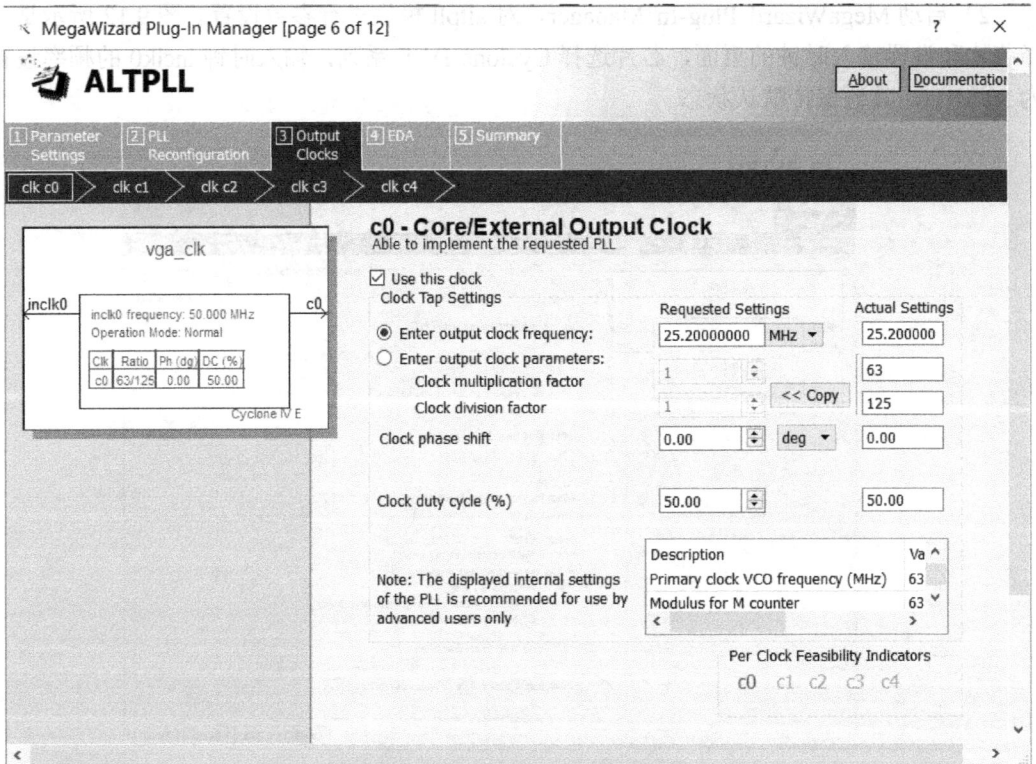

图 9.14　输出时钟信号 c0 设置

5）其余设置步骤连续单击 Next 按钮跳过即可，最后单击 Finish 按钮，完成定制。

6）找到例化模板文件 vga_clk_inst.v，参考其内容例化刚生成的 vga_clk.v 文件，在顶层文件中调用定制好的 pll 模块。

3. 引脚约束与编程下载

本例引脚约束文件内容如下：

```
set_location_assignment PIN_Y2  -to clk50m
set_location_assignment PIN_G13 -to vga_hs
set_location_assignment PIN_C13 -to vga_vs
set_location_assignment PIN_E12 -to vga_r[0]
set_location_assignment PIN_E11 -to vga_r[1]
set_location_assignment PIN_D10 -to vga_r[2]
set_location_assignment PIN_F12 -to vga_r[3]
set_location_assignment PIN_G10 -to vga_r[4]
set_location_assignment PIN_J12 -to vga_r[5]
set_location_assignment PIN_H8  -to vga_r[6]
set_location_assignment PIN_H10 -to vga_r[7]
set_location_assignment PIN_G8  -to vga_g[0]
set_location_assignment PIN_G11 -to vga_g[1]
set_location_assignment PIN_F8  -to vga_g[2]
set_location_assignment PIN_H12 -to vga_g[3]
set_location_assignment PIN_C8  -to vga_g[4]
set_location_assignment PIN_B8  -to vga_g[5]
set_location_assignment PIN_F10 -to vga_g[6]
set_location_assignment PIN_C9  -to vga_g[7]
set_location_assignment PIN_B10 -to vga_b[0]
set_location_assignment PIN_A10 -to vga_b[1]
set_location_assignment PIN_C11 -to vga_b[2]
set_location_assignment PIN_B11 -to vga_b[3]
set_location_assignment PIN_A11 -to vga_b[4]
set_location_assignment PIN_C12 -to vga_b[5]
set_location_assignment PIN_D11 -to vga_b[6]
set_location_assignment PIN_D12 -to vga_b[7]
set_location_assignment PIN_AC28 -to key[1]
set_location_assignment PIN_AB28 -to key[0]
set_location_assignment PIN_A12 -to clk_adv
```

用 Quartus Prime 对本例进行综合，生成.sof 文件并在目标板上下载，将 VGA 显示器接到 DE2-115 的 VGA 接口，按动按键 sw1、sw0，变换彩条信号，其实际显示效果如图 9.15 所示，图中分别是竖彩条和棋盘格。

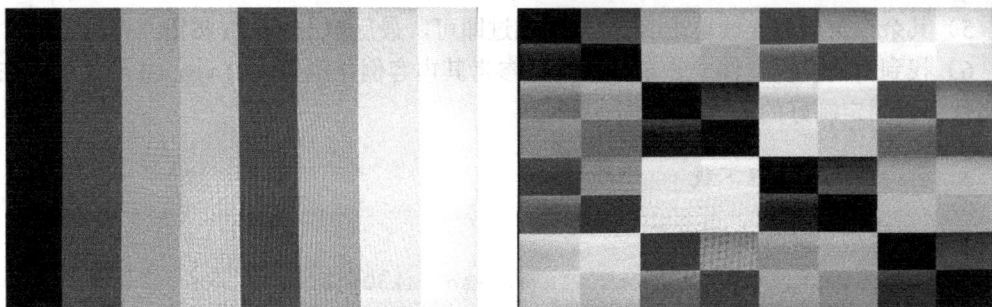

图 9.15　VGA 彩条实际显示效果

9.5.3　VGA 图像显示与控制

如果 VGA 显示真彩色 BMP 图像，则需要 R、G、B 信号各 8 位（即 24 位）表示一个像素值，多数情况下采用 32 位表示一个像素值。为了节省存储空间，可采用高彩图像，即每个像素值由 16 位表示，R、G、B 信号分别使用 5 位、6 位、5 位，比真彩色图像数据量减少一半，同时又能满足显示效果。

本例中每个图像像素点用 16 位表示，总共可表示 2^{16}（65536）种颜色；显示图像的 R、G、B 数据预先存储在 FPGA 的片内 ROM 中，只要按照前面介绍的时序，给 VGA 显示器上对应的点赋值，就可以显示出完整的图像。图 9.16 是 VGA 图像显示控制的框图。

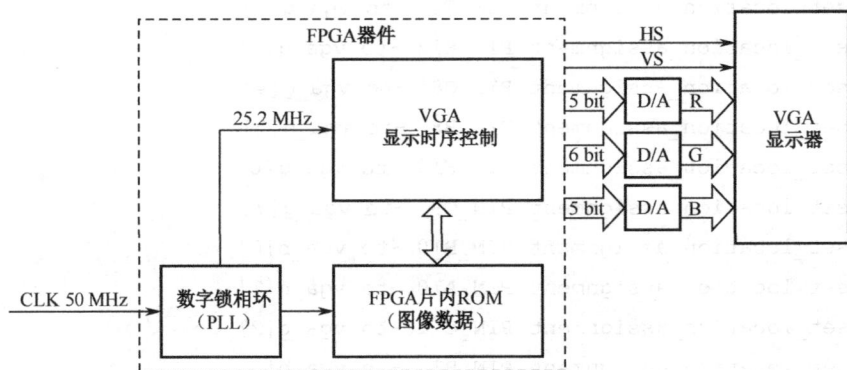

图 9.16　VGA 图像显示控制框图

1. VGA 图像数据的获取

本例显示的图像选择标准图像 LENA，文件格式为.jpg，图像数据编写 MATLAB 程序得到，其代码如例 9.8 所示，该程序将 lena.jpg 图像的尺寸压缩为 300×300 点，然后得到 300×300 个像素点的 R、G、B 三基色数据，并将数据写入 ROM 存储器初始化文件.mif 文件中（本例中为 lena300300.mif）。R、G、B 三基色信号分别用 5 bit、6 bit、5 bit 来表示的 LENA 图像的显示效果，与用真彩显示的图像效果比较，直观感受没有很大的区别，如图 9.17 所示。

图 9.17　R、G、B 三基色信号分别采用 5 bit、6 bit、5 bit 表示的 LENA 图像

【例 9.8】　把 lena.jpg 图像压缩为 128×128 点，得到 R、G、B 三基色数据并将数据写入 lena16.mif 文件。

```
clear;
inputpic=imread('D:\Verilog\vga\m\lena.jpg');
outputpic='D:\Verilog\vga\m\lena';
picwidth=300;
picheight=300;
N=picwidth*picheight;
newpic1=imresize(inputpic,[picheight,picwidth]);          %转换为指定像素
newpic2(:,:,1)=bitshift(newpic1(:,:,1),-3);               %取图像R高5位
newpic2(:,:,2)=bitshift(newpic1(:,:,2),-2);               %取图像G高6位
newpic2(:,:,3)=bitshift(newpic1(:,:,3),-3);               %取图像B高5位
newpic2=uint16(newpic2);
file=fopen([outputpic,[num2str(picwidth),num2str(picheight)],'.mif'],'wt');
            %写入mif文件文件头
fprintf(file, '%s\n','WIDTH=16;');                        %位宽
fprintf(file, '%s\n\n','DEPTH=90000;');                   %深度300*300
fprintf(file, '%s\n','ADDRESS_RADIX=UNS;');               %地址格式
fprintf(file, '%s\n\n','DATA_RADIX=UNS;');                %数据格式
fprintf(file, '%s\t','CONTENT');%地址
fprintf(file, '%s\n','BEGIN');%
count=0;
for i=1:picheight        %图像第i行
    for j=1:picwidth     %图像第j列
        addr=(i-1)*picheight+j-1;
        tmpNum=newpic2(i,j,1)*2048+newpic2(i,j,2)*32+newpic2(i,j,3);
        fprintf(file, '\t%1d:%1d;\n', addr,tmpNum);
        count=count+1;
    end
end
```

```
        fprintf(file, '%s\n','END;');
        fclose(file);
        msgbox(num2str(count));
```

2. VGA 图像显示顶层源程序

显示模式采用标准 VGA 模式（640×480@60 Hz），图像大小为 300×300 点，例 9.9 是其 Verilog 源程序，程序中含图像位置移动控制部分，可控制图像在屏幕范围内成 45° 角移动，撞到边缘后变向，类似于屏保的显示效果。

【例 9.9】　VGA 图像显示与移动。

```verilog
`timescale 1ns / 1ps
module vga(
        input clk50m,              //输入时钟 50 MHz
        input reset,               //复位信号
        input switch,              //为 1 表示开关打开，显示动态图
        output wire vga_hs,        //行同步信号
        output wire vga_vs,        //场同步信号
        output reg[4:0] vga_r,
        output reg[5:0] vga_g,
        output clk_adv,            //输出到 adv7123 芯片的时钟信号
        output reg[4:0] vga_b);
//---区域 640×480 时钟 25.2 MHz 图片大小 300×300--------
parameter H_SYNC_END   = 96;       //行同步脉冲结束时间
parameter V_SYNC_END   = 2;        //列同步脉冲结束时间
parameter H_SYNC_TOTAL = 800;      //行扫描总像素单位
parameter V_SYNC_TOTAL = 525;      //列扫描总像素单位
parameter H_SHOW_START = 139;
        //行开始像素点，行同步脉冲结束时间+行后沿脉冲
parameter V_SHOW_START = 35;
        //列开始像素点，列同步脉冲结束时间+列后沿脉冲
parameter PIC_LENGTH =300;         //图片长度（横坐标像素）
parameter PIC_WIDTH = 300;         //图片宽度（纵坐标像素）
//-----------以下是动态显示初始化--------------
reg [9:0] x0, y0 ;                 //记录图片左上角的实时坐标（像素）
reg [1:0] direction;               //运动方向: 01 右下, 10 左上, 00 右上, 11 左下
parameter AREA_X=640;
parameter AREA_Y=480;
wire vga_clk,clk50hz;
wire[19:0] address;                //ROM 存储器地址宽度
wire[11:0] addr_x,addr_y;
wire[15:0] q;
reg [12:0] x_cnt,y_cnt;
assign clk_adv=vga_clk;

assign addr_x=(x_cnt>=H_SHOW_START+x0&&x_cnt<
```

```
(H_SHOW_START+PIC_LENGTH+x0))?(x_cnt-H_SHOW_START-x0):1000;
assign addr_y=(y_cnt>=V_SHOW_START+y0&&y_cnt<
(V_SHOW_START+PIC_WIDTH+y0))?(y_cnt-V_SHOW_START-y0):900;
assign address=(addr_x<PIC_LENGTH&&addr_y<PIC_WIDTH)?
(PIC_LENGTH*addr_y+addr_x):PIC_LENGTH*PIC_WIDTH+1;              //48010

always@(posedge clk50hz, negedge reset)
begin
  if(~reset) begin  x0<='d100; y0<='d50; direction<=2'b01; end
  else if(switch==0)
    begin x0<=AREA_X-PIC_LENGTH-1; y0<= AREA_Y-PIC_WIDTH-1; end
  else  begin
    case(direction)
    2'b00:begin
      y0<=y0-1;x0<=x0+1;
      if (x0==AREA_X-PIC_LENGTH-1 && y0!=1)  direction<=2'b10;
      else if(x0!=AREA_X-PIC_LENGTH-1 && y0==1)  direction<=2'b01;
      else if(x0==AREA_X-PIC_LENGTH-1 && y0==1)  direction<=2'b11;
      end
    2'b01:begin  y0<=y0+1;x0<=x0+1;
      if (x0==AREA_X-PIC_LENGTH-1 && y0!=AREA_Y-PIC_WIDTH-1 )
        direction<=2'b11;
      else if (x0!=AREA_X-PIC_LENGTH-1 && y0==AREA_Y-PIC_WIDTH-1)
        direction<=2'b00;
      else if (x0==AREA_X-PIC_LENGTH-1 && y0==AREA_Y-PIC_WIDTH-1)
        direction<=2'b10;
      end
    2'b10:begin  y0<=y0-1;x0<=x0-1;
      if (x0==1 && y0!=1)  direction<=2'b00;
      else if (x0!=1 && y0==1 )  direction<=2'b11;
      else if (x0==1 && y0==1 )  direction<=2'b01;
      end
    2'b11:begin  y0<=y0+1;x0<=x0-1;
      if (x0==1 && y0!=AREA_Y-PIC_WIDTH-1)  direction<=2'b01;
      else if (x0!=1 && y0==AREA_Y-PIC_WIDTH-1)  direction<=2'b10;
      else if (x0==1 && y0==AREA_Y-PIC_WIDTH-1)  direction<=2'b00;
      end
    endcase
end  end

always@(posedge vga_clk, negedge reset)
begin
  if(~reset) begin vga_r<='d0; vga_g<='d0; vga_b<='d0; end
```

```
        else begin vga_r<=q[15:11];  vga_g<=q[10:5];  vga_b<=q[4:0]; end
end
//---------------水平扫描---------------------
always@(posedge vga_clk, negedge reset)
begin
        if(~reset) x_cnt <= 'd0;
        else if (x_cnt == H_SYNC_TOTAL-1) x_cnt <= 'd0;
        else  x_cnt <= x_cnt + 1'b1;
end
assign vga_hs=(x_cnt<=H_SYNC_END-1)?1'b0:1'b1; //行同步信号
//--------------垂直扫描-----------------------
always@(posedge vga_clk, negedge reset)
begin
    if(~reset) y_cnt <= 'd0;
    else if (x_cnt == H_SYNC_TOTAL-1)
    begin
    if( y_cnt <V_SYNC_TOTAL-1)  y_cnt <= y_cnt + 1'b1;
    else  y_cnt <= 'd0;
end  end
assign vga_vs=(y_cnt<=V_SYNC_END-1)?1'b0:1'b1; //场同步信号

vga_rom u1(
    .address(address),
    .clock(vga_clk),
    .q(q));
vga_clk u2(
        .inclk0(clk50m ),
        .c0(vga_clk));

clk_div  #(50)  u3(        //产生 50 Hz 时钟信号, 源码见例 8.10
        .clk(clk50m),
        .clr(reset),
        .clk_out(clk50hz));
endmodule
```

　　25.2 MHz 时钟（vga_clk）采用 IP 核 altpll 产生，其过程前面已进行介绍，下面着重介绍 vga_rom 存储模块的定制过程。

　　3. ROM 模块的定制

　　LENA 图像的数据存储在 ROM 中，定制 ROM 模块的关键步骤如下。

　　1）在 Quartus Prime 主界面，打开 IP Catalog，在 Basic Functions 的 On Chip Memory 目录下找到 ROM:1-PORT 模块，双击该模块，弹出 Save IP Variation 对话框（见图 9.18），将 ROM 模块命名为 vga_rom，选择其语言类型为 Verilog。

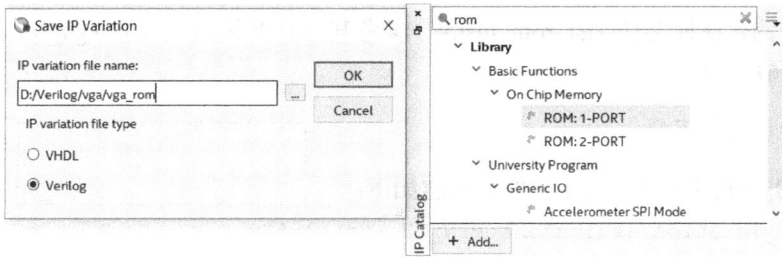

图 9.18　ROM 模块命名

2）图 9.19 所示是设置 ROM 数据宽度和深度的页面，选择数据宽度为 16，深度为 90 000；选择实现 ROM 模块的结构为 Auto，同时选择读和写用同一个时钟信号。

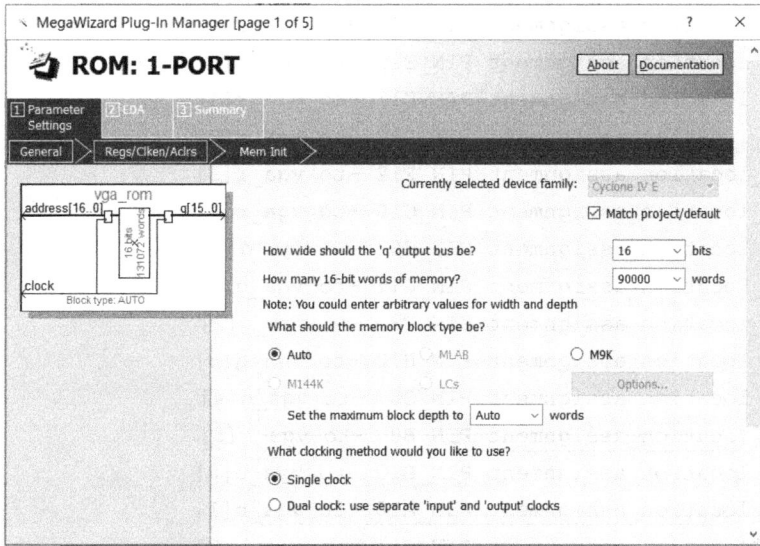

图 9.19　设置 ROM 模块的数据宽度和深度

3）在图 9.20 所示的窗口中指定 ROM 模块的初始化数据文件，将存储 LENA 图像数据 lena300300.mif 文件的路径指示给 ROM 模块，最后单击 Finish 按钮，完成定制过程。

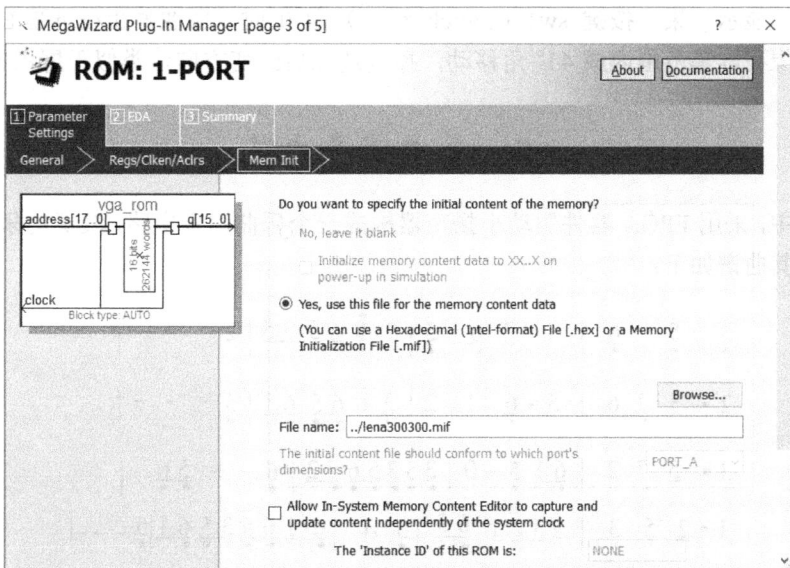

图 9.20　指定 ROM 的初始化数据文件

4）找到例化模板文件 vga_rom_inst.v，参考其内容例化刚生成的 vga_rom.v 文件，在顶层文件中调用该模块。

4. 引脚锁定与下载

本例的引脚约束文件（.qsf 文件）内容如下：

```
set_location_assignment PIN_Y2 -to clk50m
set_location_assignment PIN_AB28 -to reset
set_location_assignment PIN_AC28 -to switch
set_location_assignment PIN_G13 -to vga_hs
set_location_assignment PIN_C13 -to vga_vs
set_location_assignment PIN_A12 -to clk_adv
set_location_assignment PIN_E12 -to vga_r[0]
set_location_assignment PIN_E11 -to vga_r[1]
set_location_assignment PIN_D10 -to vga_r[2]
set_location_assignment PIN_F12 -to vga_r[3]
set_location_assignment PIN_G10 -to vga_r[4]
set_location_assignment PIN_G8  -to vga_g[0]
set_location_assignment PIN_G11 -to vga_g[1]
set_location_assignment PIN_F8  -to vga_g[2]
set_location_assignment PIN_H12 -to vga_g[3]
set_location_assignment PIN_C8  -to vga_g[4]
set_location_assignment PIN_B8  -to vga_g[5]
set_location_assignment PIN_B10 -to vga_b[0]
set_location_assignment PIN_A10 -to vga_b[1]
set_location_assignment PIN_C11 -to vga_b[2]
set_location_assignment PIN_B11 -to vga_b[3]
set_location_assignment PIN_A11 -to vga_b[4]
```

将 VGA 显示器接到 DE2-115 开发板的 VGA 接口，对本例进行综合和下载，在显示器上观察图像的显示效果，按键 sw1（switch 端口）为 0 时，图像静止在屏幕右下角；sw0 为 1 时，图像在屏幕范围内成 45° 角移动，撞到边缘后改变方向，类似于屏保的效果。

9.6　乐曲演奏电路

在本节中，采用 FPGA 器件驱动小扬声器构成一个乐曲演奏电路，演奏的乐曲选择"梁祝"片段，其曲谱如下：

乐曲演奏的原理是这样的：组成乐曲的每个音符的频率值（音调）及其持续的时间（音

长）是乐曲能连续演奏所需的两个基本数据，因此，只要控制输出到扬声器的激励信号的频率的高低和持续的时间，就可以使扬声器发出连续的乐曲声。首先看一下如何控制音调的高低变化。

1. 音调的控制

频率的高低决定了音调的高低。音乐的十二平均律规定：每两个八度音（如简谱中的中音 1 与高音 1）之间的频率相差一倍。在两个八度音之间，又可分为 12 个半音，每两个半音的频率比为 $\sqrt[12]{2}$。另外，音名 A（简谱中的低音 6）的频率为 440 Hz，音名 B 到 C 之间、E 到 F 之间为半音，其余为全音。由此可以计算出简谱中从低音 1 至高音 1 之间每个音名对应的频率如表 9.11 所示。

表 9.11　简谱中的音名与频率的关系

音　名	频　率/Hz	音　名	频　率/Hz	音　名	频　率/Hz
低音 1	261.6	中音 1	523.3	高音 1	1 046.5
低音 2	293.7	中音 2	587.3	高音 2	1 174.7
低音 3	329.6	中音 3	659.3	高音 3	1 319.5
低音 4	349.2	中音 4	699.5	高音 4	1 396.9
低音 5	392	中音 5	784	高音 5	1 568
低音 6	440	中音 6	880	高音 6	1 760
低音 7	493.9	中音 7	987.8	高音 7	1 975.5

所有不同频率的信号都是从同一个基准频率分频得到的。由于音阶频率多为非整数，而分频系数又不能为小数，故必须将计算得到的分频数四舍五入取整。若基准频率过低，则由于分频比太小，四舍五入取整后的误差较大；若基准频率过高，虽然误差变小，但分频数将变大。实际的设计综合考虑这两方面的因素，在尽量减小频率误差的前提下取合适的基准频率。本例中选取 6 MHz 为基准频率。若无 6 MHz 的时钟频率，则可以先分频得到 6 MHz（或者近似 6 MHz），或者换一个新的基准频率。实际上，只要各音名间的相对频率关系不变，C 作 1 与 D 作 1 演奏出的音乐听起来都不会走调。

本例需要演奏的是"梁祝"乐曲，该乐曲各音阶频率及相应的分频比如表 9.12 所示。为了减小输出的偶次谐波分量，最后输出到扬声器的波形应为对称方波，因此在到达扬声器之前，有一个二分频的分频器。表 9.12 中的分频比就是从 6 MHz 频率二分频得到的 3 MHz 频率基础上计算得出的。用正弦波代替方波来驱动扬声器会有更好的效果。

表 9.12　各音阶频率对应的分频比及预置数（从 3 MHz 频率计算得出）

音　名	分　频　比	预　置　数	音　名	分　频　比	预　置　数
低音 1	11 468	4 915	中音 5	3 827	12 556
低音 2	10 215	6 168	中音 6	3 409	12 974
低音 3	9 102	7 281	中音 7	3 037	13 346
低音 4	8 591	7 792	高音 1	2 867	13 516
低音 5	7 653	8 730	高音 2	2 554	13 829
低音 6	6 818	9 565	高音 3	2 274	14 109
低音 7	6 073	10 310	高音 4	2 148	14 235
中音 1	5 736	10 647	高音 5	1 913	14 470
中音 2	5 111	11 272	高音 6	1 705	14 678
中音 3	4 552	11 831	高音 7	1 519	14 864
中音 4	4 289	12 094	休止符	0	16 383

从表 9.18 可以看出，最大的分频系数为 11 468，故采用 14 位二进制计数器分频可满足需要。在表 9.18 中，除了给出了分频比，还给出了对应于各音阶频率时计数器不同的预置数。对于不同的分频系数，加载不同的预置数即可，对于乐曲中的休止符，只要将分频系数设为 0，即初始值为 $2^{14}-1=16\ 383$ 即可，此时扬声器不会发声。采用加载预置数实现分频的方法比采用反馈复零法节省资源，实现起来也容易一些。

2. 音长的控制

音符的持续时间根据乐曲的速度及每个音符的节拍数来确定。本例演奏的"梁祝"片段，最短的音符为四分音符，如果将全音符的持续时间设为 1 s 的话，则只需要再提供一个 4 Hz 的时钟频率即可产生四分音符的时长。

图 9.21 所示是乐曲演奏电路的原理框图，其中，乐谱产生电路用来控制音乐的音调和音长。控制音调通过设置计数器的预置数来实现，预置不同的数值就可以使计数器产生不同频率的信号，从而产生不同的音调。控制音长是通过控制计数器预置数的停留时间来实现的，预置数停留的时间越长，该音符演奏的时间就越长。每个音符的演奏时间都是 0.25 s 的整数倍，对于节拍较长的音符，如二分音符，在记谱时将该音名连续记录两次即可。

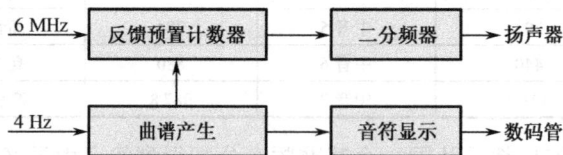

图 9.21 乐曲演奏电路的原理框图

可用数码管显示音符，在本例中，HIGH[3:0]、MED[3:0]、LOW[3:0]信号分别用于显示高音、中音和低音音符；为使演奏能循环进行，需另外设置一个时长计数器，当乐曲演奏完成时，保证能自动从头开始演奏。演奏电路的描述如例 9.10 所示。

【例 9.10】 "梁祝"乐曲演奏电路。

```
`timescale 1ns / 1ps
module song(
        input clk50m,              //输入时钟 50 MHz
        output reg speaker,        //激励扬声器的输出信号,锁至 GPIO[0]引脚
        output[6:0] high7s,        //用数码管 HEX2 显示高音音符
        output[6:0] med7s,         //用数码管 HEX1 显示中音音符
        output[6:0] low7s          //用数码管 HEX0 显示低音音符
        );
wire clk_6mhz;                     //产生各种音阶频率的基准频率
clk_div #(6250000)  u1(            //得到 6.25 MHz 时钟
        .clk(clk50m),
        .clr(1),
        .clk_out(clk_6mhz));

wire clk_4hz;                      //用于控制音长（节拍）的时钟频率
clk_div #(4)  u2(                  //得到 4 Hz 时钟信号
        .clk(clk50m),
```

```verilog
                    .clr(1),
                    .clk_out(clk_4hz));

reg[13:0] divider,origin;
reg carry;
always @(posedge clk_6mhz)                //通过置数，改变分频比
begin
    if(divider==16383)
    begin divider<=origin;carry<=1;end
else  begin divider<=divider+1;carry<=0; end
end
always @(posedge carry)
begin speaker<=~speaker;end               //2 分频得到方波信号

always @(posedge clk_4hz)
  begin  case({high,med,low})             //根据不同的音符，预置分频比
'h001:  origin<=4915;       'h002:  origin<=6168;
'h003:  origin<=7281;       'h004:  origin<=7792;
'h005:  origin<=8730;       'h006:  origin<=9565;
'h007:  origin<=10310;      'h010:  origin<=10647;
'h020:  origin<=11272;      'h030:  origin<=11831;
'h040:  origin<=12094;      'h050:  origin<=12556;
'h060:  origin<=12974;      'h070:  origin<=13346;
'h100:  origin<=13516;      'h200:  origin<=13829;
'h300:  origin<=14109;      'h400:  origin<=14235;
'h500:  origin<=14470;      'h600:  origin<=14678;
'h700:  origin<=14864;      'h000:  origin<=16383;
endcase
end

reg[7:0] counter;
reg[3:0] high,med,low;
always @(posedge clk_4hz)
begin
if(counter==134)    counter<=0;           //计时，以实现循环演奏
else                counter<=counter+1;
case(counter)
0:  {high,med,low}<='h003;                //低音 3
1:  {high,med,low}<='h003;                //持续 4 个节拍
2:  {high,med,low}<='h003;
3:  {high,med,low}<='h003;
4:  {high,med,low}<='h005;                //低音 5
5:  {high,med,low}<='h005;                //持续 3 个节拍
6:  {high,med,low}<='h005;
7:  {high,med,low}<='h006;                //低音 6
```

```
    8: {high,med,low}<='h010;              //中音 1
    9: {high,med,low}<='h010;              //持续 3 个节拍
   10: {high,med,low}<='h010;
   11: {high,med,low}<='h020;              //中音 2
   12: {high,med,low}<='h006;              //低音 6
   13: {high,med,low}<='h010;
   14: {high,med,low}<='h005;
   15: {high,med,low}<='h005;
   16: {high,med,low}<='h050;              //中音 5
   17: {high,med,low}<='h050;
   18: {high,med,low}<='h050;
   19: {high,med,low}<='h100;              //高音 1
   20: {high,med,low}<='h060;      21: {high,med,low}<='h050;
   22: {high,med,low}<='h030;      23: {high,med,low}<='h050;
   24: {high,med,low}<='h020;      25: {high,med,low}<='h020;
   26: {high,med,low}<='h020;      27: {high,med,low}<='h020;
   28: {high,med,low}<='h020;      29: {high,med,low}<='h020;
   30: {high,med,low}<='h000;      31: {high,med,low}<='h000;
   32: {high,med,low}<='h020;      33: {high,med,low}<='h020;
   34: {high,med,low}<='h020;      35: {high,med,low}<='h030;
   36: {high,med,low}<='h007;      37: {high,med,low}<='h007;
   38: {high,med,low}<='h006;      39: {high,med,low}<='h006;
   40: {high,med,low}<='h005;      41: {high,med,low}<='h005;
   42: {high,med,low}<='h005;      43: {high,med,low}<='h006;
   44: {high,med,low}<='h010;      45: {high,med,low}<='h010;
   46: {high,med,low}<='h020;      47: {high,med,low}<='h020;
   48: {high,med,low}<='h003;      49: {high,med,low}<='h003;
   50: {high,med,low}<='h010;      51: {high,med,low}<='h010;
   52: {high,med,low}<='h006;      53: {high,med,low}<='h005;
   54: {high,med,low}<='h006;      55: {high,med,low}<='h010;
   56: {high,med,low}<='h005;      57: {high,med,low}<='h005;
   58: {high,med,low}<='h005;      59: {high,med,low}<='h005;
   60: {high,med,low}<='h005;      61: {high,med,low}<='h005;
   62: {high,med,low}<='h005;      63: {high,med,low}<='h005;
   64: {high,med,low}<='h030;      65: {high,med,low}<='h030;
   66: {high,med,low}<='h030;      67: {high,med,low}<='h050;
   68: {high,med,low}<='h007;      69: {high,med,low}<='h007;
   70: {high,med,low}<='h020;      71: {high,med,low}<='h020;
   72: {high,med,low}<='h006;      73: {high,med,low}<='h010;
   74: {high,med,low}<='h005;      75: {high,med,low}<='h005;
   76: {high,med,low}<='h005;      77: {high,med,low}<='h005;
   78: {high,med,low}<='h000;      79: {high,med,low}<='h000;
   80: {high,med,low}<='h003;      81: {high,med,low}<='h005;
   82: {high,med,low}<='h005;      83: {high,med,low}<='h003;
   84: {high,med,low}<='h005;      85: {high,med,low}<='h006;
```

```
86: {high,med,low}<='h007;         87: {high,med,low}<='h020;
88: {high,med,low}<='h006;         89: {high,med,low}<='h006;
90: {high,med,low}<='h006;         91: {high,med,low}<='h006;
92: {high,med,low}<='h006;         93: {high,med,low}<='h006;
94: {high,med,low}<='h005;         95: {high,med,low}<='h006;
96: {high,med,low}<='h010;         97: {high,med,low}<='h010;
98: {high,med,low}<='h010;         99: {high,med,low}<='h020;
100:{high,med,low}<='h050;         101:{high,med,low}<='h050;
102:{high,med,low}<='h030;         103:{high,med,low}<='h030;
104:{high,med,low}<='h020;         105:{high,med,low}<='h020;
106:{high,med,low}<='h030;         107:{high,med,low}<='h020;
108:{high,med,low}<='h010;         109:{high,med,low}<='h010;
110:{high,med,low}<='h006;         111:{high,med,low}<='h005;
112:{high,med,low}<='h003;         113:{high,med,low}<='h003;
114:{high,med,low}<='h003;         115:{high,med,low}<='h003;
116:{high,med,low}<='h010;         117:{high,med,low}<='h010;
118:{high,med,low}<='h010;         119:{high,med,low}<='h010;
120:{high,med,low}<='h006;         121:{high,med,low}<='h010;
122:{high,med,low}<='h006;         123:{high,med,low}<='h005;
124:{high,med,low}<='h003;         125:{high,med,low}<='h005;
126:{high,med,low}<='h006;         127:{high,med,low}<='h010;
127:{high,med,low}<='h005;         128:{high,med,low}<='h005;
129:{high,med,low}<='h005;         130:{high,med,low}<='h005;
131:{high,med,low}<='h005;         132:{high,med,low}<='h005;
133:{high,med,low}<='h000;         134:{high,med,low}<='h000;
default: {high,med,low}<='h000;
endcase
end
seg4_7 u3(.hex(high),              //高音音符显示, 源码见例 9.2
         .g_to_a(high7s));
seg4_7 u4(.hex(med),               //中音音符显示
         .g_to_a(med7s));
seg4_7 u5(.hex(low),               //低音音符显示
         .g_to_a(low7s));
endmodule
```

clk_div 子模块和 seg4_7 子模块源码分别见例 8.10 和例 9.2。

采用.csv 文件进行引脚分配，引脚锁定基于 DE2-115，本例的.csv 文件内容如下，完成后在当前目录下存盘为 song.csv 文件。

注：在 to 和 location 中间，引脚名和引脚号中间的半角逗号不能遗漏。

```
to,        location
clk50m,    PIN_Y2
speaker,   PIN_AC15
high7s[6], PIN_W28
high7s[5], PIN_W27
```

```
high7s[4], PIN_Y26
high7s[3], PIN_W26
high7s[2], PIN_Y25
high7s[1], PIN_AA26
high7s[0], PIN_AA25
med7s[6],  PIN_U24
med7s[5],  PIN_U23
med7s[4],  PIN_W25
med7s[3],  PIN_W22
med7s[2],  PIN_W21
med7s[1],  PIN_Y22
med7s[0],  PIN_M24
low7s[6],  PIN_H22
low7s[5],  PIN_J22
low7s[4],  PIN_L25
low7s[3],  PIN_L26
low7s[2],  PIN_E17
low7s[1],  PIN_F22
low7s[0],  PIN_G18
```

在 Quartus Prime 软件中，选择菜单 Assignments→Import Assignments，在如图 9.22 所示的对话框中，找到刚编辑好的 song.csv 文件，单击 OK 按钮调入该文件。

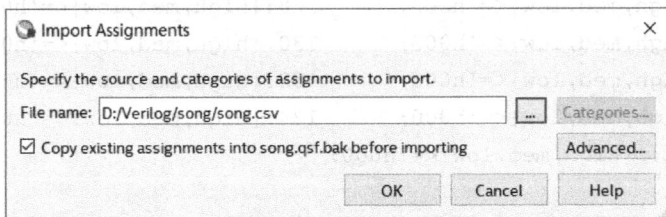

图 9.22　在 Import Assignments 对话框中调入 song.csv 文件

引脚锁定后重新编译，基于 DE2-115 进行下载验证，speaker 接 DE2-115 的 40 脚扩展端口 GPIO 的 AC15 引脚，此引脚上外接一个喇叭，喇叭另一端接地（GPIO 中有接地端），可听到乐曲演奏声，同时将音符通过数码管 HEX2、HEX1、HEX0 显示出来，实现动态演奏。可在此实验的基础上进一步增加声、光、电的演奏效果。

习　题　9

9.1　利用 Quartus Prime 的 rom IP 核，采用查表的方式设计 8×8 位无符号数乘法器，并进行仿真和下载。

9.2　用 Verilog 编写一个用 7 段数码管交替显示 26 个英文字母的程序，自己定义字符的形状。

9.3　设计一个乐曲演奏电路，实现乐曲"铃儿响叮当"的循环演奏，可将音符数据存于 ROM 模块中。

9.4　设计实现一个点唱机，在同一个 ROM 模块中装上多首歌曲，可手动或自动选择歌曲并播放。

9.5　设计实现一个简易电子琴，敲击不同的按键可发出相应的音调，同时将音符显示在数码管上。

9.6　设计一个 IC 卡电话计费器，在电话卡插入后，计费器能将卡中的币值余额读出并显示出来，在通话过程中，根据话务种类（市话、长话和特话等）计话费并将话费从卡值中扣除，卡值余额每分钟更新一次，卡上余额不足时产生告警信号，告警时间达到一定长度则自动切断当前通话。计时与计费数据均以十进制形式显示。

9.7　设计一个自动售饮料机。假定每瓶饮料售价为 2.5 元，可使用两种硬币，即 5 角、1 元，机器有找零功能。

9.8　设计十字路口交通灯控制电路。要求：

1）通常主街道保持绿灯，支街道仅当有车来时才为绿灯。每当绿灯转红灯过程中，先亮黄灯并维持10 s，然后红灯亮。

2）两个方向同时有来车时，红绿灯应每隔 30 s 变灯一次。

3）仅在一个方向有来车时，进行如下处理：

● 该方向原为红灯，应立即出现变灯信号。

● 该方向原为绿灯，应继续保持绿灯。

一旦另一方向有来车，应视为两个方向均有来车处理。

9.9　设计模拟乒乓球游戏。

1）每局比赛开始之前，裁判按动每局开始发球开关，决定由其中一方首先发球，乒乓球光点即出现在发球者一方的球拍上，电路处于待发球状态

2）A 方与 B 方各持一个按钮开关，作为击球用的球拍，有若干个光点作为乒乓球运动的轨迹。球拍按钮开关在球的一个来回中，只有第一次按动才起作用，若再次按动或持续按下不松开，将无作用。在击球时，只有在球的光点移至击球者一方的位置时，第一次按动击球按钮，击球才有效。击球无效时，电路处于待发球状态，裁判可判由哪方发球。

以上两个设计要求可由一人完成。另外可设计自动判发球、自动判球记分电路，可由另一人完成。自动判发球、自动判球记分电路的设计要求如下：

● 自动判分：一方失球，对方记分牌上则自动加 1 分，在比分未达到 20:20 之前，当一方记分达到 21 分时，即告胜利，该局比赛结束；若比分达到 20:20，只有一方净胜 2 分时方告胜利。

● 自动判发球：每球比赛结束，机器自动置电路于下一球的待发球状态；每方连续发球 5 次后，自动交换发球；比分达到 20:20 以后，将每次轮换发球，直至比赛结束。

9.10　设计一个 8 位频率计，所测信号频率的范围为 1～99 999 999 Hz，并将被测信号的频率在 8 个数码管上显示出来（或者用字符型液晶进行显示）。

9.11　设计一个 8 层楼房的无人管理全自动电梯控制逻辑电路，应具有如下功能：

1）每层楼电梯门口均设有上楼和下楼的请求开关，电梯内设有供进入电梯的乘客选择要求达到楼层（1～8 层）的停站请求开关。

2）应设有表示电梯当前正处在上升或下降阶段以及电梯当前所在楼层的指示装置。

3）能记忆电梯内外的所有请求信号，并按照电梯的运行规则对信号分批进行响应。每个请求信号一直保留到执行后才撤除。

4）电梯运行规则如下：

● 电梯处于上升阶段时，只响应电梯所在位置以上楼层的上楼请求信号，依楼层次序逐个执行，直至最后一个请求执行完毕；然后电梯直接升到有下楼请求的最高一层楼接客，并执行下楼请求。

● 电梯处于下降阶段时，只响应电梯所在位置以下楼层的下楼请求信号，依层次次序逐个执行，直至最后一个请求执行完毕。然后电梯便直接降到有上楼请求的最低一层楼接客，并执行上楼请求。

● 电梯执行完全部请求信号后，应停留在当前所处楼层等待，有新的请求信号时再进入运行。

5）电梯以每 1 s 升（降）一层楼的速度运行。到达某层楼位置，指示该楼层的灯点亮，一直保持到电梯达到新的楼层时，该层指示灯才熄灭。电梯达到有请求的楼层停下时，该楼层的指示灯即亮。经过约 0.5 s，电梯门自动打开（开门指示灯点亮）。开门 5 s 后，电梯门自动关闭（开门指示灯灭）。电梯继续运行，到新楼层后，原楼层指示灯熄灭。开门时间还可通过手动按钮开关任意延长或缩短。

6）开机（接通电源）时，电路应处于起始状态。此时电梯停留在一楼。上、下楼请求全部清除。

9.12　设计保密数字电子锁。要求：

1）电子锁开锁密码为 8 位二进制码，用开关输入开锁密码。

2）开锁密码是有序的，不按顺序输入密码则发出报警信号。

3）设计报警电路，用灯光或音响报警。

9.13　设计一个 16 位移位相加乘法器，其设计思路是：乘法通过逐项移位相加来实现，根据乘数的每一位是否为 1 进行计算，若为 1 则将被乘数移位相加。

9.14　设计一个 VGA 图像显示控制器，将一幅图片显示在 VGA 显示器上，可增加动画显示效果。

9.15　编写 Verilog 代码，用图形点阵式液晶显示黑白图片。

9.16　设计实用多功能数字钟，数字钟具有计时、校时、整点报时、定时、闹铃等功能。

第 10 章 Verilog 设计进阶

本章介绍 Verilog 设计的优化，包括资源耗用的优化、速度和功耗的优化等，就是使设计尽量做到省面积、高速度和低功耗。

10.1 设计的可综合性

可综合指的是设计的代码能转化为具体的电路网表（Netlist）结构。在用 FPGA 器件实现的设计中，综合就是将 Verilog 语言描述的行为级或功能级电路模型转化为 RTL 级功能块或门级电路网表的过程。图 10.1 是综合过程的示意图。

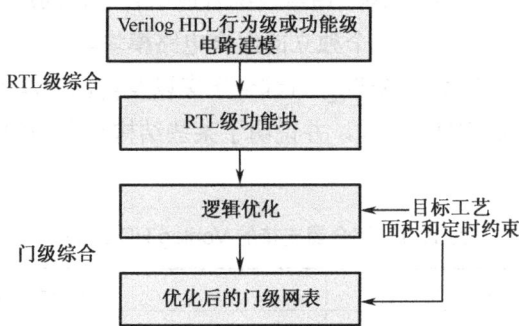

图 10.1　综合过程

RTL 级综合后得到由功能模块（如触发器、算术逻辑单元、数据选择器等）构成的电路结构，逻辑优化器以用户设定的面积和定时约束（Constraint）为目标优化电路网表，针对目标工艺产生优化后的电路门级网表结构。Verilog 语言中没有专门的寄存器和锁存器元件，因此，不同的综合器提供不同的机制来实现寄存器和锁存器，不同的综合器有自己独特的电路建模方式。Verilog 语言的基本元素和硬件电路的基本元件之间存在对应关系，综合器使用某种映射机制或者构造机制将 Verilog 元素转变为具体的硬件电路元件，如图 10.2 所示。

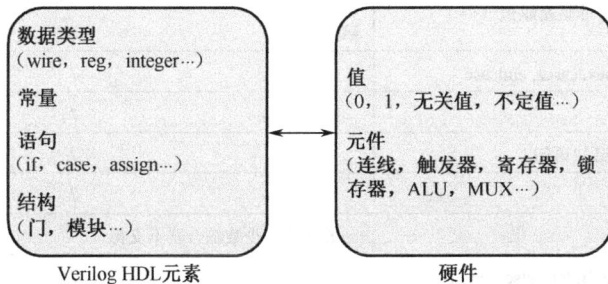

图 10.2　Verilog 基本元素与硬件电路元件间的映射

在进行可综合的设计时，应注意如下要点。

- 不使用初始化语句；不使用带有延时的描述；不使用循环次数不确定的循环语句，

如 forever、while 等。

- 应尽可能采用同步方式设计电路。除非是关键路径的设计，一般不采用调用门级元件来描述设计的方法，建议采用行为语句完成设计。
- 组合逻辑实现的电路和时序逻辑实现的电路应尽量分配到不同的 always 过程中。
- 一个 always 过程中只允许描述对应于一个时钟信号的同步时序逻辑。多个 always 过程之间可通过信号线进行通信和协调。为了达到多个过程协调运行，可设置一些握手信号，在过程中检测这些握手信号的状态，以决定是否进行操作。
- 所有的内部寄存器都应该能够被复位，在使用 FPGA 实现设计时，应尽量使用器件的全局复位端作为系统总的复位，因为该引脚的驱动功能最强，到所有逻辑单元的延时也基本相同。同样道理，应尽量使用器件的全局时钟端作为系统外部时钟输入端。
- 在 Verilog 模块中，任务（task）通常被综合成组合逻辑的形式；每个函数（function）在调用时通常也被综合为一个独立的组合电路模块。

每种综合器都定义了自己的 Verilog 可综合子集以及自己的建模方式。表 10.1 列举了多数综合器支持的 Verilog HDL 结构，并说明了某些结构和语句的使用限制（符号"√"表示可综合）。

表 10.1　综合器支持的 Verilog HDL 结构

Verilog HDL 结构	可综合性说明
module, macromodule	√
数据类型：wire, reg, integer, parameter	√
端口类型说明：input, output, inout	√
运算符：+, -, *, %,&, ~&, |, ~|, ^, ^-, ==, !=, &&, ||, !,~, &, |, ^, ^-,>>, <<, ?:, {}	大部分可综合；全等运算符（== !=）不支持；多数工具对除法（/）和求模（%）有限制；如对除法（/）操作，只有当除数是常数且是 2 的指数时才支持
基本门元件：and, nand, nor, or, xor, xnor, buf, not, bufif1, bufif0, notif1, notif0, pullup, pulldown	全部可综合；但某些综合器对取值为 x 和 z 有所限制
持续赋值 assign	√
过程赋值：阻塞赋值（=），非阻塞赋值（<=）	支持，但对同一 reg 型变量只能采用阻塞和非阻塞赋值中的一种赋值
条件语句：if-else, case, casex, casez, endcase	√
for 循环语句	√
always 过程语句，begin-end 块语句	√
function, endfunction	√
task, endtask	一般支持，少数综合器不支持
编译指示：`include, `define, `ifdef, `else, `endif	√

有些 Verilog 语法结构在综合器中将被忽略，如延时信息等。表 10.2 对容易被综合器忽略的 Verilog HDL 结构进行了总结，表 10.3 则汇总了综合器不支持的 Verilog HDL 结构。

表 10.2　综合器忽略的 Verilog HDL 结构

Verilog HDL 结构	可综合性说明
延时控制, scalared, vectored, specify	这些语句和结构在综合时全被忽略
small, large, medium	
weak1, weak0, highz0, highz1, pull0, pull1	
time	有些综合工具将其视为整数（integer）
wait	有些综合工具有限制地支持

表 10.3　综合器不支持的 Verilog HDL 结构

Verilog HDL 结构	可综合性说明
在 assign 持续赋值中，等式左边含有变量的位选择	一般的综合器都不支持这些结构和语句，用这些语句描述的程序代码不能转化为具体的电路网表结构。但这些结构都能够被仿真工具（如 ModelSim 等）所支持
全等运算符 === !=	
cmos, nmos, rcmos, rnmos, pmos, rpmos	
deassign , defparam, event, force, release	
fork- join, initial, forever, while, repeat	
rtran, tran, tranif0, tranif1, rtranif0, rtranif1	
table, endtable, primitive, endprimitive	

10.2　流水线设计技术

　　流水线（Pipeline）设计是用来提高所设计系统运行速度的一种有效方法。为保障数据的快速传输，必须让系统运行在尽可能高的频率上。但是，如果某些复杂逻辑功能的完成需要较长的延时，就会使系统难以运行在高的频率上。在这种情况下，可使用流水线技术，即在长延时的逻辑功能块中插入触发器，使复杂的逻辑操作分步完成，减小每个部分的延时，从而使系统的运行频率得以提高。流水线设计的代价是增加了寄存器逻辑，增加了芯片资源的耗用。

　　流水线操作的概念可用图 10.3 来说明。在图中，假定某个复杂逻辑功能的实现需要较长的延时，我们可将其分解为几个（如 3 个）步骤来实现，每一步的延时变为原来的三分之一左右，在各步之间加入寄存器，以暂存中间结果，这样可使整个系统的最高工作频率得到成倍的提高。

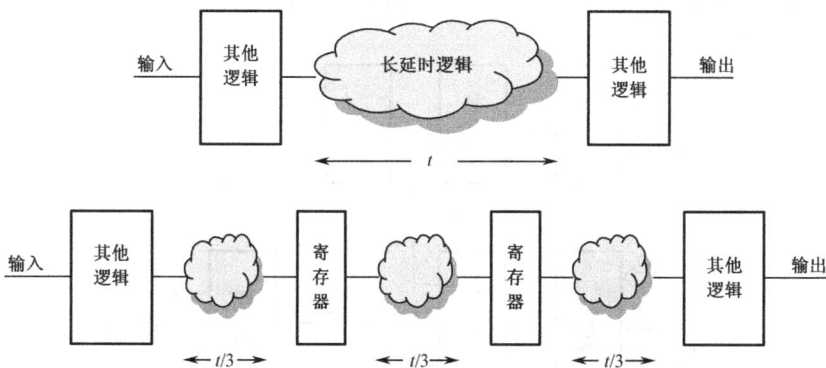

图 10.3　流水线操作示意图

采用流水线技术能有效提高系统的工作频率，尤其是对于 FPGA 器件，FPGA 的逻辑单元中有大量 4~5 变量的查找表（LUT）和触发器，因此，在 FPGA 设计中采用流水线技术可以有效提高系统的速度。

下面以 8 位加法器的设计为例，对比流水线设计和非流水线设计。

1. 非流水线实现方式

例 10.1 是非流水线方式实现的 8 位加法器，其输入/输出端都带有锁存器。

【例 10.1】 非流水线方式实现的 8 位加法器。

```
module adder8(
        input[7:0] ina,inb,  input cin,clk,
        output[7:0] sum, output cout);
reg[7:0] tempa,tempb,sum; reg cout,tempc;
always @(posedge clk)
begin   tempa=ina;tempb=inb;tempc=cin; end      //输入数据锁存
always @(posedge clk)
begin   {cout,sum}=tempa+tempb+tempc; end
endmodule
```

图 10.4 是例 10.1 用综合器综合后的 RTL 视图，可以看出，加法器的输入、输出端都带有锁存器。

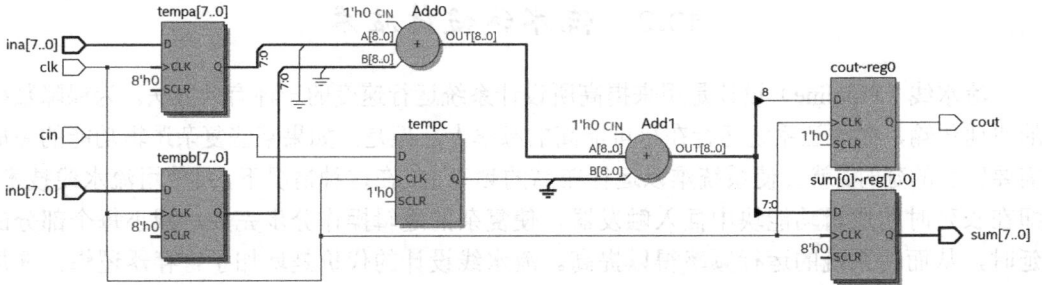

图 10.4　非流水线方式 8 位加法器的 RTL 综合视图

2. 采用两级流水线方式实现

图 10.5 是两级流水线加法器的实现框图。从图中可以看出，该加法器采用了两级锁存、两级加法，每一个加法器实现 4 位数据和一个进位的相加。例 10.2 是该两级流水线 8 位加法器的 Verilog 源码。

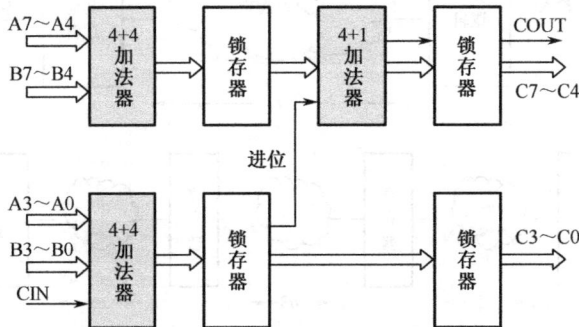

图 10.5　两级流水线加法器实现框图

【例 10.2】　两级流水线 8 位加法器。

```
module adder_pipe2(
            input[7:0] ina,inb, input cin,clk,
            output reg[7:0] sum,
            output reg cout);
reg[3:0] tempa,tempb,firsts; reg firstc;
always @(posedge clk)
    begin  {firstc,firsts}=ina[3:0]+inb[3:0]+cin;
    tempa=ina[7:4];  tempb=inb[7:4];
    end
always @(posedge clk)
    begin  {cout,sum[7:4]}=tempa+tempb+firstc;
    sum[3:0]=firsts;
    end
endmodule
```

3. 采用 4 级流水线方式实现

图 10.6 是用 4 级流水线实现的 8 位加法器的框图。从图中可以看出，该加法器采用 5 级锁存、4 级加法，每一个加法器实现 2 位数据和一个进位的相加，整个加法器只受 2 位加法器工作速度的限制，平均完成一个加法运算只需一个时钟周期的时间。例 10.3 是该 4 级流水 8 位加法器的 Verilog 源码。

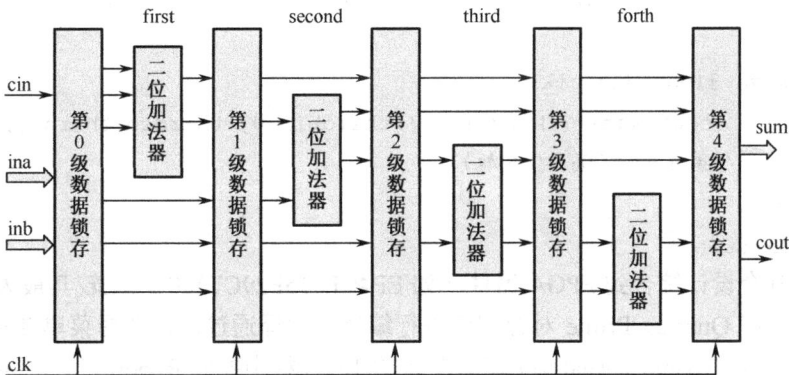

图 10.6　8 位加法器的 4 级流水线实现框图

【例 10.3】　4 级流水方式实现的 8 位加法器。

```
module adder_pipe4(
            input[7:0] ina,inb,  input cin,clk,
            output reg[7:0] sum,
            output reg cout);
reg[7:0] tempa,tempb;
reg tempci,firstco,secondco,thirdco;
reg[1:0] firsts,thirda,thirdb;
```

```
reg[3:0] seconda,secondb,seconds;
reg[5:0] firsta,firstb,thirds;


always @(posedge clk)
begin tempa=ina;tempb=inb;tempci=cin;   end        //输入数据缓存
always @(posedge clk)
begin
{firstco,firsts}=tempa[1:0]+tempb[1:0]+tempci; //第 1 级加（低 2 位）
firsta=tempa[7:2];firstb=tempb[7:2];            //未参加计算的数据缓存
end
always @(posedge clk)
begin
{secondco,seconds}={firsta[1:0]+firstb[1:0]+firstco,firsts};
        //第 2 级加（第 2、3 位相加）
seconda=firsta[5:2];secondb=firstb[5:2];       //数据缓存
end
always @(posedge clk)
begin
{thirdco,thirds}={seconda[1:0]+secondb[1:0]+secondco,seconds};
        //第 3 级加（第 4、5 位相加）
thirda=seconda[3:2];thirdb=secondb[3:2];       //数据缓存
end
always @(posedge clk)
begin  {cout,sum}={thirda[1:0]+thirdb[1:0]+thirdco,thirds};
        //第 4 级加（高两位相加）
end
endmodule
```

将上述几个设计综合到 FPGA 器件（如 EP4CE115F29C7）中，比较其最大工作频率。具体步骤为：用 Quartus Prime 对源程序进行编译，编译通过后，选择菜单 Tools→Timing Analyzer，在弹出的 Timing Analyzer 窗口左边的 Tasks 栏中找到 Report Fmax Summary 并双击，可以看到，非流水线设计（见例 10.1）允许的最大工作频率为 417.71 MHz，而 4 级流水线设计（见例 10.3）允许的最大工作频率为 547.05 MHz，如图 10.7 所示。显然，流水线设计允许的最大工作频率高于非流水线设计允许的最大工作频率，因此流水线设计有效地提高了系统的最高运行频率。

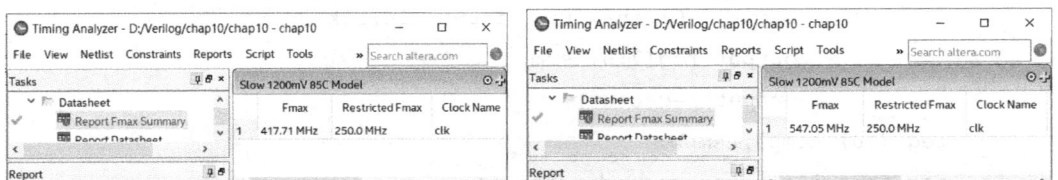

图 10.7　最大允许工作频率比较

10.3　时序约束与时序分析

Quartus Prime 软件包含 Timing Analyzer 时序分析器（原来名字为 TimeQuest Timing Analyzer），可对设计进行静态时序分析，此工具支持行业标准 Synopsys Design Constraints（SDC）格式时序约束，使用图形界面或者命令行方式对设计中的所有时序路径（Timing Path）进行约束、分析和报告结果。

静态时序分析的主要目的在于保证系统的稳定性、可靠性，并提高系统工作频率，提高工作频率意味着提高数据处理能力。

本节将在 10.2 节 4 级流水线加法器案例基础上对其进行时序约束和分析，以介绍时序分析的基本概念和基本操作。

10.3.1　时序分析的有关概念

首先对如下这些时序分析器术语（Timing Analyzer Terminology）进行介绍。

1）时钟建立时间（Clock Setup Time）：T_{su}，时钟有效沿到来之前数据必须保持稳定的最小时间。

2）时钟保持时间（Clock Hold Time）：T_h，时钟有效沿到来之后数据必须保持稳定的最小时间，图 10.8 是时钟建立、保持时间示意图。

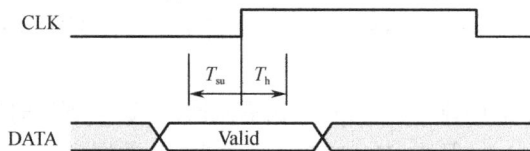

图 10.8　时钟建立、保持时间示意图

3）时钟启动沿（Clock Launch Edge）：前级寄存器发送数据对应的时钟沿，是数据传输的源头，也是时序分析的起点。

4）时钟锁存沿（Clock Latch Edge）：数据锁存的时钟边沿，是数据传输的目的地，也是时序分析的终点。图 10.9 是时钟启动、锁存沿示意图，一般 Latch Edge（锁存沿）比 Launch Edge（启动沿）晚一个时钟周期。

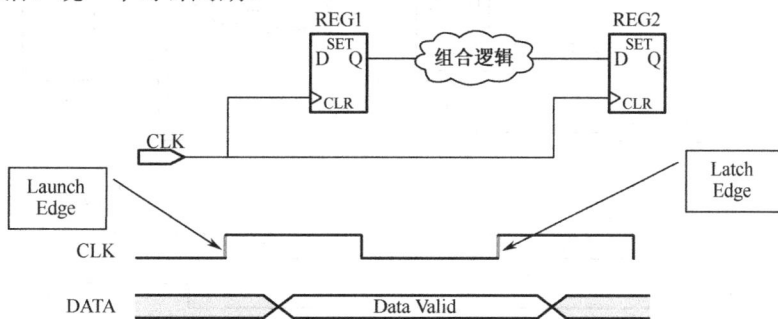

图 10.9　时钟启动、锁存沿示意图

5）数据到达时间（Data Arrival Time）：输入数据在有效时钟沿后到达所需要的时间。主要分为三部分：时钟到达寄存器时间（T_{clk1}），寄存器输出延时（T_{co}）和组合逻辑的数据传输延时（T_{data}），如图 10.10 所示。

数据到达时间计算公式：Data Arrival Time = Launch Edge + T_{clk1} + T_{co} + T_{data}。

6）时钟到达时间（Clock Arrival Time）：时钟从锁存沿（Latch Edge）到达目的寄存器（Destination Register）输入端所用的时间。

时钟到达时间计算公式：Clock Arrival Time=Latch Edge + T_{clk2}。

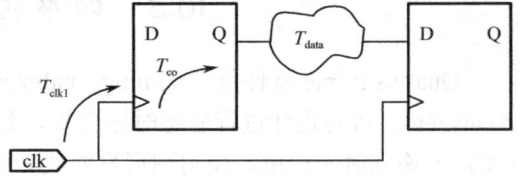

图 10.10　数据到达时间示意图

7）数据需求时间（Data Required Time）：在时钟锁存的建立时间和保持时间之间数据必须稳定，从源时钟起点达到这种稳定状态需要的时间即为数据需求时间，如图 10.11 所示。

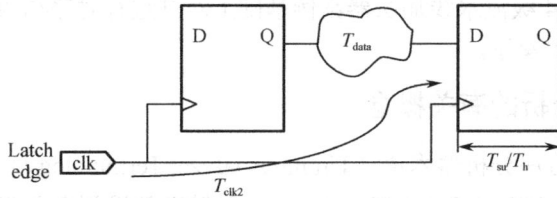

图 10.11　数据需求时间示意图

（建立）数据需求时间计算公式：（Setup）Data Required Time = Clock Arrival Time - T_{su}。

（保持）数据需求时间计算公式：（Hold）Data Required Time = Clock Arrival Time + T_h。

8）时序裕量（Slack）：Slack 是表示设计是否满足时序要求的指标，当数据需求时间大于数据到达时间时：

建立裕量（Setup Slack）=建立（Setup）数据需求时间-数据到达时间（Data Arrival Time）。

保持裕量（Hold Slack）=保持（Hold）数据需求时间-数据到达时间（Data Arrival Time）。

图 10.12 是建立裕量（Setup Slack）的估算示意图，图中的 Tco 为 REG2 的寄存器输出延时；Tdata 为组合逻辑的数据传输延时。此图中建立裕量为正，表示设计满足时序要求，这要求源寄存器与目的寄存器之间的数据传输延迟 T_{data} 不能太长，延迟越长，Setup Slack 越小；保持裕量为正时（下次数据到达时间要晚于保持数据需求时间），满足时序要求，这要求源寄存器与目的寄存器之间的数据传输延迟 T_{data} 不能太短，延迟越短，Hold Slack 越小。

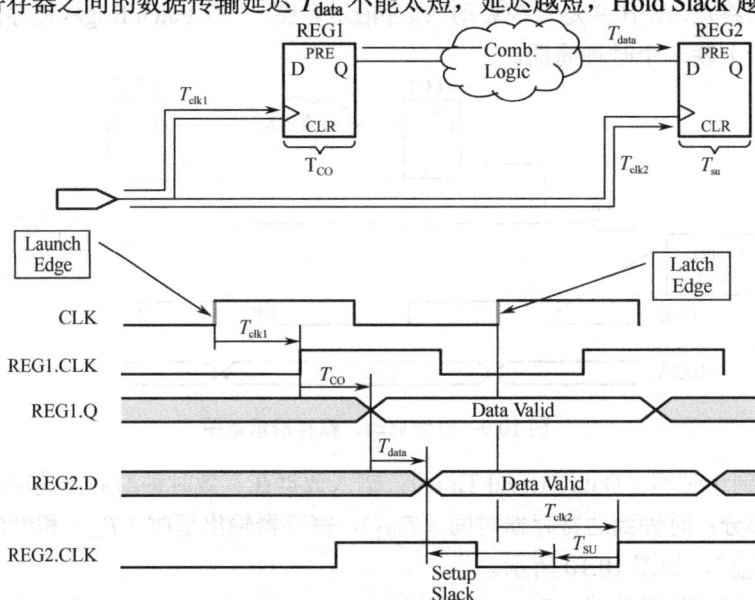

图 10.12　建立裕量（Setup Slack）的估算示意图

9）时钟偏斜（Clock Skew）：时钟偏移是指一个时钟源到达两个不同寄存器时钟端的时间偏移，如图 10.13 所示。

时钟偏斜计算公式：$T_{skew} = T_{clk2} - T_{clk1}$。

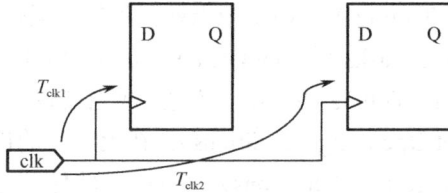

图 10.13　时钟偏斜示意图

10）最大时钟频率（最小时钟周期）：系统时钟能运行的最高频率。当数据需求时间大于数据到达时间时，时钟具有裕量；当数据需求时间小于数据到达时间时，不满足时序要求，寄存器处于亚稳态或者不能正确获得数据；当数据需求时间等于数据到达时间时，此时处于最大时钟运行频率，刚好满足时序要求。

10.3.2　用 Timing Analyzer 进行时序分析

1）适配（布局布线）：在进行时序分析之前，必须至少完成适配（Fitter；布局布线，Route & Place），或者完成完全编译（Compilation）。

新建一个工程，不妨命名为 Pipeline，将例 10.3 的 4 级流水方式 8 位全加器作为源文件添加至工程中，指定 FPGA 器件为 EP4CE115F29C7。

选择菜单 Processing→Start→Start Fitter，运行 Fitter（Route & Place）；或者选择菜单 Processing→Start Compilation，或单击按钮 ▶，启动完全编译。

2）启动 Timing Analyzer 时序分析器：在 Quartus Prime 主界面选择菜单 Tools→Timing Analyzer，启动 Timing Analyzer，如图 10.14 所示，此窗口中包含如下的栏目。

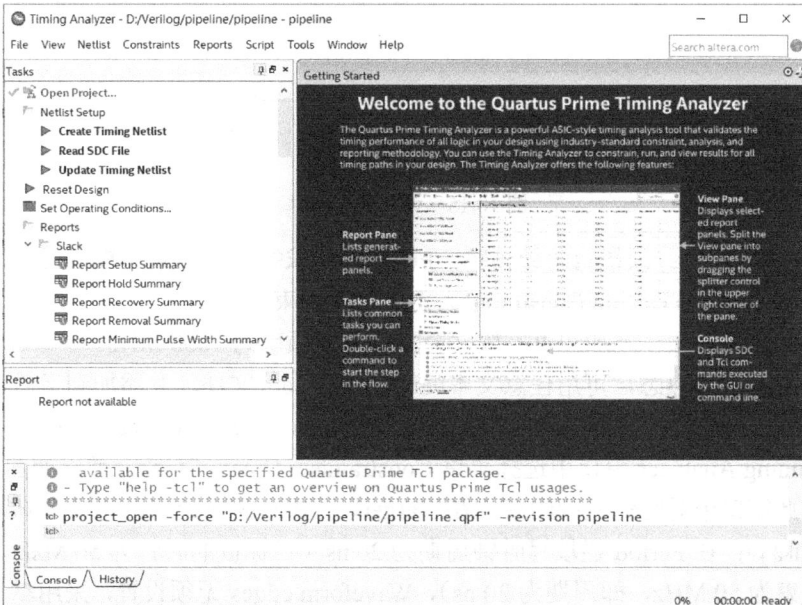

图 10.14　Timing Analyzer 窗口

- Tasks（任务）栏：包含 Timing Analyzer 可执行的各种任务。
- Report（报告）栏：通过此栏可知道 Timing Analyzer 都执行了哪些任务。
- Console（控制台）：可输入 tcl 命令让 Timing Analyzer 执行相应任务。
- 信息显示子窗口：Timing Analyzer 把当前任务的结果信息显示在该子窗口中。

3）创建时序网表：双击 Tasks 栏中的 Create Timing Netlist，或者在 Timing Analyzer 窗口单击菜单 Netlist→Create Timing Netlist，启动生成当前设计的时序网表。

4）设置操作条件（Set Operating Conditions）：在上一步的创建时序网表操作中，系统提示设置操作条件（Set Operating Conditions），Quartus 软件针对不同的运行条件（工作电压、温度范围等）、不同的器件、不同的速度等级使用不同的时序模型。

也可以通过单击图 10.14 中 Tasks（任务）栏中的 Set Operating Conditions 选项来设置，图 10.15 所示是设置操作条件的对话框，可以看到，针对 EP4CE115F29C7 器件，有如下 3 种时序模型：

- 7_slow_1200mv_0c：芯片内核电压 1200 mV，工作温度 0℃情况下的慢速时序模型。
- 7_slow_1200mv_85c：芯片内核电压 1200 mV，工作温度 85℃的慢速时序模型。
- MIN_fast_1200mv_0c：芯片内核电压 1200 mV，工作温度 0℃下的快速时序模型。

此处根据所选器件选择第 1 个模型，此模型为芯片工作在环境较差情况下的模型。如果设计工程在此模型下能满足时序要求，则在其他模型下时序裕量（Slack）会更高。

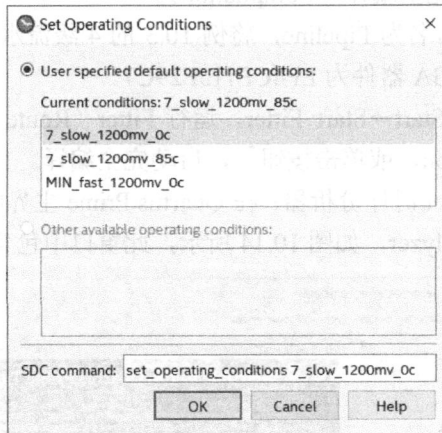

图 10.15　设置操作条件

5）施加时序约束：须指定时钟频率、I/O 时序要求等时序约束，Timing Analyzer 支持用.sdc 文件（Synopsys Design Constraints）定义时序约束。

如果没有对时钟频率施加约束，软件会默认时钟频率为 1000 MHz。

如果对.sdc 文件熟悉，可用任意文本编辑器创建.sdc 文件，并添加到当前工程中。如果对.sdc 文件不熟悉，则可以用图形用户界面（Graphical User Interface，GUI）模式创建.sdc 文件。在 Timing Analyzer 窗口中选择菜单 Constraints→Create Clock，弹出如图 10.16 所示的窗口，在此窗口中对时钟进行约束，在 Targets 栏找到需要约束的时钟引脚（本例中为 [get_ports{clk}]）；在 Period 栏填写时钟周期为 20 ns（目标板的时钟为 50 MHz 有源晶振，故将时钟约束为 50 MHz，即周期为 20 ns），Waveform edges 无须设置，采用默认设置，单击 Run 按钮使设置生效。

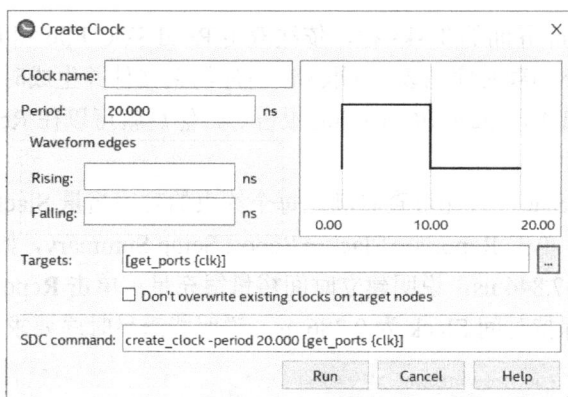

图 10.16 对输入时钟进行约束

6）保存.sdc 时序约束文件：双击 Timing Analyzer
界面 Tasks 栏里的 Write SDC File 选项，弹出如图 10.17
所示的 Write SDC File 窗口，默认的 SDC file name 为
pipeline.out.sdc，单击 OK 即可。

此时，我们可以在当前工程目录下找到刚生成的
pipeline.out.sdc 文件，用文本编辑器打开该文件，可看
到刚才施加的时钟约束语句如下：

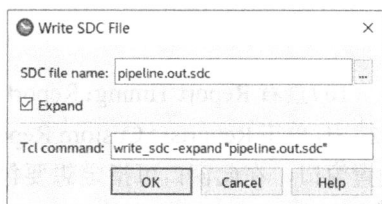

图 10.17 保存.sdc 时序约束文件

```
#*********************************************************
# Create Clock
#*********************************************************
create_clock -name {clk} -period 20.000 -waveform { 0.000 10.000 } [get_ports {clk}]
```

7）将.sdc 时序约束文件添加到工程中：在 Quartus Prime 主界面中选择菜单 Assignments
→Settings，在如图 10.18 所示的 Settings 窗口中选中 Timing Analyzer 栏，在右侧的 File name
会话框里找到 pipeline.out.sdc 文件并添加到工程中。

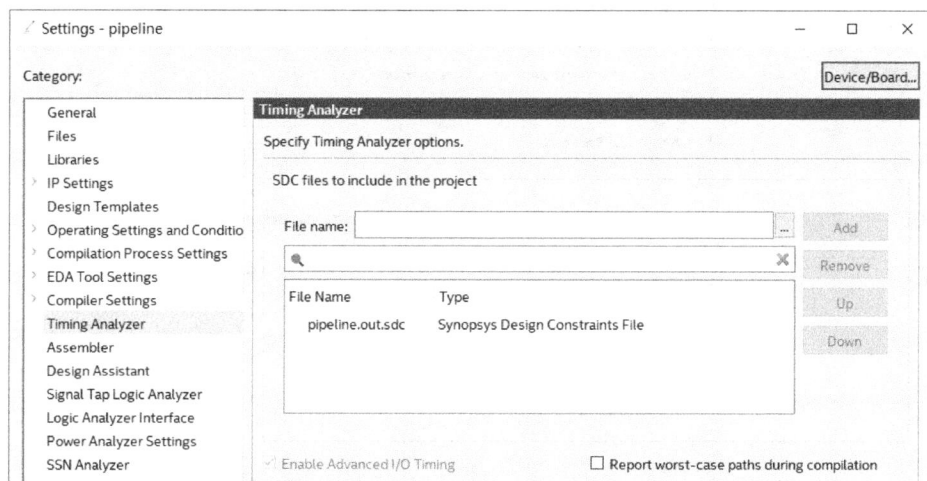

图 10.18 添加 SDC 约束文件

8）运行时序分析：在 Quartus Prime 主界面中单击菜单 Processing→Start Compilation，
重新运行包含时序分析的完整编译。

在 Timing Analyzer 界面的 Tasks 栏，依次双击 Read SDC File 和 Update Timing Netlist 选项，Timing Analyzer 加载时序网表，读取.sdc 时序约束文件并生成时序报告，包括 Timing Analyzer Summary and Advanced I/O Timing 报告等，然后就可以在 Report 窗口中查看时序报告并进行分析。

9）查看时序裕量 Slack：首先可查看满足每个约束的时序裕量 Slack。在 Timing Analyzer 界面的 Tasks 窗格中，单击 Reports→Slack→Report Setup Summary，如图 10.19 所示，显示建立时间的 Slack 为 17.844 ns，说明建立时间裕量很充足；单击 Report Hold Summary，如图 10.19 所示，显示保持时间 Slack 为 0.386 ns，说明能满足时序要求。

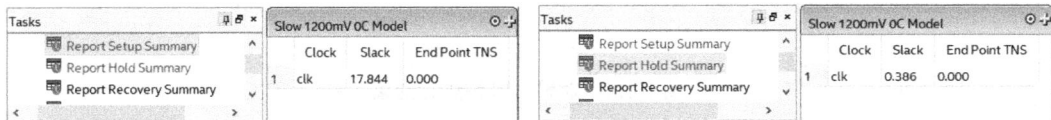

图 10.19　查看满足时序裕量 Slack

10）查看 Report Timing：Report Timing 命令用于报告设计中路径或时钟的时序。在 Tasks 窗格中，单击 Reports→Custom Reports→Report Timing，弹出如图 10.20 所示的 Report Timing 设置窗口，在此窗口可指定想要包含在报告中的时钟信号（Clocks）、目标（Targets）、分析类型（Analysis type）等选项。

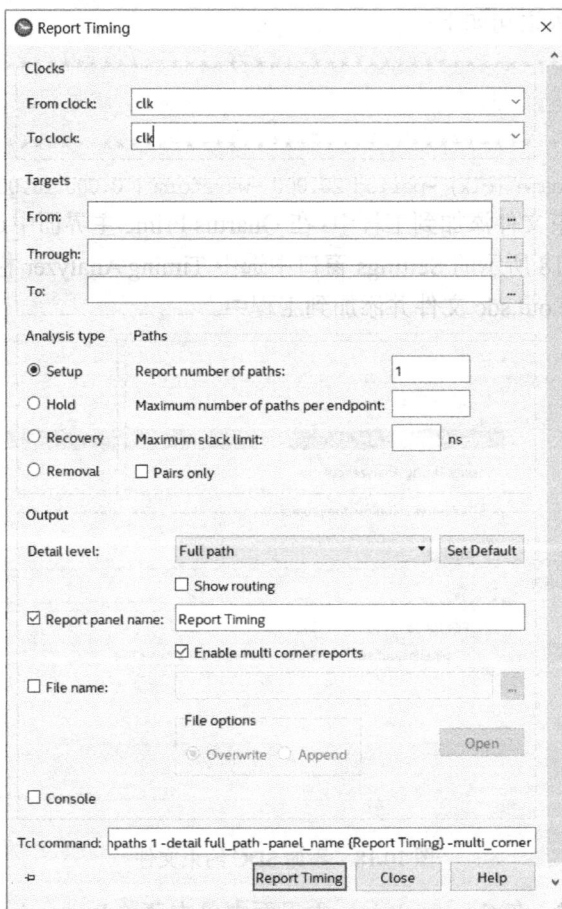

图 10.20　设置 Report Timing

时钟信号（Clocks）的 From clock 和 To clock 是指定启动沿（Clock launch edge）和锁存沿（Clock latch edge）的选项，即指定时序分析的起点和终点；本例中 From clock 栏和 To clock 栏均选择 clk 信号；分析类型（Analysis type）选择 Setup。

单击图 10.20 中的 Report Timing 按钮，本例的 Setup 路径的详细分析便会以图表的形式呈现出来，如图 10.21 所示，这是一条 Setup 路径的详细分析，图中以波形图（Waveform）的形式展示了时钟 Setup 路径的时序关系，其中显示了 10 个变量的时序波形和时间量：Launch Clock（启动时钟沿）、Latch Clock（锁存时钟沿）、Data Arrival（数据到达时间）、Data Required（数据需求时间）等。

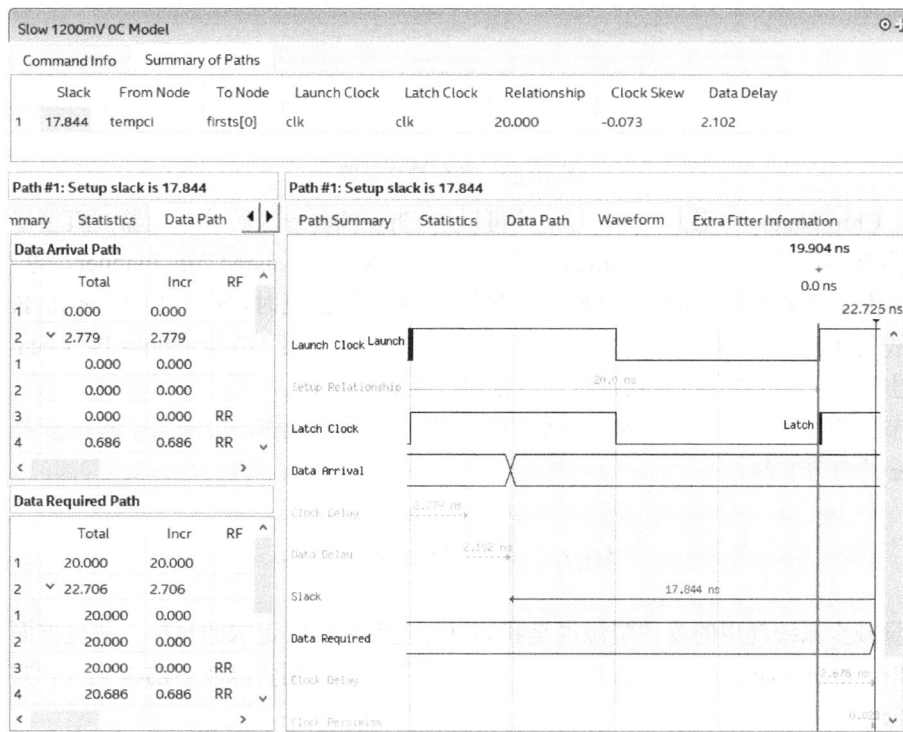

图 10.21　时钟建立时间 Report Timing

与此相似，可分析时钟的 Hold 路径时序；还可以右击节点（node）或约束（assignment），然后单击 Report Timing，查看其他路径的时序分析报告。

可根据需要，分析设计中所有的时序路径（Timing Path），计算每一条时序路径的延时，检查每一条时序路径尤其是关键路径（Critical Path）是否满足时序要求，只要该路径的时序裕量（Slack）为正，就表示该路径能满足时序要求。

11）时序的优化：如果设计不能满足时序要求（时序裕量 Slack 为负值），可通过改变适配策略的方式，重新进行适配（Fitter）。在 Quartus 主界面选择菜单 Settings，在图 10.22 所示的界面中选择 Compiler Settings，在右侧的 Optimization Mode（优化方式）中选择 Performance（High effort）选项，单击 Advanced Settings（Fitter）按钮，在弹出的 Advanced Fitter Settings 窗口中进行适当的设置，如 Optimize Hold Timing 项选择 All Paths、Optimize Timing 项选择 Normal Compilation 等。设置完成后，重新进行编译和适配，查看各路径的时序是否满足要求。

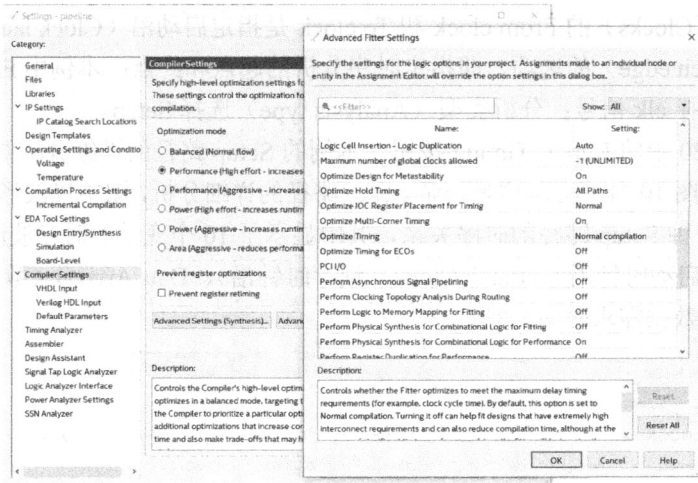

图 10.22　适配策略设置

12）Chip Planner（芯片规划器）：还可以用 Chip Planner（芯片规划器）直接修改不满足时序要求的关键路径，在 Quartus 主界面中选择菜单 Tools→Chip Planner，进入 Chip Planner 视图，在此视图中可观察各模块的坐标，关键路径的延时，各 LUT 的 Fan-In、Fan-Out，布局连线的疏密程度（Routing Congestion），节点信号间连接（Connections Between Nodes）以及扇出连接（Fan-Out Connections）等信息，并手动微调。

本节只介绍了时序约束和时序分析的基础概念和基本操作，要深入了解可参考 Timing Analyzer 的官方文献。

10.4　资源共享

尽量减少系统耗用的器件资源也是我们进行电路设计时追求的目标。在这方面，资源共享（Resource Sharing）是较好的方法，尤其是将一些耗用资源较多的模块进行共享，能有效降低整个系统耗用的资源。

例 10.4 是一个比较资源耗用的例子，如要实现这样的功能：当 sel=0 时，sum=a+b；当 sel=1 时，sum=c+d；a、b、c、d 的宽度可变，在本例中定义为 4 位，有两种实现方案。

【例 10.4】　比较资源的耗用。

```verilog
//方案1: 用两个加法器和1个MUX实现
module res1 #(parameter SIZE=4)
    (input sel,
    input[SIZE-1:0] a,b,c,d,
    output reg[SIZE:0] sum);
always @*
begin
  if(sel) sum=a+b;
else       sum=c+d;
end
endmodule
```

```verilog
//方案2: 用两个MUX和1个加法器实现
module res2 #(parameter SIZE=4)
    (input sel,
    input[SIZE-1:0] a,b,c,d,
    output reg[SIZE:0] sum);
reg[SIZE-1:0] atmp,btmp;
always @*
begin if(sel)
  begin atmp=a;btmp=b;end
 else begin atmp=c;btmp=d;end
 sum=atmp+btmp;  end
endmodule
```

方案 1 和方案 2 分别如图 10.23 和图 10.24 所示。

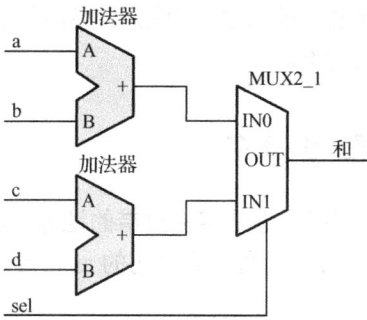

图 10.23　用两个加法器和 1 个 MUX 实现　　　图 10.24　用两个 MUX 和 1 个加法器实现

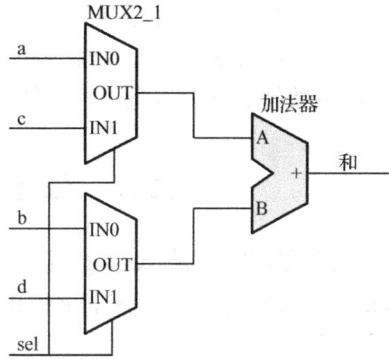

将上面两个程序分别综合到 FPGA 器件中（注意综合时应关闭综合软件的 Auto Resource Sharing 选项），编译后查看编译报告，比较器件资源的消耗情况可发现，方案 1 需要耗用更多的逻辑单元（LE），这是因为方案 1 需要两个加法器，方案 2 通过增加 1 个 MUX 共享了加法器，而加法器耗用的资源比 MUX 多，因此方案 2 更节省资源。所以，在电路设计中，应尽可能使硬件代价高的功能模块资源共享，以降低整个系统的成本。

可在表达式中加括号来控制综合的结果，以实现资源的共享和复用，如例 10.5 所示。

【例 10.5】　设计复用。

```
//加法器方案 1
module add1
(input[3:0] a,b,c,
  output reg[4:0] s1,s2);
always @*
begin
  s1=a+b; s2=c+a+b;
 end
endmodule
```

```
//加法器方案 2
module add2
  (input[3:0] a,b,c,
  output reg[4:0] s1,s2);
always @*
begin
s1=a+b; s2=c+(a+b); end
//用括号控制复用
endmodule
```

上面两个程序实现的功能完全相同，但用综合器综合的结果却不同，耗用的资源也不同，方案 1 与方案 2 两个例子的 RTL 级综合结果如图 10.25 所示。可以看出，方案 1 用了 3 个 5 位加法器实现，而方案 2 只用了两个 5 位加法器实现，方案 2 方案更优，这是因为方案 2 中重用了已计算过的值 s1，因此节省了资源。在存在乘法器、除法器的场合，上述方法会更明显地节省资源。

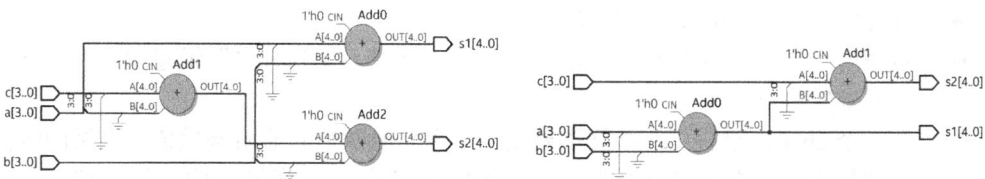

图 10.25　方案 1 与方案 2 的 RTL 级综合结果

在节省资源的设计中应注意：

- 尽量共享复杂的运算单元。可以采用函数和任务来定义这些共享的数据处理模块。
- 可用加括号等方式控制综合的结果，尽量实现资源的共享，重用已计算过的结果。模块数据宽度应尽量小，以能够满足设计要求为准。

10.5　阻塞赋值与非阻塞赋值

阻塞与非阻塞赋值是 Verilog 语言的难点之一，在使用中也是容易出错的地方。阻塞与非阻塞赋值一般使用在 always 和 initial 进程中，可以将采用阻塞赋值语句的 always 进程块写成下面的形式：

```
always @(event-expression>)
begin
<LHS1=RHS1 assignments >            //阻塞赋值语句 1
<LHS2=RHS2 assignments >            //阻塞赋值语句 2
  ⋮
end
```

同样，可将采用非阻塞赋值方式的 always 进程块写成下面的形式：

```
always @(event-expression>)
begin
<LHS1<=RHS1 assignments >           //非阻塞赋值语句 1
<LHS2<=RHS2 assignments >           //非阻塞赋值语句 2
  ⋮
end
```

LHS（Left-Hand Side）指赋值符号左端的变量或表达式，RHS（Right-Hand Side）指赋值符号右端的变量或表达式。阻塞赋值 "=" 与非阻塞赋值 "<=" 的区别在于：非阻塞赋值语句右端表达式计算完成后并不立即赋给左端，而是同时启动下一条语句继续执行。可将其理解为所有的右端表达式 RHS1、RHS2 在进程开始时同时计算，计算完成后，在进程结束时同时分别赋给左端变量 LHS1、LHS2。

而阻塞赋值语句在每个右端表达式计算完成后立即赋给左端变量，即赋值语句 LHS1=RHS1 执行完后 LHS1 是立即更新的，同时只有 LHS1=RHS1 执行完后才可执行语句 LHS2=RHS2，依次类推。前一条语句的执行结果直接影响后面语句的执行结果。

在可综合的硬件设计中，使用阻塞和非阻塞赋值语句时应注意下面几点原则，以避免错误和不可靠逻辑的产生。

- 当用 always 块描述组合逻辑时，既可以采用阻塞赋值，也可以采用非阻塞赋值，建议使用阻塞赋值。
- 设计时序逻辑电路，尽量使用非阻塞赋值方式。
- 描述锁存器（Latch），尽量使用非阻塞赋值。
- 若在同一个 always 过程块中既为组合逻辑建模，又为时序逻辑建模，则最好使用非阻塞赋值方式。
- 在一个 always 过程中，最好不要混合使用阻塞赋值和非阻塞赋值，虽然同时使用这两种赋值方式在综合时并不一定会出错；对同一个变量，不能既进行阻塞赋值，又进行非阻塞赋值，否则在综合时会报错。
- 不能在两个或两个以上的 always 过程中对同一个变量赋值，否则会引发冲突，在综合时会报错。

● 仿真时使用$strobe 显示非阻塞赋值的变量。

1. 时序逻辑建模

对于上面建议中的时序逻辑建模应尽量使用非阻塞赋值方式，以下通过移位寄存器的例子进行说明。在例 10.6 中，用阻塞赋值的方式描述了一个移位寄存器。

【**例 10.6**】 阻塞赋值方式描述的移位寄存器。

```
//阻塞赋值方式 1
module block1(
    input clk,din,
    output reg q0,q1,q2,q3);
always @(posedge clk)
begin   q3=q2;
        q2=q1;
        q1=q0;
        q0=din;
end  endmodule
```

```
//阻塞赋值方式 2
module block2(
    input clk,din,
    output reg q0,q1,q2,q3);
always @(posedge clk)
begin   q0=din;
        q1=q0;
        q2=q1;
        q3=q2;
end  endmodule
```

例 10.6 中 block1 和 block2 两个模块的区别在于 4 条阻塞赋值语句的顺序不同，两个模块综合后的结果分别如图 10.26 和图 10.27 所示。

显然，对阻塞赋值来说，赋值语句的顺序对其综合结果有直接影响。

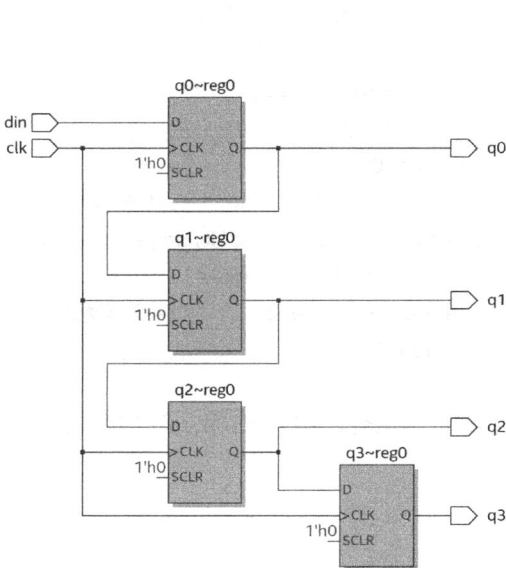

图 10.26 模块 block1 的综合结果

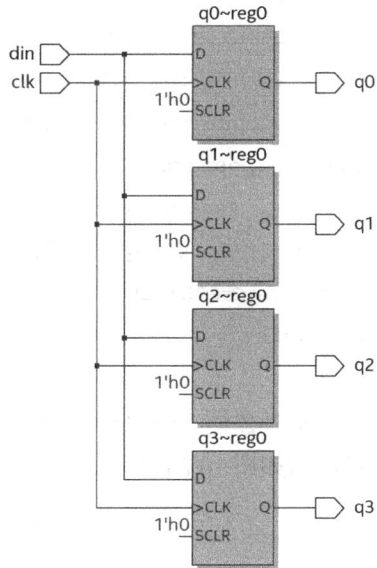

图 10.27 模块 block2 的综合结果

如果采用非阻塞赋值方式来描述，则可以不考虑赋值语句的排列顺序，将其连接关系描述清楚即可，见例 10.7。

【**例 10.7**】 非阻塞赋值方式描述的移位寄存器。

```
module nonblock1(
        input clk,din,
```

```
          output reg q0,q1,q2,q3);
     always @(posedge clk)
     begin   q3<=q2;
             q1<=q0;
             q2<=q1;
             q0<=din;
     end  endmodule
```

对例 10.7 来说，无论如何改变 always 过程块中 4 条赋值语句的顺序，均不影响其综合结果，其综合结果与 block1 的综合结果相同（见图 10.26）。

可见，对于时序逻辑描述和建模，应尽量使用非阻塞赋值方式。

2. 时序和组合逻辑混合建模

在同一个 always 过程块中描述时序和组合逻辑混合电路时，最好使用非阻塞赋值方式；在一个 always 过程块中，最好不要混合使用阻塞赋值和非阻塞赋值，对同一个变量不能既进行阻塞赋值，又进行非阻塞赋值。

如例 10.8 中，在 mix1 模块中，将时序逻辑和组合逻辑放在一起，并使用非阻塞赋值建模；在 mix2 模块中，用两个 always 块来分别描述，一个描述时序逻辑（使用非阻塞赋值），另一个描述组合逻辑（使用阻塞赋值）。

【**例 10.8**】　在一个 always 块中对时序和组合逻辑混合建模。

```
//混合建模方式1
module mix1(
        input clk,clr,
        input[3:0] a,b,
        output reg[3:0] q);
always @(posedge clk,
        negedge clr)
  begin if(!clr)  q<=4'd0;
  else    q<=a^b; end
endmodule
```

```
//混合建模方式2,时序和组合逻辑分别建模
module mix2(
        input clk,clr,
        input[3:0] a,b,
        output reg[3:0] q);
reg[3:0] y;
always @(a, b)
  begin  y=a^b; end    //阻塞赋值
always @(posedge clk,negedge clr)
  begin if(!clr) q<=4'd0;
  else q<=y; end        //非阻塞赋值
endmodule
```

上面两种建模方法都是推荐的用法，若用综合器综合，则 mix1 和 mix2 模块的综合结果相同，均如图 10.28 所示。

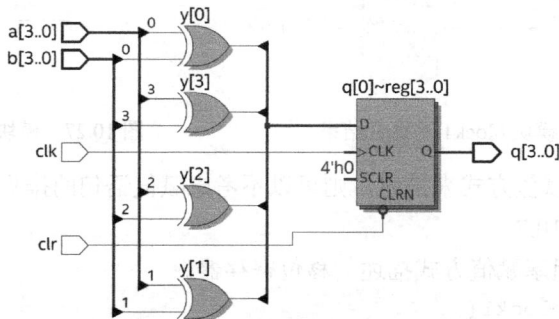

图 10.28　mix1 和 mix2 模块的综合结果

10.6　加法器设计

作为基本的运算，加法、乘法大量应用在数字信号处理和数字通信的各种算法中。由于加法器、乘法器使用频繁，所以其速度往往影响整个系统的运行速度。如果可实现快速加法器和快速乘法器的设计，则可以提高整个系统的速度。

加法运算是最基本的算术运算，在多数情况下，无论乘法、除法、减法还是 FFT 等运算，最终都可以分解为加法运算来实现，因此对加法运算的实现方法进行研究是非常有必要的。实现加法运算的常用方法包括行波进位加法器、超前进位加法器、并行加法器、流水线加法器。这些方法各有特点，下面分别介绍。

10.6.1　行波进位加法器

图 10.29 所示的加法器由多个 1 位加法器级联构成，其进位输出像波浪一样，依次从低位到高位传递，因此得名行波进位加法器（Ripple-Carry Adder，RCA），或称为级联加法器。

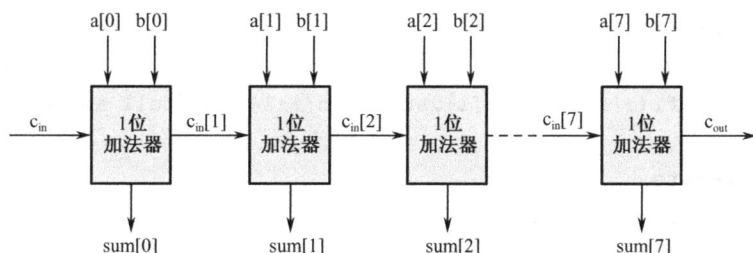

图 10.29　8 位行波加法器结构图

例 10.13 是 8 位行波进位加法器的程序，调用了 8 个 1 位加法器级联实现。

【例 10.13】　8 位行波进位加法器。

```verilog
module add_rca_jl(
        input[7:0] a,b, input cin,
        output[7:0] sum, output cout);
full_add u0(a[0],b[0],cin,sum[0],cin1);        //级联描述
full_add u1(a[1],b[1],cin1,sum[1],cin2);       //full_add源码见例 7.6
full_add u2(a[2],b[2],cin2,sum[2],cin3);
full_add u3(a[3],b[3],cin3,sum[3],cin4);
full_add u4(a[4],b[4],cin4,sum[4],cin5);
full_add u5(a[5],b[5],cin5,sum[5],cin6);
full_add u6(a[6],b[6],cin6,sum[6],cin7);
full_add u7(a[7],b[7],cin7,sum[7],cout);
endmodule
```

8 位行波进位加法器综合后得到的 RTL 原理图如图 10.30 所示。

可采用 generate 简化上面的例化语句，用 generate for 循环产生元件的例化，如例 10.14 所示。

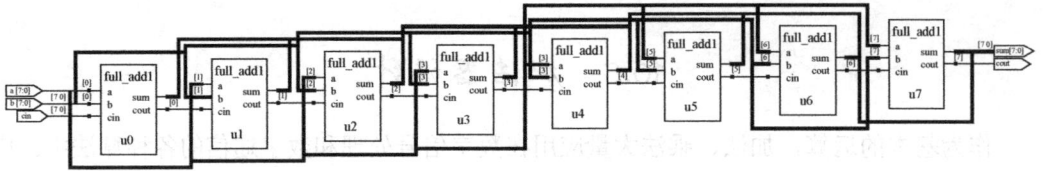

图 10.30　8 位行波进位加法器综合后的 RTL 原理图

【例 10.14】　采用 generate for 循环描述的 8 位行波进位加法器。

```
module add_rca_gene #(parameter SIZE=8)
                (input[SIZE-1:0] a,b,
                 input cin,
                 output[SIZE-1:0] sum,
                 output cout);
wire[SIZE:0] c;
assign c[0]=cin;
generate
genvar i;
for(i=0;i<SIZE;i=i+1)
begin : add
full_add fi(a[i],b[i],c[i],sum[i],c[i+1]); //full_add源码参见例 7.6
end
endgenerate
assign cout=c[SIZE];
endmodule
```

行波加法器的结构简单，但 n 位级联加法运算的延时是 1 位全加器的 n 倍，延时主要是由进位信号级联造成的，因此影响了加法器的性能。

10.6.2　超前进位加法器

行波进位加法器的延时主要是由进位的延时造成的，因此，要加快加法器的运算速度，就必须减小进位延迟，超前进位链能有效减小进位的延迟，由此产生了超前进位加法器（Carry-Lookahead Adder，CLA）。超前进位的推导在很多图书和资料中都能找到，这里只以 4 位超前进位链的推导为例介绍超前进位的概念。

首先，1 位全加器的本位值和进位输出可表示如下：

$$sum = a \oplus b \oplus c_{in}$$

$$c_{out} = (a \cdot b)+(a \cdot c_{in})+(b \cdot c_{in}) = ab+(a+b)c_{in}$$

从上面的式子可以看出，如果 a 和 b 都为 1，则进位输出为 1；如果 a 和 b 有一个为 1，则进位输出等于 c_{in}。令 $G = ab$，$P = a+b$，则有 $c_{out} = ab+(a+b)c_{in} = G+P \cdot c_{in}$。

由此可以用 G 和 P 写出 4 位超前进位链如下：（设定 4 位被加数和加数为 A 和 B，进位输入为 C_{in}，进位输出为 C_{out}，进位产生 $G_i = A_i B_i$，进位传输 $P_i = A_i+B_i$）

$$C_0 = C_{in}$$

$$C_1 = G_0+P_0C_0 = G_0+P_0 \, C_{in}$$

$$C_2 = G_1+P_1C_1 = G_1+P_1(G_0+P_0 \, C_{in}) = G_1+P_1G_0+P_1P_0 \, C_{in}$$

$$C_3 = G_2+P_2C_2 = G_2+P_2(G_1+P_1C_1) = G_2+P_2G_1+P_2P_1G_0+P_2P_1P_0 \, C_{in}$$

$C_4 = G_3 + P_3C_3 = G_3 + P_3(G_2 + P_2C_2) = G_3 + P_3G_2 + P_3P_2G_1 + P_3P_2P_1G_0 + P_3P_2P_1P_0\,C_{in}$

$C_{out} = C_4$

超前进位 C_4 产生的原理从图 10.31 可以更清楚地看到，无论加法器的位数有多宽，计算进位 C_i 的延迟固定为 3 级门延迟，各个进位彼此独立产生，去掉了进位级联传播，因此，减小了进位产生的延迟时间。

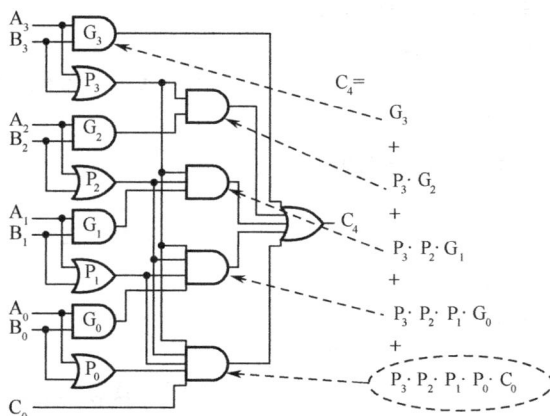

图 10.31　超前进位 C_4 产生原理图

同样可推出下面的式子：

$\text{sum} = A \oplus B \oplus C_{in} = (AB) \oplus (A+B) \oplus C_{in} = G \oplus P \oplus C_{in}$

例 10.15 是超前进位链 8 位加法器的 Verilog 描述。

【例 10.15】　8 位超前进位链加法器。

```
module add_ahead(
          input[7:0] a,b,  input cin,
          output[7:0] sum,  output cout);
wire[7:0] G,P; wire[7:0] C,sum;
assign G[0]=a[0]&b[0];              //产生第 0 位本位值和进位值
assign P[0]=a[0]|b[0];
assign C[0]=cin;
assign sum[0]=G[0]^P[0]^C[0];
assign G[1]=a[1]&b[1];              //产生第 1 位本位值和进位值
assign P[1]=a[1]|b[1];
assign C[1]=G[0]|(P[0]&C[0]);
assign sum[1]=G[1]^P[1]^C[1];
assign G[2]=a[2]&b[2];              //产生第 2 位本位值和进位值
assign P[2]=a[2]|b[2];
assign C[2]=G[1]|(P[1]&C[1]);
assign sum[2]=G[2]^P[2]^C[2];
assign G[3]=a[3]&b[3];              //产生第 3 位本位值和进位值
assign P[3]=a[3]|b[3];
assign C[3]=G[2]|(P[2]&C[2]);
assign sum[3]=G[3]^P[3]^C[3];
assign G[4]=a[4]&b[4];              //产生第 4 位本位值和进位值
```

```
assign P[4]=a[4]|b[4];
assign C[4]=G[3]|(P[3]&C[3]);
assign sum[4]=G[4]^P[4]^C[4];
assign G[5]=a[5]&b[5];                    //产生第 5 位本位值和进位值
assign P[5]=a[5]|b[5];
assign C[5]=G[4]|(P[4]&C[4]);
assign sum[5]=G[5]^P[5]^C[5];
assign G[6]=a[6]&b[6];                    //产生第 6 位本位值和进位值
assign P[6]=a[6]|b[6];
assign C[6]=G[5]|(P[5]&C[5]);
assign sum[6]=G[6]^P[6]^C[6];
assign G[7]=a[7]&b[7];                    //产生第 7 位本位值和进位值
assign P[7]=a[7]|b[7];
assign C[7]=G[6]|(P[6]&C[6]);
assign sum[7]=G[7]^P[7]^C[7];
assign cout=C[7];                         //产生最高位进位输出
endmodule
```

同样可以采用 generate 语句与 for 循环的结合简化上面的程序，如例 10.16 所示，在 generate 语句中，用一个 for 循环产生第 i 位本位值，用另一个 for 循环产生第 i 位进位值。需要注意的是，每个 for 循环的 begin end 块语句都需要命名。

【例 10.16】 采用 generate for 循环描述的 8 位超前进位加法器。

```
module add_ahead_gene #(parameter SIZE=8)
            (input[SIZE-1:0] a,b,
             input cin,
             output[SIZE-1:0] sum,
             output cout);
wire[SIZE-1:0] G,P,C;
assign C[0]=cin;
assign cout=C[SIZE-1];

generate
genvar i;
for(i=0;i<SIZE;i=i+1)
begin : adder_sum                         //begin end 块命名
assign G[i]=a[i]& b[i];
assign P[i]=a[i]|b[i];
assign sum[i]=G[i]^P[i]^C[i];             //产生第 i 位本位值
end

for(i=1;i<SIZE;i=i+1)
begin : adder_carry
assign C[i]=G[i-1]|(P[i-1]&C[i-1]);       //产生第 i 位进位值
end
endgenerate
endmodule
```

例 10.16 用 Quartus Prime 软件进行综合，其 RTL 综合原理图如图 10.32 所示。

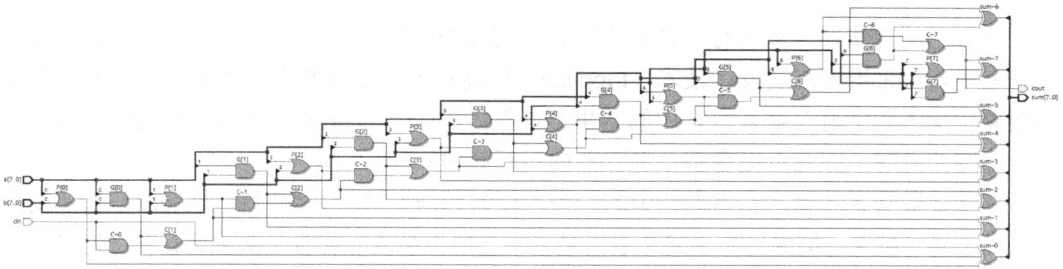

图 10.32　8 位超前进位加法器 RTL 综合原理图（Quartus Prime）

8 位超前进位加法器的测试脚本如例 10.17 所示。

【例 10.17】　8 位超前进位加法器的测试脚本。

```
`timescale 1 ns/ 1 ps
module add_ahead_gene_vlg_tst();
parameter DELY=80;
reg [7:0] a;
reg [7:0] b;
reg cin;
wire cout;
wire [7:0]  sum;
add_ahead_gene i1(.a(a),.b(b),.cin(cin),.cout(cout),.sum(sum));
initial
begin
a=8'd10;    b=8'd9; cin=1'b0;
#DELY   cin=1'b1;
#DELY   b=8'd19;
#DELY   a=8'd200;
#DELY   b=8'd60;
#DELY   cin=1'b0;
#DELY   b=8'd45;
#DELY   a=8'd30;
#DELY   $stop;
$display("Running testbench");
end
endmodule
```

例 10.17 的门级仿真波形如图 10.33 所示，可以看到，大致延时 7～8 ns 得到计算结果。

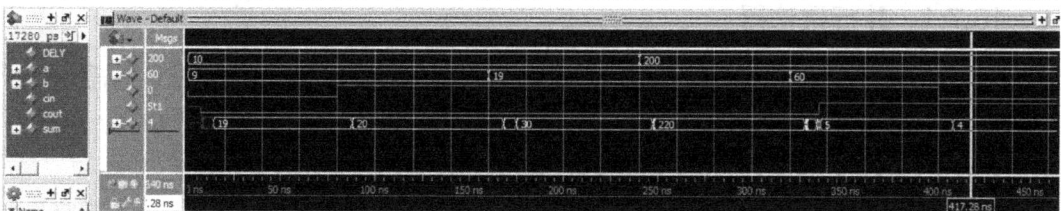

图 10.33　8 位超前进位加法器的门级仿真波形

10.6.3　流水线加法器

实际中的加法器大多是有时钟引脚的，以连续不断地进行加法运算。在有时钟信号的加法器中，可采用流水线设计技术（Pipeline）提高系统的运行频率。其基本思想是，在逻辑电路中加入若干寄存器来暂存中间结果，虽然多用了一些寄存器资源，但减小了每一级组合电路的延时，因此可提高整个加法器的运行频率。

为保证数据吞吐率，电路设计中的一个主要问题是要维持系统时钟（Clock）的速度处于或高于某一频率。例如，如果整个系统是一个全同步系统，同时又必须运行在 25 MHz 的频率上，那么，从任何寄存器的输出到它反馈给信号的寄存器输入路径间的最大延时必须小于 40 ns。如果通过某些复杂逻辑的延时路径比较长，系统时钟的速度就很难维持。这时，必须在组合逻辑间插入触发器，使复杂的组合逻辑块形成流水线。虽然流水线会增加对器件资源的使用，但它降低了寄存器间的传播延时，保证系统维持高的系统时钟速度。例 10.18 实现了一个两级流水线 8 位加法器，它由两个 4 位加法器构成，输出存储在寄存器中。

【例 10.18】　两级流水线 8 位加法器。

```verilog
module add_pipe2 #(parameter SIZE=8)
           (input[SIZE-1:0] a,b,
            input cin,clk,
            output reg[SIZE-1:0] sum,
            output reg cout);
reg[3:0] tempa,tempb,firsts; reg firstc;
always @(posedge clk)
begin  {firstc,firsts}=a[3:0]+b[3:0]+cin;
           tempa=a[7:4]; tempb=b[7:4]; end
always @(posedge clk)
begin  {cout,sum[7:4]}=tempa+tempb+firstc;
           sum[3:0]=firsts;  end
endmodule
```

采用了流水线设计的加法器，其最高工作频率明显高于普通加法器。

10.7　乘法器设计

乘法器也频繁使用在数字信号处理和数字通信的各种算法中，往往影响着整个系统的运行速度。如果能实现快速乘法器的设计，则可提高整个系统的处理速度。本节用如下方法实现乘法运算：并行运算（纯组合逻辑）、布斯乘法器和查找表。

10.7.1　并行乘法器

并行乘法器是纯组合逻辑的乘法器，主要由逻辑门实现。对于 1×1 乘法，只需一个与门即可实现：$P = A \cdot B$；对于 2×2 乘法，可根据表达式：$p_3 = a_1 a_0 b_1 b_0$，$p_2 = a_1 \overline{a_0} b_1 + a_1 b_1 \overline{b_0}$，$p_1 = \overline{a_1} a_0 b_1 + a_0 b_1 \overline{b_0} + a_1 \overline{b_1} b_0 + a_1 \overline{a_0} b_0$，$p_0 = a_0 b_0$，用与门、或门来实现。

借助于 Verilog 语言的乘法操作符，并行乘法器实现很容易，例 10.19 是一个带符号 8 位并行乘法器的例子，此乘法操作可由 EDA 综合软件自动转化为电路网表结构实现，但假如操作数位数变宽的话，耗用的资源会迅速变多。

【例 10.19】　带符号 8 位乘法器。

```
module signed_mult #(parameter MSB=8)
    (input clk,
    input signed[MSB-1:0] a,b,
    output reg signed[2*MSB-1:0] out    /*synthesis multstyle="logic" */
    );                                  //用属性语句定义乘法器物理实现方式
reg signed[MSB-1:0] a_reg,b_reg;
wire signed[2*MSB-1:0] mult_out;
assign mult_out = a_reg * b_reg;        //乘法运算符
always @ (posedge clk)
begin
    a_reg <= a; b_reg <= b;
    out <= mult_out;
end
endmodule
```

上例中乘积结果 out 采用属性语句定义其物理实现方式为"logic"，即采用逻辑单元（LE）来实现；需注意的是，现在的 FPGA 器件一般都集成有嵌入式硬件乘法器（Embedded Multiplier），用其实现乘法器又快又好，如果要用属性语句指定采用嵌入式硬件乘法器实现乘法操作的话，可用下面的语句：

```
/* synthesis multstyle="dsp" */
```

例 10.19 分别采用"logic"方式和"dsp"方式实现此乘法操作，可发现其编译结果如图 10.34 中所示，用"logic"方式实现耗用 96 个 LE；用"dsp"方式实现耗用 1 个嵌入式 9 位硬件乘法器（Embedded Multiplier 9-bit element），而耗用的 LE 为 0。

如果所用的 FPGA 芯片集成有硬件乘法器，建议采用其实现乘法操作，性能更优。

Flow Summary		Flow Summary	
Flow Status	Successful - Sat Oct 03 23:13:43 2020	Flow Status	Successful - Sat Oct 03 23:16:54 2020
Quartus Prime Version	18.1.0 Build 625 09/12/2018 SJ Standard Edition	Quartus Prime Version	18.1.0 Build 625 09/12/2018 SJ Standard Edition
Revision Name	chap10	Revision Name	chap10
Top-level Entity Name	signed_mult	Top-level Entity Name	signed_mult
Family	Cyclone IV E	Family	Cyclone IV E
Device	EP4CE115F29C7	Device	EP4CE115F29C7
Timing Models	Final	Timing Models	Final
Total logic elements	96 / 114,480 (< 1 %)	Total logic elements	0 / 114,480 (0 %)
Total registers	32	Total registers	0
Total pins	33 / 529 (6 %)	Total pins	33 / 529 (6 %)
Total virtual pins	0	Total virtual pins	0
Total memory bits	0 / 3,981,312 (0 %)	Total memory bits	0 / 3,981,312 (0 %)
Embedded Multiplier 9-bit elements	0 / 532 (0 %)	Embedded Multiplier 9-bit elements	1 / 532 (< 1 %)
Total PLLs	0 / 4 (0 %)	Total PLLs	0 / 4 (0 %)

图 10.34　分别采用"logic"和"dsp"方式实现乘法操作的资源耗用比较

10.7.2　布斯乘法器

移位相加乘法器可以直接处理无符号数相乘，但运算速度较慢且对于有符号数相乘运算需要附加两次原码补码转换运算。布斯算法是一种较好的解决方法，它不仅提高了运算效率，而且对于无符号数和有符号数可以统一运算。

设乘数补码表述为 $A = -a_{n-1}2^{n-1} + a_{n-2}2^{n-2} + \cdots + a_1 2^1 + a_0 2^0$，可以进行分解得到

$$A = -a_{n-1}2^{n-1} + a_{n-2}2^{n-2} + \cdots + a_1 2^1 + a_0 2^0$$
$$= -a_{n-1}2^{n-1} + (2a_{n-2} - a_{n-2})2^{n-2} + (2a_{n-3} - a_{n-3})2^{n-3} + \cdots + (2a_1 - a_1)2^1 + (2a_0 - a_0)2^0$$
$$= (-a_{n-1} + a_{n-2})2^{n-2} + (-a_{n-2} + a_{n-3})2^{n-3} + \cdots + (-a_1 + a_0)2^1 + (-a_0 + 0)2^0$$
$$= \sum_{m=0}^{n-1} e_m 2^m$$

$$e_m = -a_m + a_{m-1} \qquad (0 \leqslant m \leqslant n-1, a_{-1} = 0)$$

e_m 的取值如表 10.4 所示。

表 10.4　布斯算法差值取值表

a_m	a_{m-1}	e_m
0	0	0
0	1	1
1	0	−1
1	1	0

设被乘数为 B，则乘积为

$$F = A \times B = \left(\sum_{m=0}^{n-1} e_m 2^m \right) \times B = \left(\sum_{m=0}^{n-1} e_m B \right) \times 2^m$$

将布斯算法的推导归纳为如下的算法。

1）乘数的最低位补零。

2）从乘数最低两位开始循环判断，如果是 00 或 11，则不进行加减运算，但需要移位运算；如果是 01，则和被乘数进行加法运算；如果是 10，则和被乘数进行减法运算。

3）如此循环，一直运算到乘数最高两位，得到乘积。

下面通过 $2 \times (-3)$ 以及 2×5 两个运算来理解布斯算法。

```
被乘数                    0  0  1  0
乘数        ×             1  1  0  1（补0）
                         0  0  0  0
          −              0  0  1  0            10进行减法
                      1  1  1  0
          +           0  0  0  0               01进行加法
                   0  0  0  1  0
          −        0  0  1  0                  10进行减法
                1  1  1  0  1  0               11进行移位，补齐
积           1  1  1  1  1  0  1  0            积为补码，表示-6
```

以上为乘数是负数时的计算实例，下面是只改变符号位、乘数是正数时的计算实例。

```
被乘数                    0  0  1  0
乘数        ×             0  1  0  1（补0）
                         0  0  0  0
          −              0  0  1  0            10进行减法
                      1  1  1  0
          +           0  0  1  0               01进行加法
                   0  0  0  1  0
          −        0  0  1  0                  10进行减法
                1  1  1  0  1  0               01进行加法
          +     0  0  1  0
积           0  0  0  1  1  0  1  0            积为补码，表示10
```

根据布斯乘法的基本原理，现在分析如何用 Verilog 实现。以 4 位乘法器为例，设置 3 个寄存器为 MA、MB 和 MR，分别存储被乘数、乘数和乘积，对 MB 低位补零后循环判断，根据判断值进行加、减和移位运算。需要注意的是，两个 n 位数相乘，乘积应该为 $2n$ 位数。高 n 位存储在 MR 中，低 n 位通过移位移入 MB。另外，进行加减运算时需要进行相应的符号位扩展。整个算法可以用图 10.35 的流程图表示。

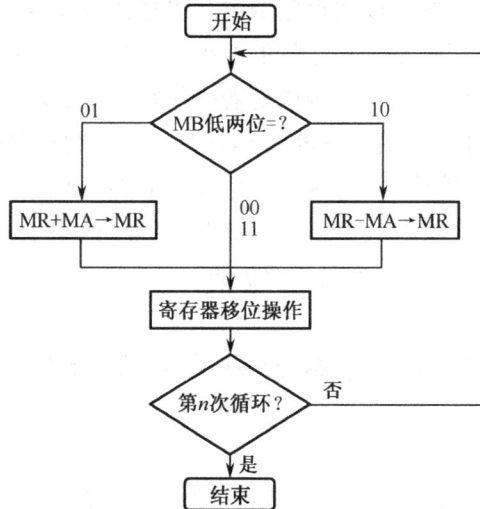

图 10.35　布斯算法流程图

布斯乘法器的 Verilog 描述见例 10.20。

【例 10.20】　布斯乘法器。

```verilog
module mult_booth #(parameter WIDTH=4)
            (input clk,rst,
             input[WIDTH-1:0] mai,mbi,
             output[2*WIDTH-1:0] q);
reg[WIDTH-1:0]  temp1,temp2;
reg  tempq,nd;
reg[2:0] i;
assign q={temp2,temp1};
always @(posedge clk, negedge rst)
begin
  if(!rst)
   begin temp1<=mai;temp2<=0;tempq<=0;nd<=0;i<=0;  end
   else  begin  if(i<WIDTH)
      begin if(~nd)
      case({temp1[0],tempq})
      2'b01: begin  temp2<=temp2+mbi;  nd<=1;  end
      2'b10: begin  temp2<=temp2-mbi;  nd<=1;  end
      default: begin
      {temp2,temp1,tempq}<={temp2[WIDTH-1],temp2,temp1};
      i<=i+1;  end
      endcase
      else  begin
      {temp2,temp1,tempq}<={temp2[WIDTH-1],temp2,temp1};
```

```
            nd<=0;  i<=i+1;  end  end
      end  end
    endmodule
```

10.7.3　查找表乘法器

查找表乘法器将乘积直接存放在存储器中，将操作数（乘数和被乘数）作为地址访问存储器，得到的输出数据就是乘法运算的结果。查找表方式的乘法器速度只局限于所使用存储器的存取速度。但查找表的规模随着操作数位数的增加而迅速增大，因此，如果用于实现位数宽的乘法操作，需要 FPGA 器件具有较大的片内存储器模块。要实现 4×4 乘法运算，就要求存储器的地址位宽为 8 位，字长为 8 位；要实现 8×8 乘法运算，就要求存储器的地址位宽为 16 位，字长为 16 位，即存储器大小为 1 048 576 bit（1 Mbit），用这么大的存储器来实现 8×8 乘法运算，显然是不经济的。

10.8　奇数分频与小数分频

10.8.1　奇数分频

在实际应用中，经常会遇到这样的问题：需要进行奇数次分频，同时又要得到占空比是 50%的方波波形。如果是偶数次分频，得到占空比是 50%的方波波形并不困难，如进行 $2n$ 次分频，只需在计数到 $n-1$（从 0 开始计）时波形翻转即可；或者在最后一级加一个 2 分频器也可实现。如果是奇数次分频，可采用如下方法：用两个计数器，一个由输入时钟上升沿触发，一个由输入时钟下降沿触发，最后将两个计数器的输出相或，即可得到占空比为 50%的方波波形。

例 10.21 是采用 parameter 参数描述的奇数分频器。本例中将参数 NUM 赋值 13，得到 13 分频的占空比 50%的电路，程序中采用了两个计数器，一个由输入时钟 clk 上升沿触发，一个由输入时钟 clk 下降沿触发，两个分频器的输出信号正好有半个时钟周期的相位差，最后将两个计数器的输出相或，得到占空比为 50%的方波波形。本例的功能仿真波形如图 10.36 所示。

【例 10.21】　占空比 50%的奇数分频。

```
    module count_num  #(parameter NUM=13)
                (input clk,reset,
                 output wire cout);
    reg[4:0] m,n; reg cout1,cout2;
    assign cout=cout1|cout2;                    //输出相或
    always @(posedge clk)
      begin if(!reset) begin cout1<=0;  m<=0;  end
      else
        begin   if(m==NUM-1)  m<=0; else  m<=m+1;
            if(m<(NUM-1)/2) cout1<=1; else cout1<=0;
        end  end
    always @(negedge clk)
      begin if(!reset) begin cout2<=0;  n<=0;  end
            else begin
```

```
            if(n==NUM-1)  n<=0; else  n<=n+1;
            if(n<(NUM-1)/2) cout2<=1; else cout2<=0;  end
       end
    endmodule
```

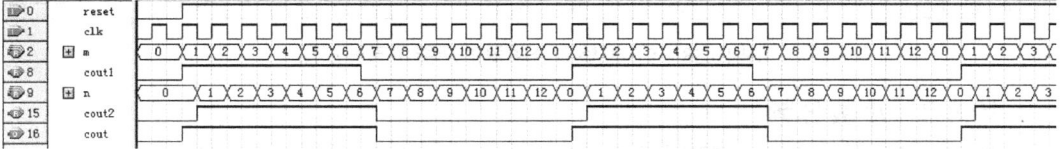

图 10.36　模 13 奇数分频器的功能仿真波形图

10.8.2　半整数分频

假设有一个 5 MHz 的时钟信号，但需要得到 2 MHz 的时钟，这里的分频比为 2.5，可采用半整数分频器。半整数分频器的设计思路是，要实现 2.5 分频，可先设计一个模 3 计数器，再设计一个脉冲扣除电路，加在模 3 计数器之后，每来 3 个脉冲就扣除半个脉冲，即可实现分频系数为 2.5 的半整数分频。采用类似方法，可实现任意半整数分频器。图 10.37 所示是半整数分频器原理图。通过异或门和 2 分频模块组成脉冲扣除电路，脉冲扣除正是输入频率与 2 分频输出异或的结果。

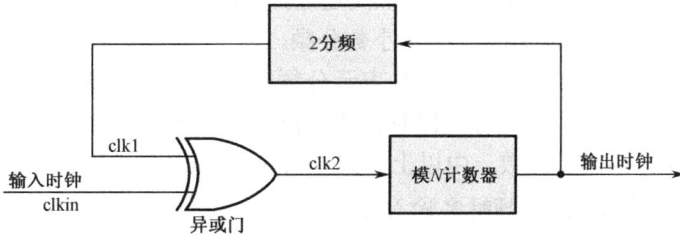

图 10.37　半整数分频器原理图

例 10.22 是采用上述方法实现的 5.5 分频电路，改变参数 NUM 的值，可实现不同模的半整数分频，图 10.38 是本例的功能仿真波形图，注意观察各个信号的波形。

【例 10.22】　5.5 半整数分频源代码。

```
module fdiv5_5  #(parameter NUM=5)
            (input clkin,clr,
             output reg clkout);
reg clk1; wire clk2; integer count;
xor xor1(clk2,clkin,clk1);              //异或门
always@(posedge clkout, negedge clr)    //2 分频器
begin if(~clr) begin clk1<=1'b0; end
      else clk1<=~clk1;  end
always@(posedge clk2, negedge clr)      //模 5 分频器
begin  if(~clr)
        begin   count<=0; clkout<=1'b0; end
        else if(count==NUM)
        begin   count<=0; clkout<=1'b1; end
        else  begin  count<=count+1; clkout<=1'b0;  end
end
```

```
endmodule
```

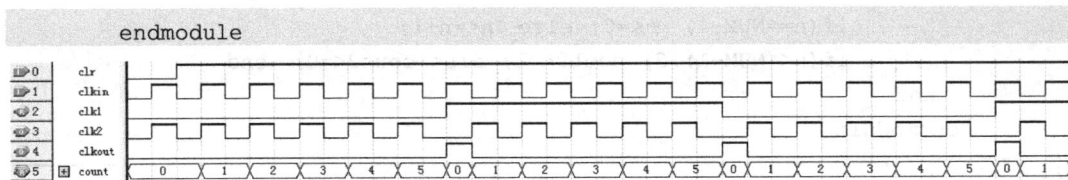

图 10.38　5.5 半整数分频器的功能仿真波形图

10.8.3　小数分频

在实际应用中，还经常遇到小数分频。实现小数分频可采用以下几种方法。

1. 用数字锁相环实现小数分频

先利用锁相环电路将输入时钟倍频，然后利用分频器对新产生的高频率信号进行分频得到需要的时钟频率。要实现 5.7 分频，可以先将输入的时钟 10 倍频，然后再将倍频后的时钟 57 分频，可精确实现 5.7 的小数分频。目前生产的 FPGA 器件多数都包含锁相环电路，可精确实现小数分频，但对倍频和分频的系数取值范围有一定的限制。

2. 通过可变分频和多次平均的方法实现小数分频

设计两个不同分频比的整数分频器，然后通过控制两种分频比出现的不同次数来获得所需的小数分频值，从而实现平均意义上的小数分频。

分频比可以表示为 $N=M/P$，其中 N 表示分频比，M 表示分频器输入脉冲数，P 表示分频器输出脉冲数。当 N 为小数分频比时，又可表示为 $N=K+10^{-n}X$。式中，K、n 和 X 都为正整数，n 表示小数的位数。由以上两式可得 $M=(K+10^{-n}X)P$，令 $P=10^n$，有 $M=10^nK+X$，即在进行 10^nK 分频时多输入 X 个脉冲。

例 10.24 就是基于以上原理实现的一个分频系数为 8.1 的小数分频器，通过计数器先进行 9 次 8 分频，再进行一次 9 分频，这样总的分频值为 $N=(8\times9+9\times1)/(9+1)=8.1$，即可得到平均分频系数 8.1。

【例 10.24】　8.1 分频的小数分频。

```
module fdiv8_1(
            input clk_in,rst,
            output reg clk_out);
reg[3:0] cnt1,cnt2;                //cnt1 计分频的次数
always@(posedge clk_in, posedge rst)
begin if(rst) begin cnt1<=0; cnt2<=0; clk_out<=0;  end
    else if(cnt1<9)          //9 次 8 分频
        begin
        if(cnt2<7) begin cnt2<=cnt2+1; clk_out<=0;  end
        else begin cnt2<=0; cnt1<=cnt1+1; clk_out<=1;  end
        end
        else begin           //1 次 9 分频
        if(cnt2<8)  begin    cnt2<=cnt2+1; clk_out<=0;  end
        else        begin    cnt2<=0; cnt1<=0; clk_out<=1;  end
        end
    end
endmodule
```

例 10.24 进行功能仿真得到的波形图如图 10.39 所示。

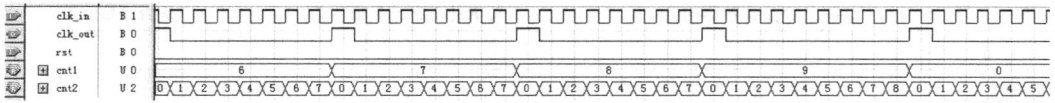

图 10.39　8.1 小数分频的功能仿真波形

当所设计的分频器的分频系数为 9.1 时，可以将分频器设计成 9 次 9 分频，1 次 10 分频，这样总的分频值为 $N=(9×9+1×10)/(9+1)=9.1$。这种采用近似简化来实现小数分频的方法，在很多场合都可以采用。

3．双模前置小数分频

假设时钟源的频率为 f_0，期望得到的频率为 f_1，则其分频比 X 有 $X=\dfrac{f_0}{f_1}$，其中 $X>1$。

假设 $M<X<M+1$，M 为整数，则有 $X=M+\dfrac{N_2}{N_1+N_2}$，其中 N_1 和 N_2 为整数。当 N_1 和 N_2 取不同的正整数时，可以实现小（分）数分频。

利用脉冲删除电路有规律地删除时钟源中的一些脉冲，可实现平均意义上的小数分频，利用脉冲删除电路，不会出现竞争冒险和毛刺的问题，而且可以很容易地用硬件实现任意小数分频。令 $Q=N_1+N_2$，$P=M×(N_1+N_2)+N_2$，则 $X=\dfrac{P}{Q}$，其中 P、Q 均为整数。从中可以分析得到，当时钟源每输入 P 个脉冲，利用脉冲删除电路从这 P 个脉冲中按照一定的规律删除 $(P-Q)$ 个脉冲，输出 Q 个脉冲，便实现了平均意义上的 X 分频。使所删除的 $(P-Q)$ 脉冲的位置相对均匀地分布在时钟源对应的 P 个脉冲中。具体设计思路如下：设置一个计数器，令其初始值为 0；在时钟源 clk 的每一个上升沿，计数器加上 Q，若计数器中的值小于 P，则发出删除一个脉冲的信号，将 delete 置为高电平；若其值大于 P，则将计数器的值减去 P，并将 delete 置为低电平，不发出删除脉冲的信号。比如，要从 60 MHz 的时钟源得到 50.4 MHz 的时钟信号，则令 $Q=21$，$P=25$。其工作过程见表 10.5。

表 10.5　分频器的工作过程

序　号	加上 Q 后计数器的值	与 P 比较后计数器的值	是否删除脉冲
0	21	21	是
1	42	17	否
2	38	13	否
3	34	9	否
4	30	5	否
5	26	1	否
6	22	22	是
7	43	18	否
8	39	14	否
9	35	10	否

续表

序　　号	加上 Q 后计数器的值	与 P 比较后计数器的值	是否删除脉冲
10	31	6	否
11	27	2	否
12	23	23	是
13	44	19	否
14	40	15	否
15	36	11	否
16	32	7	否
17	28	3	否
18	24	24	是
19	45	20	否
20	41	16	否
21	37	12	否
22	33	8	否
23	29	4	否
24	25	0	否
25	21	21	是

例 10.25 是用 Verilog 编程实现的表 10.5 所示的分频器工作过程，该分频器从 60 MHz 经小数分频得到 50.4 MHz 的时钟信号，进而从 50.4 MHz 时钟分频得到 10 kHz、20 kHz、30 kHz…100 kHz 等 10 个时钟频率。

【例 10.25】　从 60 MHz 经小数分频得到 50.4 MHz，进而产生 10 kHz、20 kHz、30 kHz…100 kHz 等 10 个频率。

```verilog
module clk_divider(
        input rst,clk60m;              //clk60m 为时钟源
        input[3:0] insig;
        output clkout,clk504m);   //clkout 为要产生的时钟
reg clk1,clkout,delete,clk504m;
reg[11:0] cnt,origin;
integer count;
reg[3:0] cnt1,cnt2;
always@(posedge clk60m or posedge rst)
  begin
  if(rst) begin  count=0; delete=1'b0;end
  else  begin  count=count+21;
    if(count>=25)  begin  count=count-25; delete=1'b0; end
                                //不删除脉冲
    else  delete=1'b1;  end        //删除 1 个脉冲
  end
always@(delete)
  begin if(delete==1'b1)  clk504m=1'b1;
        else  clk504m=clk60m;  end
always@(posedge clk504m, posedge rst)
```

```
    begin  if(rst) clkout=0;
           else if(cnt==4095)
           begin clkout<=~clkout;cnt<=origin;end
           else begin cnt<=cnt+1;  end
      end
   always@(insig)
      begin case(insig)              //预置分频
      4'b0001:origin<=1575;
      4'b0010:origin<=2835;
      4'b0011:origin<=3255;
      4'b0100:origin<=3465;
      4'b0101:origin<=3591;
      4'b0110:origin<=3675;
      4'b0111:origin<=3735;
      4'b1000:origin<=3780;
      4'b1001:origin<=3815;
      4'b1010:origin<=3844;
      default:origin<=4075;
      endcase    end
   endmodule
```

习　题　10

10.1　阻塞赋值与非阻塞赋值有什么本质的区别？在使用中应注意哪些方面？结合自己的设计实践进行总结。

10.2　流水线设计技术为什么能提高数字系统的工作频率？

10.3　设计一个加法器，实现 sum = a0+a1+a2+a3，a0、a1、a2、a3 宽度都是 8 位。如果用下面两种方法实现，哪种方法更好一些？

1）sum = ((a0+a1) +a2)+a3

2）sum = (a0+a1) + (a2+a3)

10.4　用流水线技术对习题 10.3 中的 sum = ((a0+a1)+a2) +a3 的实现方式进行优化，对比其最高工作频率。

10.5　在 FPGA 设计开发中，还有哪些方法可提高设计性能？

第 11 章　Verilog Test Bench 仿真

仿真（Simulation）是对所设计电路进行功能和时序验证的一种手段。Verilog HDL 不仅提供了设计与综合的能力，而且提供对激励、响应和设计验证的建模能力。Verilog 语言最初是一种用于电路仿真的语言，后来，Verilog 综合器的出现才使它具有了硬件设计和综合的能力。

进行电路仿真必须有仿真器的支持。按对设计语言的不同处理方式可将仿真器分为两类：编译型仿真器和解释型仿真器。编译型仿真器仿真速度快，但需要预处理，因此不能即时修改；解释型仿真器仿真速度相对慢一些，但可随时修改仿真环境和仿真条件。

按处理的 HDL 语言类型，仿真器可分为 Verilog HDL 仿真器、VHDL 仿真器和混合仿真器。混合仿真器能够处理 Verilog HDL 和 VHDL 混合编程的仿真程序。常用的 Verilog HDL 仿真器有 ModelSim、Verilog-XL、NC-Verilog 和 VCS 等。ModelSim 能够提供很好的 Verilog HDL 和 VHDL 混合仿真；NC-Verilog 和 VCS 是基于编译技术的仿真软件，能够胜任行为级、RTL 级和门级等各层次的仿真，速度快；而 Verilog-XL 是基于解释的仿真工具，速度相对慢一些。仿真的速度、准确性、易用性是衡量仿真器性能的重要指标。

11.1　系统任务与系统函数

Verilog HDL 的系统任务和系统函数主要用于仿真，这些系统任务和系统函数可提供各类功能，比如，实时显示当前仿真时间（$time）、显示信号的值（$display、$monitor）或者控制仿真的执行过程暂停仿真（$stop）、结束仿真（$finish）等。

系统任务和系统函数均以符号"$"开头，如$monitor、$readmemh 等；一般在 intial 或 always 过程块中对其进行调用；用户也可以通过编程语言接口（PLI）将自己定义的系统任务和系统函数加到语言中，以进行仿真和调试。

下面介绍常用的系统任务和系统函数，这些任务和函数被多数仿真工具所支持，且基本能够满足一般的仿真测试的需要。需要注意的是，这些系统任务和系统函数在不同的 Verilog HDL 仿真工具（如 VCS、Verilog-XL、ModelSim 等）上，在使用方法和功能上可能存在一定差异，具体应查阅相关仿真器的使用手册。

1. $display 与 $write

$display 和$write 是两个系统任务，两者的功能相同，都用于显示模拟结果，其区别是 $display 在输出结束后能自动换行，而$write 不能自动换行。

$display 和$write 的使用格式为

```
$display（"格式控制符"，输出变量名列表）;
$write（"格式控制符"，输出变量名列表）;
```

例如：

```
$display($time,,,"a=%h b=%h c=%h",a,b,c);
```

上面的语句定义了信号显示的格式，即以十六进制格式显示信号 a、b、c 的值，两个相邻的逗号",,"表示加入一个空格。

显示格式的控制符及其说明见表 11.1。

表 11.1　格式控制符及其说明

格式控制符	说　明
%h 或%H	以十六进制形式显示
%d 或%D	以十进制形式显示
%o 或%O	以八进制形式显示
%b 或%B	以二进制形式显示
%c 或%C	以 ASCII 码字符形式显示
%v 或%V	显示 net 型数据的驱动强度
%m 或%M	显示层次名
%s 或%S	以字符串形式输出
%t 或%T	以当前的时间格式显示

也可用$display 显示字符串，例如：

```
$display("it's a example for display\n");
```
上面的语句表示直接输出引号中的字符串，其中，"\n"是转义字符，表示换行。

Verilog 定义的转义字符及其说明见表 11.2。

表 11.2　转义字符及其说明

转 义 字 符	说　明
\ n	换行
\ t	Tab 键
\\	符号\
\ "	符号"
\ ddd	八进制数 ddd 对应的 ASCII 字符
%%	符号%

转义字符也用于定义输出格式。例如：

```
module disp;
initial begin
$display("\\\t\\\n\"\123");
end
endmodule
```
上面代码执行后输出如下：

```
\    \
"S                                    //八进制数 123 对应的 ASCII 码字符为 S（大写）
```

2. $monitor 与 $strobe

$monitor、$strobe 与$display、$write 一样也属于输出控制类的系统任务，$monitor 与$strobe 都提供了监控和输出参数列表中字符或变量的值的功能。其使用格式为

```
$monitor("格式控制符", 输出变量名列表);
$strobe("格式控制符", 输出变量名列表);
```

这里的格式控制符、输出变量名列表与$display 和$write 中定义的完全相同。例如：

```
$monitor($time,"a=%b b=%h",a,b);
```

每次 a 或 b 信号的值发生变化都会激活上面的语句，并显示当前仿真时间、二进制格式的 a 信号和十六进制格式的 b 信号。

可以将$monitor 想象为一个持续监控器，一旦被调用，就相当于启动了一个实时监控器，如果输出变量列表中的任何变量发生了变化，系统就将按照$monitor 语句中规定的格式将结果输出一次。而$strobe 相当于选通监控器，$strobe 只有在模拟时间发生改变且所有事件都处理完毕后才将结果输出。$strobe 更多地用来显示用非阻塞方式赋值的变量的值。例如：

```
$monitor($time,,,"a=%d b=%d c=%d",a,b,c);
//只要a、b、c三个变量的值发生任何变化，都会将 a、b、c 的值输出一次
```

3. $time 与$realtime

$time、$realtime 属于显示仿真时间标度的系统函数。这两个函数被调用时，都返回当前时刻距离仿真开始时刻的时间量值。不同的是，$time 函数以 64 位整数值的形式返回模拟时间，$realtime 函数则以实数型数据返回模拟时间。

通过例 11.1 可以看出$time 与$realtime 的区别。

【例 11.1】 $time 与$realtime 的区别。

```
`timescale 10ns/1ns
module time_dif;
reg ts; parameter DELAY=2.6;
initial  begin
        # DELAY ts=1;
        # DELAY ts=0;
        # DELAY ts=1;
    # DELAY ts=0;
        end
initial $monitor($time,,,"ts=%b",ts);        //使用函数$time
endmodule
```

例 11.1 用仿真器仿真，其输出如下，每行中时间的显示采用整数形式。

```
0    ts=x
3    ts=1
5    ts=0
8    ts=1
10   ts=0
```

如将例 11.1 中的$time 改为$realtime，则仿真输出如下，时间的显示变为实数形式。

```
0       ts=x
2.6     ts=1
5.2     ts=0
7.8     ts=1
11.4    ts=0
```

从例 11.1 不难看出$time、$realtime 两者的区别。

4. $finish 与$stop

系统任务$finish 与$stop 用于对仿真过程进行控制，分别表示结束仿真和中断仿真。$finish 与$stop 的使用格式如下：

```
$stop;
$stop(n);
$finish;
$finish(n);
```

n 是$finish 和$stop 的参数，n 可以是 0、1、2 等值，分别表示如下含义。

- 0：不输出任何信息。
- 1：给出仿真时间和位置。
- 2：给出仿真时间和位置，以及其他一些运行统计数据。

如果不带参数，则默认的参数值是 1。

当仿真程序执行到$stop 语句时，将暂时停止仿真，此时设计者可以输入命令，对仿真器进行交互控制。而当仿真程序执行到$finish 语句时，则终止仿真，结束整个仿真过程，返回主操作系统。下面是使用$finish 与$stop 的例子。比如：

```
if(...)
    $stop;                  //在一定的条件下,中断仿真
```

再如：

```
#STEP...
#STEP $finish;              //在某一时刻,结束仿真
```

5. $readmemh 与$readmemb

$readmemh 与$readmemb 是属于文件读/写控制的系统任务，其作用都是从外部文件中读取数据并放入存储器中。两者的区别在于读取数据的格式不同，$readmemh 为读取十六进制数据，而$readmemb 为读取二进制数据。$readmemb 使用格式为

```
1）$readmemb("数据文件名",存储器名);
2）$readmemb("数据文件名",存储器名,起始地址);
3）$readmemb("数据文件名",存储器名,起始地址,结束地址);
```

其中，起始地址和结束地址均可以默认。默认起始地址表示从存储器的首地址开始存储，默认结束地址表示一直存储到存储器的结束地址。

$readmemh 的使用格式与$readmemb 相同。例 11.2 是使用$readmemh 的例子。

【例 11.2】　$readmemh 使用举例。

```
`timescale 10ns/1ns
module tp;
reg[15:0] my_mem[0:5];   /*定义一个16×6的存储器my_mem,存储器共6个单元,
每个单元宽度为16位,可存储16位2进制数(4位16进制数)*/
reg[4:0] n;
initial
begin
    $readmemh("myfile.txt",my_mem);   /*将myfile.txt中的数据装载到存储
```

```
    my_mem 中，默认起始地址从 0 开始，到存储器的结束地址结束*/
    for(n=0;n<=5;n=n+1)
        $display("%h",my_mem[n]);
    end
    endmodule
```

例 11.2 在用 ModelSim 仿真前，先在当前工程目录下准备一个名为 myfile.txt 的文件，不妨将其内容填写如下：

```
    0123 4567 89AB CDEF
```

例 11.2 用 ModelSim 仿真后的输出如下所示，说明 myfile.txt 中的数据已装载到存储器中。

```
    # 0123
    # 4567
    # 89ab
    # cdef
    # xxxx
    # xxxx
```

6. $random

$random 是产生随机数的系统函数，每次调用该函数将返回一个 32 位的随机数，该随机数是一个带符号的整数。例 11.2 是一个产生随机数的程序。

【例 11.3】 $random 函数的使用。

```
    `timescale 10ns/1ns
    module random_tp;
    integer data,i; parameter DELAY=10;
    initial $monitor($time,,,"data=%b",data);
    initial begin    for(i=0;i<=100;i=i+1)
        #DELAY  data=$random;                    //每次产生一个随机数
        end
    endmodule
```

7. 文件输出

与 C 语言类似，Verilog HDL 提供了很多文件输出类的系统任务，可将结果输出到文件中。这类任务有$fdisplay、$fwrite、$fmonitor、$fstrobe、$fopen 和$fclose 等。

$fopen 用于打开某个文件并准备写操作，$fclose 用于关闭文件，而$fdisplay、$fwrite、$fmonitor 等系统任务则用于把文本写入文件。例如：

```
    fd=$fopen("filename");
    $fclose(fd);    /*fd 必须是 32 位的变量，之前应该定义成 integer 或 reg 型，如
    reg[31:0] fd; 或 integer fd; 调用$fopen，它返回一个 32 位的无符号整数或 0 值，0
    值表示文件不能打开。*/
```

11.2　用户自定义元件

利用 UDP（User Defined Primitive），用户可以自己定义基本逻辑元件的功能，也就是

说，可利用 UDP 来定义自己用于仿真的元件模块并建立相应的原语库。由于 UDP 是采用真值表的方式来描述的，仿真器对它的处理速度较一般的模块快得多。

UDP 模块与一般的模块类似，其关键词为 primitive 和 endprimitive。与一般的模块相比，UDP 模块具有下面一些特点：

- UDP 的输出端口只能有一个，且必须位于端口列表的第一项。只有输出端口能被定义为 reg 类型。
- UDP 的输入端口可有多个，一般时序电路 UDP 的输入端口可多至 9 个，组合电路 UDP 的输入端口可多至 10 个。
- 所有的端口变量必须是 1 位标量。
- 在 table 表项中，只能出现 0、1、x 三种状态，不能出现 z 状态。
- UDP 只能描述能用真值表表示的组合或时序逻辑。

定义 UDP 的语法如下：

```
primitive 元件名（输出端口，输入端口 1，输入端口 2…）；
output 输出端口名；
input 输入端口 1，输入端口 2…；
reg 输出端口名；
initial begin
    输出端口或内部寄存器赋初值（0，1 或 x）；
    end
table
    //输入 1　输入 2…：输出
    真值列表；
endtable
endprimitive
```

11.2.1　组合电路 UDP 元件

首先以一个 1 位全加器进位输出 UDP 元件为例介绍 UDP 元件的定义，如例 11.4 所示。

【例 11.4】　1 位全加器进位输出 UDP 元件。

```
primitive carry_udp(cout,cin,a,b);
input cin,a,b; output cout;
table
//cin a b : cout          //真值表
0   0 0 : 0;
0   1 0 : 0;
0   0 1 : 0;
0   1 1 : 1;
1   0 0 : 0;
1   0 1 : 1;
1   1 0 : 1;
1   1 1 : 1;
endtable
endprimitive
```

在上面的 UDP 描述中，没有考虑输入为 x（不定态）的情况，考虑了输入为 x 的 UDP 描述较为烦琐，在这种情况下，Verilog 提供了符号"？"进行简缩，符号"？"可用来表示 0、1、x 等几种取值。也就是说，该位的值不管是等于 0、1 还是等于 x，都不影响输出结果的取值时，即可用该符号来表示该位，这样可使程序的表达更简洁。例 11.4 若采用简缩符"？"来表述，则如例 11.5 所示。

【例 11.5】　　用简缩符"？"表述的 1 位全加器进位输出 UDP 元件。

```
primitive carry_udpz(cout,cin,a,b);
input cin,a,b; output cout;
table
//cin a b : cout          //真值表
?   0  0  : 0;            //只要有两个输入为 0，则进位输出肯定为 0
0   ?  0  : 0;
0   0  ?  : 0;
?   1  1  : 1;            //只要有两个输入为 1，则进位输出肯定为 1
1   ?  1  : 1;
1   1  ?  : 1;
endtable
endprimitive
```

显然，简缩符"？"使表达式的书写更简练，增强了程序的可读性。

11.2.2　时序逻辑 UDP 元件

UDP 元件也可以用来描述电平敏感或边沿敏感的时序逻辑元件。时序逻辑元件的输出除了与当前输入有关，还与它当前所处的状态有关，因此，对应的 UDP 元件描述中应增加对内部状态的考虑。例 11.6 定义了一个电平敏感的 1 位数据锁存器 UDP 元件。

【例 11.6】　　电平敏感的 1 位数据锁存器 UDP 元件。

```
primitive latch_udp(q,clk,reset,d);
input clk,reset,d; output q; reg q;
initial q=1'b1;          //初始化
table
//clk reset d:state:q
?   1  ?  : ?  : 0;      //reset=1，则不管其他端口为何值，输出都为 0
0   0  0  : ?  : 0;      //clk=0，锁存器把 d 端的输入值输出
0   0  1  : ?  : 1;
1   0  ?  : ?  : -;      //clk=1，锁存器的输出保持原值，用符号"-"表示
endtable
endprimitive
```

与前面的组合电路元件相比，数据锁存器 UDP 多了一列对元件内部状态（state）的描述，内部状态两边用冒号与输入/输出隔开。

例 11.7 是上升沿触发的 D 触发器的 UDP 元件的例子。

【例 11.7】　　上升沿触发的 D 触发器的 UDP 元件。

```
primitive dff_udp(q,d,clk);
input d,clk; output q; reg q;
table
//clk d : state : q
(01) 0  : ?  : 0;        //上升沿到来，输出 q=d
(01) 1  : ?  : 1;
(0x) 1  : 1  : 1;
(0x) 0  : 0  : 0;
(?0) ?  : ?  : -;        //没有上升沿到来，输出 q 保持原值
```

```
    ?   (??)  :  ?  :  -;          //时钟不变，输出也不变
endtable
endprimitive
```

　　在例 11.7 中，括号内的两个数字表示状态间的转变，即不同的边沿，(01)表示上升沿；(10)表示下降沿；(?0)表示从任何状态（0、1、x）到 0 的跳变，即排除了上升沿的可能性。table 列表第 3、4 行的意思是：当时钟从 0 状态变化到不确定状态（x）时，若输入数据与当前状态（state）一致，则输出也是定态。table 列表中最后一行的意思是：如果时钟处于某一确定状态（这里"?"表示是 0 或者是 1，不包括 x），则不管输入数据有什么变化（(??)表示任何可能的变化），D 触发器的输出都将保持原值不变（用符号"-"表示）。

　　为便于描述、增强可读性，Verilog HDL 在 UDP 元件的定义中引入很多缩记符，在表 11.3 中对这些缩记符进行总结。

表 11.3　UDP 中的缩记符

缩　记　符	含　　义	说　　明
x	不定态	
?	0、1 或 x	只能表示输入
b	0 或 1	只能表示输入
-	保持不变	只用于时序元件的输出
（vy）	代表(01)、(10)、(0x)、(1x)、(x1)、(x0)、(?1)等	从逻辑 v 到逻辑 y 的转变
*	同(??)	表示输入端有任何变化
R 或 r	同(01)	表示上升沿
F 或 f	同(10)	表示下降沿
P 或 p	(01)、(0x)或(x1)	包含 x 态的上升沿跳变
N 或 n	(10)、(1x)或(x0)	包含 x 态的下降沿跳变

　　例 11.8 是采用上述缩记符表示的一个带异步置 1 和异步清零的 D 触发器的例子。

　　【例 11.8】　带异步置 1 和异步清零、上升沿触发的 D 触发器的 UDP 元件。

```
primitive dff_udpx(q,d,clk,clr,set);
input d,clk,clr,set; output q; reg q;
table
//clk    d    clr  set : state : q
(01)     1    0    0   :  ?  :  0;
(01)     1    0    x   :  ?  :  0;
 ?       ?    0    x   :  0  :  0;
(01)     0    0    0   :  ?  :  1;
(01)     0    x    0   :  ?  :  1;
 ?       ?    x    0   :  1  :  1;
(x1)     1    0    0   :  0  :  0;
(x1)     0    0    0   :  1  :  1;
(0x)     1    0    0   :  0  :  0;
(0x)     0    0    0   :  1  :  1;
 ?       ?    1    ?   :  ?  :  1;        //异步复位
 ?       ?    0    1   :  ?  :  0;        //异步置1
 n       ?    0    0   :  ?  :  -;
 ?       *    ?    ?   :  ?  :  -;
 ?       ?   (?0)  ?   :  ?  :  -;
```

```
?        ?   ?   (?0):   ?  :  -;
endtable
endprimitive
```

11.3　延时模型的表示

在仿真中还涉及延时表示的问题。延时包括门延时、assign 赋值延时和连线延时等。门延时是从门输入端发生变化到输出端发生变化的延迟时间，assign 赋值延时指等号右端某个值发生变化到等号左端发生相应变化的延迟时间，连线延时则体现了信号在连线上的传输延时。如果没有定义延时值，那么默认延时为 0。本节首先介绍模拟时间定标语句 `timescale 的使用方法。

11.3.1　时间标尺定义`timescale

`timescale 语句用于定义模块的时间单位和时间精度，其使用格式如下：

```
`timescale <time_unit>/<time_precision>
`timescale <时间单位>/<时间精度>
```

其中，用来表示时间度量的符号有 s、ms、μs、ns、ps 和 fs，分别表示秒、10^{-3}s、10^{-6}s、10^{-9}s、10^{-12}s 和 10^{-15}s。例如：

```
`timescale 1ns/100ps
```

上面的语句表示延时单位为 1 ns，延时精度为 100 ps（即精确到 0.1 ns）。`timescale 编译器指令在模块说明外部出现，并且影响后面所有的延时值，如例 11.9 所示。

【例 11.9】　`timescale 使用举例 1。

```
`timescale 1ns/100ps
module andgate(out,a,b);
input a,b; output out;
and #(4.34,5.86) a1(out,a,b);        //#(4.34,5.86)规定了上升及下降延时值
endmodule
```

在例 11.9 中，`timescale 指令定义延时以 1 ns 为单位，并且延时精度为 100 ps（精确到 0.1 ns），因此，延时值 4.34 对应 4.3 ns，延时 5.86 对应 5.9 ns。如果将`timescale 指令定义为：

```
`timescale 10ns/1ns
```

那么延时值 4.34 对应 43 ns，5.86 对应 59 ns。再来看例 11.10。

【例 11.10】　`timescale 使用举例 2。

```
`timescale 10ns/1ns
…
reg sel;
initial begin
#10  sel=0;    //在 100ns(10ns×10)时，sel 被赋值为 0
#10  sel=1;    //在 200ns(10ns×10+10ns×10)时，sel 被赋值为 1
end
…
```

在例 11.10 中，用`timescale 语句定义了本模块的时间单位为 10 ns，时间精确度为 1 ns。以 10 ns 为计量单位，在不同的时刻，寄存器型变量 sel 被赋予不同的值。

11.3.2　延时的表示与延时说明块

1. 延时的表示方法

延时的表示方法有下面几种：

```
# delaytime
# (d1,d2)
# (d1,d2,d3)
```

delaytime 表示延迟时间为 delaytime，d1 表示上升延时，d2 表示下降延时，d3 则表示转换到高阻态 z 的延时，这些延时的具体值由时间定义语句`timescale 确定。

延时定义了右端表达式操作数变化与赋值给左端表达式之间的持续时间。如果没有定义延时值，则默认延时为 0。

例如：

```
not #4 gate1(out,in);              //延时为 4 的非门
and #(5,7) gate2(out,a,b);         //与门的上升延时为 5，下降延时为 7
or #5 gate3(out,a,b);              //或门的上升延时和下降延时都为 5
bufif0 #(3,4,6) gate4(out,in,enable);
         //bufif0 门的上升延时为 3，下降延时为 4，高阻延时为 6
```

2. 延时定义块（specify 块）

Verilog 可对模块中某一指定的路径进行延时定义，这一路径连接模块的输入端口（或 inout 端口）与输出端口（或 inout 端口），利用延时定义块在一个独立的块结构中定义模块的延时。在延时定义块中要描述模块中的不同路径并给这些路径赋值。

延时定义块的内容应放在关键字 specify 与 endspecify 之间，且必须放在一个模块中，还可以使用 specparam 关键字定义参数，举例说明如下。假设信号模型如图 11.1 所示，进行路径延时定义如例 11.11 所示。

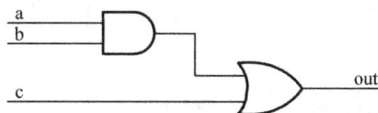

图 11.1　信号模型示意图

【例 11.11】　延时定义块举例。

```
module delay(out,a,b,c);
input a,b,c; output out;
and a1(n1,a,b); or o1(out,c,n1);
    specify
    (a=>out)=2;              //定义从 a 到 out 的延时为 2
    (b=>out)=3;              //定义从 b 到 out 的延时为 3
    (c=>out)=1;              //定义从 c 到 out 的延时为 1
    endspecify
endmodule
```

11.4　Test Bench 测试平台

测试平台（Test Bench 或 Test Fixture）为测试或仿真 Verilog 模块构建一个平台，给被测模块施加激励信号，通过观察被测模块的输出响应，可以判断其逻辑功能和时序关系正确与否。

图 11.2 所示是 Test Bench 测试平台的示意图，测试模块类似一个向量发生器（test vector generator），向被测模块施加激励信号，监测器（monitor）监测输出响应，将被测模块在激励向量作用下产生的输出信息按规定的格式以文本或图形的方式显示出来，供用户检验。激励信号必须定义成 reg 类型，以保持信号值；被测模块在激励信号的作用下产生输出，输出信号必须定义为 wire 类型。

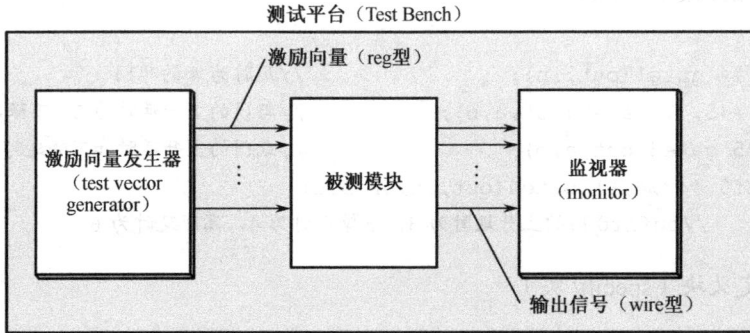

图 11.2　Test Bench 测试平台示意图

测试模块的结构如图 11.3 所示。测试模块与一般的 Verilog 模块没有根本的区别，其特点表现在下面几点：

- 测试模块只有模块名字，没有端口列表；输入信号（激励信号）必须定义为 reg 型，以保持信号值；输出信号（显示信号）必须定义为 wire 型。
- 在测试模块中调用被测试模块，调用时应注意端口排列的顺序与模块定义时一致。
- 一般用 initial、always 过程块来定义激励信号波形；使用系统任务和系统函数来定义输出显示格式；在激励信号的定义中，可使用如下一些控制语句：if-else、for、forever、while、repeat、wait、disable、force、release 和 fork-join 等，这些控制语句一般只用在 always、initial、function 和 task 等过程块中。

首先介绍用 intial 语句产生激励信号的方法。比如，要产生如图 11.4 所示的激励波形，可编写脚本如例 11.12 所示。

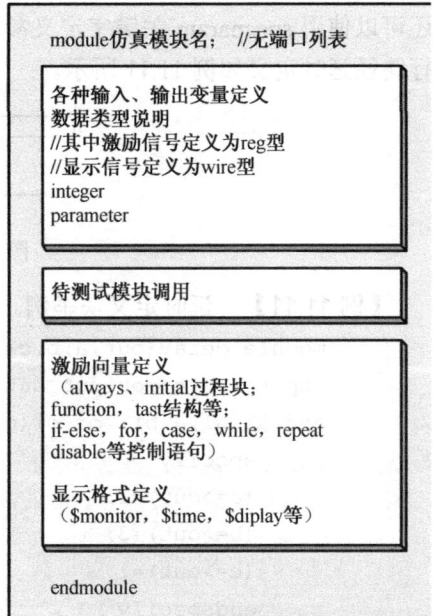

图 11.3　测试模块的结构

【例 11.12】　激励信号波形的描述。

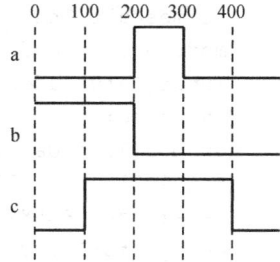

图 11.4　激励信号波形

```
`timescale 1ns/1ns
module test1;
reg a,b,c;
initial
begin    a=0;b=1;c=0;          //激励波形描述
    #100 c=1;
    #100 a=1;b=0;
    #100 a=0;
    #100 c=0;
#100 $stop;
end
initial $monitor($time,,,"a=%d b=%d c=%d",a,b,c);   //显示
endmodule
```

例 11.12 的运行结果如下，此结果与图 11.4 的波形吻合。

```
#    0   a=0 b=1 c=0
#  100   a=0 b=1 c=1
#  200   a=1 b=0 c=1
#  300   a=0 b=0 c=1
#  400   a=0 b=0 c=0
```

在例 11.13 中，用 always 过程块产生两个时钟信号。

【例 11.13】　用 always 过程块产生两个时钟信号。

```
`timescale 1ns/1ns
module test2;
reg clk1,clk2; parameter CYCLE=100;
always
  begin         {clk1,clk2}=2'b10;
    #(CYCLE/4) {clk1,clk2}=2'b01;
    #(CYCLE/4) {clk1,clk2}=2'b11;
    #(CYCLE/4) {clk1,clk2}=2'b00;
    #(CYCLE/4) {clk1,clk2}=2'b10;
  end
initial $monitor($time,,,"clk1=%b clk2=%b",clk1,clk2);
endmodule
```

例 11.13 在 ModelSim 中用 run 200 ns 命令进行仿真，得到图 11.5 所示的波形。可以看出 clk1 的周期为 50 ns，clk2 的周期为 100 ns。

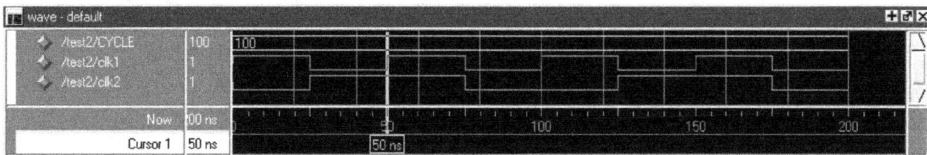

图 11.5　仿真输出波形

在仿真时，如果测试向量很多，可先将测试向量写入一个文件，然后在仿真程序中用 readmemb 或 readmemh 将测试向量读入。在例 11.14 中，首先定义一个存储器 mem，然后用$readmemh 函数将 rom.hex 文件中的数据读入该存储器。

【例 11.14】　存储器在仿真程序中的应用。

```
`timescale 1ns/1ns
module rmem(addr,data,oe);
input[14:0] addr;                    //地址信号
input oe;                            //读使能信号，低电平有效
output[7:0] data;                    //数据信号
reg[7:0] mem[0:255];                 //定义一个 8×256 的存储器
parameter DELAY=100;
assign #DELAY data=(oe==0)?mem[addr]:8'hzz;
initial $readmemh("rom.hex",mem);    //从文件中读入数据
endmodule
```

11.5　组合和时序电路的仿真

首先给出一个 8 位乘法器的仿真举例，如例 11.15 所示。

1. 8 位乘法器的仿真

【例 11.15】　8 位乘法器的 Test Bench 仿真。

```
`timescale 1 ns/ 1 ps
module mult8_vlg_tst();
reg [8:1] a;
reg [8:1] b;
wire [16:1]  out;
integer i,j;
mult8 i1(                            //例化被测试模块
    .a(a),
    .b(b),
    .out(out)
     );
initial                              //激励波形设定
begin     a=0;b=0;
for(i=1;i<255;i=i+1)  #20 a=i;
end
initial begin
for(j=1;j<255;j=j+1)  #20 b=j;
end
endmodule
module mult8 #(parameter SIZE=8)              //8 位乘法器源码
              ( input[SIZE:1] a,b,            //两个操作数
                output[2*SIZE:1] out);        //结果
assign out=a*b;
endmodule
```

例 11.15 的仿真波形如图 11.6 所示。

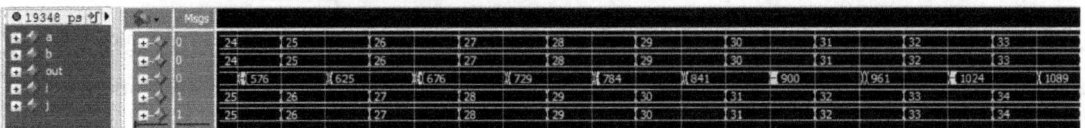

图 11.6　8 位乘法器的仿真波形图

2. 2 选 1 MUX 的仿真（见例 11.16）

【例 11.16】   2 选 1 UMX 的 Test Bench 脚本。

```
`timescale 1ns/1ns
module mux21_tp;
reg a,b,sel; wire out;
mux2_1 m1(out,a,b,sel);              //调用待测试模块
initial begin  a=1'b0;b=1'b0;sel=1'b0;
    #5   sel=1'b1;
    #5   a=1'b1;sel=1'b0;
    #5   sel=1'b1;
    #5   a=1'b0;b=1'b1;sel=1'b0;
    #5   sel=1'b1;
    #5   a=1'b1;b=1'b1;sel=1'b0;
    #5   sel=1'b1;
end
initial $monitor($time,,,"a=%b b=%b sel=%b out=%b",a,b,sel,out);
endmodule
```

2 选 1 MUX 的源码如例 11.17 所示，调用门级原语实现，图 11.7 是其门级原理图。

【例 11.17】   2 选 1 MUX。

```
module mux2_1(out,a,b,sel);         //待测的 2 选 1 MUX 模块
input a,b,sel; output out;
not #(0.4,0.3) (sel_,sel);          //#(0.4,0.3)为门延时
and #(0.7,0.6) (a1,a,sel_);
and #(0.7,0.6) (a2,b,sel);
or #(0.7,0.6) (out,a1,a2);
endmodule
```

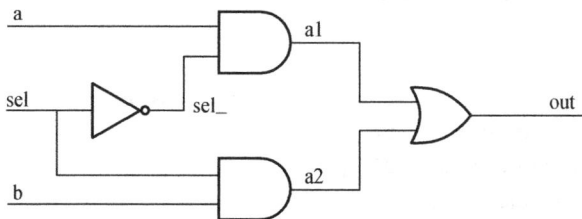

图 11.7   2 选 1 MUX 门级原理图

例 11.17 的仿真波形如图 11.8 所示。

图 11.8   2 选 1 MUX 的仿真波形

从图 11.8 可看出，输入 a、b、sel 的值变了，out 没有立即改变，而是经过相应的门延时后才改变，这从命令行窗口的文本输出也可看到，如下所示：

```
#    0 a=0 b=0 sel=0 out=x
#    2 a=0 b=0 sel=0 out=0
#    5 a=0 b=0 sel=1 out=0
```

```
#   10  a=1 b=0 sel=0 out=0
#   12  a=1 b=0 sel=0 out=1
#   15  a=1 b=0 sel=1 out=1
#   17  a=1 b=0 sel=1 out=1
#   20  a=0 b=1 sel=0 out=1
#   25  a=0 b=1 sel=1 out=0
#   27  a=0 b=1 sel=1 out=1
#   30  a=1 b=1 sel=0 out=1
#   35  a=1 b=1 sel=1 out=1
```

3. 8 位计数器的仿真（见例 11.18）

【例 11.18】　8 位计数器的 Test Bench 仿真。

```verilog
`timescale 1 ns/1 ps
module count8_vlg_tst();
reg clk,reset;
wire [7:0] qout;
count8 i1(.clk(clk),          //例化被测试模块
         .qout(qout),
         .reset(reset));
parameter PERIOD = 40;        //定义时钟周期为 40 ns
initial  begin
          reset = 1;clk =0;
  #PERIOD;  reset = 0;
  #(PERIOD*300) $stop;
end
always begin
  #(PERIOD/2) clk = ~clk;
end
endmodule
module count8(               //待测的 8 位计数器模块
        input clk,reset,
        output reg[7:0] qout);
always @(posedge clk)
begin  if(reset) qout<=0; else qout<=qout+1; end
endmodule
```

例 11.18 的仿真波形如图 11.9 所示。

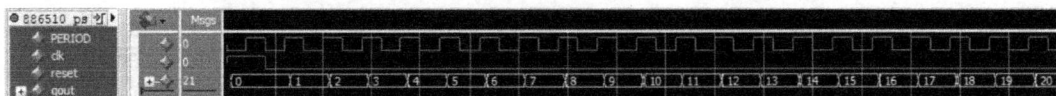

图 11.9　计数器的仿真波形

11.6　ModelSim SE 使用指南

本节用 ModelSim SE 对 8 位二进制加法器进行仿真的实例说明 ModelSim SE 的使用方法。ModelSim 是 Mentor Graphics 的一个 Verilog/VHDL 混合仿真器，属于编译型仿真器（进行仿真前须对 HDL 代码进行编译），仿真速度快。

ModelSim 有几种不同的版本：SE、PE 和 OEM，其中，集成在 Xilinx、Altera、Actel、Atmel 以及 Lattice 等 FPGA 厂商设计工具中的均是其 OEM 版本。比如，为 Xilinx 提供的版本为 ModelSim XE，为 Altera 提供的 OEM 版本是 ModelSim-Altera。ModelSim SE 版本为更高级的版本，在功能、性能和仿真速度等方面比 OEM 版本强一些，还支持 PC、UNIX、Linux 等平台。

用 ModelSim SE 进行仿真的步骤以及对应的命令和菜单如表 11.4 所示，包括每个步骤对应的仿真命令、图形界面菜单和工具栏按钮。

表 11.4　ModelSim SE 仿真的步骤与对应的命令和菜单

步　　骤	命令行模式	图形界面菜单	工具栏按钮
步骤 1： 建仿真工程项目，添加仿真文件	vlib <library_name> vmap work <library_name>	① File→New→Project ② 输入库名称 ③ 添加设计文件到工程	无
步骤 2： 编译	vlog file1.v file2.v ... (Verilog) vcom file1.vhd file2.vhd ... (VHDL)	Compile→Compile All	编译按钮
步骤 3： 加载设计到仿真器	vsim <top> 或 vsim <opt_name>	① Simulate→Start Simulation ② 单击选择设计顶层模块 ③ 单击"OK"按钮	仿真按钮
步骤 4： 开始仿真	run step	Simulate→Run	Run，Run continue，Run -all
步骤 5： 调试	常用的调试命令： bp　　　　describe drivers　　examine force　　　log show	无	无

本节仿真的加法器模块如例 11.19 所示，其 Test Bench 激励脚本见例 11.20。

【例 11.19】　8 位二进制加法器。

```
module add8            //待测的8位加法器源代码
          ( input[7:0] a,b, input cin,
            output[7:0] sum, output cout);
assign {cout,sum}=a+b+cin;
endmodule
```

【例 11.20】　8 位二进制加法器的 Test Bench 脚本。

```
`timescale 1ns/1ns
module add8_tp;                    //仿真模块无端口列表
reg[7:0] a,b;                      //输入激励信号定义为 reg 型
reg cin;
wire[7:0] sum;                     //输出信号定义为 wire 型
wire cout;
parameter DELY=100;
add8 u1(.a(a),.b(b),.cin(cin),.sum(sum),.cout(cout));
                                   //测试对象
initial begin                      //激励波形设定
       a=8'd0;b=8'd0;cin=1'b0;
```

```
#DELY    a=8'd100;b=8'd200;cin=1'b1;
#DELY    a=8'd200;b=8'd88;
#DELY    a=8'd210;b=8'd18;cin=1'b0;
#DELY    a=8'd12;b=8'd12;
#DELY    a=8'd100;b=8'd154;
#DELY    a=8'd255;b=8'd255;cin=1'b1;
#DELY    $stop;
end
initial $monitor($time,,,"%d+%d+%b={%b,%d}",a,b,cin,cout,sum);
                                          //输出格式定义
endmodule
```

11.6.1　用图形用户界面进行功能仿真

通过 ModelSim SE 的图形用户界面（Graphical User Interface，GUI）仿真，使用者不需要记忆命令语句，所有流程都可以通过鼠标单击窗口用交互的方式完成。

启动 ModelSim SE 软件，进入如图 11.10 所示的工作界面。

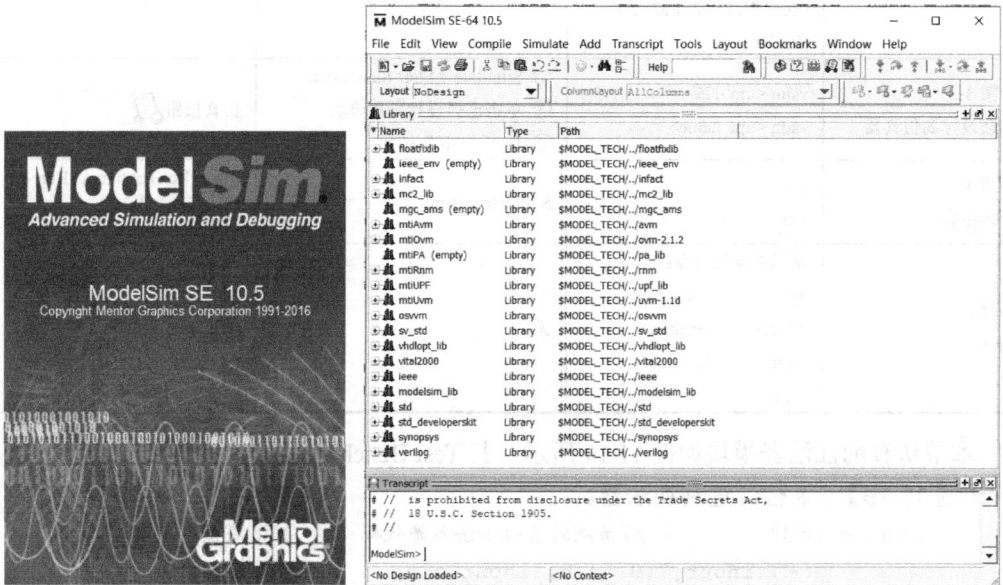

图 11.10　ModelSim SE 的启动界面和工作界面

选择菜单 File→Change Directory，在弹出的选择目录对话框中转换工作目录路径，这里设为 C:/Verilog/addtp，单击确定按钮完成工作目录的转换。

1）新建仿真工程项目，添加仿真文件：新建一个工程文件（Project File），选择菜单 File→New→Project，弹出如图 11.11 所示的对话框，在对话框中输入新建工程文件的名称（本例为 addtp）及所在的文件夹，单击 OK 按钮，完成新工程项目的创建。此时会弹出如图 11.12 所示的对话框，提示添加文件到当前项目，如果仿真文件已存在，则选择 Add Existing File 选项，将已存在的文件加入当前工程，如图 11.13 所示；如果仿真文件不存在，则选择 Create New File 选项，新建一个仿真文件，如图 11.14 所示，在对话框中填写文件名为 add8_tp，选择文件的类型（Add file as type）为 Verilog，单击 OK 按钮，此时，Project 页面中会出现 add8_tp.v 的图标，双击图标，在右边的空白处填写文件的内容，输入例 11.20 的代码，如图 11.15 所示。

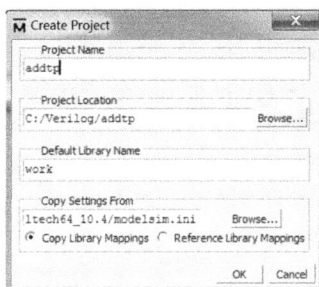

图 11.11　新建工程项目

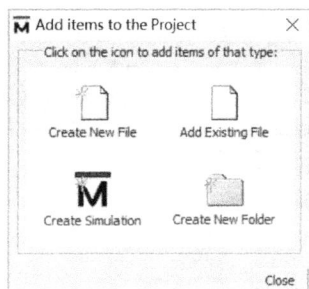

图 11.12　添加仿真文件

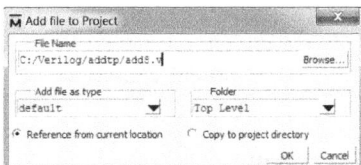

图 11.13　将已存在的文件添加至工程中

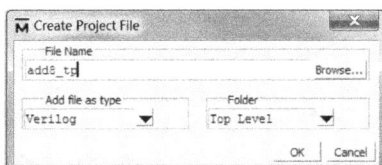

图 11.14　新建仿真文件

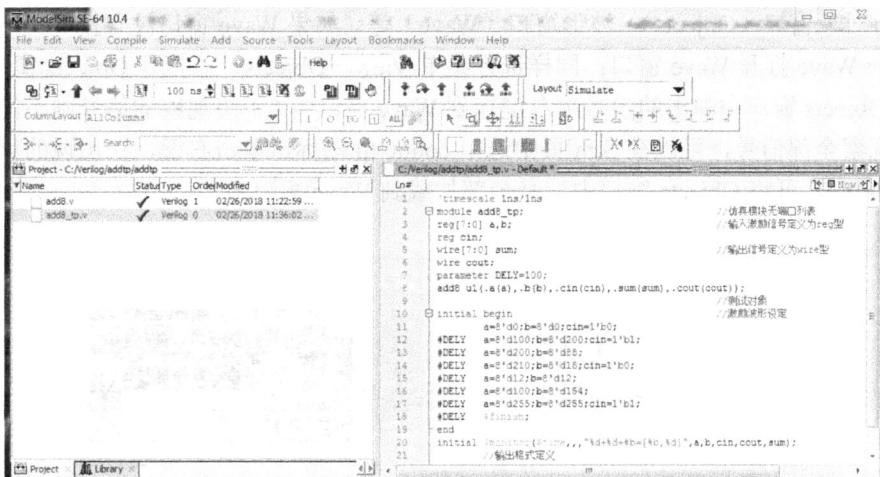

图 11.15　编译激励代码

2）编译仿真文件和设计文件到 work 工作库：ModelSim SE 是编译型仿真器，所以在仿真前必须对 HDL 源代码和库文件进行编译，并加载到 work 工作库。

在图 11.16 的 Project 页面中选中 add8_tp.v 图标，单击右键，在弹出的菜单中选择 Compile→Compile All，ModelSim SE 软件会对 add8_tp.和 add8.v 文件进行编译，同时在命令窗口中报告编译信息。编译通过，则在 add8_tp.v 图标旁显示√，否则显示×，并在命令行中出现错误信息提示，双击错误信息可自动定位到 HDL 源码中的错误出处，对其修改，重新编译，直到通过为止。

3）加载设计：编译完成后，选择 Library 标签页，如图 11.16 所示，会发现在 work 工作库中出现了 add8 和 add8_tp 的图标，这是刚才编译的结果。

在 work 工作库中双击 add8_tp 图标，完成装载；也可以选择菜单 Simulate→Start Simulation，或者选中 add8_tp 图标，单击右键，在弹出的菜单中选择 Simulate，完成激励模块的装载，当工作区中出现 Sim 页面时，说明装载成功。

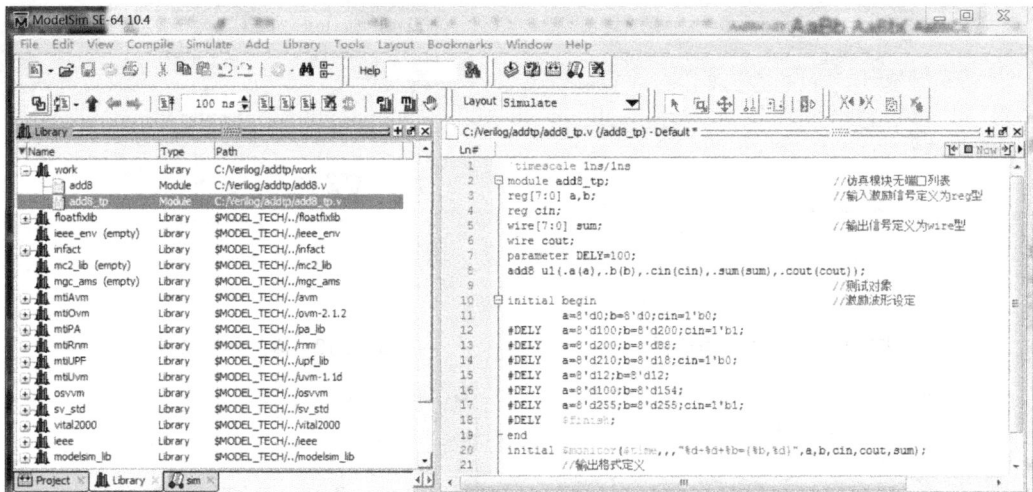

图 11.16　编译文件到 work 工作库

4）加载信号到 Wave 窗口中：设计加载成功后，ModelSim SE 进入如图 11.17 所示的界面，有对象窗口（Objects）、波形窗口（Wave）等（如果 Wave 窗口没有打开，可选择菜单 View→Wave 打开 Wave 窗口；同样选择菜单 View→Objects，可打开 Objects 窗口）。

将 Objects 窗口中弹出的信号用左键拖到 Wave 窗口中（不想观察的信号则不需要拖）；如果要观察全部信号，可以在 Sim 页中选中 count_tp 图标，单击右键，在出现的菜单中选择 Add Wave，可将 Objects 窗口中信号全部加载到 Wave 窗口中。

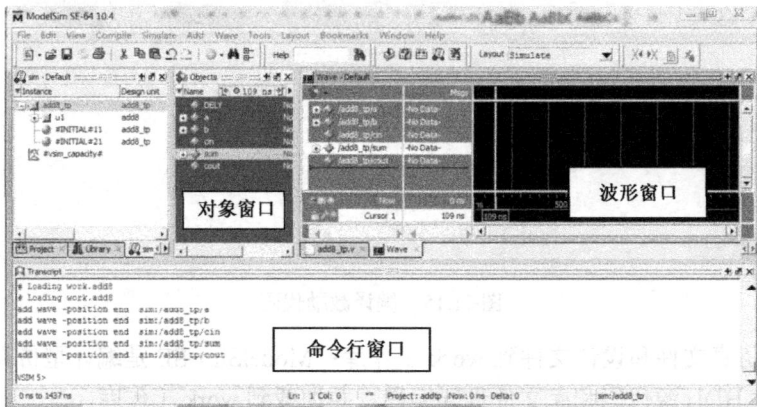

图 11.17　将 Objects 窗口中信号加载到 Wave 窗口

对拖进来的信号的属性可做必要的设置，如将信号 a、b、sum 选为 Unsigned（无符号十进制数），方便观察。

5）查看波形图和文本输出：在图 11.18 中选择菜单 Simulate→Run→Run All，或者单击调试工具栏中的 按钮，启动仿真。如果要单步执行则单击 按钮（或者选择菜单 Simulate→Run→Run→Next）。仿真后的输出波形如图 11.18 所示（图中的 a、b、sum 均为无符号十进制数显示），命令行窗口（Transcript）中也会显示文本方式的结果，从结果可以分析得出，8 位二进制加法器的设计功能是正确的，同时可看出刚才的仿真为功能仿真。

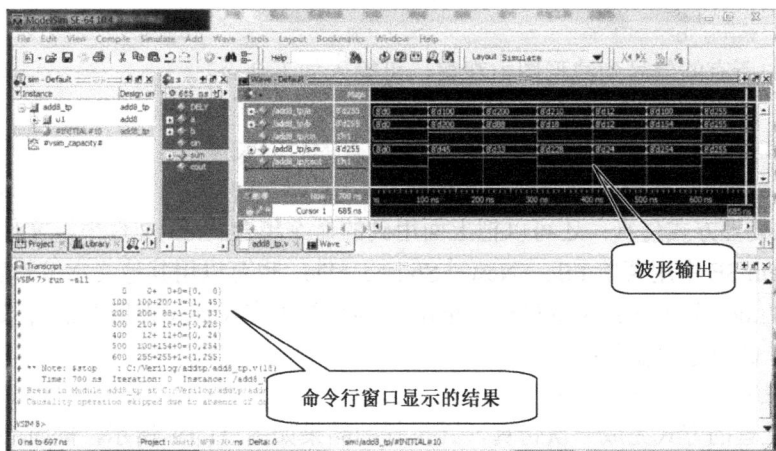

图 11.18　查看功能仿真波形图和文本输出（ModelSim SE）

在仿真调试完成后如想退出仿真，只需在主窗口中选择菜单 Simulate→End Simulation 即可。

11.6.2　用命令行方式进行功能仿真

ModelSim SE 还可以通过交互式命令行的方式进行仿真。命令行方式为仿真提供了更多、更灵活的控制，其中所有的仿真命令都是 Tcl 命令，把这些命令写入*.do 文件形成一个宏脚本，在 ModelSim SE 中执行此脚本，就可按照批处理的方式执行一次仿真，大大提高仿真的效率。在设计者操作比较熟练时，建议采用此种仿真方式。

1）转换工作目录：启动 ModelSim SE，在其命令行窗口中输入下面的命令并按回车键，将 ModelSim 的工作目录转换到设计文件所在的目录，**cd** 是转换目录的命令。

```
cd C:/Verilog/addtp
```

2）采取与前面同样的步骤建立仿真工程项目（Project File），建立并添加激励文件（add8_tp.v）和设计文件（add8.v）。

3）编译激励文件和设计文件到工作库：输入下面的命令并按回车键，把测试文件（add8_tp.v）和设计文件（add8.v）编译到 work 库中，vlog 是对 Verilog 源文件进行编译的命令。

```
vlog -work work add8_tp.v add8.v
```

如果把add8.v的代码包含在add8_tp.v中（当前文件夹下只有add8_tp.v一个文件存在），则只需输入下面的命令并按回车键即可：

```
vlog -work work add8_tp.v
```

4）加载设计：加载设计需要执行下面的命令并按回车键，其中 vsim 是加载仿真设计的命令，"-t ps"表示仿真的时间分辨率，work.add8_tp 是仿真对象。

```
vsim -t ps work.add8_tp
```

如果设计中使用了 Altera 的宏模块，则可以在加载时将宏模块库一并加入，如下面的命令，其中的 altera_mf 和 lpm 是 Altera 两个常用的预编译库。

```
vsim -t ps -L altera_mf -L lpm work.add8_tp
```

5）开始仿真：开始仿真可执行下面的命令，add wave 是将要观察的信号添加到仿真波形中：

```
add wave a
```

```
add wave b
```

如果添加所有的信号到波形图中观察，可输入如下命令：

```
add wave *
```

启动仿真用 run 命令，后面的 1000 ns 是仿真的时间长度：

```
run 1000 ns
```

6）用批处理方式仿真：还可以把上面用到的命令集合到.do 文件中，文件的生成可采用在 ModelSim SE 中用菜单 File→New→Source→Do，也可以用其他文本编辑器编辑生成，本例中生成的.do 文件命名为 addtp_com.do，存盘放置在设计文件所在的目录下，然后在 ModelSim SE 命令行中输入：

```
do C:/verilog/addtp/addtp_com.do
```

就可以用批处理的方式完成一次仿真，其执行的结果如图 11.19 所示，同时会在波形窗口中显示输出波形，与采用图形界面仿真方式并无区别。

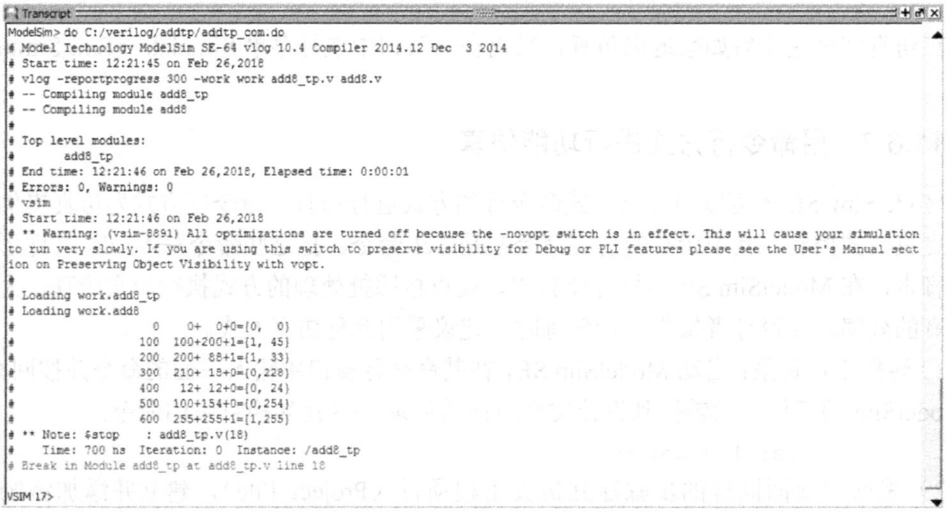

图 11.19　用批处理的方式完成一次仿真

这里 addtp_com.do 文件的内容如下所示：

```
cd  C:/Verilog/addtp
vlog -work work add8_tp.v add8.v
vsim -t ps work.add8_tp
add wave *
run 1000 ns
```

11.6.3　时序仿真

前面进行的是功能仿真，如果要进行时序仿真，必须先对设计文件指定芯片并编译（如用 Quartus Prime）生成网表文件和时延文件，再调用 ModelSim SE 进行时序仿真。

1）首先建立 Quartus Prime 和 ModelSim SE 之间的链接，在 Quartus Prime 主界面执行 Tools→Options…命令，弹出 Options 对话框，选中 EDA Tool Options，在该选项卡的 ModelSim 栏目中指定 ModelSim SE 10.5 的安装路径，这里为 C:\modeltech64_10.5\win64，如图 11.20 所示。

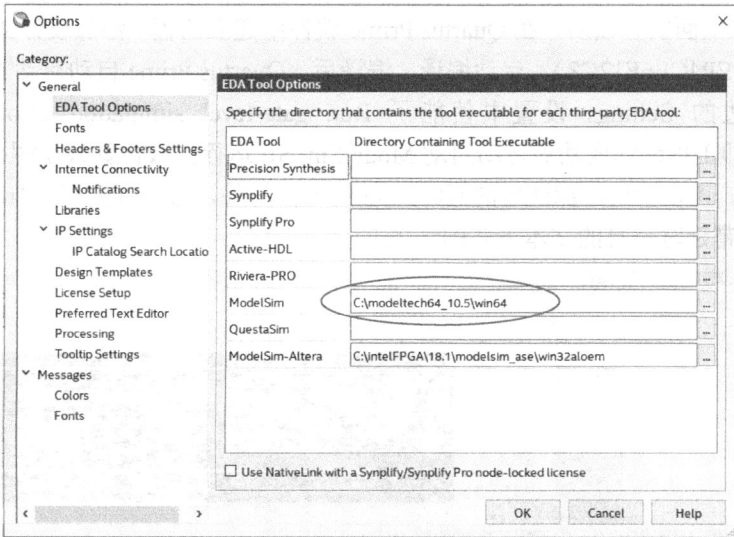

图 11.20　建立 Quartus Prime 和 ModelSim SE 的链接

2）需要在 Quartus Prime 中针对仿真做一些设置：选择菜单 Assignments→Settings，弹出 Settings 对话框，选中 EDA Tool Settings 项，单击 Simulation 按钮，弹出如图 11.21 所示的 Simulation 窗口，对其进行设置。其中，在 Tool name 中选择 ModelSim，同时使能 Run gate-level simulation automatically after compilation，即工程编译成功后自动启动 ModelSim 运行门级仿真；在 Format for output netlist 中选择 Verilog HDL；在 Time scale 中指定时间单位，此处选择 1 ps；在 Output directory 处指定网表文件的输出路径，即.vo（或.vho）文件存放的路径为目录 C:\Verilog\addtp\simulation\modelsim。

3）假定 Test Bench 激励文件（add8_tp.v）和设计文件（add8.v）已经输入并保存在当前目录中。还需对 Test Bench 做进一步的设置，在图 11.21 所示的界面中，使能 Compile test bench 栏，并单击右边的 Test Benches 按钮，弹出 Test Benches 对话框，单击其中的 New 按钮，弹出 New Test Bench Settings 对话框，如图 11.22 所示，在其中填写 Test bench name 为 add8_tp，同时，Top level module in test bench 也填写为 add8_tp；Test bench and simulation files 选择 add8_tp.v，并将其加载。

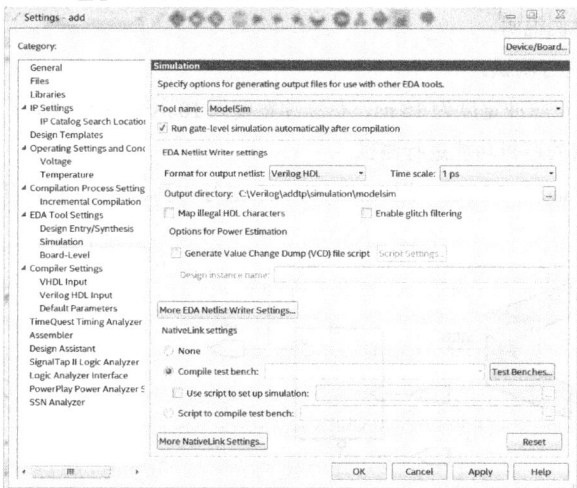

图 11.21　设置仿真文件的格式和目录

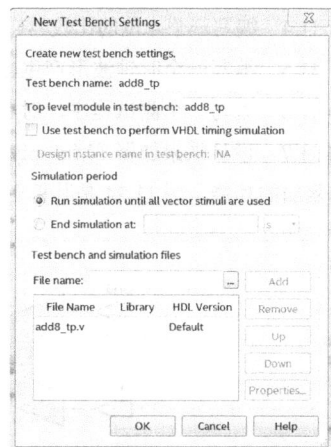

图 11.22　对 Test Bench 进一步设置

4）设置好上面的各项后，在 Quartus Prime 软件中建立工程，添加设计文件（add8.v），锁定芯片（如 EP4CE6F17C8），启动编译，编译后，Quartus Prime 自动启动 ModelSim（这是因为在前边的 Settings 设置中使能了 Run gate-level simulation automatically after compilation，即工程编译成功后自动启动 ModelSim SE 运行门级仿真），产生输出波形，如图 11.23 所示。可以看出，加法器的延时约为 9 ns，另外，命令行窗口（Transcript）中也会显示很长的带延时信息的文本方式的结果。

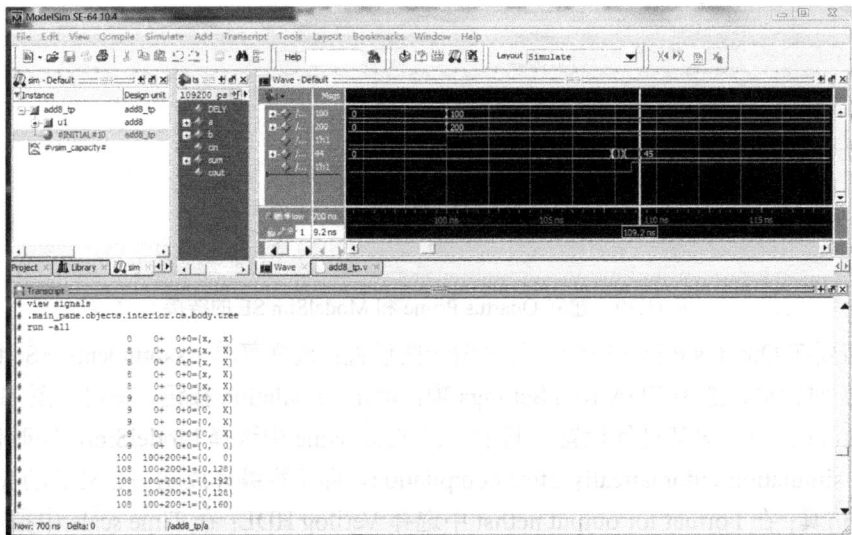

图 11.23　时序仿真波形图（ModelSim SE）

退出 ModelSim SE 后，Quartus Prime 才完成全部编译。采用上述步骤进行时序仿真，ModelSim SE 自动加载仿真所需的元件库，省掉了手工加载的麻烦。

习　题　11

11.1　写出 1 位全加器本位和（SUM）的 UDP 描述。

11.2　写出 4 选 1 多路选择器的 UDP 描述。

11.3　`timescale 指令的作用是什么？举例说明。

11.4　编写一个 4 位的比较器，并对其进行测试。

11.5　编写一个时钟波形产生器，产生正脉冲宽度为 15 ns、负脉冲宽度为 10 ns 的时钟波形。

11.6　编写一个测试程序，对 D 触发器的逻辑功能进行测试。

11.7　设计乘累加器（Multiply ACcumulator，MAC），用 ModelSim SE 进行仿真。乘累加器实现相乘和累加的功能，图 11.24 是其框图。

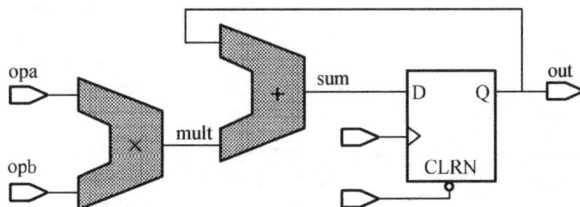

图 11.24　乘累加器的框图

第 12 章　Verilog 设计实例

本章是一些 Verilog 设计实例，包括脉宽调制（PWM），步进电动机驱动、超声波测距、整数开方运算、Cordic 算法实现、I²C 总线、UART 异步串口通信等设计案例。

12.1　脉宽调制与步进电动机驱动

脉冲宽度调制（Pulse Width Modulation，PWM）是一种模拟控制方式，根据载荷的变化调制晶体管基极或 MOS 管栅极的偏置，从而改变晶体管或 MOS 管的导通时间，也可以理解为通过调节占空比调节信号、能量的变化。脉宽调制广泛应用于调光电路、无级调速、电动机驱动、逆变电路、蜂鸣器驱动等。本节将给出 PWM 信号的实现方法及采用 PWM 信号驱动蜂鸣器和步进电动机的实例。

12.1.1　PWM 信号

脉冲宽度调制信号是一连串频率固定的脉冲信号，每个脉冲的宽度都可能不同。这种数字信号在通过一个简单的低通滤波器后，被转化为模拟电压信号，电压的大小与一定区间内的平均脉冲宽度成正比。图 12.1 是一个简单的 PWM 信号波形，图中占空比（duty cycle，dc）即为脉冲宽度和脉冲周期之比，即 $dc = \tau_{on} / (\tau_{on} + \tau_{off})$。

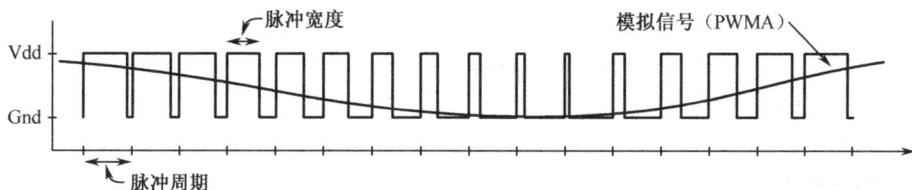

图 12.1　PWM 信号波形

低通滤波器 3 dB 频率要比 PWM 信号频率低一个数量级，这样，PWM 频率上的信号能量才能从输入信号中过滤出来。例如，要得到一个最高频率为 5 kHz 的音频信号，PWM 信号的频率至少为 50 kHz 或更高。通常，考虑到模拟信号的保真度，PWM 信号的频率越高越好。图 12.2 是 PWM 信号整合后输出模拟电压的过程示意图，可以看到，滤波器输出信号幅度与 Vdd 的比值等于 PWM 信号的占空比。

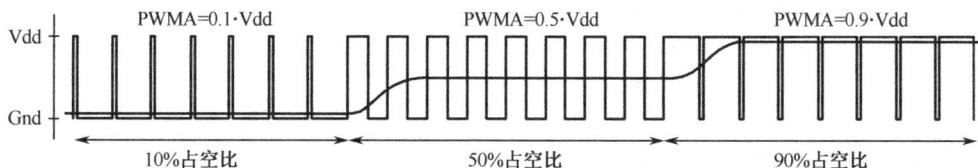

图 12.2　PWMA 信号整合后输出模拟电压

例 12.1 给出 PWM 波形产生的 Verilog 源代码。

【例 12.1】　PWM 波形产生的 Verilog 源代码。

```verilog
module pwm_gene(
    input clk,rst,
    input sound_up,sound_down,
    input fre_up,fre_down,
    input[31:0] clk_n,        //控制 pwm 的频率
    input[31:0] pwm_n,        //控制占空比
    output reg pwm_out
      );

reg [31:0] count;
always@(posedge clk)
begin
    if(~rst||~sound_up||~sound_down||~fre_up||~fre_down)
      begin pwm_out <= 1; count=0;end
    else begin
      if (pwm_n ==0)  pwm_out <= 1'b0;
      else if (pwm_n==clk_n) pwm_out<=1'b1;
      else begin
         if (count<pwm_n)
           begin pwm_out<=1'b1;count=count+1; end
         else if(count==pwm_n)
         begin pwm_out<=1'b0;count=count+1; end
         else if (count== clk_n)
           begin pwm_out<= 1'b1;count<=0; end
         else  count<=count+1;
      end end
end
endmodule
```

12.1.2　用 PWM 驱动蜂鸣器

例 12.2 给出了 PWM 驱动蜂鸣器的 Verilog 顶层设计。

【例 12.2】　PWM 驱动蜂鸣器 Verilog 顶层源代码。

```verilog
`timescale 1ns / 1ps
module pwm_sound(
        input sys_clk,
        input wire sys_rst,
        input wire sound_up,
        input wire sound_down,
        input wire fre_up,                    //控制 pwm 频率
        input wire fre_down,
        input[7:0] sw,
        output reg[7:0] led='b0000_0001,      //标志音量大小
        output wire [6:0] seg0 ,              //用于数码管显示
        output wire [6:0] seg1 ,
```

```
              output wire [6:0] seg2,
              output wire [6:0] seg3,
              output wire [6:0] seg4,
              output wire [6:0] seg5,
              output wire [6:0] seg6,
              output wire [6:0] seg7,
              output wire pwm_out);
    wire clkcsc,clk_button;
    reg [4:0] sound='d2;                    //占空比，分 32 个等级
    reg [15:0] frequence='d1;               //单位为 Hz
    wire [31:0] n_fre;                      //控制频率的计数
    wire [31:0] n_sound;                    //控制占空比的计数
    wire [15:0] dec_data1,dec_data2;   //用于存储 4 位十进制数

    clk_div  #(10)  u1(              //产生 10 Hz 按键检测时钟，源码见例 8.10
          .clk(sys_clk),
          .clr(sys_rst),
          .clk_out(clk_button));

    always @(posedge clk_button)
    begin
         if(!sound_up) begin
         if(sound<5'd31) sound=sound+1;
         if(sound%2==0) led<=(led<<1)+1;end
         if(!sound_down) begin
         if(sound>=4'h1) sound=sound-1;
         if(sound%2==1) led<=led>>1;end
    end
    assign n_sound=1_562_500*sound/frequence;
         //占空比 0:1/32:1 下的应该计数的值
    assign n_fre=50_000_000/frequence;//对应 pwm 频率下的系统时钟应该计数的值

    always @(posedge clk_button)
    begin
         if (!fre_up) begin
         if((frequence+sw)<8000)    frequence<=frequence+sw;
         else frequence<=8000; end
         if(!fre_down)  begin
         if(frequence>=(1+sw))   frequence<=frequence-sw;
         else frequence<=1; end
    end
    bin2dec u2(                              //将二进制结果转换为十进制数
         .data_bin(frequence),
```

```
            .data_dec(dec_data1));
    bin2dec u3(
        .data_bin(sound),
        .data_dec(dec_data2));

    pwm_gene u4(                          //频率
        .clk(sys_clk),                    //32 kHz
        .rst(sys_rst),
        .sound_up(sound_up),
        .sound_down(sound_down),
        .fre_up(fre_up),
        .fre_down(fre_down),
        .clk_n(n_fre),                    //pwm 的频率=50 MHz/x=2000/(1+f)
        .pwm_n(n_sound),                  //占空比
        .pwm_out(pwm_out));

    seg4_7 u5(.hex(dec_data1[3:0]),.g_to_a(seg0));   //数码管显示
    seg4_7 u6(.hex(dec_data1[7:4]),.g_to_a(seg1));
    seg4_7 u7(.hex(dec_data1[11:8]),.g_to_a(seg2));
    seg4_7 u8(.hex(dec_data1[15:12]),.g_to_a(seg3));
    seg4_7 u9(.hex(dec_data2[3:0]),.g_to_a(seg4));
    seg4_7 u10(.hex(dec_data2[7:4]),.g_to_a(seg5));
    seg4_7 u11(.hex(sw[3:0]),.g_to_a(seg6));
    seg4_7 u12(.hex(sw[7:4]),.g_to_a(seg7));

    endmodule
```

clk_div 模块源码见例 8.10；seg4_7 数码管译码子模块源码见例 9.2；bin2dec 子模块用于将二进制数转化为十进制数，其源码如例 12.3 所示，该模块最多可实现 40 位二进制数转化为其对应的十进制数，本例中实现的是 16 位二进制数的转化。

【例 12.3】 二进制数转换为十进制数子模块。

```
`timescale 1ns / 1ps
module bin2dec(
            input [39:0] data_bin,       //可实现 40 位二进制数转化
            output wire [31:0] data_dec
                );
wire[3:0] m10,m1,k100,k10,k1,hund,ten;
assign m10=data_bin/10_000_000;
assign m1=(data_bin-m10*10_000_000)/1_000_000;
assign k100=(data_bin-m10*10_000_000-m1*1_000_000)/100_000;
assign k10=(data_bin-m10*10_000_000-m1*1_000_000-k100*100_000)/10_000;
assign k1=(data_bin-m10*10_000_000-m1*1_000_000-
        k100*100_000-k10*1_0000)/1000;
assign hund=(data_bin-m10*10_000_000-m1*1_000_000-
```

```
          k100*100_000-k10*1_0000-k1*1000)/100;
assign ten=(data_bin-m10*10_000_000-m1*1_000_000-
          k100*100_000-k10*1_0000-k1*1000-hund*100)/10;
assign data_dec=data_bin+m10*257_324_345+m1*16888327+
          948576*k100+55536*k10+3096*k1+156*hund+6*ten;
endmodule
```

例 12.3 的下载需要用 8 个拨码开关（SW）控制频率调节步进大小；需用 4 个按键，其中 2 个按键控制 PWM 信号的占空比，另 2 个按键控制信号频率的增减；可采用 8 个数码管作为显示，其中 2 个数码管显示 32 级可调占空比（十进制），4 个数码管以十进制形式显示当前频率值，2 个数码管显示频率步进；另需 8 个 LED 灯显示当前音量。当调高信号频率时，扬声器的音调随之升高；当调高占空比时，音量随之变大。可基于 DE2-115 目标板进行锁定和下载，观察实际效果。

12.1.3　用 PWM 驱动步进电动机

1. 步进电动机

步进电动机是将电脉冲信号转变为角位移或线位移的开环控制电动机，是现代数字程序控制系统中的主要执行部件，应用广泛。在非超载的情况下，电动机的转速、停止的位置只取决于脉冲信号的频率和脉冲数，而不受负载变化的影响，当步进驱动器接收到脉冲信号，它就驱动步进电动机按设定的方向转动一个固定的角度，称为"步距角"，它的旋转是以固定的角度一步一步运行的。可以通过控制脉冲个数控制角位移量，从而达到准确定位的目的；同时，可以通过控制脉冲频率控制电动机转动的速度和加速度，从而达到调速的目的。本节将以 17HS8401NTB 型 2 相 4 线步进电动机为例（其外形如图 12.3 所示），介绍用 PWM 信号驱动步进电动机的方法。

该步进电动机的步进角为 1.8°，也就是说运转一圈需要 200 个脉冲。要想使步进电动机运转，必须有配套的步进电动机驱动器，本例使用普菲德 TB6600 型驱动器（其外形如图 12.4 所示），该驱动器有 6 组输入输出，其端口及功能如表 12.1 所示。

图 12.3　17HS8401NTB 型步进电动机　　　图 12.4　TB6600 型驱动器

表 12.1　TB6600 型驱动输入输出功能表

序　号	端　口	功　能
1	ENA+/ENA-	控制电动机是否处于锁定状态。低电平为锁定状态
2	DIR+/DIR-	控制电动机转动方向
3	PUL+/PUL-	PWM 信号输入
4	A+/A-	电动机 A 相输入线
5	B+/B-	电动机 B 相输入线
6	VCC/GND	供电电压（9～42v）
7	SW6～1	细分数设置。细分数越大，电动机速度越慢。角速度 $\omega=kf/m$，k 为常数

　　将步进电动机、驱动器和 DE2-115 实验板进行连接，本例的实物连接如图 12.5 所示，使用 12.12 节产生的 PWM 信号驱动，当调高信号频率时，电动机转速也随之变快。需注意的是，调节占空比并不影响电动机转速。

图 12.5　步进电动机硬件电路连接图

2. 变速启停步进电动机控制

　　由于实际应用中，常常需要控制步进电动机的运转角度（等价于运转步数），本节给出变速启停步进电动机控制实例。为了防止电动机启动和突然停止过程中惯性导致的电动机失步，进而导致角度控制产生误差，本例中除预留控制电动机运转步数的接口，还在电动机启停时加入加速和减速的过程。本例的顶层 Verilog 源码如例 12.4 所示。

【例 12.4】 变速启停步进电动机 Verilog 顶层源代码。

```
`timescale 1ns / 1ps
/*此程序默认电动机驱动细分数为 32，电动机每转一圈需 6400 个 step，最高信号频率为 32 kHz*/
module pwm_motor(
        input sys_clk,                  //50 MHz 时钟
        input wire sys_rst,
        input wire [1:0] sw,
        output wire [6:0] seg0 ,         //用于数码管显示
        output wire [6:0] seg1 ,
        output wire [6:0] seg2,
        output wire [6:0] seg3,
        output wire pul,                 //输出电动机转动信号
```

```
        output ena,    //电动机锁定信号，高电平取消锁定，引线不接时默认锁定
        output dir    //控制电动机旋转方向，高电平时顺时针旋转，低电平时逆时针旋转
            );
    wire [15:0] data_bin;         //数据缓存
    wire [15:0] dec_data_tmp;     //存储 4 位十进制数
    assign dir=sw[1];
    assign ena=sw[0];
    parameter STEP=6400*40;
    parameter FREQ=32000;         //单位为 Hz
    assign data_bin=FREQ/10;      //显示输出 pwm 频率

    motor_pwm_gene #(STEP) u1(
          .clk(sys_clk),
          .rst(sys_rst),
          .signal(pul));
    bin2dec u2(               //二进制结果转换为相应十进制数，源码见例 12.3
          .data_bin(data_bin),
          .data_dec(dec_data_tmp));
    seg4_7 u3(.hex(dec_data_tmp[3:0]),.g_to_a(seg0));    //数码管译码
    seg4_7 u4(.hex(dec_data_tmp[7:4]),.g_to_a(seg1));
    seg4_7 u5(.hex(dec_data_tmp[11:8]),.g_to_a(seg2));
    seg4_7 u6(.hex(dec_data_tmp[15:12]),.g_to_a(seg3));
    endmodule
```

motor_pwm_gene 子模块源码如例 12.5 所示。

【例 12.5】　变速启停 PWM 信号产生模块源代码。

```
    `timescale 1ns / 1ps
    module  motor_pwm_gene(
          input clk,rst,
          output reg signal
            );
    wire[31:0 ] pwm_n,clk_n ;
    parameter [27:0] STEP=2000;  //控制步进电动机的步数,每步需要一个脉冲信号
    reg [27:0] step_tmp;
    reg [15:0] fre_tmp;       /*控制电动机运转信号频率（频率越大，速度越快，
                  经实际测试，在 32 细分情况下，频率在 32 kHz 内均可稳定工作*/
    integer i;
    reg [31:0] count;
    reg [2:0] state;
    always@(*)
    begin
      case(state)
      0:begin step_tmp<=6400*1;fre_tmp<=500;end      //加减速控制
      1:begin step_tmp<=6400*2;fre_tmp<=2000;end
      2:begin step_tmp<=6400*5;fre_tmp<=20000;end
```

```
       3:begin step_tmp<=STEP-6400*16;fre_tmp<=32000;end
        4:begin step_tmp<=6400*5;fre_tmp<=15000;end
        5:begin step_tmp<=6400*2;fre_tmp<=4000;end
        6:begin step_tmp<=6400*1;fre_tmp<=1000;end
        7:begin step_tmp<=0;end
       endcase
   end

   assign clk_n=100_000000/fre_tmp;
   assign pwm_n= clk_n>>1;
   always@(posedge clk, negedge rst)
   begin
      if(~rst)  begin count=0;i=0; state<=0;end
      else
         begin
         if(i<step_tmp)
         begin
         signal=((count>=100)&&(count<=100+pwm_n))?1:0;
         if(count== clk_n)  begin count<=0;i<=i+1;end
         else  count<=count+1;
         end
         else begin
         if(state!=7) begin state<=state+1; i<=0;end
         end  end
   end
   endmodule
```

采用.qsf 文件进行引脚锁定，本例的引脚约束如下（基于 DE2-115 目标板）。

```
   set_location_assignment PIN_Y2   -to sys_clk
   set_location_assignment PIN_Y23 -to sys_rst
   set_location_assignment PIN_AC15 -to pul
   set_location_assignment PIN_Y17  -to ena
   set_location_assignment PIN_Y16  -to dir
   set_location_assignment PIN_Y19  -to seg3[6]
   set_location_assignment PIN_AF23 -to seg3[5]
   set_location_assignment PIN_AD24 -to seg3[4]
   set_location_assignment PIN_AA21 -to seg3[3]
   set_location_assignment PIN_AB20 -to seg3[2]
   set_location_assignment PIN_U21  -to seg3[1]
   set_location_assignment PIN_V21  -to seg3[0]
   set_location_assignment PIN_W28  -to seg2[6]
   set_location_assignment PIN_W27  -to seg2[5]
   set_location_assignment PIN_Y26  -to seg2[4]
   set_location_assignment PIN_W26  -to seg2[3]
```

```
set_location_assignment PIN_Y25  -to seg2[2]
set_location_assignment PIN_AA26 -to seg2[1]
set_location_assignment PIN_AA25 -to seg2[0]
set_location_assignment PIN_U24  -to seg1[6]
set_location_assignment PIN_U23  -to seg1[5]
set_location_assignment PIN_W25  -to seg1[4]
set_location_assignment PIN_W22  -to seg1[3]
set_location_assignment PIN_W21  -to seg1[2]
set_location_assignment PIN_Y22  -to seg1[1]
set_location_assignment PIN_M24  -to seg1[0]
set_location_assignment PIN_H22  -to seg0[6]
set_location_assignment PIN_J22  -to seg0[5]
set_location_assignment PIN_L25  -to seg0[4]
set_location_assignment PIN_L26  -to seg0[3]
set_location_assignment PIN_E17  -to seg0[2]
set_location_assignment PIN_F22  -to seg0[1]
set_location_assignment PIN_G18  -to seg0[0]
set_location_assignment PIN_AC28 -to sw[1]
set_location_assignment PIN_AB28 -to sw[0]
```

首先应使 SW17（sys_rst）按键为低，系统复位并赋初值，然后置 SW7 为 1。如此，SW0 按键（ena）为低时，电动机启动运转，并历经低速、加速和减速等过程；SW1 按键（dir）控制电动机运转的方向。

12.2　超声波测距

超声波指向性强、能量损耗慢，在介质中传播的距离较远，因而经常用于距离的测量，如测距仪和公路上的超声测速等。超声波测距易于实现，并且在测量精度方面能达到工业实用的要求，成本也相对便宜，在机器人、自动驾驶等方面得到广泛应用。HC-SR04 超声波测距模块可提供 2～400 cm 的距离测量范围，性能稳定，精度较高。本节将基于该模块实现超声波测速。

1. 超声波测速原理

超声波发射器向某一方向发射超声波，在发射时刻的同时开始计时，超声波在空气中传播，途中碰到障碍物返回，超声波接收器收到反射波就立即停止计时，传播时间共计为 t（s）。声波在空气中的传播速度为 340 m/s，易得到发射点距障碍物的距离（s）为

$$s = 340 \times t / 2 = 170t \text{(m)} \tag{12.1}$$

超声波测距的原理，就是利用声波在空气中传播的稳定不变特性以及发射和接收回波的时间差实现测距。

2. HC-SR04 超声波测距模块

HC-SR04 超声波测距模块可提供 2～400 cm 的非接触式距离测量功能，测距精度可高达 3 mm，其电气参数如表 12.2 所示。

表 12.2　HC-SR 超声波测距模块电气参数

电气参数名称	HC-SR04 超声波模块
工作电压/工作电流	DC 5 V / 15 mA
工作频率	40 Hz
最远射程/最近射程	4 m / 2 cm
测量角度	15°
输入触发信号	10 μs 的高电平信号
输出回响信号	输出 TTL 电平信号

图 12.6 是 HC-SR 超声波测距模块实物图（正、反面），其接口共 4 个引脚：电源（+5V）、触发信号输入（Trig）、回响信号输出（Echo）、地线（GND）。

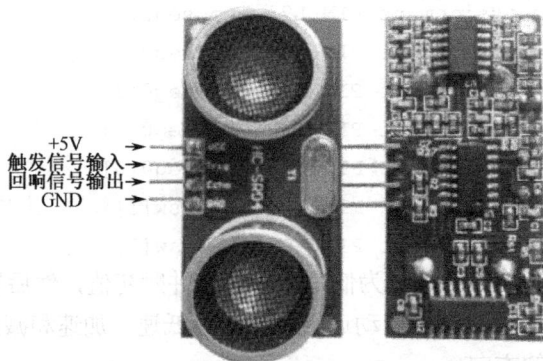

图 12.6　HC-SR 超声波测距模块实物

HC-SR04 超声波模块工作时序如图 12.7 所示。

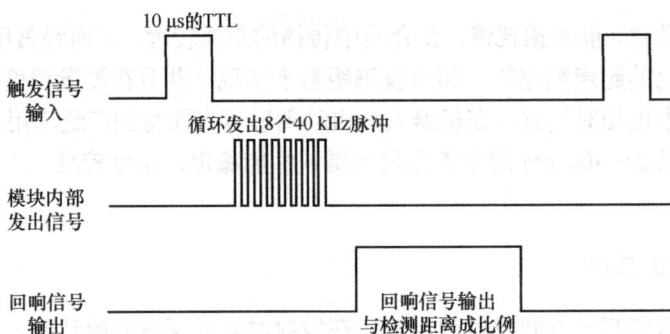

图 12.7　HC-SR04 超声波测距模块工作时序

从图 12.8 的时序可看出，HC-SR 超声波模块的工作过程如下：初始化时将 Trig 和 Echo 端口都置为低，首先向 Trig 端发送至少 10 μs 的高电平脉冲，模块自动向外发送 8 个 40 kHz 的方波，然后进入等待，捕捉 Echo 端输出上升沿，捕捉到上升沿的同时，打开定时器开始计时，再次等待捕捉 Echo 的下降沿，当捕捉到下降沿时，读出计时器的时间，以此作为超声波在空气中传播的时间，按照式（12.1）即可算出距离。

3. 超声波测距顶层设计

超声波测距通过测量发送和接收之间的时间差来实现测距，FPGA 通过检测超声波测距的 Echo 端口电平的变化控制计时的开始和停止。当检测到 Echo 信号上升沿时开始计时，检测到 Echo 信号下降沿时停止计时。其顶层设计源码如例 12.6 所示。

【例 12.6】 超声波测距顶层设计源代码。

```verilog
`timescale 1ns / 1ps
module ultrasound(
        input sys_clk,              //50 MHz 时钟
        input wire sys_rst,
        input echo,                 //回响信号，高电平持续时间为 t,距离=340×t/2
        output wire [6:0] seg0,     //7 段数码管，显示距离
        output wire [6:0] seg1,
        output wire [6:0] seg2,
        output wire [6:0] seg3,
        output wire trig);          //发送一个持续时间超过 10 μs 的高电平
reg [23:0] count;
reg [23:0] distance;
wire [15:0] data_bin;              //数据缓存
reg echo_reg1,echo_reg2;
wire[15:0] dec_data_tmp;           //用于存储 4 位十进制数

assign data_bin=17*distance/5000;  //根据脉冲数计算时间差
always@(posedge sys_clk, negedge sys_rst)
begin
   if(~sys_rst)
   begin
     echo_reg1 <= 0;
     echo_reg2 <= 0;
     count <= 0;
     distance <= 0;
     end
   else
    begin
     echo_reg1 <= echo;            //当前脉冲
     echo_reg2 <= echo_reg1;       //后一个脉冲
     case({echo_reg2,echo_reg1})   //脉冲数计数，用于计算时间差
     2'b01:begin  count=count+1;  end
     2'b11:begin  count=count+1;  end
     2'b10:begin  distance=count; end
     2'b00:begin  count=0;  end
     endcase
     end
end
```

```
        sig_prod u1(
                .clk(sys_clk),
                .rst(sys_rst),
                .trig(trig));
        bin2dec u2(                        //二进制结果转换为相应十进制数
                .data_bin(data_bin),
                .data_dec(dec_data_tmp));
        seg4_7 u3(.hex(dec_data_tmp[3:0]),.g_to_a(seg0));    //数码管译码
        seg4_7 u4(.hex(dec_data_tmp[7:4]),.g_to_a(seg1));
        seg4_7 u5(.hex(dec_data_tmp[11:8]),.g_to_a(seg2));
        seg4_7 u6(.hex(dec_data_tmp[15:12]),.g_to_a(seg3));
        endmodule
```

　　bin2dec 和 seg4_7 两个模块用于将测距结果以十进制形式显示在数码管上，其源码分别见例 12.3 和例 9.2；sig_prod 模块用于产生控制信号，其源码如例 12.7 所示。该模块产生一个持续 10 μs 以上的高电平（本例高电平持续时间为 20 μs）；为防止发射信号对回响信号产生影响，通常两次测量间隔控制在 60 ms 以上，本例的测量间隔设置为 100 ms。

　　【例 12.7】　超声波控制信号产生子模块。

```
        module sig_prod(
                input  clk,
                input  rst,
                output wire  trig);
        parameter[11:0]  PWM_N=1000;          //高电平持续 20 μs
        parameter[23:0]  CLK_N=5_000_000;     //两次测量间隔 100 ms
        reg [23:0] count;
        always@(posedge clk, negedge rst)
        begin
            if(~rst)  begin count=0;end
            else if(count==CLK_N)  count<=0;
            else  count<=count+1;
        end
        assign trig=((count>=100)&&(count<=100+PWM_N))?1:0;
        endmodule
```

　　引脚约束（采用.qsf 文件）如下（基于 DE2-115 目标板锁定）：

```
        set_location_assignment PIN_Y2 -to sys_clk
        set_location_assignment PIN_AB28 -to sys_rst
        set_location_assignment PIN_Y17 -to echo
        set_location_assignment PIN_AC15 -to trig
        set_location_assignment PIN_Y19  -to seg3[6]
        set_location_assignment PIN_AF23 -to seg3[5]
        set_location_assignment PIN_AD24 -to seg3[4]
        set_location_assignment PIN_AA21 -to seg3[3]
        set_location_assignment PIN_AB20 -to seg3[2]
        set_location_assignment PIN_U21  -to seg3[1]
        set_location_assignment PIN_V21  -to seg3[0]
```

```
set_location_assignment PIN_W28  -to seg2[6]
set_location_assignment PIN_W27  -to seg2[5]
set_location_assignment PIN_Y26  -to seg2[4]
set_location_assignment PIN_W26  -to seg2[3]
set_location_assignment PIN_Y25  -to seg2[2]
set_location_assignment PIN_AA26 -to seg2[1]
set_location_assignment PIN_AA25 -to seg2[0]
set_location_assignment PIN_U24  -to seg1[6]
set_location_assignment PIN_U23  -to seg1[5]
set_location_assignment PIN_W25  -to seg1[4]
set_location_assignment PIN_W22  -to seg1[3]
set_location_assignment PIN_W21  -to seg1[2]
set_location_assignment PIN_Y22  -to seg1[1]
set_location_assignment PIN_M24  -to seg1[0]
set_location_assignment PIN_H22  -to seg0[6]
set_location_assignment PIN_J22  -to seg0[5]
set_location_assignment PIN_L25  -to seg0[4]
set_location_assignment PIN_L26  -to seg0[3]
set_location_assignment PIN_E17  -to seg0[2]
set_location_assignment PIN_F22  -to seg0[1]
set_location_assignment PIN_G18  -to seg0[0]
```

将本例基于 DE2-115 开发板进行下载和验证，其实际显示效果如图 12.8 所示。HC-SR 超声波模块连接在开发板的扩展接口，采用 4 个数码管显示距离，单位是毫米（mm）。经实测，测量准确度较高。

图 12.8　超声波测距的实际显示效果

12.3　整数开方运算

开方是基本的数学运算，本节介绍 Non-Restoring 开方算法，并基于此算法实现开方运算。

1. Non-Restoring 开方算法

Non-Restoring 完成一个 N 位二进制数的开方运算需要经过 $N/2$ 个时钟周期。开方算法计算过程简单、结果可以达到任意精度且很容易在硬件上实现。

设被开方数 D 为 36 位无符号数，其二进制表示方式如下

$$D = D_{35} \times 2^{35} + D_{34} * 2^{34} + \cdots + D_1 * 2^1 + D_0 * 2^0$$

开方的结果 Q 为 18 位：$Q = Q_{17}Q_{16} \cdots Q_1Q_0$。令余数为 R（19 位，高位用于符号位），则易得如下不等式

$$Q^2 + R = D < (Q+1)^2 \tag{12.2}$$

解之得

$$0 \leqslant R < 2Q + 1 = (1 \ll Q) + 1 \tag{12.3}$$

Non-Restoring 开方算法系统框图如图 12.9 所示。

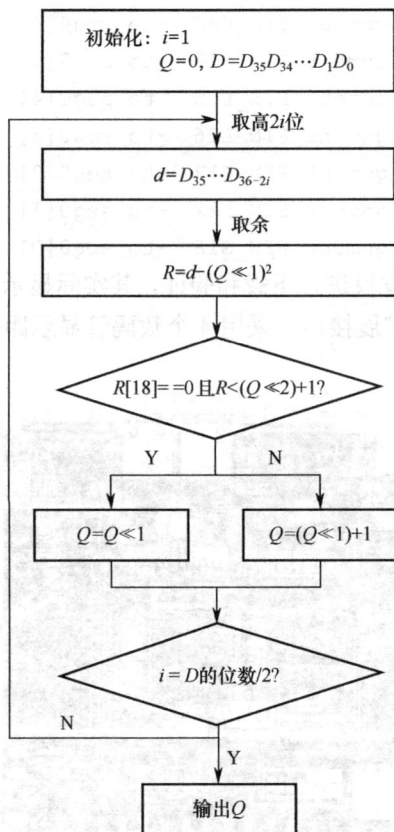

图 12.9　Non-Restoring 开方算法系统框图

2. 开方算法实现

本例开方运算的源代码如例 12.8 所示。为将开方结果精确到 3 位小数，将输入数扩大 10^8 倍，故需要 36 位寄存器存储该数据。调用 clk_div 模块产生 1000 Hz 运算时钟；调用 bin2dec 和 seg4_7 模块用于将开方结果以十进制形式显示在数码管上。

【例 12.8】　开方运算源代码。

```verilog
`timescale 1ns / 1ps
module root(
        input  sys_clk,sys_rst,
        input  [7:0] sw,
        output wire [6:0] seg0,        //数码管显示
        output wire [6:0] seg1,
        output wire [6:0] seg2,
        output wire [6:0] seg3,
        output wire [6:0] seg4,
        output wire [6:0] seg5,
        output wire [6:0] seg6,
        output wire [6:0] seg7,
        output wire  dp);              //小数点位置
wire[35:0] D;
reg[17:0] Q_tmp, Q=0;
reg[18:0] R=0;                         //余数
reg[4:0] i=17;
wire[3:0] dec_tmp;
wire clk1k;
wire [23:0] dec_data1;
wire [11:0] dec_data2;
assign D=sw*100_000_000;
assign dp=1'b1;

clk_div #(1000)  u2(                   //产生1000 Hz 时钟信号
        .clk(sys_clk),
        .clr(sys_rst),
        .clk_out(clk1k));

bin2dec u3(      //二进制结果转换为3位十进制数（12位二进制表示）
        .data_bin(Q_tmp),
        .data_dec(dec_data1));
bin2dec u4(
        .data_bin(sw),
        .data_dec(dec_data2));

seg4_7 u5(.hex(dec_data1[3:0]),.g_to_a(seg0)); //数码管显示
seg4_7 u6(.hex(dec_data1[7:4]),.g_to_a(seg1));
seg4_7 u7(.hex(dec_data1[11:8]),.g_to_a(seg2));
seg4_7 u8(.hex(dec_data1[15:12]),.g_to_a(seg3));
seg4_7 u9(.hex(dec_tmp),.g_to_a(seg4));
seg4_7 u10(.hex(dec_data2[3:0]),.g_to_a(seg5));
seg4_7 u11(.hex(dec_data2[7:4]),.g_to_a(seg6));
seg4_7 u12(.hex(dec_data2[11:8]),.g_to_a(seg7));
```

```
      assign dec_tmp=dec_data1[19:16]+dec_data1[23:20]*10;


      always@(posedge clk1k, negedge sys_rst)
      begin
        if(~sys_rst)  begin i=17;Q=0;end
        else  begin
          case (i)
            18:begin Q_tmp=Q; i=17;end        //添加 i=17,即可自动计算
            17:begin  Q=0; R=D[35:34]-(Q<<1)*(Q<<1);
                if (R[18]==0&& R<(Q<<2)+1)  Q=Q<<1;
                else Q=(Q<<1)+1; i=16; end
            16:begin  R=D[35:32]-(Q<<1)*(Q<<1);
                if (R[18]==0 && R<(Q<<2)+1)  Q=Q<<1;
                else Q=(Q<<1)+1; i=15;  end
            15:begin  R=D[35:30]-(Q<<1)*(Q<<1);
                if (R[18]==0&& R<(Q<<2)+1)  Q=Q<<1;
                else Q=(Q<<1)+1; i=14;  end
            14:begin  R=D[35:28]-(Q<<1)*(Q<<1);
                if (R[18]==0&& R<(Q<<2)+1)  Q=Q<<1;
                else Q=(Q<<1)+1; i=13;  end
            13:begin  R=D[35:26]-(Q<<1)*(Q<<1);
                if (R[18]==0&& R<(Q<<2)+1)  Q=Q<<1;
                else Q=(Q<<1)+1; i=12;  end
            12:begin  R=D[35:24]-(Q<<1)*(Q<<1);
               if(R[18]==0&& R<(Q<<2)+1)  Q=Q<<1;
                else Q=(Q<<1)+1;  i=11;  end
            11:begin  R=D[35:22]-(Q<<1)*(Q<<1);
                if (R[18]==0&& R<(Q<<2)+1)  Q=Q<<1;
                else Q=(Q<<1)+1; i=10;  end
            10:begin  R=D[35:20]-(Q<<1)*(Q<<1);
                if (R[18]==0&& R<(Q<<2)+1)  Q=Q<<1;
                else Q=(Q<<1)+1; i=9;  end
            9:begin  R=D[35:18]-(Q<<1)*(Q<<1);
                if (R[18]==0&& R<(Q<<2)+1)  Q=Q<<1;
                else Q=(Q<<1)+1; i=8;  end
            8:begin  R=D[35:16]-(Q<<1)*(Q<<1);
                if (R[18]==0&& R<(Q<<2)+1)  Q=Q<<1;
                else Q=(Q<<1)+1; i=7;  end
            7:begin  R=D[35:14]-(Q<<1)*(Q<<1);
                if (R[18]==0&& R<(Q<<2)+1)  Q=Q<<1;
                else Q=(Q<<1)+1; i=6;  end
            6:begin  R=D[35:12]-(Q<<1)*(Q<<1);
                if (R[18]==0&& R<(Q<<2)+1)  Q=Q<<1;
                else Q=(Q<<1)+1; i=5;  end
            5:begin  R=D[35:10]-(Q<<1)*(Q<<1);
```

```
          if (R[18]==0&& R<(Q<<2)+1)  Q=Q<<1;
          else Q=(Q<<1)+1; i=4; end
     4:begin  R=D[35:8]-(Q<<1)*(Q<<1);
          if (R[18]==0&& R<(Q<<2)+1)  Q=Q<<1;
          else Q=(Q<<1)+1; i=3; end
     3:begin  R=D[35:6]-(Q<<1)*(Q<<1);
          if (R[18]==0&& R<(Q<<2)+1)  Q=Q<<1;
          else Q=(Q<<1)+1; i=2; end
     2:begin  R=D[35:4]-(Q<<1)*(Q<<1);
          if (R[18]==0&& R<(Q<<2)+1)  Q=Q<<1;
          else Q=(Q<<1)+1; i=1; end
     1:begin  R=D[35:2]-(Q<<1)*(Q<<1);
          if (R[18]==0&& R<(Q<<2)+1)  Q=Q<<1;
          else Q=(Q<<1)+1; i=0; end
     0:begin  R=D[35:0]-(Q<<1)*(Q<<1);
          if (R[18]==0&& R<(Q<<2)+1)  Q=Q<<1;
          else Q=(Q<<1)+1; i=18; end
   endcase
  end end
endmodule
```

　clk_div 子模块和 seg4_7 子模块源码分别见例 8.10 和例 9.2；bin2dec 子模块源码见例 12.3。在本例中，bin2dec 实现 18 位二进制数转换为相应十进制数的功能。

　引脚约束如下：

```
set_location_assignment PIN_Y2 -to sys_clk
set_location_assignment PIN_M23 -to sys_rst
set_location_assignment PIN_AA14 -to seg7[6]
set_location_assignment PIN_AG18 -to seg7[5]
set_location_assignment PIN_AF17 -to seg7[4]
set_location_assignment PIN_AH17 -to seg7[3]
set_location_assignment PIN_AG17 -to seg7[2]
set_location_assignment PIN_AE17 -to seg7[1]
set_location_assignment PIN_AD17 -to seg7[0]
set_location_assignment PIN_AC17 -to seg6[6]
set_location_assignment PIN_AA15 -to seg6[5]
set_location_assignment PIN_AB15 -to seg6[4]
set_location_assignment PIN_AB17 -to seg6[3]
set_location_assignment PIN_AA16 -to seg6[2]
set_location_assignment PIN_AB16 -to seg6[1]
set_location_assignment PIN_AA17 -to seg6[0]
set_location_assignment PIN_AH18 -to seg5[6]
set_location_assignment PIN_AF18 -to seg5[5]
set_location_assignment PIN_AG19 -to seg5[4]
set_location_assignment PIN_AH19 -to seg5[3]
set_location_assignment PIN_AB18 -to seg5[2]
set_location_assignment PIN_AC18 -to seg5[1]
```

```
set_location_assignment PIN_AD18 -to seg5[0]
set_location_assignment PIN_AE18 -to seg4[6]
set_location_assignment PIN_AF19 -to seg4[5]
set_location_assignment PIN_AE19 -to seg4[4]
set_location_assignment PIN_AH21 -to seg4[3]
set_location_assignment PIN_AG21 -to seg4[2]
set_location_assignment PIN_AA19 -to seg4[1]
set_location_assignment PIN_AB19 -to seg4[0]
set_location_assignment PIN_Y19 -to seg3[6]
set_location_assignment PIN_AF23 -to seg3[5]
set_location_assignment PIN_AD24 -to seg3[4]
set_location_assignment PIN_AA21 -to seg3[3]
set_location_assignment PIN_AB20 -to seg3[2]
set_location_assignment PIN_U21 -to seg3[1]
set_location_assignment PIN_V21 -to seg3[0]
set_location_assignment PIN_W28 -to seg2[6]
set_location_assignment PIN_W27 -to seg2[5]
set_location_assignment PIN_Y26 -to seg2[4]
set_location_assignment PIN_W26 -to seg2[3]
set_location_assignment PIN_Y25 -to seg2[2]
set_location_assignment PIN_AA26 -to seg2[1]
set_location_assignment PIN_AA25 -to seg2[0]
set_location_assignment PIN_U24 -to seg1[6]
set_location_assignment PIN_U23 -to seg1[5]
set_location_assignment PIN_W25 -to seg1[4]
set_location_assignment PIN_W22 -to seg1[3]
set_location_assignment PIN_W21 -to seg1[2]
set_location_assignment PIN_Y22 -to seg1[1]
set_location_assignment PIN_M24 -to seg1[0]
set_location_assignment PIN_H22 -to seg0[6]
set_location_assignment PIN_J22 -to seg0[5]
set_location_assignment PIN_L25 -to seg0[4]
set_location_assignment PIN_L26 -to seg0[3]
set_location_assignment PIN_E17 -to seg0[2]
set_location_assignment PIN_F22 -to seg0[1]
set_location_assignment PIN_G18 -to seg0[0]
set_location_assignment PIN_J16 -to dp
set_location_assignment PIN_AB28 -to sw[0]
set_location_assignment PIN_AC28 -to sw[1]
set_location_assignment PIN_AC27 -to sw[2]
set_location_assignment PIN_AD27 -to sw[3]
set_location_assignment PIN_AB27 -to sw[4]
set_location_assignment PIN_AC26 -to sw[5]
set_location_assignment PIN_AD26 -to sw[6]
set_location_assignment PIN_AB26 -to sw[7]
```

将本例基于 DE2-115 开发板进行下载，观察实际效果，用 8 个拨码开关（SW0～SW7）输入待开方的整数（无符号整数，数值范围为 0～255），用 3 个数码管显示该整数；用 5 个数码管显示开方结果，其中，整数 1 位，小数部分 4 位，小数点用 LEDR12 模拟。

12.4　Cordic 算法及实现

对于三角函数的计算，在计算机普及之前，人们通常通过查找三角函数表来计算任意角度的三角函数值。计算机普及后，计算机可以利用级数展开，比如，泰勒级数来逼近三角函数，只要项数取得足够多，就能以任意精度来逼近函数值。所有这些逼近方法本质上都是用多项式函数来近似计算三角函数，计算过程中必然涉及大量的浮点运算。在缺乏硬件乘法器的简单设备上（如没有浮点运算单元的单片机），用这些方法计算三角函数会非常麻烦。为解决此问题，J. Volder 于 1959 年提出一种快速算法，被称为 Cordic（Coordinate Rotation Digital Computer）算法，即坐标旋转数字计算方法，该算法只利用移位和加、减运算，就能计算出常用三角函数值，如 sin、cos、sinh、cosh 等。

本节基于 FPGA 实现 Cordic 算法，将复杂的三角函数运算转化成普通的加、减和乘法实现，其中，乘法运算可以用移位运算代替。

12.4.1　Cordic 算法及其原理

如图 12.10 所示，假设在直角坐标系中有一个点 P_1 (x_1, y_1)，将点 P_1 绕原点旋转 θ 角后得到点 P_2 (x_2, y_2)。于是可以得到 P_1 和 P_2 的关系：

$$\begin{cases} x_2 = x_1\cos\theta - y_1\sin\theta = \cos\theta(x_1 - y_1\tan\theta) \\ y_2 = y_1\cos\theta - x_1\sin\theta = \cos\theta(y_1 - x_1\tan\theta) \end{cases} \tag{12.4}$$

转化为矩阵形式为

$$\begin{bmatrix} x_2 \\ y_2 \end{bmatrix} = \cos\theta * \begin{bmatrix} 1 & -\tan\theta \\ \tan\theta & 1 \end{bmatrix} * \begin{bmatrix} x_1 \\ y_1 \end{bmatrix} \tag{12.5}$$

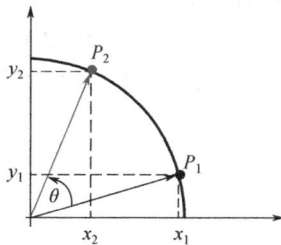

图 12.10　Cordic 算法原理

根据以上式（12.4）和式（12.5），当已知一个点 P_1 的坐标，并已知该点 P_1 旋转的角度 θ，则可以根据上述公式求得目标点 P_2 的坐标。为了兼顾顺时针旋转的情形，可以设置一个标志，记为 flag，其值为 1，表示逆时针旋转，其值为-1 时，表示顺时针旋转。以上矩阵改写为

$$\begin{bmatrix} x_2 \\ y_2 \end{bmatrix} = \cos\theta \times \begin{bmatrix} 1 & -\text{flag}\times\tan\theta \\ \text{flag}\times\tan\theta & 1 \end{bmatrix} \times \begin{bmatrix} x_1 \\ y_1 \end{bmatrix} \tag{12.6}$$

容易归纳出以下通项公式

$$\begin{bmatrix} x_{n+1} \\ y_{n+1} \end{bmatrix} = \cos\theta_n \times \begin{bmatrix} 1 & -flag_n \times \tan\theta_n \\ flag_n \times \tan\theta_n & 1 \end{bmatrix} \times \begin{bmatrix} x_n \\ y_n \end{bmatrix} \tag{12.7}$$

为了简化计算过程，可以令旋转的初始位置为 0°、旋转半径为 1，则 x_n 和 y_n 的值即为旋转后余弦值和正弦值。并规定每次旋转的角度为特定值，即

$$\begin{cases} x_0 = 1 \\ y_0 = 0 \\ \tan\theta_n = \dfrac{1}{2^n} \end{cases} \tag{12.8}$$

通过迭代可以得出

$$\begin{bmatrix} x_{n+1} \\ y_{n+1} \end{bmatrix}$$

$$= \cos\theta_n \times \begin{bmatrix} 1 & -flag_n \times \tan\theta_n \\ flag_n \times \tan\theta_n & 1 \end{bmatrix} \times \begin{bmatrix} x_n \\ y_n \end{bmatrix}$$

$$= \cos\theta_n \times \begin{bmatrix} 1 & -flag_n \times \tan\theta_n \\ flag_n \times \tan\theta_n & 1 \end{bmatrix} * \cos\theta_{n-1} \times \begin{bmatrix} 1 & -flag_{n-1} * \tan\theta_{n-1} \\ flag_{n-1} \times \tan\theta_{n-1} & 1 \end{bmatrix} \times \begin{bmatrix} x_{n-1} \\ y_{n-1} \end{bmatrix}$$

$$= \cos\theta_n \times \begin{bmatrix} 1 & -flag_n * \tan\theta_n \\ flag_n * \tan\theta_n & 1 \end{bmatrix} * \cdots * \begin{bmatrix} 1 \\ 0 \end{bmatrix}$$

$$= \prod_{i=0}^{n} \cos\theta_i \times \prod_{i=0}^{n} \begin{bmatrix} 1 & -flag_i * \tan\theta_i \\ flag_i * \tan\theta_i & 1 \end{bmatrix} * \begin{bmatrix} 1 \\ 0 \end{bmatrix}$$

$$\xrightarrow{\Leftrightarrow K = \prod_{i=0}^{n} \cos\theta_i} = \prod_{i=0}^{n} \begin{bmatrix} 1 & -flag_i/2^i \\ flag_i/2^i & 1 \end{bmatrix} * \begin{bmatrix} K \\ 0 \end{bmatrix}$$

$$\tag{12.9}$$

分析以上推导过程可知，只要在 **FPGA** 中存储适当数量的角度值，即可以通过反复迭代完成正余弦函数计算。从公式中可以看出，计算结果的精度受 K 的值以及迭代次数的影响。下面分析计算精度与迭代次数之间的关系。

可以证明，K 的值随着 n 的变大逐渐收敛。图 12.11 为 K 值随迭代次数的收敛情况，从中可以看出，迭代 10 次即有很好的收敛效果，K 值收敛于 0.607252935。

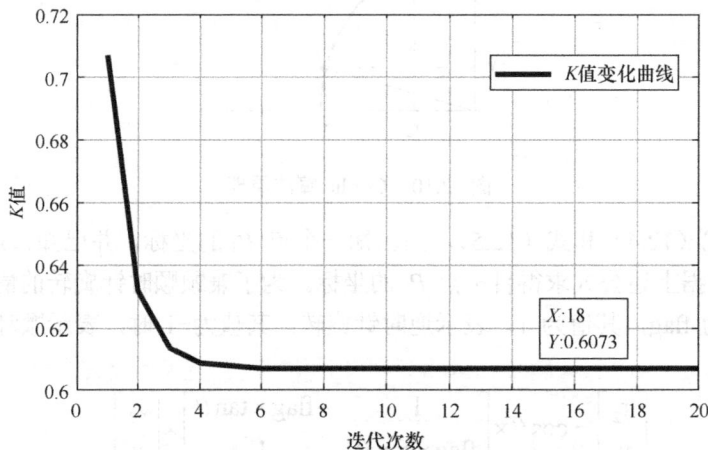

图 12.11　K 值随着迭代次数的变化曲线

在 MATLAB 软件中模拟使用 Cordic 算法完成的角度逼近情况，如图 12.12 所示。从图中可以看出，当迭代次数超过 15 次时，该算法可以很好地逼近待求角度。

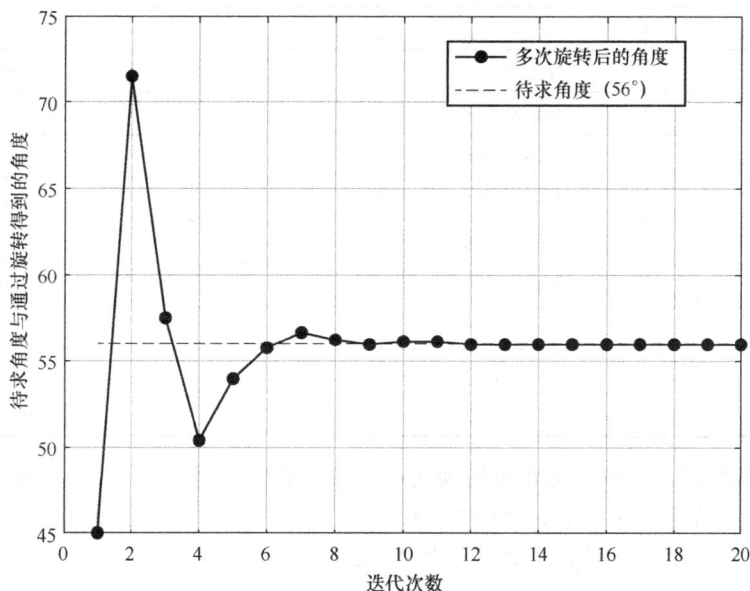

图 12.12　在 MATLAB 中使用 Cordic 算法实现角度逼近

综上可知，当迭代次数超过 15 次时，计算的精度基本可以得到满足。

12.4.2　Cordic 算法的实现

在 Cordic 算法的 Verilog 实现过程中，要着重解决下面的问题。

1）输入角度象限的划分：三角函数值都可以转化到 0～90° 范围内计算，所以考虑对输入的角度进行预处理，进行初步的范围划分，分为 4 个象限，如表 12.3 所示，然后将其转化到 0～90° 范围内进行计算。

表 12.3　角度范围划分

划 分 象 限	象　　　限	划 分 象 限	象　　　限
00	第一象限	10	第三象限
01	第二象限	11	第四象限

2）FPGA 综合时只能对定点数进行计算，所以要进行数值的扩大，从而导致结果也扩大。因此要进行后处理，乘以相应的因子，使数值变为原始的结果。

本例采用 8 位拨码开关作为角度值输入，则角度的输入范围为 0～255°。使用 C4_MB 上 8 位数码管作为输出显示，由于计算结果有正负，故用一位数码管作为正负标志，A 表示结果为正，F 表示结果为负，剩余 7 位数码管作为数值结果显示。为使计算结果能精确到 0.00001 位，即只在数码管最后一位有误差，本文采用 20 次迭代。

首先根据式（12.9），使用 MATLAB 软件计算出 20 个特定角度值并放大 232 倍，如表 12.4 所示。

$$\theta_n = \arctan \frac{1}{2^n} \tag{12-10}$$

表 12.4　20 个特定旋转角

n	角度值（°）	n	角度值（°）
0	45	10	0.055952892
1	26.56505118	11	0.027976453
2	14.03624347	12	0.013988227
3	7.125016349	13	0.006994114
4	3.576334375	14	0.003497057
5	1.789910608	15	0.001748528
6	0.89517371	16	0.000874264
7	0.447614171	17	0.000437132
8	0.2238105	18	0.000218566
9	0.111905677	19	0.000109283

3）实际编程时，当输入的角度转换到第一象限后较小时（小于 5°）或较大时（大于 85°），计算结果都会溢出。通过 MATLAB 仿真发现，当待测角度较小时，旋转过程中会出现负角情况，即计算出的 y_n 值为负，如图 12.13 所示。

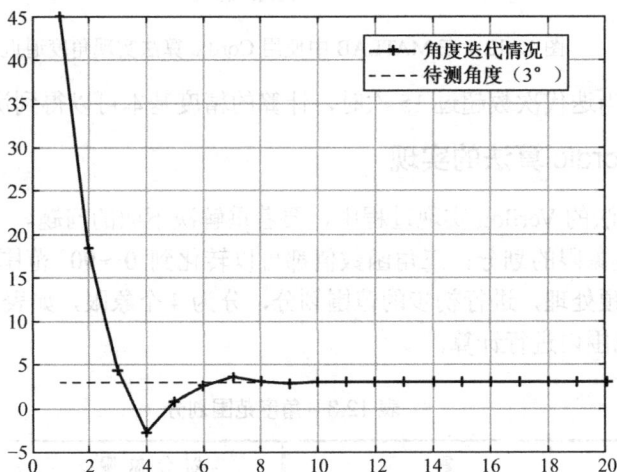

图 12.13　待测角为 3°时的角度迭代情况

针对以上问题，可以在计算过程中加入特别判定语句，人为调整计算过程加以解决，此段代码如下所示：

```
if ((phase_tmp[DW-1]==0&&phase_tmp<=phase_reg)||phase_tmp[DW-1]==1)
    //小角度<5度,容易旋转至第四象限，即 y 为负数
    begin
        if(phase_tmp[DW-1]==1)  x<=x+((~y+1)>>i);  else  x<=x-(y>>i);
```

同样，当角度较大时，x_n 也会出现类似情况，也需人为调整。

4）图 12.14 为待测角为 0°时的角度旋转过程。放大最后的迭代结果细节发现，该迭代曲线以小于 0°的方式趋近 0°。即表示，最终还是以负值作为近似 0°，从而导致计算结果出错。同样的问题也会出现在 90°、180°等位置。

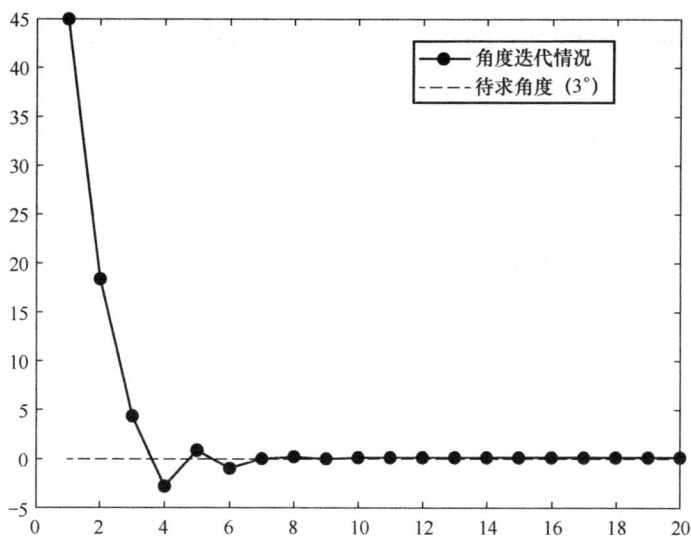

图 12.14　待测角为 0° 时的角度迭代情况

　　由于计算 0° 的三角函数值与其从正值趋近还是负值趋近无关，故采用如下代码直接将负数变为正数解决上面的问题。

```
else if (i=='d20) begin
if(y[DW-1]==1) y=~y+1;          //计算完成时值依然为负数的，调整为正数
if(x[DW-1]==1) x=~x+1;
```

5）至此完成 Cordic 算法编程实现，其 Verilog 源代码如例 12.9 所示。

【例 12.9】　实现 Cordic 算法的 Verilog 源代码。

```
`timescale 1ns / 1ps
module cordic(
        input clk,
        input reset,
        input [7:0] phase,          //输入角度数
        input sinorcos,
        output [DW-1+20:0]out_data,  //防止溢出，+20 位
        output reg[1:0] symbol       //正负标记，0 表示正，1 表示负
          );
//----------------------------------------
parameter DW=48;
parameter K=40'h009B74EDA8;          //K=0.607253*2^32,40'h9B74EDA8,
integer i=0;
reg [1:0]quadrant;
reg signed [DW-1:0]x;
reg signed [DW-1:0]y;
reg [DW-1:0]sin;
reg [DW-1:0]cos;
reg [DW-1:0] phase_reg;              //0~90 度
wire [DW-1:0] phase_regtmp;          //待计算的角度
assign phase_regtmp=phase<<32;
```

```verilog
reg signed [DW-1:0] phase_tmp;        //存储当前的角度
reg [39:0] rot[19:0];


always@(posedge clk, negedge reset)
begin
  if(~reset) begin
    x<=K;  y<=40'b0;  phase_tmp=0;
    rot[0]=40'h2D00000000;
    rot[1]=40'h1A90A731A6;
    rot[2]=40'h0E0947407D;
    rot[3]=40'h072001124A ;
    rot[4]=40'h03938AA64C;
    rot[5]=40'h01CA3794E5;
    rot[6]=40'h00E52A1AB2;
    rot[7]=40'h007296D7A1;
    rot[8]=40'h00394BA51C;
    rot[9]=40'h001CA5D9B7 ;
    rot[10]=40'h000E52EDC1;
    rot[11]=40'h00072976FD;
    rot[12]=40'h000394BB82 ;
    rot[13]=40'h0001CA5DC2;
    rot[14]=40'h0000E52EE1;
    rot[15]=40'h0000729770;
    rot[16]=40'h0000394BB8;
    rot[17]=40'h00001CA5DC;
    rot[18]=40'h00000E52EE;
    rot[19]=40'h0000072977;
    if(phase_regtmp<44'h05A00000000) begin            //<90度
      phase_reg<=phase_regtmp; quadrant<=2'b00;  end
    else if(phase_regtmp<44'h0B4_0000_0000) begin     //<180度
      phase_reg<=phase_regtmp-44'h05A00000000;
      quadrant<=2'b01;  end
    else if(phase_regtmp<44'h10E00000000)begin        //<270度
      phase_reg<=phase_regtmp-44'h0B400000000;
      quadrant<=2'b10;  end
    else begin                                         //<360度
      phase_reg<=phase_regtmp-44'h10E00000000;
      quadrant<=2'b11;  end
  end
  else begin
    if(i<'d20) begin
  if((phase_tmp[DW-1]==0&&phase_tmp<=phase_reg)||phase_tmp[DW-1]==1)
      //小角度<5度,容易旋转至第四象限，即 y 为负数
   begin
   if(phase_tmp[DW-1]==1) x<=x+((~y+1)>>i);
```

```
    else x<=x-(y>>i);   y<=y+(x>>i);
      phase_tmp<=phase_tmp+rot[i];   i<=i+1;   end
    else begin   x<=x+(y>>i);
    if(phase_tmp>44'h05A00000000) y<=y+((~x+1)>>i);
        //大角度时>85度，容易旋转到第二象限，即 x 为负数
      else y<=y-(x>>i);   phase_tmp<=phase_tmp-rot[i];
        i<=i+1;   end
  end
  else if(i=='d20)begin
    if(y[DW-1]==1) y=~y+1;    //计算完成时值依然为负数的，调整为整数
    if(x[DW-1]==1) x=~x+1;
  case(quadrant)
  2'b00:
    //角度值在第一象限,Sin(X)=Sin(A),Cos(X)=Cos(A)
        begin
         cos<=x;   sin<=y;
         symbol<=2'b00;
         end
        2'b01:
    //角度值在第二象限,Sin(X)=Sin(A+90)=CosA,Cos(X)=Cos(A+90)=-SinA
         begin
           cos <=y;        //-sin
           sin <=x;        //cos
           symbol<=2'b10;
           end
         2'b10:
    //角度值在第三象限,Sin(X)=Sin(A+180)=-SinA,Cos(X)=Cos(A+180)=-CosA
           begin
             cos <= x;    //-cos
             sin <= y;    //-sin
             symbol<=2'b11;
           end
           2'b11:
    //角度值在第四象限,Sin(X)=Sin(A+270)=-CosA,Cos(X)=Cos(A+270)=SinA
             begin
               cos <= y;       //sin
               sin <= x;       //-cos
               symbol<=2'b01;
             end
      endcase
        i<=i+1;
  end
else begin   phase_tmp<=0; x<=K; y<=40'b0; i<=0; end
  end
end
```

```
          assign out_data=((sinorcos?sin:cos)*15625)>>26;
                  //为了防止溢出，提前做了部分运算*1000000>>32

          endmodule
```

6）在实现 Cordic 算法的基础上，增加数码管显示等模块构成顶层设计，如例 12.10
所示。

【例 12.10】　Cordic 设计顶层源代码。

```
`timescale 1ns / 1ps
module cordic_top(
        input sys_clk,
        input sys_rst,
        input sinorcos,
        input wire [7:0] phase,
        output wire [6:0] seg0,   //数码管显示
        output wire [6:0] seg1,
        output wire [6:0] seg2,
        output wire [6:0] seg3,
        output wire [6:0] seg4,
        output wire [6:0] seg5,
        output wire [6:0] seg6,
        output wire [6:0] seg7,
        output wire  dp);
wire clkcsc;
wire [1:0] symbol;
wire [39:0] data_tmp;
wire [31:0] dec_data1;
reg [3:0] dec_tmp;
assign dp=1'b1;

always@(posedge clkcsc)
begin
  if(sinorcos) begin
    if(symbol[0]) dec_tmp<='hf; else dec_tmp<='ha; end
  else begin
    if(symbol[1]) dec_tmp<='hf; else dec_tmp<='ha;end
end

clk_div #(5000)  i1(         //产生 5 kHz 时钟，源码见例 8.10
      .clk(sys_clk),
      .clr(sys_rst),
      .clk_out(clkcsc)
      );
bin2dec i2(                  //二进制结果转换为相应的十进制数
      .data_bin(data_tmp),
      .data_dec(dec_data1));
cordic i3(
```

```
                .clk(sys_clk),
                .reset(sys_rst),
                .phase(phase),
                .out_data(data_tmp),
                .sinorcos(sinorcos),
                .symbol(symbol)
                );

    seg4_7 i4(.hex(dec_data1[3:0]),.g_to_a(seg0));  //数码管显示
    seg4_7 i5(.hex(dec_data1[7:4]),.g_to_a(seg1));
    seg4_7 i6(.hex(dec_data1[11:8]),.g_to_a(seg2));
    seg4_7 i7(.hex(dec_data1[15:12]),.g_to_a(seg3));
    seg4_7 i8(.hex(dec_data1[19:16]),.g_to_a(seg4));
    seg4_7 i9(.hex(dec_data1[23:20]),.g_to_a(seg5));
    seg4_7 i10(.hex(dec_data1[27:24]),.g_to_a(seg6));
    seg4_7 i11(.hex(dec_tmp),.g_to_a(seg7));
    endmodule
```

clk_div、seg4_7 子模块源码分别见例 8.10 和例 9.2；bin2dec 子模块源码见例 12.3。
引脚约束如下：

```
    set_location_assignment PIN_Y2 -to sys_clk
    set_location_assignment PIN_M23 -to sys_rst
    set_location_assignment PIN_M21 -to sinorcos
    set_location_assignment PIN_AA14 -to seg7[6]
    set_location_assignment PIN_AG18 -to seg7[5]
    set_location_assignment PIN_AF17 -to seg7[4]
    set_location_assignment PIN_AH17 -to seg7[3]
    set_location_assignment PIN_AG17 -to seg7[2]
    set_location_assignment PIN_AE17 -to seg7[1]
    set_location_assignment PIN_AD17 -to seg7[0]
    set_location_assignment PIN_AC17 -to seg6[6]
    set_location_assignment PIN_AA15 -to seg6[5]
    set_location_assignment PIN_AB15 -to seg6[4]
    set_location_assignment PIN_AB17 -to seg6[3]
    set_location_assignment PIN_AA16 -to seg6[2]
    set_location_assignment PIN_AB16 -to seg6[1]
    set_location_assignment PIN_AA17 -to seg6[0]
    set_location_assignment PIN_AH18 -to seg5[6]
    set_location_assignment PIN_AF18 -to seg5[5]
    set_location_assignment PIN_AG19 -to seg5[4]
    set_location_assignment PIN_AH19 -to seg5[3]
    set_location_assignment PIN_AB18 -to seg5[2]
    set_location_assignment PIN_AC18 -to seg5[1]
    set_location_assignment PIN_AD18 -to seg5[0]
    set_location_assignment PIN_AE18 -to seg4[6]
    set_location_assignment PIN_AF19 -to seg4[5]
```

```
set_location_assignment PIN_AE19 -to seg4[4]
set_location_assignment PIN_AH21 -to seg4[3]
set_location_assignment PIN_AG21 -to seg4[2]
set_location_assignment PIN_AA19 -to seg4[1]
set_location_assignment PIN_AB19 -to seg4[0]
set_location_assignment PIN_Y19 -to seg3[6]
set_location_assignment PIN_AF23 -to seg3[5]
set_location_assignment PIN_AD24 -to seg3[4]
set_location_assignment PIN_AA21 -to seg3[3]
set_location_assignment PIN_AB20 -to seg3[2]
set_location_assignment PIN_U21 -to seg3[1]
set_location_assignment PIN_V21 -to seg3[0]
set_location_assignment PIN_W28 -to seg2[6]
set_location_assignment PIN_W27 -to seg2[5]
set_location_assignment PIN_Y26 -to seg2[4]
set_location_assignment PIN_W26 -to seg2[3]
set_location_assignment PIN_Y25 -to seg2[2]
set_location_assignment PIN_AA26 -to seg2[1]
set_location_assignment PIN_AA25 -to seg2[0]
set_location_assignment PIN_U24 -to seg1[6]
set_location_assignment PIN_U23 -to seg1[5]
set_location_assignment PIN_W25 -to seg1[4]
set_location_assignment PIN_W22 -to seg1[3]
set_location_assignment PIN_W21 -to seg1[2]
set_location_assignment PIN_Y22 -to seg1[1]
set_location_assignment PIN_M24 -to seg1[0]
set_location_assignment PIN_H22 -to seg0[6]
set_location_assignment PIN_J22 -to seg0[5]
set_location_assignment PIN_L25 -to seg0[4]
set_location_assignment PIN_L26 -to seg0[3]
set_location_assignment PIN_E17 -to seg0[2]
set_location_assignment PIN_F22 -to seg0[1]
set_location_assignment PIN_G18 -to seg0[0]
set_location_assignment PIN_G15 -to dp
set_location_assignment PIN_AB28 -to phase[0]
set_location_assignment PIN_AC28 -to phase[1]
set_location_assignment PIN_AC27 -to phase[2]
set_location_assignment PIN_AD27 -to phase[3]
set_location_assignment PIN_AB27 -to phase[4]
set_location_assignment PIN_AC26 -to phase[5]
set_location_assignment PIN_AD26 -to phase[6]
set_location_assignment PIN_AB26 -to phase[7]
```

　　将本例下载到 DE2-115 开发板，Cordic 算法演示如图 12.15 所示，角度值由 8 个拨码开关输入，按下 KEY0 按键，显示其 sin 值，按下 KEY1 键可切换显示其 cos 值。用 8 个数码管显示结果，其中第 1 个数码管显示正负（A 表示正，F 表示负），后 7 个数码管显示数值结果，用 LEDR15 灯模拟小数点。在图 12.15 中，上面输入角度值为 11110，即 30°，其 sin 值显示为正的 0.500001；下面输入角度值为 11110000，即 240°，其 sin 值显示为负的 0.866024。本例的精度可达到 10^{-5}，如需进一步提高精度，可通过修改迭代次数实现。

图 12.15　Cordic 算法演示

12.5　UART 异步串口通信

UART（Universal Asynchronous Receiver Transmitter）即通用异步收发器，是一种异步通信协议，只需要两条信号线（发送信号线 txd 和接收信号线 rxd），即可实现全双工通信。实现 UART 通信的接口规范和总线标准包括 RS-232、RS-449、RS-423、RS-422 和 RS-485 等，这些接口标准规定了通信口的电气特性、传输速率、连接特性和接口的机械特性，可在物理层面实现异步串口通信。

1. UART 传输协议

UART 是异步通信方式，发送方和接收方分别有各自独立的时钟，传输的速率由双方约定，使用起止式异步协议。起止式异步协议的特点是一个字符一个字符地进行传输，字符之间没有固定的时间间隔要求，每个字符都以起始位开始，以停止位结束。基本 UART 的帧格式如图 12.16 所示，每个字符的前面都有一个起始位（低电平），字符本身由 5～8 位数据位组成，接着是 1 位校验位（也可以没有校验位），最后是 1 位（或 1.5 位、2 位）停止位，停止位后面是不定长度的空闲位。停止位和空闲位都规定为高电平，这样就保证了起始位开始处一定有一个下降沿。从图 12.16 可以看出，这种格式是靠起始位和停止位来实现字符的界定或同步的，故称为起止式协议。

图 12.16　基本 UART 的帧格式

1）UART 数据发送：数据的发送实际上就是按照图 12.16 所示的格式将寄存器中的并行数据转换为串行数据，为其加上起始位和停止位，以一定的传输速率进行传输。传输速率可以有多种选择，如 9600 b/s、14 400 b/s、19 200 b/s、38 400 b/s 等。在本节的实例中，选择的传输速率为 9600 b/s。

2）数据接收：接收的首要任务是正确检测到数据的起始位。起始位是一位 0，因为空闲位都为高电平，所以当接收信号突然变为低电平时，即告诉接收端将有数据传送。一个字符接收完毕后，对数据进行校验（若数据包含奇偶校验位），最后检测停止位，以确认数据接收完毕。

数据传输开始后，接收端不断检测传输线，看是否有起始位到来。当收到一系列的 1 之后检测到一个下降沿，说明起始位出现。但是，传输中可能产生毛刺，接收端极有可能将毛刺误认为是起始位，所以要对检测到的下降沿进行判别。一般采用如下方法进行判别：取接收端的时钟频率是发送频率的 16 倍频，当检测到一个下降沿后，在接下来的 16 个周期内检测数据线上 0 的个数，若 0 的个数超过一定个数（如 8 个或 10 个，根据实际情况设置），则认为是起始位到来；否则认为起始位没有到来，继续检测传输线，等待起始位。

在检测到起始位后，还要确定起始位的中间点位置。由于检测起始位采取 16 倍频，因此计数器计到 8 的时刻就是起始位的中间点位置，在随后的数据位接收中，应恰好在每一位的中间点采样，这样可提高接收的可靠性。接收数据位时可采取与发送数据相同的时钟频率，如果是 8 位数据位、1 位停止位，则需要采样 9 次。UART 接收示意图如图 12.17 所示。最后，接收端将停止位去掉，如果需要，还应进行串并转换，完成一个字符的接收。

图 12.17　UART 接收示意图

由上述工作过程可以看到，异步通信是按字符传输的，每传输一个字符，就用起始位通知收方，以此来重新核对收发双方的同步。即使接收设备和发送设备两者的时钟频率略有偏差，也不会因偏差的累积而导致错位，加之字符之间的空闲位也为这种偏差提供了一种缓冲，所以异步串行通信的可靠性较高。但在每个字符的前后加上起始位和停止位这样一些附加位，使得传输效率变低，只有约 80%。因此，起止式协议一般用在数据传输速率较低（一般低于 113.2 kb/s）的场合。在高速传送时，一般要采用同步协议。

2. UART 传输实验

本节案例实现 UART 传输回环，分别编写顶层模块 uart_top（例 12.11）、接收模块 uart_rx（例 12.12）、发送模块 uart_tx（例 12.13），以及时钟分频模块 clk_div（参见例 8.10），clk_div 模块产生 9600 Hz 的时钟信号；接收模块 uart__rx 将收到的数据解析出 8 位的数据，再传送给 uart_tx 发出，形成回环。

本例中 UART 一帧数据中没有校验位，传输速率（波特率）采用 9600 b/s。

【例 12.11】　顶层模块 uart_top。

```
`timescale 1ns / 1ps
module uart_top(
        input  clk,
        input  rxd,
```

```
            output txd);
    wire clk_9600;
    wire rx_ack;
    wire[7:0] data;
    uart_tx  i1(
        .clk(clk_9600),
        .txd(txd),
        .rst(1),
        .dat_out(data),
        .rx_ack(rx_ack));
    uart_rx  i2(
        .clk(clk_9600),
        .rxd(rxd),
        .dat_in(data),
        .rx_ack(rx_ack));
    clk_div  #(9600)  i3(          //产生 9600 Hz 时钟信号
            .clk(clk),
            .clr(1),
            .clk_out(clk_9600));
    endmodule
```

【例 12.12】　接收模块 uart_rx。

```
    module uart_rx(
            input clk,rxd,
            output rx_ack,
            output reg[7:0] dat_in);
    localparam IDLE=0,
            RECEIVE=1,
            RECEIVE_END=2;
    reg[3:0] cs,ns;
    reg[4:0] count;
    always @(posedge clk)
    begin  cs <= ns;  end
     always @(*)
      begin
       ns = cs;
       case(cs)
           IDLE:if(!rxd)  ns = RECEIVE;
           RECEIVE:if(count==7)  ns = RECEIVE_END;
           RECEIVE_END:ns = IDLE;
           default:ns = IDLE;
       endcase
      end
    always @(posedge clk)
      begin
      if(cs==RECEIVE) count<=count+1;
      else if(cs==IDLE|cs==RECEIVE_END) count<=0;
```

```
    end
always @(posedge clk)
 begin
  if(cs==RECEIVE)
    begin
    dat_in[6:0]<=dat_in[7:1];
    dat_in[7] <= rxd;
    end
  end
assign rx_ack =(cs==RECEIVE_END) ? 1:0;
endmodule
```

【例 12.13】　发送模块 uart_tx。

```
module uart_tx(
        input clk,rst,rx_ack,
        input [7:0] dat_out,
        output reg txd);
localparam IDLE=0,
        SEND_START=1,
        SEND_DATA=2,
        SEND_END=3;
reg[3:0] cs,ns;
reg[4:0] count;
reg[7:0] dat_tmp;
always @(posedge clk)
 begin cs <= ns; end
always @(*)
 begin ns = cs;
   case(cs)
   IDLE:if(rx_ack)  ns = SEND_START;
   SEND_START:ns = SEND_DATA;
   SEND_DATA:if(count==7)  ns = SEND_END;
   SEND_END:if(rx_ack)  ns = SEND_START;
   default: ns = IDLE;
   endcase
  end
always @(posedge clk)
 begin
   if(cs==SEND_DATA) count<=count+1;
   else if(cs==IDLE|cs==SEND_END) count<=0;
 end
always @(posedge clk)
 begin
   if(cs== SEND_START) dat_tmp<=dat_out;
   else if(cs==SEND_DATA) dat_tmp[6:0]<=dat_tmp[7:1];
 end
always @(posedge clk)
```

```
    begin
      if(cs== SEND_START) txd<=0;
      else if(cs==SEND_DATA) txd<=dat_tmp[0];
      else if(cs==SEND_END) txd<=1;
    end
  endmodule
```

本例的引脚约束如下：

```
  set_location_assignment PIN_Y2  -to clk
  set_location_assignment PIN_G12 -to rxd
  set_location_assignment PIN_G9  -to txd
```

将本例综合并下载至 DE2-115 开发板，将 PC 机的串口和 DE2-115 的串口相连，在 PC 上运行串口调试软件，速率设置为 9600 b/s，数据位为 8 位，停止位为 1 位，无校验位。在发送窗口中，发送 ASCII 字符，在电脑上可以看到接收与发送的字符相同，说明串口接收成功。

12.6 I^2C 总线控制音频编解码器

I^2C（Inter-Integrated Circuit）总线是由 Philips 公司开发的一种简单、双向二线制同步串行总线。它只需要两根线即可在连接于总线上的器件之间传送信息。

本节通过 I^2C 总线控制 DE2-115 板上的音频编解码器（audio CODEC）WM8731，实现音频的传输与播放。

1. I^2C 总线

I^2C 总线是一种串行总线，I^2C 总线只有两根双向信号线，一根是数据线 SDA（Serial DAta line），另一根是时钟线 SCL（Serial Clock Line），其示意图如图 12.18 所示，它支持多主控。

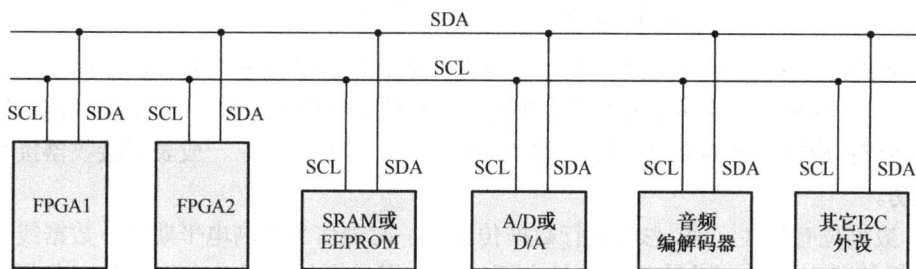

图 12.18 I^2C 总线示意图

I^2C 总线的 SDA、SCL 引脚电路内部结构如图 12.19 所示，引脚的输出驱动与输入缓冲连在一起。其中，输出为漏极开路的场效应管，输入缓冲为一只高输入阻抗的同相器。可见，SDA、SCL 为开漏结构（OD），必须接有上拉电阻，当总线空闲时，两根线均为高电平。连到总线上的任一器件输出低电平，都将使总线的信号变低，即各器件的 SDA 及 SCL 都是线"与"关系。

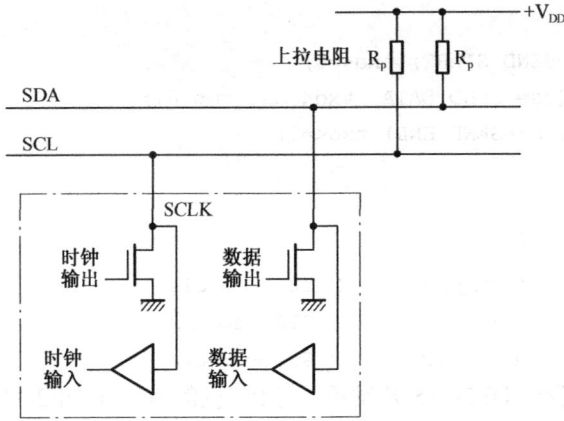

图 12.19　SDA、SCL 引脚电路内部结构

下面介绍 I²C 总线时序关系与数据传输协议。

1）空闲状态：I²C 总线的 SDA 和 SCL 两条信号线同时处于高电平时，规定为总线的空闲状态。

2）起始信号 S 和停止信号 P：如图 12.20 所示，SCL 线为高电平时，SDA 线由高变低表示起始信号 S；SCL 线为高电平时，SDA 线由低变高表示终止信号 P。起始信号和终止信号均是主机发出的；起始信号产生后，总线处于被占用状态；终止信号产生后，总线处于空闲状态。

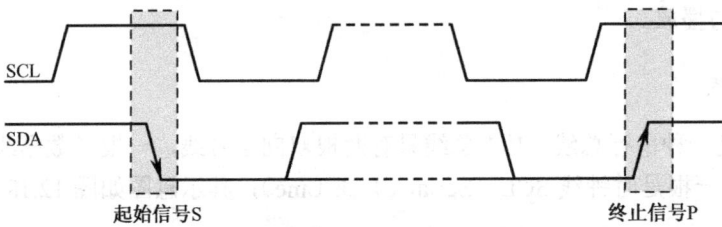

图 12.20　I²C 总线的起始信号和停止信号

3）ACK（应答位）：发送器每发送 1 字节，就在时钟脉冲 9 期间释放数据线，由接收器反馈一个应答信号。应答信号为低电平时，为有效应答位（ACK），表示接收器已经成功接收该字节；应答信号为高电平时，规定为非应答位（NACK），一般表示接收器接收该字节未成功。

4）数据位有效性：I²C 总线进行数据传送时，时钟信号为高电平期间，数据线上的数据必须保持稳定，只有时钟信号为低电平时，数据线上的电平才允许变化。如图 12.21 所示。

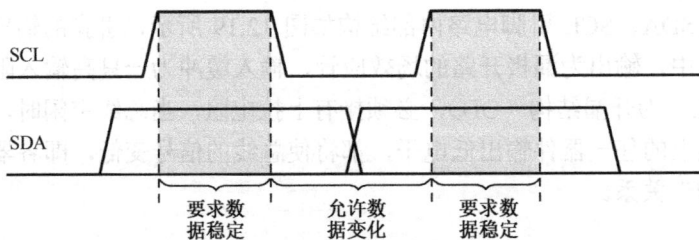

图 12.21　I²C 总线的数据位有效性

5）主设备向从设备发送数据过程：发送起始位，发送从设备的地址和读/写选择位，发送想要写入的内部寄存器地址，发送数据，发送停止位。

每个连接到总线的设备都有唯一的地址，地址为 7 位，前 4 位是器件类别，后 3 位由器件本身确定，故一般最多挂 8 个同类器件。

6）速率：I²C 总线的传输速率常见的有 3 种模式，标准模式：100 kb/s；快速模式：400 kb/s；高速模式：3.4 Mb/s。

2. 通过 I²C 总线控制音频编解码器

DE2-115 开发板采用 Wolfson 的 WM8731 音频编解码（CODEC）芯片，可提供 24 位的高品质音频功能。WM8731 支持麦克风输入（Mic-In）、线路输入（Line-In）以及线路输出（Line-Out）端口，采样率在 8～96 kHz 间可调，支持 4 种音频格式。

用户可通过 I²C 总线配置 WM8731，如图 12.22 所示。FPGA 通过 SDA 及 SCL 两根信号线连接至 WM8731，直接配置 WM8731。关于如何通过配置 WM8731 内部的寄存器，实现对其采样率和音量的控制，可查阅 WM8731 的数据手册。

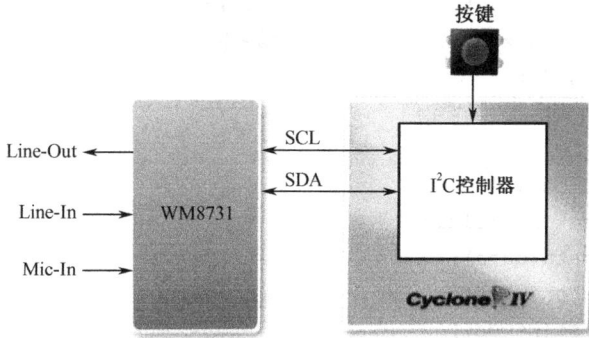

图 12.22　通过 I²C 总线控制音频编解码器

本例通过 I²C 总线控制音频编解码器实现混音，实现卡拉 OK 机的效果。图 12.22 中 Mic-In 接口外接麦克风，Line-In 接口外接手机或 MP3 音频播放器，Line-Out 接口外接音箱；FPGA 通过 I²C 总线配置 WM8731，实现 Mic-In、Line-In 输入信号的混音，并送至 Line-Out 外接的音箱（或耳机）播放，从而实现类似卡拉 OK 机的效果；利用 I²C 总线将 WM8731 的采样用率设定为 48 kHz；利用按钮 KEY0 控制输出音量的大小，每按一下按钮输出音量会下降，降至最小（96）后再重回音量最大（127），循环控制。

编写顶层模块 i2c_audio（见例 12.14），包含 3 个子模块，其中 i2c 模块（见例 12.15）为 I²C 总线模块，用来设定 WM8731 芯片；clk_500 模块（见例 12.16）用于产生从 50 MHz 输入芯片中产生采样时钟，并利用按钮 KEY0 控制输出音量；keytr 模块（见例 12.17）用于对 KEY0 按键进行消抖处理。

【例 12.14】　用 I²C 总线控制音频编解码器顶层模块。

```
`timescale 1ns / 1ps
module i2c_audio(
        input   clk50m,
        input[1:0] key,
        input   aud_adcdat,
        output   i2c_sda,
```

```
            output   i2c_scl,
            output   aud_dacdat,
            output   aud_xck
                 );
      wire  clk1m;
      wire[23:0]   data;
      wire    x_go,x_end;
      wire    xck,keyon;
      assign aud_dacdat=aud_adcdat;
      assign aud_xck=xck;

      i2c i1(
            .clock(clk1m),
            .i2c_scl(i2c_scl),      //i2c总线时钟
            .i2c_sda(i2c_sda),      //i2c总线数据
            .i2c_data(data),        //DATA:[SLAVE_ADDR,SUB_ADDR,DATA]
            .x_go(x_go),            //开始传输
            .x_end(x_end),           //结束传输
            .rst(1)
                );
      clk_500   i2(
            .clock(clk50m),
            .clk_500(clk1m),
            .data(data),
            .x_end(x_end),
            .rst(keyon),
            .x_go(x_go),
            .clk_2(xck)
                );
      keytr   i3(
            .key0(key[0]),
            .key1(key[1]),
            .clock(clk1m),
            .keyon(keyon)
                );
      endmodule
```

例 12.15 是 I²C 控制模块，用于控制 WM8731 芯片。在此模块中，每次传输 24 位数据，其中包括 8 位从设备地址 SLAVE_ADDR，然后是 8 位从设备寄存器地址 SUB_ADDR，最后是 8 位数据 DATA，采用 33 个时钟周期完成一次传输。

【例 12.15】 I²C 总线模块用于设定 WM8731 芯片。

```
      module i2c(
            input clock,
            output i2c_scl,          //i2c总线时钟
            inout i2c_sda,           //i2c总线数据
            input [23:0] i2c_data,
            //需要发送的24位数据: [SLAVE_ADDR,SUB_ADDR,DATA]
```

```verilog
        input x_go,              //开始传输
        output reg x_end,        //结束传输
        input rst
         );
reg           SCLK;
reg [23:0]    SD;
reg [5:0]     sd_count;          //I2C 数据发送计数器
reg           sdo;              //I2C 发送的串行数据
reg ACK1,ACK2,ACK3;
wire ack = ACK1 | ACK2 | ACK3;    //ack 信号

assign i2c_scl = SCLK|(((sd_count>=4)&(sd_count<=30))? ~clock :0 );
assign i2c_sda = sdo?1'bz:0 ;

always @(negedge rst or posedge clock )    //I2C 数据发送计数器
begin
    if (!rst) begin sd_count = 6'b111111; end
    else begin
        if(x_go == 0) begin sd_count = 0; end
            else begin
                if (sd_count < 6'b111111)
                begin sd_count = sd_count+1; end
                end
end end
   //-----------I2C 数据传输过程-------------------------
always @(negedge rst or  posedge clock )
begin
    if (!rst)
    begin SCLK=1;sdo=1;ACK1=0;ACK2=0;ACK3=0;x_end=1; end
    else
        case (sd_count)
        6'd0 : begin ACK1 =0;ACK2 =0;ACK3 =0;
                    x_end =0;sdo =1;SCLK =1; end
        //-------I2C 传输开始-----------------
        6'd1 : begin SD=i2c_data;sdo=0;  end
        6'd2 : SCLK = 0;
        //-------发送从设备地址------
        6'd3 :  sdo = SD[23];
        6'd4 :  sdo = SD[22];
        6'd5 :  sdo = SD[21];
        6'd6 :  sdo = SD[20];
        6'd7 :  sdo = SD[19];
        6'd8 :  sdo = SD[18];
        6'd9 :  sdo = SD[17];
        6'd10 : sdo = SD[16];
        6'd11 : sdo = 1'b1;          //ack
        //-------发送从设备寄存器地址---------
```

```
            6'd12 : begin sdo=SD[15]; ACK1=i2c_sda; end
            6'd13 : sdo = SD[14];
            6'd14 : sdo = SD[13];
            6'd15 : sdo = SD[12];
            6'd16 : sdo = SD[11];
            6'd17 : sdo = SD[10];
            6'd18 : sdo = SD[9];
            6'd19 : sdo = SD[8];
            6'd20 : sdo = 1'b1;         //ack
            //-------发送数据--------------------
            6'd21 : begin sdo=SD[7];ACK2 =i2c_sda; end
            6'd22 : sdo = SD[6];
            6'd23 : sdo = SD[5];
            6'd24 : sdo = SD[4];
            6'd25 : sdo = SD[3];
            6'd26 : sdo = SD[2];
            6'd27 : sdo = SD[1];
            6'd28 : sdo = SD[0];
            6'd29 : sdo = 1'b1;         //ack
            //-------I2C 传输结束-------------
            6'd30 : begin sdo =1'b0;SCLK =1'b0;ACK3 =i2c_sda;  end
            6'd31 : SCLK = 1'b1;
            6'd32 : begin sdo = 1'b1;x_end = 1; end
            endcase
        end
    endmodule
```

【例 12.16】　　clk_500 子模块产生采样时钟，并利用按钮 KEY0 控制输出音量。

```
`define rom_size 6'd8
module clk_500(
            input clock,
            output clk_500,
            output [23:0] data,
            input x_end,
            input rst,
            output x_go,
            output clk_2
                );
reg [10:0]  count_500;
reg [15:0]  ROM[`rom_size:0];
reg [15:0]  data_tmp;
reg [5:0]   address;


assign  clk_500=count_500[9];
assign  clk_2=count_500[1];
assign data={8'h34,data_tmp};
assign  x_go=((address<=`rom_size)&&(x_end==1))? count_500[10]:1;
```

```verilog
always @(negedge rst or posedge x_end)
begin
    if (!rst) begin address=0; end
    else if (address <= `rom_size)
            begin address=address+1; end
end

reg [4:0] vol;
wire [6:0] volume;
always @(posedge rst)
begin  vol=vol-1; end
assign volume = vol+96;
always @(posedge x_end)
begin
    ROM[0] = 16'h0c00;              //power down
    ROM[1] = 16'h0ec2;              //master
    ROM[2] = 16'h0838;              //sound select
    ROM[3] = 16'h1000;             //mclk
    ROM[4] = 16'h0017;
    ROM[5] = 16'h0217;
    ROM[6] = {8'h04,1'b0,volume[6:0]};
    ROM[7] = {8'h06,1'b0,volume[6:0]};    //音量大小
    ROM[`rom_size]= 16'h1201;
    data_tmp=ROM[address];
end

always @(posedge clock )
begin  count_500=count_500+1;  end
endmodule
```

【例 12.17】　keytr 模块用于对 KEY0 按键进行消抖处理。

```verilog
module keytr(
        input clock,
        input key0,
        input key1,
        output keyon
        );
reg [9:0] counter;
reg [3:0] sw;
reg flag,D1,D2;
reg [15:0] delay;

always@(negedge clock)
begin
    if(flag)  sw<={key0,sw[3:1]};
end
```

```
assign falling_edge = (sw==4'b0011)?1'b1:1'b0;    //下降沿检测

always@(posedge clock,negedge key1)
begin
  if (!key1)  flag<=1'b1;
  else if (delay==15'd4096)  flag<=1'b1;         //用于消抖
  else if (falling_edge)  flag<=1'b0;
end

always@(posedge clock)
begin
  if(!key0)  delay<=delay+1;
  else  delay<=15'd0;
end

always@(negedge clock)
begin  D1<=flag;  D2<=D1; end
assign keyon = (D1 | !D2);
endmodule
```

本例的引脚约束如下：

```
set_location_assignment PIN_Y2 -to clk50m
set_location_assignment PIN_B7 -to i2c_scl
set_location_assignment PIN_A8 -to i2c_sda
set_location_assignment PIN_D2 -to aud_adcdat
set_location_assignment PIN_E1 -to aud_xck
set_location_assignment PIN_D1 -to aud_dacdat
set_location_assignment PIN_M21 -to key[1]
set_location_assignment PIN_M23 -to key[0]
```

将本例综合并下载至 DE2-115 开发板，观察实际效果。Mic-In 接口外接麦克风，Line-In 接口外接手机（或 MP3 音频播放器），Line-Out 接口外接音箱；利用按钮 KEY0 控制输出音量的大小，可控制 Mic-In 和 Line-In 两路输入混音后的输出效果。

12.7　数字 AGC

数字 AGC（Automatic Gain Control，自动增益控制）是数字中频接收的重要辅助电路。数字中频接收机设置自动增益控制的目的，在于使接收机的增益随信号的强弱而调整，或者保持接收机的输出在一定范围。前者是指接收机入口端的数字 AGC，在接收弱信号时使接收机具有足够高的增益，使信噪比最大化，在接收强信号时，使接收机工作在正常范围之内（主要是保证 A/D 转换器不溢出）；后者是指数字接收机与后续处理电路之间的数字 AGC，后面的处理电路往往要求接收机的输出保持恒定，至少不能波动太大，数字 AGC 的作用就是稳定输出的幅度。这两种数字 AGC 虽然所处的位置不同，但本质相同。

本节以后端输出的数字 AGC 实现为例，说明数字 AGC 的实现方法。

12.7.1　数字 AGC 的原理

与模拟 AGC 相比，数字 AGC 可实现更为复杂的控制算法，并且数字 AGC 的响应和收敛速度更快、稳定性更好。数字 AGC 技术通常是指在对中频模拟信号进行数字化后，根据样本幅值的大小，反过来控制前端中频放大电路中的可编程数控衰减器，将信号输出调整到适合检测的幅值范围内，或者控制输出的数字信号幅度或功率稳定在一个恒定的值上。无论哪种方法，都要在信号数字化后进一步处理，所以称为数字 AGC 技术。图 12.23 就是数字中频接收机系统的原理框图。

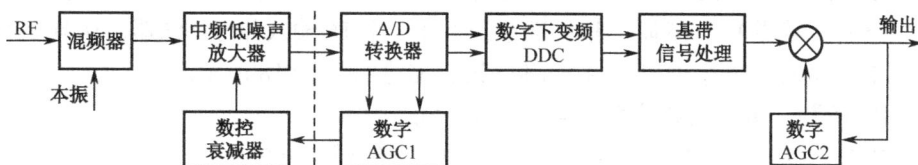

图 12.23　数字中频接收机系统原理框图

从图 12.23 中可看出，数字中频接收机系统中有数字 AGC1 和数字 AGC2，一个在 A/D 转换器之后，另一个在输出之前，二者的控制算法有一些区别：AGC1 产生数控衰减器的控制字，AGC2 直接产生乘法器的乘倍数。

图 12.24 是接收机输出端数字 AGC 的设计框图，数字 AGC 的优点在于占用资源少、调节方便、灵敏度高和控制范围大。

下面详述设计的原理，输入信号和乘法器的增益权值相乘得到受控输出，此输出向下进入 AGC 反馈环路。首先对进入反馈环路的信号求模值（abs）；接着进入信号幅值提取电路，其主要功能是提取输入信号的包络，也可理解为计算输入信号的平均幅度；然后将从幅值提取电路出来的信号和基准信号进行比较（相减），得到的差值进入累加器相加；累加器相当于一个积分器，对误差量进行累

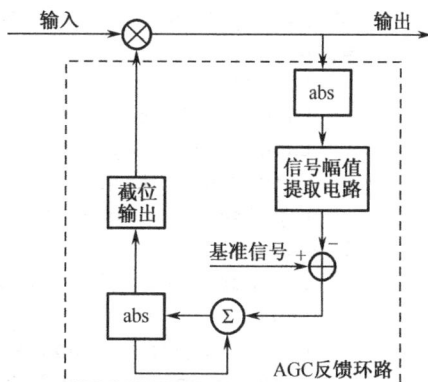

图 12.24　数字 AGC 设计框图

计。输入无变化时，积分值趋向于一个固定值，截取积分量的前几位数输出给增益控制乘法器和输入相乘，这样就完成了整个 AGC 反馈环路，整个电路中需要调节的参数包括基准信号和截位长度的确定，基准信号决定受控输出的大小，截位的长度反映控制的收敛时间、稳定度和控制的范围。

12.7.2　数字 AGC 的实现与仿真

1.　信号幅值提取电路

图 12.25 所示是信号幅值提取电路的原理，信号幅值提取电路是决定数字 AGC 性能的关键电路之一。由于噪声的扰动，反馈环路输入的信号抖动较大，如果输入未经处理，会影响 AGC 的稳定性和响应时间，所以求模之后和送入比较器之前先提取信号的包络，这样进入比较器的值起伏变化不会太大，更能反映信号实际的幅度（功率）。

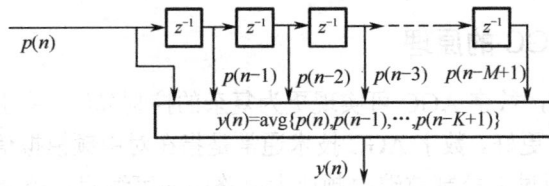

图 12.25　信号幅值提取电路的原理

图 12.25 所示的信号幅值提取电路是简化的平均幅值提取电路，输入 K 个值得到平均值输出，其中 $p(n)$ 为 AGC 电路输出值的绝对值，$y(n)$ 为后续反馈环路的输入。在用 Verilog 实现此电路时，需要 1 个 16 阶的移位寄存器组和 1 个 16 输入并行加法器。16 阶的移位寄存器组有 1 个输入，16 个输出，用 Verilog 语言描述如例 12.18 所示。

【例 12.18】　16 阶的移位寄存器模块 Verilog 源代码。

```
module basic_shift_register_with_multiple_taps
    #(parameter WIDTH=16, parameter LENGTH=16)
    (input clk, enable,rst,
    input [WIDTH-1:0] sr_in,
    output reg [WIDTH-1:0] tap0,tap1,tap2,tap3,tap4,
    output reg [WIDTH-1:0] tap5,tap6,tap7,tap8,tap9,
    output reg [WIDTH-1:0] tap10,tap11,tap12,tap13,tap14,
    output reg [WIDTH-1:0] tap15);
always @ (posedge clk or posedge rst)
begin
if(rst) begin
    tap0 <=0;   tap1 <=0;   tap2 <=0;   tap3 <=0;
    tap4 <=0;   tap5 <=0;   tap6 <=0;   tap7 <=0;
    tap8 <=0;   tap9 <=0;   tap10<=0;   tap11<=0;
    tap12<=0;   tap13<=0;   tap14<=0;   tap15<=0; end
else begin
    if(enable == 1'b1) begin
    tap0 <=sr_in;   tap1 <=tap0;    tap2 <=tap1;
    tap3 <=tap2;    tap4 <=tap3;    tap5 <=tap4;
    tap6 <=tap5;    tap7 <=tap6;    tap8 <=tap7;
    tap9 <=tap8;    tap10<=tap9;    tap11<=tap10;
    tap12<=tap11;   tap13<=tap12;   tap14<=tap13;
    tap15<=tap14;
end end end
endmodule
```

16 输入并行加法器可利用 IP 核实现。运行 IP 核生成向导，在 Arithmetic 分类下找到名为 parrallel_add 的 IP 核，此 IP 核的设置页面如图 12.26 所示，设置输入位宽为 16 bit，16 个加法输入。

2. 反馈环路设计

信号幅值提取电路输出的幅值一个参考值做减法，差值经过累加后去控制 AGC 环路的输出，这是反馈环路的设计原理。实现此电路功能的 Verilog 模块源码如例 12.19 所示。

【例 12.19】　反馈环路模块 Verilog 源代码。

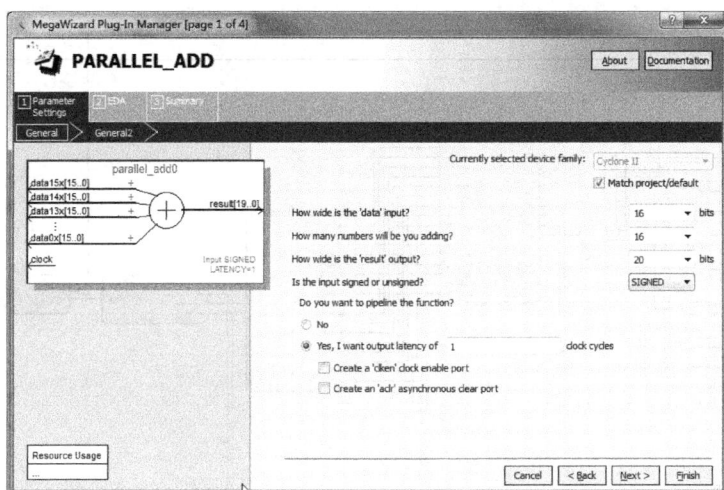

图 12.26　并行加法器的 IP 核设置页面

```verilog
module FeedbackLoop(rst,clk,avg,ref_value,df);
input    rst;                        //复位信号，高电平有效
input    clk;                        //FPGA 系统时钟
input signed [15:0] ref_value;       //参考幅值
input signed [15:0] avg;             //输入数据平均值
output signed [9:0] df;              //环路滤波器输出数据
reg [2:0] count;
reg signed [25:0] sum,loopout;
wire signed [15:0] pd;
assign pd = ref_value -avg;          //与参考信号求差值
//-----------累加器------------------
always @(posedge clk or posedge rst)
    if (rst)
     begin count <= 3'd0;sum <= 24'd0;
            loopout <= 24'd0; end
    else begin                       //累加器寄存器
        sum<=sum+{{10{pd[15]}},pd[15-:16]};
        loopout<=sum+{{10{pd[15]}},pd[15-:16]};end
assign df = loopout[25-:10];
endmodule
```

3. 数字 AGC 的顶层设计

数字 AGC 的顶层 Verilog 模块命名为 SmallAGC，其源代码见例 12.20，其层次结构、模块调用关系如图 12.27 所示，顶层模块的 RTL 综合视图如图 12.28 所示。

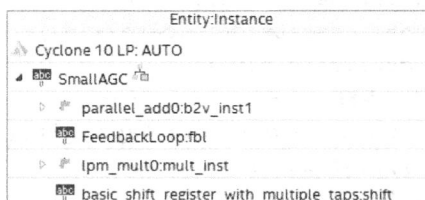

图 12.27　模块调用关系

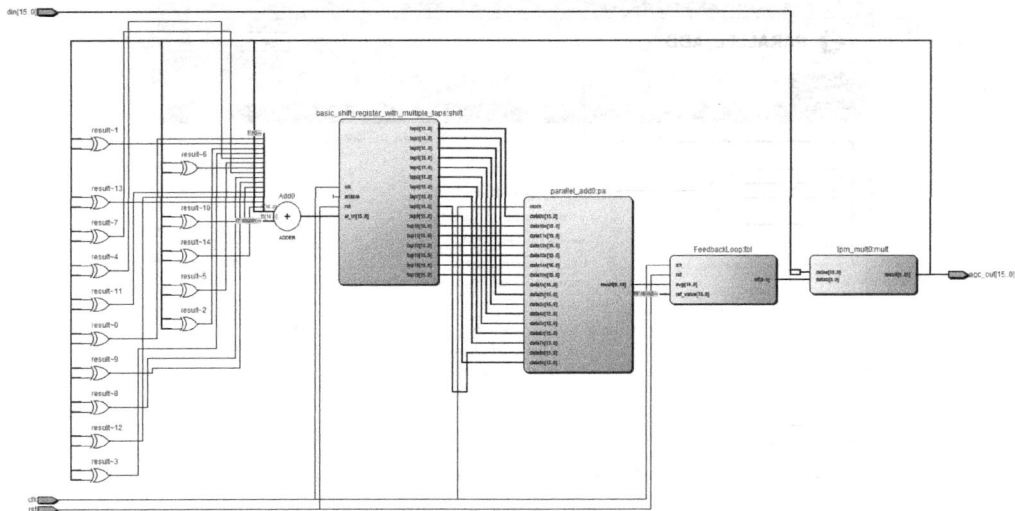

图 12.28　顶层模块的 RTL 综合视图

【例 12.20】　数字 AGC 的顶层 Verilog 源代码。

```
module SmallAGC(clk,rst,
                din,
                agc_out);
input wire lk,rst;
input wire[15:0] din;
output wire[15:0] agc_out;
wire[9:0] df;
wire[25:0] mult0;
wire[19:0] r;
wire[15:0] d0,d1,d2,d3,d4,d5,d6,d7,d8,d9,d10,d11,d12,d13,d14,d15;
wire[15:0] agc_out_abs,sig_in;
assign sig_in={{8{din[15]}},din[15:8]};
lpm_mult0 mult_inst(
        .dataa(sig_in),
        .datab(df),
        .result(mult0));
//----------16 输入并行加法器------------
parallel_add0 b2v_inst1(
        .clock(clk), .data0x(d0),
        .data10x(d10),.data11x(d11),
        .data12x(d12),.data13x(d13),
        .data14x(d14),.data15x(d15),
        .data1x(d1),.data2x(d2),.data3x(d3),.data4x(d4),
        .data5x(d5),.data6x(d6),.data7x(d7),.data8x(d8),
        .data9x(d9),.result(r));
//----------移位寄存器组------------------
basic_shift_register_with_multiple_taps shift(
        .clk(clk),.rst(rst),
        .enable(1'b1),
        .sr_in(agc_out_abs),
        .tap0(d0),.tap10(d10),.tap11(d11),.tap12(d12),
```

```
        .tap13(d13),.tap14(d14),.tap15(d15),.tap2(d2),
        .tap3(d3),.tap4(d4),.tap5(d5),.tap6(d6),
        .tap7(d7),.tap8(d8),.tap9(d9),.tap1(d1));
defparam shift.LENGTH = 16;
defparam shift.WIDTH = 16;
//----------反馈环路模块--------------
FeedbackLoop fbl(
    .rst(rst),
    .clk(clk),
    .avg(r[18-:16]),
    .ref_value(16'd25000),
    .df(df));
//---------AGC 输出值取绝对值-----------------
assign agc_out_abs=(agc_out[15]==1'b1) ? -agc_out : agc_out;
assign  agc_out[15:0]=mult0[16:1];        //截位输出
endmodule
```

4. 数字 AGC 的仿真

数字 AGC 模块的 Test Bench 源代码见例 12.21。

【例 12.21】　数字 AGC 模块的 Test Bench 源代码。

```
`timescale 1 ns/1 ps
module tb();
reg clk,rst;
reg[16-1:0] din;
wire[16-1:0] agc_out;
integer data_in_int,data_file_in;
SmallAGC i1(.din(din),              //被测模块
            .agc_out(agc_out),
            .clk(clk),
            .rst(rst));
parameter clk_period=200;
parameter period_data=clk_period*1;
parameter clk_half_period=clk_period/2;
parameter data_num=16000;
parameter time_sim=data_num*period_data;
initial                          //初始化
begin
data_file_in = $fopen("cos.txt","r");
    clk=1;rst=1;
    #400 rst=0;
    #time_sim
$fclose(data_file_in);
$finish; end
always
#clk_half_period clk=~clk;        //产生时钟
//*********从文件中读取仿真数据**************
integer c_x;
always @ (posedge clk)
begin
```

```
        if (!$feof(data_file_in))
          begin
          c_x = $fscanf(data_file_in,"%d",data_in_int);
          din <= data_in_int;
          end end
        endmodule
```

在数字 AGC 的具体电路设计中，传输位宽的选择十分重要，原则是尽量保持有效的数据位数，对多余的符号位进行截位操作，满足最大精度的位宽选择是经过多次调整和仿真得到的，并且下载到 FPGA 中进行了验证。

图 12.29 给出一个数字 AGC 控制和收敛过程的波形示意图。第一列的波形是正弦信号发生器产生的最大幅度为 251 的正弦波；第二列的波形是数字 AGC 输出的受控的波形，最后收敛的幅度大约是 15 000（绝对数量）；第三列的波形是增益控制乘法器的增益量，可以看到它在一直增大，一直到 AGC 输出收敛。

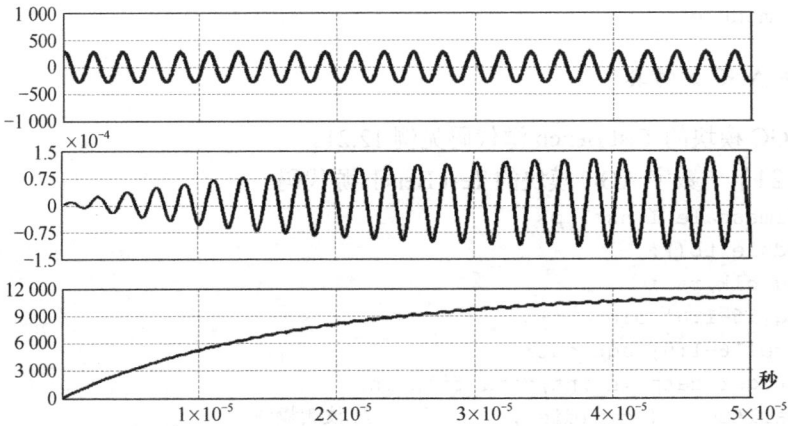

图 12.29　数字 AGC 控制和收敛过程的波形示意图

图 12.30 给出数字 AGC 控制和收敛过程的 ModelSim 仿真波形，第 3 列 sig_in 波形是预设的最大幅度为 128 的正弦波；第 4 列 agc_out 波形是数字 AGC 输出的受控的波形，最后收敛的幅度大约是 18 000（绝对数量）；第 5 列 avg 波形是信号样值提取电路得到的信号平均幅度值；第 6 列 pd 波形是参考值减去信号幅值的差值；第 7 列即最后一列 df 波形是增益控制乘法器的增益量，可以看到它在一直增大，一直到 AGC 输出收敛，最后稳定在一个固定值上。图 12.31 是数字 AGC 控制和收敛过程 ModelSim 仿真波形启动部分的局部放大，从中可以看到信号增大的趋势。

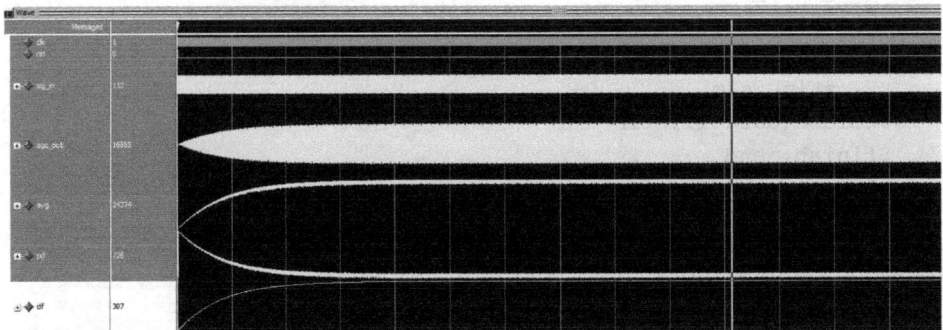

图 12.30　数字 AGC 控制和收敛过程的 ModelSim 仿真波形

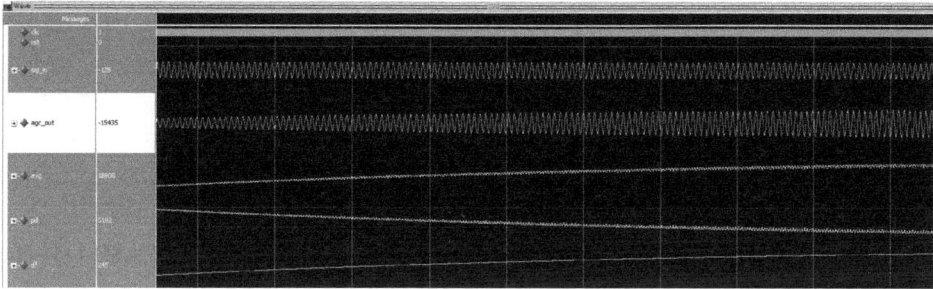

图 12.31 数字 AGC 控制和收敛过程 ModelSim 仿真波形（启动部分局部放大）

本节介绍了数字中频接收机中使用的一种轻量级、高灵敏度的数字 AGC，并基于 FPGA 实现了数字 AGC，仿真结果表明达到了设计要求。

习 题 12

12.1 设计一个基于直接数字式频率合成器（DDS）结构的数字相移信号发生器。

12.2 用 Verilog 设计并实现一个 31 阶的 FIR 滤波器。

12.3 用 Verilog 设计并实现一个 64 点的 FFT 运算模块。

12.4 设计一个 8 位频率计，所测信号频率的范围为 1～99 999 999 Hz，并将被测信号的频率在 8 个数码管上显示出来（或者用字符型液晶进行显示）。

12.5 某通信接收机的同步信号为巴克码 1110010。设计一个检测器，其输入为串行码 x，当检测到巴克码时，输出检测结果 $y=1$。

12.6 用 FPGA 实现步进电动机的驱动和细分控制，首先实现用 FPGA 对步进电动机转角进行细分控制，然后实现对步进电动机的匀加速和匀减速控制。

12.7 用 FPGA 设计实现一个语音编码模块，对经 A/D 采样（采样频率为 8 kHz，每个样点 8 bit 量化编码）得到的 64 kb/s 数字语音信号进行压缩编码，将语音速率压缩至 16 kb/s，编码算法采用连续可变斜率增量（Continuously Variable Slope Delta，CVSD）调制算法，编写 Verilog 源代码，用 FPGA 实现该编码算法。

参 考 文 献

[1] IEEE Computer Society. IEEE Standard Verilog Hardware Description Language. IEEE Std 1364-2001, The Institute of Electrical and Electronics Engineers, Inc.2001.

[2] IEEE Computer Society. 1364.1 IEEE Standard for Verilog® Register Transfer Level Synthesis. IEEE Std 1364[1]. Institute of Electrical and Electronics Engineers, Inc.2002.

[3] Actel Corporation. Actel HDL Coding Style Guide.

[4] Stuart Sutherland. The IEEE Verilog 1364-2001 Standard, What's New, and Why You Need It. Sutherland HDL, Inc. 2001.

[5] 潘松，黄继业. EDA 技术实用教程（第 3 版）. 北京：科学出版社，2006.

[6] 汤勇明，张圣清等. 搭建你的数字积木　数字电路与逻辑设计（Verilog HDL & Vivado 版）. 北京：清华大学出版社，2017.

[7] Stephen Brown 等著，夏宇闻等译. 数字逻辑基础与 Verilog 设计（原书第二版）. 北京：机械工业出版社，2008.

[8] Intel Quartus Prime Pro Edition 用户指南：Timing Analyzer. ug-qpp-timing-analyzer，2020.